Technische Denkmale
in der Deutschen Demokratischen Republik

Otfried Wagenbreth
Eberhard Wächtler
Herausgeber

Technische Denkmale in der Deutschen Demokratischen Republik

4. Auflage 1989. Unveränderter Nachdruck 2015

Mit einer historischen Einführung von Helmuth Albrecht

 Springer Spektrum

Herausgeber

Otfried Wagenbreth
Bergakademie Freiberg
Freiberg, Deutschland

Eberhard Wächtler
Bergakademie Freiberg
Dresden, Deutschland

ISBN 978-3-662-44716-1
DOI 10.1007/978-3-662-44717-8

ISBN 978-3-662-44717-8 (eBook)

Die Deutsche Nationalbibliothek verzeichnet diese Publikation in der Deutschen Nationalbibliografie; detaillierte bibliografische Daten sind im Internet über http://dnb.d-nb.de abrufbar.

Springer Spektrum
© Springer-Verlag Berlin Heidelberg, 4. Auflage 1989. Unveränderter Nachdruck 2015
Mit einer historischen Einführung zum Nachdruck der 4. Auflage von Helmuth Albrecht.

Gedruckt auf säurefreiem und chlorfrei gebleichtem Papier.

Springer-Verlag GmbH Berlin Heidelberg ist Teil der Fachverlagsgruppe Springer Science+Business Media
(www.springer.com)

Technische Denkmalpflege in der DDR – eine historische Einführung

von Helmuth Albrecht

Das Buch „Technische Denkmale in der Deutschen Demokratischen Republik"[1] gehört sicherlich zu den Klassikern der Denkmalpflege in Deutschland. 1973 erstmals in Leipzig erschienen, hat es allein in der DDR-Zeit bis 1989 sieben Auflagen mit einer Gesamtauflage von rund 60.000 Exemplaren erlebt und wuchs dabei im Umfang von 152 auf zuletzt 352 Seiten an. Zunächst unter der wissenschaftlichen Leitung von Eberhard Wächtler und Otfried Wagenbreth von der *Gesellschaft für Denkmalpflege im Kulturbund der DDR* herausgegeben, übernahmen Wächtler und Wagenbreth in den folgenden Auflagen selbst die Herausgeberschaft des Buches, wobei nun Wagenbreth vor Wächtler als Herausgeber firmierte, da die Hauptlast der Arbeit für die Publikation auf seinen Schultern ruhte. Neben den beiden Herausgebern gehörten anfangs sieben weitere Autoren seinem „Autorenkollektiv" an, welches bis in die 1980er Jahre auf über 60 Mitarbeiter anwuchs und gemeinschaftlich die zahlreichen Informationen, Abbildungen und Einzelbeiträge zu technischen Denkmalen aus dem gesamten Gebiet der DDR zusammentrug. Bis heute sind die inzwischen nur noch antiquarisch zu erwerbenden Ausgaben des Gemeinschaftswerkes „Technische Denkmale in der Deutschen Demokratischen Republik" aus der Zeit von 1973 bis 1989 über die Grenzen Deutschlands hinaus unter dem Kurztitel „Wagenbreth/ Wächtler" bekannt.

Zur Biografie von Wagenbreth und Wächtler

Otfried Wagenbreth, 1927 in Zeitz geboren, hatte an der Bergakademie Freiberg von 1946 bis 1950 Bergbaukunde studiert und nach seinem Diplom zunächst als Assistent und Lehrbeauftragter am Geologischen Institut der Bergakademie gearbeitet. 1958 promovierte er dort zum Dr. rer. nat. und nahm daraufhin eine Stelle beim geologischen Dienst in Halle/Saale an. Ab 1962 arbeitete er als Dozent für *Geologie und technische Gesteinskunde* an der Hochschule für Architektur und Bauwesen in Weimar.[2] Bereits seit den frühen 1950er Jahren engagierte er sich nebenbei ehrenamtlich im Rahmen des Kulturbundes der DDR in der gerade einsetzenden Erfassung, Dokumentation und Bewahrung technischer Denkmale in der DDR, wobei sein besonderer Arbeitsschwerpunkt im Bereich der Denkmale des Montanwesens vor allem des Erzgebirges lag. Neben der technischen Denkmalpflege galt sein historisches Forschungsinteresse in dieser Zeit mehr und mehr der Geschichte der Geologie sowie der Bergakademie Freiberg. 1968 habilitierte sich Wagenbreth an der Bergakademie Freiberg mit einer technikhistorischen Arbeit über den Freiberger Maschinenbauer Christian Friedrich Brendel.[3] 1979 wechselte er, seiner besonderen Leidenschaft für die Erforschung und Erfassung von technischen Denkmalen folgend, von Weimar auf eine Dozentur für *Geschichte und Dokumentation der Produktionsmittel* an der Technischen Hochschule Dresden, um schließlich nach der deutschen Wiedervereinigung 1992 an der Bergakademie Freiberg den neu geschaffenen *Lehrstuhl für Technikgeschichte und Industriearchäologie* und zugleich die Stelle des Gründungsdirektors des neu geschaffenen *Instituts für Wissenschafts- und Technikgeschichte* zu übernehmen. Beide Positionen hatte er bis zu seiner Pensionierung im Jahre 1995 inne. Die anlässlich seines 70. Geburtstages 1997 erschienene Festschrift unter dem seine Hauptforschungsgebiete kennzeichnenden Titel „Beiträge zur Geschichte von Bergbau, Geologie und Denkmalschutz" listet insgesamt 510 Veröffentlichungen Wagenbreths aus den Jahren 1942 bis 1996 auf, zu

---

[1] Eberhard Wächtler, Otfried Wagenbreth: Technische Denkmale in der Deutschen Demokratischen Republik. Hrsg. von der Gesellschaft für Denkmalpflege im Kulturbund der Deutschen Demokratischen Republik. Weimar 1973. Weitere erweiterte und überarbeitete Auflagen erschienen in den Jahren 1977, 1983, 1985, 1987 und 1989. Ab der dritten Auflage 1983 erschien das Buch in der Herausgeberschaft von Otfried Wagenbreth und Eberhard Wächtler im Verlag für Grundstoffindustrie in Leipzig.

[2] Vgl. dazu Otfried Wagenbreth: Das eigene Leben im Strom der Zeit. Lebenserinnerungen von Otfried Wagenbreth geb. 7.4.1927 in Zeitz. Freiberg 2014, S. 128 ff. (unveröffentlichtes Manuskript, dem Verfasser freundlicherweise vom Autor zur Verfügung gestellt) sowie Helmuth Albrecht: Laudatio für Prof. Dr. Otfried Wagenbreth. In: Andreas-Möller-Geschichtspreis 2006 und 2007. Regionale Wirtschaftsgeschichte – Die Geschichte der Verwaltung in Sachsen und der Region Freiberg. Freiberg 2008, S. 19–22.

[3] Otfried Wagenbreth: Christian Friedrich Brendel. Leben und Werk eines bedeutenden Ingenieurs der ersten Hälfte des 19. Jahrhunderts. Freiberg 2006 (Freiberger Forschungshefte D221).

denen bis heute zahlreiche weitere Publikationen hinzugekommen sind.[4]

Eberhard Wächtler, 1929 in Dresden geboren, studierte von 1948 bis 1953 an der Karl-Marx-Universität in Leipzig Geschichte, Germanistik, Philosophie und Politökonomie, wo er nach dem Abschluss als Diplom-Historiker bis 1955 auch als wissenschaftlicher Assistent am Institut für Deutsche Geschichte arbeitete.[5] Nach seiner Promotion zum Dr. phil. 1957 in Leipzig wechselte er als wissenschaftlicher Mitarbeiter an das Institut für Wirtschaftsgeschichte der Deutschen Akademie der Wissenschaften in Berlin (DAW), um 1962 einem Ruf an die Bergakademie Freiberg auf die neu geschaffene Professur für *Geschichte des Bergbaus und Hüttenwesens* und Direktor des gleichnamigen Instituts zu folgen. Unter seiner Leitung wurde das bereits 1954 gegründete, bislang aber personell nur mäßig ausgestattete und kommissarisch geleitete Institut mit seinen bald vier Abteilungen für Geschichte der Produktivkräfte, Wirtschaftsgeschichte, Geschichte der Arbeiterklasse sowie Kulturgeschichte im Bereich des Bergbaus und Hüttenwesens konsequent zum „Leitzentrum" aller montanhistorischen Forschungen in der DDR ausgebaut. 1968 erfolgte Wächtlers externe Habilitation als Schüler des führenden DDR-Wirtschaftshistorikers Jürgen Kuczynski, der schon Wächtlers Doktorarbeit mit betreut hatte, an der Universität Rostock. Im Zuge der dritten Hochschulreform der DDR wurde Wächtlers Lehrstuhl an der Bergakademie Freiberg schließlich 1969 in eine Professur für *Wirtschaftsgeschichte und Geschichte der Produktivkräfte* umgewandelt. Bereits 1968 hatte er die Leitung der *Arbeitsgruppe Geschichte der Produktivkräfte* im *Wissenschaftsbereich I* der neu geschaffenen *Sektion Sozialistische Betriebswirtschaftslehre* an der Bergakademie übernommen, in die nunmehr auch das bereits 1954 gegründete *Institut für Geschichte des Bergbaus und Hüttenwesens* der Bergakademie aufging. 1973 wurde Wächtlers Arbeitsgruppe als *Wissenschaftsbereich IV: Geschichte der Produktivkräfte und Wirtschaftsgeschichte* innerhalb der Sektion wieder verselbständigt. Von 1980 bis 1990 fungierte Wächtler ferner als Dekan der Fakultät für Gesellschaftswissenschaften an der Bergakademie.

Als Hochschullehrer in Freiberg und als Wissenschaftsorganisator in der DDR entwickelte Wächtler umfangreiche Aktivitäten u. a. bei der Vorbereitung und Durchführung der 200-Jahrfeier der Bergakademie Freiberg im Jahre 1965, als Mitglied des Redaktionsbeirates der „Sächsischen Heimatblätter" (1958–1963 sowie 1982–2010), als Herausgeber der Reihe D der Freiberger Forschungshefte zur Geschichte des Bergbaus und Hüttenwesens bzw. der Produktivkräfte (1963–1990), als Leiter des Herausgebergremiums (1968–1990) der im Leipziger Teubner-Verlag erschienenen Buchreihen „Hervorragende Naturwissenschaftler, Techniker und Mediziner" (ca. 100 Bände) bzw. „Ostwalds Klassiker der exakten Naturwissenschaften" (ca. 35 Bände) oder als Betreuer von über 300 Diplomanden und Doktoranden bzw. etwa 30 Habilitanden im Bereich der Geschichte des Montanwesens bzw. der Geschichte der Produktivkräfte ganz allgemein. Bis zu seinem Tode im Jahr 2010 publizierte Wächtler insgesamt 551 Beiträge zur Wirtschafts-, Technik-, Wissenschafts-, Gesellschafts- und Kulturgeschichte mit den Themenschwerpunkten Sozialgeschichte der Bergarbeiter, Geschichte des Bergbau- und Hüttenwesens, Geschichte der Bergakademie Freiberg sowie Theorie und Praxis der Pflege technischer Denkmale.[6] 1984 wurde Wächtler, der in Freiberg zu der wohl einflussreichsten und schillerndsten Persönlichkeit der Technikgeschichte und technischen Denkmalpflege in der DDR avancierte, für seine Verdienste mit dem Vaterländischen Verdienstorden der DDR in Bronze ausgezeichnet. Auch an internationalen Anerkennungen mangelte es nicht, wie eine Gastprofessur 1971 am Gorni-Institut in Moskau oder auch die 1974

---

[4] Vgl. Angela Kiessling: Schriftenverzeichnis von Prof. Dr. Otfried Wagenbreth. In: Helmuth Albrecht, Werner Arnold, Peter Schmidt (Hrsg.): Beiträge zur Geschichte von Bergbau, Geologie und Denkmalschutz. Festschrift zum 70. Geburtstag von Otfried Wagenbreth. Freiberg 1997, S. 160–184. Seit 1997 sind u. a. von Otfried Wagenbreth als größere Werke erschienen: Die Braunkohlenindustrie in Mitteldeutschland. Geologie, Geschichte, Sachzeugen. Markkleeberg 2011; Christian Friedrich Brendel. Leben und Wirken eines bedeutenden Ingenieurs der ersten Hälfte des 19. Jahrhunderts. Freiberg 2006; Die Geschichte der Dampfmaschine. Historische Entwicklung, Industriegeschichte, technische Denkmale. Münster 2002; Geschichte der Geologie in Deutschland. Stuttgart 1999.

[5] Vgl. dazu das posthum erschienene Buch Eberhard Wächtler. Autobiografie eines aufrechten Unorthodoxen. Essen 2013 (Einmischen und Mitgestalten. Eine Schriften-Reihe des Deutschen Werkbunds Nordrhein-Westfalen, Bd. 20) sowie Helmuth Albrecht: Zum Tode von Prof. Dr. Eberhard Wächtler. In: Zeitschrift für Freunde und Förderer der Technischen Universität Bergakademie Freiberg, 17. Jg. (2010). S. 195–196.

[6] Siehe dazu Wächtlers Publikationsverzeichnis in: Wächtler Autobiografie (2013), S. 385–425.

erfolgte Berufung in das Exekutivkomitee des Internationalen Komitees für Geschichte der Technik (ICOTHEC) oder die 1986 erfolgte Aufnahme in das Internationale Komitee für technische und wissenschaftliche Museen (CIMUSET) bekunden.[7] Im Zuge der politischen Wende wurde ihm 1990 aufgrund seiner SED-Zugehörigkeit und politischen Funktionen seine Professur an der Bergakademie entzogen, jedoch fungierte er bis zu seiner endgültigen Entlassung im Jahre 1992 noch als Beauftragter für das neu gegründete Studium generale in Freiberg. Bis zu seinem Tod am 22. September 2010 in Dresden engagierte er sich fortan als Rentner vor allem für den Wiederaufbau der Frauenkirche in Dresden sowie den Aufbau des Braunkohle Bergbaumuseums in Borken/Hessen.

Wege zur Pflege der technischen Denkmale in der DDR

Wagenbreth und Wächtler begannen ihr wissenschaftliches Engagement im Bereich der Montangeschichte und Denkmalpflege praktisch zeitgleich in den 1950er und 1960er Jahren, wobei Wagenbreth als Geologe über seine ehrenamtliche Tätigkeit innerhalb des Kulturbundes der DDR zur Pflege technischer Denkmale fand, während Wächtler als Wirtschaftshistoriker über seine hauptberufliche Tätigkeit als Assistent und Hochschullehrer sich dieser Thematik zuwandte. Wagenbreth folgte 1952 einer Einladung des damaligen Dresdener Landeskonservators Hans Nadler zur Schulung von ehrenamtlichen Denkmalpflegern im Kreis Freiberg, die sich aus der Umsetzung der Neuregelungen der Denkmalpflege in der DDR infolge der *Verordnung zur Erhaltung und Pflege der nationalen Kulturdenkmale* von 1952 ergeben hatte und in diesem Zusammenhang auf das ehrenamtliche Engagement der Bürger im Rahmen der „gesellschaftlichen" Massenorganisation des Kulturbundes der DDR setzte.[8] Wagenbreth avancierte so zum ehrenamtlichen „Denkmalbeauftragten" für die Bergbaudenkmale des Kreises, einer Tätigkeit, aus der 1957 als erste größere Publikation das Freiberger Forschungsheft „Alte Freiberger Bergwerksgebäude und Grubenanlagen" hervorging.[9] Schon bald gutachtete er zu

technischen Denkmalen auch außerhalb des Kreises Freiberg und wurde daraufhin als für das Fachgebiet technische Denkmale zuständiges Vorstandsmitglied in die Abteilung *Natur und Heimat* des Kulturbundes der DDR berufen. In den folgenden Jahren mischten sich unter die überwiegend geowissenschaftlichen, geohistorischen und historischen Publikationen zur Geschichte der Geowissenschaften an der Bergakademie Freiberg Wagenbreths immer wieder praktische und theoretische Beiträge zur Pflege technischer Kulturdenkmale. Um 1970 wurde Wagenbreth dann nach eigenem Bekunden von Hans Nadler für eine geplante Publikation des Dresdener Instituts für Denkmalpflege zu technischen Denkmalen mit der Abfassung eines Beitrages zur „Geschichte der Pflege technischer Denkmale" beauftragt.[10] Dieser Beitrag wurde schließlich 1973 als zweites Kapitel in der unter der gemeinsamen wissenschaftlichen Leitung von Eberhard Wächtler und Otfried Wagenbreth erschienenen Erstausgabe der „Technischen Denkmale in der DDR" abgedruckt.[11]

Wächtler, der seit 1946 als FDJ-Sekretär in Dresden und Leipzig seine politische Karriere innerhalb der SED begonnen hatte und über ausgezeichnete persönliche Verbindungen bis in die Spitzen der DDR-Staatsführung verfügte, begann sich ebenfalls in den 1950er Jahren für die Erforschung der Geschichte des Montanwesens zu engagieren. Als Wirtschaftshistoriker und überzeugter Kommunist galt dabei sein Interesse im Rahmen der marxistisch-leninistischen Ideologie vor allem der Geschichte der Produktivkräfte und hier insbesondere der Sozialgeschichte der Bergarbeiterschaft. 1954 übernahm Wächtler die Leitung und den Aufbau des *Arbeitskreises für Geschichte des Bergbaus* am Institut für Wirtschaftsgeschichte der DAW, der sich in den folgenden Jahren zur zentralen Schaltstelle diesbezüglicher sozial- und wirtschaftsgeschichtlicher Forschungen in der DDR entwickelte. Wächtlers Forschungen zur Geschichte der Produktivkräfte im Montanwesen machten ihn 1962 zum von der SED favorisierten Kandidaten für die an der Bergakademie Freiberg neu geschaffene *Professur für Geschichte des Bergbaus und Hüttenwesens*, wobei er hier auf Otfried Wagenbreth als Mitbewerber traf.[12] Wagenbreths Kandidatur wurde

---

[7] Siehe dazu Wächtlers Curriculum Vitae in: Ebenda, S. 382 f.

[8] Vgl. dazu und zu folgendem: Wagenbreth Lebenserinnerungen, S. 128 ff.

[9] Otfried Wagenbreth, Fritz Hofmann, Otto Emil Fritzsche: Alte Freiberger Bergwerksgebäude und Grubenanlagen. Berlin 1957 (Freiberger Forschungshefte D 19).

[10] Vgl. dazu: Wagenbreth Lebenserinnerungen, S. 130.

[11] Wagenbreth/Wächtler: Technische Denkmale in der DDR (1973), S. 17–22.

[12] Vgl. zu diesen Vorgängen Albrecht: Laudatio für Prof. Dr. Otfried Wagenbreth (2008).

zwar von den in der Berufungskommission vertretenen Freiberger Ingenieuren, unter ihnen der schon in den 1930er Jahren in der Erhaltung technischer Denkmale engagierte Maschinenbauprofessor Otto Fritzsche, eindeutig favorisiert, aber letztlich vermochten diese sich in der Kommission nicht gegen die Vertreter der SED-Hochschulparteileitung sowie das zuständige Ministerium durchzusetzen. Wächtler erhielt die Professur und Wagenbreth durfte sich gewissermaßen zum Trost bei ihm 1968 habilitieren.

Wächtlers Interesse für den Erhalt technischer Denkmale lässt sich bis in das Jahr 1964 zurückverfolgen, als er auf der jährlichen wissenschaftlichen Veranstaltung der Bergakademie Freiberg, dem sog. *Berg- und Hüttenmännischen Tag*, einen Vortrag des englischen Wirtschaftshistorikers William O. Henderson von der Universität Birmingham über die Pflege technischer Denkmale in Großbritannien sowie zur sich dort gerade entwickelnden neuen Disziplin der „Industrial Archaeology" hörte. Rückschauend berichtete Wächtler über diese Zeit: *„Ich hätte nie im Leben 1962 bei meiner Berufung an die Bergakademie daran gedacht, dass in meiner Arbeit in Freiberg neben der Erforschung und Lehre der Geschichte des Bergbaus und Hüttenwesens die Industriearchäologie, gekoppelt mit der technischen Museologie, eine so große Bedeutung erlangen würde, wie es dann tatsächlich eintrat".*[13] Bereits 1966 engagierte sich Wächtler erfolgreich für die Rekonstruktion der 1669 erbauten Happelshütte in Schmalkalden, gefolgt von der Rekonstruktion des Tobiashammers in Ohrdruff 1972, dem Aufbau des Bergbaumuseums Oelsnitz/Erzgebirge 1976 bis 1986, der Rekonstruktion des Freibergsdorfer Hammers 1879 bis 1989, dem Nachbau der Hettstedter Dampfmaschine von 1775 im Mansfeld Museum in Hettstedt 1985 und der erfolgreichen Rekonstruktion des Elb-Dampfschiffes „Diesbar" 1985 bis 1989.

Nach eigenem Bekunden war Wächtler 1971 über Otfried Wagenbreth erstmals in direkten Kontakt mit grundlegenden programmatischen Fragen der Pflege technischer Denkmale gekommen, als Wagenbreth ihm in Freiberg über die Ablehnung seines Manuskripts zum Thema „Technische Denkmale in der DDR" durch den Leiter der Dresdener Denkmalpflege Hans Nadler berichtete.[14] Wächtler schrieb dazu in seiner Autobiografie: *„Als ich mir dann das Manuskript vornahm, änderte ich zunächst die Gliederung. Nach dem allgemein einführenden Teil gliederte ich die auf unsere Zeit überkommene alte Technik nach Industriezweigen. Damit wurde jedem Leser sofort klar, dass die Hauptverantwortung für die industrielle Denkmalpflege bei den im Ministerrat der DDR sitzenden Industrieministerien lag. Ohne Tradition gibt es keine kreative Gegenwart und Zukunft. ... als ich Otfried ein paar Tage später das Manuskript wieder zurückgab, war er mit meiner Grundidee einverstanden. Auch Hans Nadler stimmte zu, dass wir ihn, nunmehr waren die Verfasser und Herausgeber der Broschüre Wächtler und Wagenbreth, als lieben Helfer und Ideengeber mit zitierten".*[15] Als erfahrenem SED-Kader war Wächtler klar, dass nachhaltige Erfolge in der Pflege technischer Denkmale nur im Rahmen der zentralstaatlich gelenkten Kulturorganisation der DDR möglich waren. Nach eigenem Bekunden[16] initiierte Wächtler daher über das SED-Politbüro-Mitglied Günter Mittag Ende 1972 die Gründung einer *Arbeitsgruppe Technische Denkmale* beim *Zentralen Fachausschuss Bau- und Denkmalpflege des Kulturbundes der DDR*, aus der mit Gründung der *Gesellschaft für Denkmalpflege im Kulturbund der DDR* im Jahre 1977 der *Zentrale Fachausschuss für technische Denkmale* hervorgehen sollte, dessen Leitung Otfried Wagenbreth übernahm.

Drei Jahre nach Gründung des Zentralen Fachausschusses für technische Denkmale im Kulturbund konnte auf Anregung Eberhard Wächtlers mit Hilfe des DDR-Ministers für Kultur Hans-Joachim Hoffman schließlich auch eine Arbeitsgruppe *Technische Denkmale* beim *Nationalen Rat für die Pflege und Verbreitung des Deutschen Kulturerbes*, dem sog. „Erberat" der DDR, geschaffen werden, deren Leitung Wächtler selbst übernahm. Der Erberat wurde am 18. September 1980 im Haus des Ministerrates der DDR in Berlin als interministerielles Organ unter dem Vorsitz Hoffmanns konstituiert und setzte sich aus 25 Vertretern staatlicher Bereiche, von Organisationen sowie von kulturellen und wissenschaftlichen Institutionen der DDR zusammen.[17] Zu Beginn der 1980er Jahre waren damit in der DDR-Denkmalpflege sowohl im Bereich des ehrenamtlich tätigen Kulturbundes wie auch im Bereich der staatlichen Lenkung Arbeitsgruppen bzw. Fachausschüsse

---

[13] Zitat Wächtler Autobiografie (2013), S. 268.

[14] Vgl. dazu ebenda, S. 189f.

[15] Zitate ebenda, S. 190 bzw. S. 191.

[16] Vgl. dazu ebenda, S. 275.

[17] Bundesarchiv Berlin: DY 30/18816: Nationaler Rat der DDR zur Pflege und Vorbereitung des deutschen Kulturerbes (1980–1986, 1988).

gebildet, die sich speziell mit der Problematik technischer Denkmale beschäftigten. An der Spitze sowohl der ehrenamtlichen wie auch der staatlichen Fachgremien standen mit Otfried Wagenbreth und Eberhard Wächtler bis zum Ende der DDR nunmehr die beiden Herausgeber der „Technischen Denkmale in der DDR".

Zur Organisation der Pflege technischer Denkmale in der DDR

Bereits im Juni 1975 hatte das *Gesetz zur Erhaltung der Denkmale in der DDR* auch für die Pflege technischer Denkmale in der DDR eine neue Basis geschaffen. Aufbau und Arbeitsweise der DDR-Denkmalpflege unter der Leitung des *Instituts für Denkmalpflege* in Berlin wurden im September 1976 durch die *1. Durchführungsbestimmung* zum Denkmalgesetz detailliert festgelegt. Während das Ministerium für Kultur die *Zentrale Denkmalliste* der DDR für national und international bedeutende Denkmale aufstellte, waren die Räte der Bezirke und Kreise für die Aufstellung der *Bezirks-* und *Kreisdenkmallisten* sowie die Erfassung und den Schutz der zugehörigen Denkmale zuständig. Zugleich wurden für die verschiedenen Denkmalkategorien eigene Abteilungen geschaffen, so auch für *Denkmale der Handwerks- und Industriegeschichte*, und die Denkmale nach Wertigkeit in vier Wertgruppen (WG I bis IV) eingeteilt, wobei die Wertgruppe I der höchsten Wertigkeit entsprach. Die für die praktische Denkmalpflege notwendigen ehrenamtlichen Denkmalpfleger vor Ort wurden nun über den Kulturbund der DDR von den jeweils regional zuständigen Chefkonservatoren auf die Dauer von fünf Jahren berufen. Um diese organisatorische Aufgabe zu bewältigen, wurde schließlich im Juni 1977 die *Gesellschaft für Denkmalpflege im Kulturbund der DDR* gegründet. Die Zentrale Denkmalliste der DDR wurde vom Ministerrat am 25. September 1979 beschlossen. Sie enthielt 37 technische Denkmale, was etwa 10 Prozent des gesamten mit der Liste erfassten Denkmalbestandes der DDR von besonderer nationaler und internationaler Bedeutung umfasste.

Für die besonderen Aufgaben der Erfassung, Erschließung und Pflege technischer Denkmale erarbeitete ab 1972 die Arbeitsgruppe bzw. ab 1977 der Fachausschuss für technische Denkmale im Kulturbund der DDR die Grundlagen.[18] Aufgabe des Zentralen Fachausschusses war die Diskussion von Problemen und Fragen zur Konzeption für das gesamte Gebiet der technischen Denkmale. Er führte dazu Beratungen und Tagungen durch und bereitete die Publikation von Merkblättern zur technischen Denkmalpflege durch die Gesellschaft für Denkmalpflege des Kulturbundes bzw. das Institut für Denkmalpflege vor. Unterstützt wurde er dabei von zahlreichen vergleichbaren Arbeitsgruppen auf Bezirks-, Kreis- und Ortsebene, in denen sich Historiker, Ingenieure, ehrenamtliche Denkmalpfleger sowie interessierte Laien zusammenfanden, um vor allem die lokalhistorische und fachspezifische Kleinarbeit bei der Erfassung, Überwachung und Pflege „ihrer" technischen Denkmale vor Ort zu organisieren und zu leisten.[19] Im Rahmen des Kulturbundes entwickelte sich daraus ein DDR-weites Netzwerk von ehrenamtlichen Helfern bzw. Experten, die sowohl gebietsbezogen wie auch sachbezogen die staatliche technische Denkmalpflege unterstützten.

Das Neben- und Miteinander der staatlichen und der ehrenamtlichen Organisation der Denkmalpflege in der DDR hatte bis zu deren Ende Bestand. Bis zum Schluss funktionierte es im Fall der Pflege technischer Denkmale effektiv und erfolgreich, was zum einen strukturell der zentralstaatlichen Kontrolle sowohl des Instituts für Denkmalpflege und seiner regionalen Zweigstellen sowie des Kulturbundes und seiner Fachausschüsse bzw. Regionalgruppen zu verdanken war. Zum anderen dürfte aber auch die personelle Komponente des Systems, verkörpert durch die beiden „Leitfiguren" Otfried Wagenbreth und Eberhard Wächtler im ehrenamtlichen bzw. staatlichen Bereich der Organisation der Pflege technischer Denkmale der DDR nicht unwesentlich zu diesem Erfolg beigetragen haben.

---

[18] Vgl. dazu Bundesarchiv Berlin, DY 27/4353 – 4355: Tätigkeit des Zentralen Fachausschusses „Technische Denkmale" im Zentralvorstand der Gesellschaft für Denkmalpflege (1972–1990), hier insbesondere die Papiere: „Zur Erfassung und Erschließung von Denkmalen der Produktions- und Verkehrsgeschichte" vom 12.4.1976; „Grundlinien einer Konzeption für die technischen Denkmale der DDR" vom Mai 1976 sowie die Konzeption von Eberhard Wächtler und Harri Olschewski „Zur Funktion der Technischen Denkmale in der entwickelten sozialistischen Gesellschaft - Grundgedanken für eine Konzeption und einen Maßnahmeplan" vom April 1982.

[19] Vgl. dazu Wagenbreth/Wächtler: Technische Denkmale in der DDR (1989), S. 34.

Zur Konzeption der „Technischen Denkmale in der DDR"

Die Ergebnisse der Beratungen des Fachausschusses fanden direkten Eingang in die theoretischen Kapitel der „Technischen Denkmale in der DDR". Sowohl die Erfassung wie auch die nachfolgende Auswahl und Pflege der technischen Denkmale folgte nunmehr systematischen Kriterien, *„die prinzipiell durch die Geschichte der Produktivkräfte und Produktionsverhältnisse bestimmt wird, territorial-geschichtliche Aspekte beachtet und Faktoren der denkmalpflegerischen Praxis wie den ökonomischen Aufwand, die gesellschaftliche Erschließung u. a. berücksichtigt"*.[20] Der Gesamtbestand der technischen Denkmale sollte die für eine Region profilbestimmenden Gewerbe- und Industriezweige durch typische Repräsentanten jeder produktionsspezifischen Entwicklungsphase widerspiegeln. Dabei war die im Denkmalgesetz von 1975 vorgeschriebene Hierarchisierung der Denkmale in solche von besonderer nationaler und internationaler Bedeutung (Zentrale Denkmalliste), von nationaler und besonderer regionaler Wertigkeit (Bezirksdenkmallisten) vorzunehmen, ohne dass diese Klassifizierung jedoch eine juristische Rangfolge für die Notwendigkeit der Erhaltung der Denkmale darstellte. Für die Aufhebung des Denkmalschutzes in allen Denkmalkategorien war laut Gesetz immer die Zustimmung des Ministers für Kultur notwendig.[21] Die in die „Technischen Denkmale der DDR" aufgenommenen Beispiele spiegeln diese Hierarchisierung durch eine gewisse Schwerpunktbildung bei den bedeutenderen Denkmalen der Zentralen Denkmalliste und den Bezirksdenkmallisten wider, orientieren sich jedoch vor allem an der Idee, dem Leser einen repräsentativen Eindruck bzw. Querschnitt durch alle Sachgruppen und Epochen der technischen Denkmale zu vermitteln.

1975 erschien in den Freiberger Forschungsheften der erste programmatische Aufsatz von Wächtler und Wagenbreth zu Zielen und Methoden der Pflege technischer Denkmale in der DDR, dem im Laufe der Jahre zahlreiche weitere Publikationen zur selben Problematik folgen sollten.[22] Gemeinsam entwickelten Wächtler und Wagenbreth dabei auf der Grundlage ihrer ersten Publikation „Technische Denkmale in der DDR" jenes inhaltliche und didaktische Konzept, das sich auch in weiteren gemeinsam herausgegebenen Monographien wie *Dampfmaschinen – Die Kolbendampfmaschine als historische Erscheinung und Technisches Denkmal* (Leipzig 1986), *Der Freiberger Bergbau – Denkmale und Geschichte* (Leipzig 1986), *Bergbau im Erzgebirge – Technische Denkmale und Geschichte* (Leipzig 1990) oder *Mühlen – Geschichte der Getreidemühlen – Technische Denkmale in Mittel- und Ostdeutschland* (Stuttgart 1994) bewähren sollte: Die Kombination von einführenden Grundlagenkapiteln zu den naturräumlichen, historischen, technischen, wirtschaftlichen und/oder rechtlichen Grundlagen der jeweils vorgestellten Gruppe technischer Denkmale mit Kapiteln, welche die einzelnen Denkmale in systematischer Zuordnung zu den einzelnen historischen Entwicklungsabschnitten ihrer Denkmalgruppe vorstellte, und das alles angereichert und didaktisch anschaulich erläutert durch die von Otfried Wagenbreth entworfenen technischen Blockbildzeichnungen, die sich zum Markenzeichen seiner Veröffentlichungen entwickelten. Den Abschluss jeder Publikation bildete immer ein umfangreicher, auf hochwertigem Kunstdruckpapier gedruckter Bildteil mit schwarz-weiß Abbildungen bzw. Fotos der vorgestellten Denkmale in Reihenfolge der Gliederung des Bandes.

Alle Auflagen der „Technischen Denkmale in der DDR" folgten diesem Gliederungs- und Ausstattungsprinzip, ergänzten es im einführenden Grundlagenteil jedoch noch um programmatische Ausführungen zu Zielsetzung, Geschichte, Methodik und Organisation der Pflege technischer Denkmale in der DDR. Bereits die erste Auflage von 1973 gliederte sich dabei in einen programmatischen Teil sowie in einen systematisch-branchenorientierten Teil mit der Beschreibung und Auflistung der bedeutendsten technischen Denkmale in der DDR. Listete die Erstausgabe von 1973, nach Bezirken der DDR geordnet, zunächst 63 technische Einzeldenkmale und Denkmalkomplexe auf[23], so umfasste die letzte Auflage von 1989 schließlich einige Hundert Denkmale und Denkmalkomplexe, die in 15 Kategorien geordnet, praktisch das gesamte Spektrum technischer und

---

[20] Ebenda, S. 20.

[21] Vgl. ebenda, S. 20 f.

[22] Eberhard Wächtler, Otfried Wagenbreth: Ziel und Methode der Pflege technischer Denkmale in der Deutschen Demokratischen Republik. In: Freiberger Forschungshefte, D 90: Beiträge zur Geschichte der Produk-

tivkräfte, Bd. IX. Leipzig 1975. Zu den weiteren Publikationen vgl. die Publikationsliste in: Wächtler Autobiografie (2013), S. 396 ff.

[23] Wächtler/Wagenbreth: Technische Denkmale in der DDR (1973).

industrieller Denkmale aus vorindustrieller und industrieller Zeit auf dem Territorium der DDR repräsentierten.[24]

Nach Konzeption und Inhalt handelte es sich bei den „Technischen Denkmalen in der DDR" von Beginn an allerdings um weit mehr als nur eine Übersicht oder ein Inventar der technischen Denkmale auf dem Territorium der DDR, sondern zugleich um eine Einführung in den wissenschaftlichen und denkmalpflegerischen Umgang mit dieser besonderen Denkmalkategorie. Zielstellung der Herausgeber und Autoren war es dabei, *„alle Gruppen von technischen Denkmalen im Bereich der Industrie, des Gewerbes und des Verkehrswesens zu erfassen"*, wobei *„natürlich ... subjektive Gesichtspunkte bei der Auswahl und Beschreibung der technischen Denkmale nicht auszuschließen"* waren.[25] „Scheinbare Disproportionen" ergaben sich jedoch auch durch den sehr unterschiedlichen Stand der Erfassung und Pflege technischer Denkmale in den Bezirken sowie den einzelnen Industriezweigen in der DDR. Die regionale Verteilung der in die „Technischen Denkmale in der DDR" aufgenommenen technischen Denkmale weist daher ein deutliches Süd-Nord-Gefälle mit einer Schwerpunktbildung im südlichen Teil der DDR, d. h. vor allem in den heutigen Bundesländern Thüringen und insbesondere Sachsen, auf.[26] Dies war zum einen „in gewissem Maße" der historischen Entwicklung von Industrie und Technik in Ostdeutschland, zum anderen aber auch dem Bearbeitungsstand der technischen Denkmale in der DDR geschuldet.

Zum historischen Kontext der Pflege technischer Denkmale in der DDR

Als 1971 die ersten konzeptionellen Überlegungen für das Buch „Technische Denkmale in der DDR" begannen, konnte die DDR bereits auf zwei Jahrzehnte Erfahrungen in der speziellen Problematik technischer Denkmale zurückblicken.[27] Früher als in Westdeutschland bzw. der Bundesrepublik Deutschland hatte man hier auf die sich nach dem Zweiten Weltkrieg ändernden Vorstellungen von der historischen Entwicklung und Bedeutung der Industrialisierung und der Industriegesellschaft reagiert und den aus der Vorkriegszeit überkommenen „bürgerlichen" Denkmalbegriff des „Technischen Kulturdenkmals" erweitert bzw. durch ein neues Verständnis des kulturellen Erbes in einer sozialistischen Gesellschaft unter dem Oberbegriff der „Geschichte der Produktivkräfte" zu ersetzen gesucht. Der Begriff „Technisches Kulturdenkmal" verdankte seine Entstehung der Emanzipationsbewegung der deutschen Ingenieure im Kaiserreich.[28] Im Ringen um ihre soziale Anerkennung und akademische Gleichstellung in der Wilhelmischen Gesellschaft gelang es den Ingenieuren bzw. ihrer Interessensvertretung im *Verein Deutscher Ingenieure* (VDI) um 1900, das Promotionsrecht zum Doktor-Ingenieur für „ihre" Technischen Hochschulen durchzusetzen. Zugleich suchten sie die gesellschaftliche Anerkennung „ihrer" Leistungen durch die Etablierung einer ingenieurorientierten Technikgeschichtsschreibung sowie die Gründung des „Deutschen Museums für Meisterwerke der Naturwissenschaft und Technik" in München (1906) auf eine breite Basis zu stellen. Die Technik und ihre Maschinen sollten als „Kulturleistungen" Anerkennung finden und damit zugleich die gesellschaftliche Position der Ingenieure aufwerten. Bewusst suchte man dabei mit dem Begriff „Meisterwerke" den Anschluss an das

---

[24] Wagenbreth/Wächtler: Technische Denkmale in der DDR (1989). Die 15 Kategorien umfassten Denkmale der Wasser-, Gas- und Elektroenergieversorgung, des Bergbaus, von Hüttenanlagen und Hammerwerken, des Maschinenbaus und der Eisengießerei, der Elektrotechnik und Elektronik, der chemischen Industrie, der Bautechnik, Baustoff- und Silikatindustrie, des Textilgewerbes und der Textilindustrie, aus Handwerk, Gewerbe und Leichtindustrie, Mühlen und Lebensmittelindustrie, des Spielzeuggewerbes und der Holzindustrie, des Nachrichten- und Transportwesens, der historischen Theatertechnik und Orgelmechanismen, wissenschaftliche Geräte sowie für Techniker, Technikwissenschaftler und Ereignisse der Produktions- und Verkehrsgeschichte.

[25] Zitate aus Wächtler/Wagenbreth: Technische Denkmale in der DDR (1989), S. 5.

[26] Vgl. dazu die Übersichtskarte der wichtigsten technischen Denkmale, Abb. 2, ebenda, S. 22.

[27] Vgl. Helmuth Albrecht: Geschichte, Stand und Perspektiven der Industriedenkmalpflege und Industriearchäologie in Sachsen, in: Blätter für Technikgeschichte, Bd. 63 (2001), S. 61–97.

[28] Zur Geschichte der technischen Denkmalpflege bzw. Industriedenkmalpflege in Deutschland vgl. allgemein Wolfgang König: Zur Geschichte der Erhaltung technischer Kulturdenkmale in Deutschland. Einführung zur Faksimile-Ausgabe von Conrad Matschoss, Werner Lindner (Hrsg.): Technische Kulturdenkmale, München 1932, Klassiker der Technik, Düsseldorf 1984, S. XXIII-XXVII; Friederike Waentig: Denkmale der Technik und Industrie: Definition und Geschichte, in: Technikgeschichte, Bd. 67 (2000) Heft 2, S. 85–110; Alexander Kierdorf, Uta Hassler: Denkmale des Industriezeitalters. Von der Geschichte des Umgangs mit Industriekultur, Tübingen, Berlin 2000.

allgemeine Kulturverständnis der bürgerlich-aristokratischen Gesellschaft des Kaiserreichs. Die eigentliche „Entdeckung" des technischen Denkmals und damit der Beginn der technischen Denkmalpflege vollzogen sich in Deutschland jedoch erst in den 1920er Jahren. Neben dem Deutschen Museum unter Oskar von Miller und dem VDI unter Conrad Matschoß übernahm dabei der 1904 gegründete Deutsche Bund Heimatschutz unter seinem Geschäftsführer Werner Lindner eine führende Rolle. Deutsches Museum, VDI und Heimatschutzbund initiierten 1926/27 eine erste Erfassung technischer Denkmale in Deutschland.[29] Als Ergebnis erschien 1932 das von Conrad Matschoß und Werner Lindner herausgegebene Buch „Technische Kulturdenkmale", in dem programmatisch das spezifische Verständnis dieser frühen Epoche der technischen Denkmalpflege zum Ausdruck kam. Im Mittelpunkt der Dokumentation standen vor allem vorindustrielle und frühindustrielle Denkmale aus den Bereichen Kraftmaschinen (Muskel-, Wasser-, Wind-, Dampfkraft), Bergbau und Hüttenwesen, Bauwesen sowie von Handwerk, Gewerbe und bäuerlicher Kultur.[30] Die Textilindustrie, der Werkzeugmaschinenbau oder der Eisenbahnbau als wesentliche Motoren der Industrialisierung fanden in dem Werk ebenso wenig Berücksichtigung wie die neueren Industriezweige der chemischen Industrie, der Elektroindustrie oder des Automobilbaus. Das hier entwickelte Konzept des „technischen Kulturdenkmals" basierte auf dem vorindustriell geprägten Verständnis des Heimatbundes von einer der Gesellschaft und Landschaft angepassten Technik und auf dem Versuch der Ingenieure, die Technik des Industriezeitalters in das zeitgenössische Kultur- und Ästhetikverständnis einzubauen. So schrieb Conrad Matschoß 1932 in seiner Einleitung zum Buch „Technische Kulturdenkmale": *„In früheren Zeiten war die Technik etwas Naturnotwendiges und Naturgegebenes und fügte sich planvoll in den Rahmen des menschlichen Daseins ein. Nicht von der Vernichtung des Landschaftsbildes, sondern oft von einer Hervorhebung könnte man reden. Aber vielleicht sind, als die ersten Windmühlen aufkamen, sie nicht als schön empfunden*

worden, wenn man sich angesichts der Notwendigkeit, sie für den Menschen arbeiten zu lassen, überhaupt den Kopf zerbrochen hat über die Frage, ob schön oder nicht schön. Die Entwicklung im 19. Jahrhundert ging mit solcher Geschwindigkeit vor sich, daß es dem menschlichen Empfinden nicht gelang, alle diese neuen Schöpfungen in den Kreis des kulturellen Lebens mit einzufügen".[31]

Das Konzept der „Meisterwerke" und der „Kulturdenkmale" der Technik schien nicht nur frühen Protagonisten wie von Miller, Matschoß und Lindner geeignet, der wachsenden Kritik am „technischen Fortschritt" und den sozialen wie ökologischen Folgen des Industrialisierungsprozesses wirksam zu begegnen. Es überdauerte auch den Zweiten Weltkrieg und prägte bis in die 1970er die Auseinandersetzung mit der Entwicklung von Technik und Industrialisierung im Bereich des Museumswesens und in der Denkmalpflege in Deutschland. Gründungen wie das *Deutsche Bergbau-Museum* in Bochum (1930) oder des noch auf Vorkriegskonzepten *beruhenden Westfälischen Freilichtmuseums Technischer Kulturdenkmale* in Hagen (1960), die Herausgabe der Zeitschrift *Technische Kulturdenkmale* (ab 1966 durch den Förderverein des Freilichtmuseums) oder der vergebliche Versuch der *Hauptgruppe Technikgeschichte* des VDI, am Deutschen Museum in München ein bundesweites Inventar technischer Denkmale (1965) aufzubauen, zeugen davon ebenso wie das zwischen 1989 und 1995 von der Georg-Agricola-Gesellschaft herausgegebene und im VDI-Verlag publizierte zehnbändige Monumentalwerk „Technik und Kultur".[32] Letzteres ist gleichermaßen Ausdruck eines einerseits späten Versuchs, angesichts der unübersehbaren ökologischen Folgen der Technisierung und Industrialisierung unserer Gesellschaft nach Ölkrise und Tschernobyl nochmals den kulturellen Wert der Technik zu beschwören, wie anderseits aber auch des Versuchs, neue Ansätze in der demokratischen Auseinandersetzung mit der Technik und der industriellen Arbeits- und Lebenswelt in die Darstellung aufzunehmen. *„Wir alle wissen noch viel zu*

---

[29] Erste Ergebnisse der Erfassung wurden publiziert unter dem Titel „Technische Kulturdenkmäler" in: Beiträge zur Geschichte der Technik und Industrie. Jahrbuch des Vereines Deutscher Ingenieure, hrsg. von Conrad Matschoss, 17. Band, Berlin 1927, S. 123–152.

[30] Vgl. Conrad Matschoss, Werner Lindner (Hrsg.): Technische Kulturdenkmale. München 1932 (Faksimile-Ausgabe, Düsseldorf 1984, Klassiker der Technik).

[31] Ebenda, S. 1.

[32] Technik und Kultur, im Auftrage der Georg-Agricola-Gesellschaft hrsg. von Armin Hermann und Wilhelm Dettmering. 10 Bände und Registerband, Düsseldorf 1989–1995 (Bd. 1: Technik und Philosophie, Bd. 2: Technik und Religion, Bd. 3: Technik und Wissenschaft, Bd. 4: Technik und Medizin, Bd. 5: Technik und Bildung, Bd. 6: Technik und Natur, Bd. 7: Technik und Kunst, Bd. 8: Technik und Wirtschaft, Bd. 9: Technik und Staat, Bd. 10: Technik und Gesellschaft).

wenig von der Bedeutung der Technik für unsere Gesellschaft und unser Denken. Tatsächlich spielte bei der Entwicklung der Menschheitskultur die Technik von Anfang an eine entscheidende Rolle ...", heißt es in der Einleitung zum Gesamtwerk „Technik und Kultur". „Da nun überall die Auseinandersetzung um die Technik voll entbrannt ist – und neben klugen Vorschlägen auch viele törichte und gefährliche zu hören sind – fühlt sich die Georg-Agricola-Gesellschaft aufgerufen, den ihr gemäßen Beitrag zu dieser Diskussion zu leisten".[33]

Diese „Diskussion" um die Technik und ihre Denkmale sowie beider Stellenwert in Kultur und Gesellschaft hatte im nunmehr geteilten Deutschland sowohl in der DDR wie auch in der Bundesrepublik schon vor längerer Zeit begonnen. Eine zumindest zeitliche Vorreiterrolle fiel dabei der Denkmalpflege in der DDR zu. Bereits 1951 hatte der Dresdener Landeskonservator und Architekt Hans Nadler mit der systematischen Erfassung und Dokumentation „technischer Denkmale" in Sachsen begonnen, wobei ca. 1.000 Objekte erfasst wurden. Nur ein Jahr später erfolgte 1952 die Aufnahme der Gattung „technische Denkmale" in die *Verordnung zur Erhaltung und Pflege der nationalen Kulturdenkmale der DDR* und die Schaffung einer ersten Planstelle für einen „technischen Denkmalpfleger" in Dresden. In den Städtischen Kunstsammlungen Görlitz konnte im selben Jahr eine Ausstellung unter dem Titel „Technische Kulturdenkmale" gezeigt werden und 1955 wurde in Dresden eine Wanderausstellung „Technische Kulturdenkmale" erarbeitet, die in 23 Orten insgesamt etwa 400.000 Besucher zählte. Seit Mitte der 1960er Jahre wurden in der gesamten DDR „Denkmale der Produktions- und Verkehrsgeschichte wie handwerkliche, gewerbliche und landwirtschaftliche Produktionsstätten mit ihren Ausstattungen, industrielle und bergbauliche Anlagen, Maschinen und Modelle, Verkehrsbauten und Transportmittel" systematisch erfasst. Das Denkmalgesetz der DDR von 1975 stufte diese Denkmale schließlich, wie bereits dargestellt, ihrer Bedeutung nach auf Kreis-, Bezirks- und Landesebene ein.

Wurde in den 1950er Jahren in der DDR, wie das Beispiel der Görlitzer und Dresdener Ausstellungen zeigt, noch der Vorkriegsbegriff „Technische Kulturdenkmale" verwandt, so wandelte sich diese Bezeichnung mit der *Verordnung über die Pflege und den Schutz der Denkmale* von 1961 in „Technische

Denkmale". Verbunden war dies im Rahmen einer Geschichte der Produktivkräfte, unter bewusster Abkehr von einem „bürgerlichen" hin zu einem neuen, nun marxistisch geprägten Geschichtsbild, mit einer inhaltlichen Neuinterpretation des kulturellen Erbes, was wiederum zu einer inhaltlichen und zeitlichen Erweiterung des Gegenstandsbereiches der Pflege technischer Denkmale in der DDR führte. Bereits im Vorwort der ersten Auflage des Werkes von 1973 verwies der damalige Präsident des Kulturbundes der DDR, Max Burghardt, darauf hin, dass „die wachsende Führungsrolle der Arbeiterklasse in der sozialistischen Gesellschaft ... die Garantie für die historisch richtige Wertung der technischen Denkmale, ihre Pflege und ihre gesellschaftliche Nutzung" bietet. ...„ Unser Geschichtsbild muß deshalb notwendigerweise die Geschichte der Produktivkräfte einschließen. Keine Klasse hat in der Geschichte derartige gewaltige und komplizierte Aufgaben bei der Entwicklung der Produktivkräfte zu lösen gehabt, wie die Arbeiterklasse."[34] Ein im Verlauf der Zeit immer wieder leicht ergänzter und neueren Entwicklungen angepasster Bestandteil jeder Auflage der „Technischen Denkmale in der DDR" waren daher die einleitenden Kapitel „Die Erhaltung technischer Denkmale – Recht und Verpflichtung der Arbeiterklasse in der Deutschen Demokratischen Republik" sowie „Zur Geschichte der Pflege technischer Denkmale", die nicht nur den ideologischen Unterbau für die Pflege technischer Denkmale im Sozialismus und der Darstellung ihrer Entwicklung in der DDR lieferten, sondern auch deren inhaltliche und zeitliche Neuausrichtung begründeten. Technische Denkmale, stammten sie nun aus vorindustrieller Zeit oder aus dem Industriezeitalter, wurden insgesamt als Sachzeugnisse der Geschichte der Produktivkräfte betrachtet, als „kristallisierte Schöpferkraft" der „Produzenten", d.h. der Arbeiter, Ingenieure und Wissenschaftler, der „alten und neuen Technik", und als „Waffen, die wir weiter entwickeln müssen, um den Sieg des Sozialismus in der Welt zu vollenden. ... Die Würdigung der bisherigen Leistung und die feste Verankerung dieser Analyse im sozialistischen Geschichtsdenken ist eine erstrangige gesellschaftliche Aufgabe. Deshalb ist die Pflege technischer Denkmale das Recht und eine ernstzunehmende Verpflichtung der Arbeiterklasse."[35]

---

[33] Zitiert aus der Einleitung zum Gesamtwerk in: Laetitia Boehm, Charlotte Schönbeck (Hrsg.): Technik und Bildung. Düsseldorf 1989 (Technik und Kultur, Bd. V), S. VII.

---

[34] Vorwort zur ersten Auflage, zitiert nach: Wächtler/Wagenbreth: Technische Denkmale in der DDR (1977), S. 4.

[35] Zitat aus dem Kapitel „Die Erhaltung technischer Denkmale – Recht und Verpflichtung der Arbeiterklasse in der Deutschen Demokratischen

Das alte, vor allem auf vorindustrielle bzw. frühindustrielle technische Denkmale beschränkte Konzept der „Kulturdenkmale der Technik" wurde nunmehr auf technische Denkmale auch des Industriezeitalters der zweiten Hälfte des 19. und der ersten Hälfte des 20. Jahrhunderts ausgedehnt. Darüber hinaus öffnete man zumindest programmatisch den bislang auf technische Denkmale der Produktions- und Verkehrsgeschichte beschränkten Ansatz der technischen Kulturdenkmale im Zeichen der neuen Konzeption „technischer Denkmale" für verwaltungs- und sozialgeschichtlich mit den Produktionsanlagen in Verbindung stehende Bauten und Anlagen. In der vierten Auflage der „Technische Denkmale in der DDR" aus dem Jahre 1983 heißt es dazu: *„Auch mit anderen Denkmalen haben die technischen Denkmale Berührungspunkte und teilweise Überschneidungsbereiche ..., da die Arbeit in der gesellschaftlichen Produktion stets auch Bestandteil der Kultur- und Lebensweise der Bevölkerung ist. ... Umgekehrt müssen die zu den Produktionsstätten gehörenden Verwaltungsgebäude, Werkswohnungen, Unternehmervillen stets in den Komplex der betreffenden, im engeren Sinne technikgeschichtlichen Sachzeugen mit einbezogen, also auch als Denkmale der Produktionsgeschichte betrachtet werden."*[36] In der denkmalpflegerischen Praxis betraf dies vor allem Arbeiterwohnhäuser und Verwaltungsgebäude, die nun die noch immer dominierenden technischen Denkmale „im engeren Sinne" der Produktions- und Verkehrsgeschichte in den neu erschienenen Auflagen der „Technischen Denkmale in der DDR" ergänzten. Schon in der ersten Auflage von 1973 nahmen allerdings technische Denkmale der Produktionsgeschichte, die sich direkt mit der Geschichte der Arbeiterbewegung verbinden ließen, eine besonders prominente Position ein. So vor allem der Karl-Liebknecht-Schacht in Oelsnitz/Erzgebirge, der als museal gestaltetes technisches Denkmal mit der am 13. Oktober 1948 als „historische Tat" inszenierten Hochleistungsschicht des Steinkohlenhauers Adolf Hennecke als Denkmal für den Beginn der Aktivistenbewegung in der DDR und damit als technisches Denkmal der Geschichte der Produktivkräfte und der Arbeiterbewegung in der DDR gefeiert wurde und dessen Erhalt nach Schließung des Steinkohlenbergbaus im Lugau-Oelsnit-

zer Revier ab 1976 als technisches Denkmal letztlich diesem besonderen Umstand zu verdanken war.

Zum internationalen Kontext der Pflege technischer Denkmale in der DDR

Neben DDR-internen politischen und ideologischen Rahmenbedingungen spielten dabei auch internationale Einflüsse wie die seit Mitte der 1950er Jahre von Großbritannien ausgehende Entwicklung der „Industrial Archaeology" eine Rolle. Im Jahr des Erscheinens der ersten Auflage der „Technischen Denkmale in der DDR" vertrat Wächtler 1973 die DDR auf dem ersten Kongress für die Bewahrung industrieller Monumente in Ironbridge/Großbritannien, aus dessen Folgekongressen 1975 in Bochum, 1978 in Stockholm und schließlich 1981 in Grenoble das bereits erwähnte *Internationale Komitee zur Bewahrung des industriellen Erbes (TICCIH)* hervorgehen sollte. Aus Ironbridge zurückgekehrt, so Eberhard Wächtler in seiner Autobiografie, *„wuchs in mir das Verlangen, am Beispiel der DDR einen Beitrag für eine internationale Konzeption auf diesem Gebiet zu erarbeiten. Einen ersten Beitrag glaubte ich, dafür schon mit Otfried Wagenbreth angedacht zu haben".*[37] Im vorgegebenen ideologischen Rahmen der Geschichte der Produktivkräfte war man in der DDR durchaus bereit, sich dem neuen, aus England stammenden Konzept der „industrial archaeology" zu öffnen, wobei man dieses freilich im Sinne der eigenen „*marxistisch-leninistischen Konzeption zur Pflege der Industriedenkmale*"[38] umdeutete, was nicht nur in den verschiedenen Auflagen der „Technischen Denkmale in der DDR", sondern auch in einer Reihe von programmatischen Publikationen der Herausgeber Wächtler und Wagenbreth in den 1970er und 1980er Jahren deutlich wird.[39]

---

[37] Wächtler Autobiografie (2013), S. 189.

[38] Vgl. das Vorwort zur zweiten Auflage der Technischen Denkmale in der DDR (1977), S. 6 sowie Wächtler/Wagenbreth: Soziale Revolution und Industriearchäologie (1977).

[39] Vgl. Eberhard Wächtler, Otfried Wagenbreth: Ziel und Methode der Pflege technischer Denkmale in der Deutsche Demokratischen Republik. In: Beiträge zur Geschichte der Produktivkräfte, Bd. IX. Leipzig 1975 (Freiberger Forschungshefte D 90); Eberhard Wächtler, Otfried Wagenbreth: Soziale Revolution und Industriearchäologie. In: Ethnographisch-Archäologische Zeitschrift, 18. Jg. (1977) H. 3, S. 399–417; Eberhard Wächtler, Otfried Wagenbreth: Industrial Archaeology in the German Democratic Republic 1981–1984. In: Industrial Heritage '84 - National Reports. The fifth International Conference on the Industrial

---

Republik", in: Wagenbreth/Wächtler: Technische Denkmale in der DDR (1989), S. 12.

[36] Wächtler/Wagenbreth: Technische Denkmale in der DDR (1983), S. 17.

Das seit Mitte der 1950er Jahre in England entwickelte Konzept der „Industriearchäologie" mit seiner Orientierung auf die Prozesse der „Industriellen Revolution" und „Industrialisierung" öffnete einen Weg aus dem im Wesentlichen vorindustriell, gestalterisch und konstruktionsgeschichtlich orientierten Konzept des „Technischen Kulturdenkmals". Der Anspruch „*industrial archaeology is a cultural archaeology, the study of the culture in which industry has been dominant and in particular its physical manifestations and the light they shed upon our understanding of industrial archaeology*"[40] ermöglichte eine Neuorientierung in der Analyse und Bewertung technischer bzw. industrieller Artefakte und Denkmale im Kontext der wirtschaftlichen, sozialen und kulturellen Hintergründe der Industrialisierung.[41] Über Eberhard Wächtler, der seit 1978 dem Vorstand der internationalen Expertenorganisation TICCIH (Internationales Komitee zur Bewahrung des industriellen Erbes) angehörte und die DDR darüber hinaus seit 1974 im Exekutivkomitee von ICOTHEC (Internationales Komitee für Geschichte der Technik) sowie seit 1986 in CIMUSET (Internationales Komitee für technische und wissenschaftliche Museen) vertrat, erlangte die „Industrial Archaeology" Einfluss auf die Entwicklung der Pflege technischer Denkmale in der DDR. Wächtler schrieb 1996 rückblickend zur Rolle des über TICCIH vermittelten Konzeptes der Industriearchäologie für die DDR: „*Diese und ähnliche Auffassungen wurzelten letztlich auch in verschiedenen Aussagen von Karl Marx, dessen Analysen der industriellen Großproduktion, dessen gesellschaftliche Bewertung der Technik auf keinerlei Ablehnung stieß. So kam es auch dazu, daß die Vertreter beider deutscher Staaten auf der Konferenz die Weichen zu einer sehr konstruktiven Zusammenarbeit stellten. ... Das in Ost und West praktizierte Ordnungsprinzip der ausgewählten*

industriearchäologischen Objekte ähnelte sich sicher nicht zufällig."[42] Für die Pflege technischer Denkmale in der DDR und damit für die Programmatik, Methodik und Auswahl der Objekte in dem Werk „Technische Denkmale in der DDR" bedeutete dies neben einer grundsätzlichen Orientierung an einer marxistisch-leninistischen Interpretation der Geschichte der Produktivkräfte auch eine inhaltliche „*Schwerpunktverlagerung der technischen Denkmalspflege auf die Zeit seit der industriellen Revolution*" sowie eine „*Einbeziehung der Menschen, welche die Maschinen nutzten*", also vor allem der Arbeiterklasse.[43]

Die von Wächtler 1996 konstatierte Übereinstimmung der gesellschaftlichen Bewertung der Technik in Ost und West ist allerdings mit gewisser Vorsicht zu bewerten. Zu Beginn der 1970er Jahre gab es unter westlichen Wirtschafts- und Technikhistorikern zwar durchaus eine ganze Reihe überzeugter Anhänger und Verfechter der Geschichte der Produktivkräfte bzw. eines marxistischen Theorieansatzes in der Geschichtswissenschaft, allerdings zumeist ohne die für die DDR-Geschichtsschreibung charakteristische Dogmatik und Linientreue. Jenseits des sowjetischen Machtbereiches waren es vielmehr grundsätzliche Entwicklungen zur Erweiterung einer bislang vor allem auf eine enge Politik- oder Technikgeschichte orientierten Geschichtsschreibung um eine offenere Wirtschafts- und Sozialgeschichte, die sich seit den 1950er Jahren zunehmend auch den Fragen der historischen Entwicklung der Technik und der Industriegesellschaft annahm. Die US-amerikanische wie auch die westeuropäische Wirtschafts-, Sozial- und Technikgeschichtsschreibung öffnete sich der neuen Sozial- und Alltagsgeschichtsforschung und begann mit einer „modernen" Technikgeschichte das herkömmliche Bild einer prinzipiell positiven, autonomen und linearen Technikentwicklung infrage

---

Heritage. Washington 1984, S. 46–49; Eberhard Wächtler: Erhaltung und Nutzung von Denkmalen der Geschichte der Produktivkräfte und Technik. In: Unsere sozialistische Erbepflege dient dem Wohl des Volkes. Ergebnisse und Erklärungen bei der Pflege und Verbreitung des deutschen Kulturerbes seit dem X. Parteitag. Dokumentation von der Tagung am 20.IX.1985 beim Vorsitzenden des Ministerrates der DDR Willi Stoph. Hrsg. vom Nationalen Rat der DDR zur Pflege des deutschen Kulturerbes. Berlin 1986.

[40] Neil Cossons: The BP Book of Industrial Archaeology. 3rd Edition, London 1993, S. 10.

[41] Vgl. dazu Kierdorf/Hassler (2000), S. 107 ff.

[42] Eberhard Wächtler: Karl Marx, zwei deutsche Staaten und die Industriearchäologie. Gedanken zum Beitrag der DDR zur Formierung und Institutionalisierung der Industriearchäologie 1973 bis 1990. In: COMPARATIV. Leipziger Beiträge zur Universalgeschichte und vergleichenden Gesellschaftsforschung, Leipzig 1996, S. 225–232, hier S. 227.

[43] Eberhard Wächtler, Otfried Wagenbreth: Aims and Methods of the Care of Technical Monuments in the G. D. R. (Vortrag auf ICCIM-Tagung in Ironbridge/GB 1973, in dt. publiziert in Freiberger Forschungshefte D 90, 1975).

zu stellen.[44] Über das Konzept der «industrial archaeology» vermittelt, wirkte sich das auch auf die Beschäftigung mit den Denkmalen von Technik und Industrie aus und führte beispielsweise in der Bundesrepublik, ganz ähnlich wie in der DDR, zur Aufgabe des Begriffs „Technisches Kulturdenkmal" zugunsten des „Technischen Denkmals". Prominentestes Beispiel dafür ist die seit 1975 von Rainer Slotta herausgegebene Buchreihe „Technische Denkmäler in der Bundesrepublik Deutschland", die allerdings an ihrer Zielsetzung einer umfassenden Dokumentation aller technischen Denkmale in der Bundesrepublik scheiterte und niemals vollendet wurde.[45] Slotta selbst wurde mit seinem 1982 erschienenen Buch „Einführung in die Industriearchäologie"[46] zum frühen Protagonisten des Konzepts der Industriearchäologie in Westdeutschland, ohne dieses Konzept jedoch in der Bundesrepublik langfristig gegen das zeitgleich aufkommende Konzept der „Industriekultur" etablieren zu können.

Das bundesdeutsche Konzept der Industriekultur und die Pflege technischer Denkmale in der DDR

Unter dem Begriff „Industriekultur" entwickelte sich in Westdeutschland parallel zur Industriearchäologie im Gefolge der gesellschaftskritischen 1968er-Bewegung eine neue, umfassendere Sichtweise in der Interpretation der Phänomene und Entwicklungen des Industriezeitalters.[47] Im Zusammenhang mit einem allgemeinen Wandel in der Vorstellung von der historischen Entwicklung und Bedeutung der Industrialisierung und der Industriegesellschaft, kam es zu einer Neuinterpretation und Neubewertung des „industriellen" Zeitalters, die den Zeithorizont auf das gesamte und – im Gegensatz zur Industriearchäologie – auch auf das noch als andauernd interpretierte Zeitalter der Industrie ausdehnte, andererseits aber auch die inhaltliche Perspektive durch die Einbeziehung der gesamten Kulturgeschichte des Industriezeitalters wesentlich erweiterte. Damit wurde der Blick zugleich auf eine kritische Auseinandersetzung mit der Gegenwart und die aktuellen Entwicklungstendenzen der Industriegesellschaft sowie der in ihnen wirkenden maßgeblichen politischen und kulturellen Phänomene gelenkt. Von dieser Entwicklung wurden nicht nur die Geschichtsschreibung und die Denkmalpflege des Industriezeitalters erfasst, sondern alle mit der Überlieferung und Deutung der historischen Quellen befassten Institutionen.

Die Idee der „Industriekultur", bereits im späten Kaiserreich im Umfeld der künstlerischen Reformbewegung des „Werkbundes" in Auseinandersetzung mit der baulichen Gestaltung sowie den die Landschaft prägenden und verändernden Wirkungen von Industrieanlagen entstanden und als Versöhnung von Technik und Kultur bzw. von Pragmatismus und Idealismus konzipiert, wurde jetzt wesentlich erweitert.[48] Ihre ursprünglich auf Unternehmenskultur und künstlerisch sublimierte industrielle Formen beschränkte Ausrichtung wurde nun von Kulturhistorikern kritisiert, relativiert und mit der Entwicklung der Alltagskultur des Industriezeitalters konfrontiert. Die bislang elitäre Kunstgeschichte entdeckte dabei das Phänomen der Massenkultur, und Museen wie das Stadtmuseum der Autostadt Rüsselsheim räumten der Alltagskultur des Industriezeitalters erstmals eigene Abteilungen ein. Neu gegründete Spezialmuseen wie das *Museum der Arbeit* in Hamburg oder das *Museum für Technik und Arbeit* in Mannheim thematisierten jetzt in einem breiten sozialgeschichtlichen Kontext die Entwicklung von Technik, Industrie und Arbeit. Das Konzept der Industriekultur bildete darüber hinaus die Klammer für zahlreiche kulturhistorische Ausstellungen zur Industrialisierung und zur jüngeren Regionalgeschichte wie etwa in Nürnberg, Berlin oder Dortmund.[49] Industriegeschichtlich engagierte Museen und Archive began-

---

[44] Vgl. dazu u. a. Karin Hausen, Reinhard Rürup (Hrsg.): Moderne Technikgeschichte. Köln 1975 sowie Ulrich Troitzsch, Gabriele Wohlauf (Hrsg.): Technik-Geschichte. Historische Beiträge und neuere Ansätze. Frankfurt am Main 1980.

[45] Rainer Slotta (Hrsg.): Technische Denkmäler in der Bundesrepublik Deutschland. Bd. 1, Bochum 1975 (Veröffentlichungen aus dem Deutschen Bergbau-Museum Bochum 7); Bd. 2: Elektrizitäts-, Gas- und Wasserversorgung, Entsorgung (1977); Bd. 3: Die Kali- und Steinsalzindustrie (1980); Bd. 4.1: Der Metallerzbergbau, Teil 1 (1983); Bd. 4.2: Der Metallerzbergbau, Teil 2 (1983); Bd. 5.1: Der Eisenerzbergbau (1986).

[46] Rainer Slotta: Einführung in die Industriearchäologie. Darmstadt 1982.

[47] Vgl. dazu Kierdorf/Hassler (2000), S. 145 ff.

[48] Vgl. dazu Kierdorf/Hassler (2000), S. 73 ff. und 161 ff.

[49] Vgl. u. a. Herman Glaser, Wolfgang Ruppert, Norbert Neudecker (Hrsg.): Industriekultur in Nürnberg. Eine deutsche Stadt im Maschinenzeitalter. München 1980; Jochen Boberg, Tilman Fichter, Eckhart Gillen: Exerzierfeld der Moderne. Industriekultur in Berlin im 19. Jahrhundert. München 1984; Jochen Boberg, Tilman Fichter, Eckhart Gillen: Die Metropole. Industriekultur in Berlin im 20. Jahrhundert. München 1986.

nen sich um die Förderung und Einbeziehung lokalhistorischer Geschichtsforschung sowie der Bevölkerung ihrer Region zu bemühen. Journalisten wie Günter Wallraff beschrieben in ihren Reportagen und Büchern die aktuellen Arbeitsverhältnisse in Industriebetrieben. Auf lokaler und regionaler Ebene etablierten sich Geschichtswerkstätten, die sich „basisdemokratisch" einer als „Aufklärung" gedachten Erforschung ihrer „eigenen" Geschichte sowie von Reiz- und Tabuthemen wie Arbeitergeschichte, Frauengeschichte oder Zwangsarbeit und Nationalsozialismus annahmen. Gerade die Beschäftigung mit der Industriekultur wurde in diesem Zusammenhang als ein Beitrag zur Ausbildung einer „demokratischen Identität" verstanden.[50]

Als neuer Typus der Darstellung und Interpretation der Lebens- und Arbeitswelt im Industriezeitalter und zugleich als Teil des neuen Konzeptes der Industriedenkmalpflege etablierten sich im Zuge dieser Entwicklung die Industriemuseen mit ihrer Grundidee, Technik, Produktion und Arbeitswelt des Industriezeitalters ebenso wie Privatleben und Freizeitkultur aller sozialen Schichten der Industriegesellschaft möglichst authentisch und nachvollziehbar am originalen Standort, im originalen Gebäude, mit originalen Objekten sowie ergänzenden Inszenierungen und praktischen Vorführungen zu erhalten und darzustellen. Richtungweisend dafür wurden die beiden Anfang der 1980er Jahre gegründeten nordrhein-westfälischen Industriemuseen des Rheinlandes und Westfalens mit ihren dezentralen Standorten, die jeweils eine der für ihre Region typischen historischen Industriebranchen oder Infrastrukturprojekte vertreten.[51] Zahlreiche weitere Industriemuseen bis hin zum 1998 gegründeten Zweckverband Sächsischer Industriemuseen[52] folgten bis heute diesem Beispiel.

Einem derart demokratischen, gerade auch auf eine kritische Analyse der gegenwärtigen gesellschaftlichen und bald darauf auch der ökologischen Zustände und Entwicklungstendenzen in der Industriegesellschaft verpflichteten Konzept, konnte und wollte die von der SED kontrollierte und zentral gelenkte technische Denkmalpflege in der DDR natürlich nicht folgen. Gleichwohl lassen sich gewisse Einflüsse oder auch Parallelen in der Begründung der gesellschaftlichen Bedeutung und Funktion der technischen Denkmale feststellen. So heißt es im Kapitel über die „Methodik der Pflege" in dem Buch „Technische Denkmale der DDR" u.a.: *„Die Methodik der Pflege technischer Denkmale wird von ihrer gesellschaftlichen Bedeutung, Wertung und Nutzung bestimmt. ... Es geht also nicht nur um die historische Aussage von Produktionsstätten und Produktionsinstrumenten untergegangener Gesellschaftsformationen, sondern um technische Anlage der gesamten Entwicklung der Produktivkräfte bis zur Gegenwart. ... Es würde die Wirkungsmöglichkeiten von produktionsgeschichtlichen Sachzeugen empfindlich einengen, wenn die Pflege technischer Denkmale auf Maschinen, Aggregate und Geräte beschränkt bliebe, wenn man diese aus einem noch vorhandenen oder wiederherstellbaren räumlichen, funktionalen und sozialgeschichtlichen Zusammenhang risse, nur um sie in Museen zu konzentrieren."*[53] Die diesen Überlegungen durchaus innewohnenden Möglichkeiten zu einer kritischen Auseinandersetzung mit den gesellschaftlichen oder ökologischen Auswirkungen der technischen Entwicklung im Industriezeitalter beschränkte sich in der DDR allerdings auf eine kritische Betrachtung der bürgerlich-faschistischen Vorkriegsentwicklung sowie der Entwicklung im „kapitalistischen Ausland", namentlich in der Bundesrepublik, während die Entwicklung im eigenen Land und im sozialistischen Ausland grundsätzlich positiv und unter Umgehung aller kritischen Faktoren dargestellt wurde. *„Auf dem Gebiet der Denkmalpflege registrieren wir in der DDR nach der Befreiung vom Faschismus 1945 einen Maßstäbe setzenden*

---

[50] So beispielsweise Hermann Glaser: Industriekultur und Alltagsleben. Vom Biedermeier zur Postmoderne. Frankfurt am Main 1994, S. 7.

[51] Das Westfälische Industriemuseum umfasst die acht Standorte der Zeche Zollern in Dortmund (Zentrale), der Zeche Hannover in Bochum, der Zeche Nachtigall in Witten, des Schiffshebewerkes Henrichenburg in Waltrop, der Henrichshütte in Hattingen, des Textilmuseums Bocholt in Bocholt, der Ziegelei Lage in Lage und der Glashütte Gernheim in Petershagen im Kreis Minden-Lübbecke. Zum Rheinischen Industriemuseum gehören die sechs Standorte der alten Zinkfabrik Altenberg in Oberhausen (Zentrale) mit dem „Museum Eisenheim", einer Arbeitersiedlung in Oberhausen Osterfeld, und die „St. Antony Hütte" als erste Eisenhütte im Ruhrgebiet, in Ratingen die Textilfabrik Cromford, in Solingen die Gesenkschmiede Hendrichs, in Bergisch Gladbach die Papiermühle Alte Dombach, in Engelskirchen die Baumwollspinnerei Ermen & Engels und in Euskirchen die Tuchfabrik Müller.

[52] Der Zweckverband Sächsisches Industriemuseum umfasst die vier Standorte des Industriemuseums Chemnitz (Zentrale), des Westsächsischen Textilmuseums in Crimmitschau, der Zinngrube in Ehrenfriedersdorf und der Energiefabrik in Knappenrode.

[53] Zitiert nach Wachtler/Wagenbreth: Technische Denkmale in der DDR (1989), S. 16–18.

Neubeginn. Beseitigt wurden die ideologischen Grundlagen der Denkmalpflege aus kapitalistischer, insbesondere faschistischer Zeit. Beibehalten wurden die methodischen und fachlichen Erkenntnisse der Denkmalpflege, und intensiv genutzt wurde die Einsatzbereitschaft derjenigen Denkmalpfleger, die in der neuen Gesellschaftsordnung mitarbeiteten ...".[54] Zugleich betonte man die gesellschaftliche Bedeutung der technischen Denkmale *„nicht nur durch ihre historische Aussage"* oder *„durch ihren Bildungswert im Rahmen der Traditionspflege"*, sondern auch als *„wichtige Elemente in unserer sozialistischen Umwelt in Stadt und Land. ... Die emotionale Wirkung dieser Denkmale ist zwar weithin durch das überlieferte Geschichtsbild bedingt, aber selbstverständlich positiv einzuschätzen, da unsere sozialistische Gesellschaft der kritische Erbe aller Kulturleistungen der Vergangenheit ist".*[55] Das Fazit lautete: *„Die technischen Denkmale sind also für unsere Gesellschaft in doppelter Hinsicht zu erschließen: in ihrem historischen Bildungswert und ihrer emotionalen Wirkung als Gestaltungsfaktoren für unsere sozialistische Umwelt. Davon werden die Besonderheiten, die Auswahl, die Pflege und die gesellschaftliche Nutzung unserer technischen Denkmale bestimmt".*[56]

Die durchweg positive, an Bildungswert, Traditionspflege und positiver emotionaler Wirkung orientierte Ausrichtung der Pflege technischer Denkmale in der DDR zeigt ebenso wie eine inhaltliche Analyse der Publikation „Technische Denkmale in der DDR", dass die technische Denkmalpflege in der DDR mit ihrer sozialistischen Klassen- und Produktionsperspektive letztlich bis 1990 – wenn auch unter anderem Vorzeichen – in der Personen- und Technikgebundenheit des traditionellen Konzepts vom „Technischen Kulturdenkmal" verharrte. Deutlich wird dies in der Beibehaltung des Begriffs „technisches Denkmal", während sich in der Bundesrepublik für die spezifische Entwicklung im Industriezeitalter längst die Begriffe des „Industriedenkmals" und der „Industriekultur" durchgesetzt hatten, sowie auch im letzten großen, allerdings nicht mehr realisierten Projekt der technischen Denkmalpflege in der DDR, dem Plan eines „Technischen Nationalmuseums" der DDR, für das Eberhard Wächter noch 1989 einen Entwurf vorlegte, der sich im Wesentlichen in den Bahnen der herkömmlichen

marxistisch-leninistischen Konzeption der Pflege technischer Denkmale in der DDR bewegte. Selbst über die deutsche Wiedervereinigung hinaus prägte das Konzept des „technischen Denkmals" der DDR-Zeit die ostdeutsche Denkmalpflege. Das Denkmalschutzgesetz des Freistaates Sachsen kennt bis heute nur „technische Denkmale" und der 1992 neu geschaffene, noch von Eberhard Wächtler konzipierte und dann von Otfried Wagenbreth eingenommene Lehrstuhl für „Technikgeschichte und Industriearchäologie" an der TU Bergakademie Freiberg führt die „Industriearchäologie" und nicht die westdeutsche „Industriekultur" in seinem Namen.[57]

Fazit

Gleichwohl bleibt abschließend festzuhalten, dass die DDR früher als die Bundesrepublik der Erfassung, Erhaltung und Pflege technischer Denkmale Raum bot und dafür eine – sieht man einmal von ihrer ideologischen Überformung ab – effektive und tragfähige konzeptionelle wie organisatorische Struktur gab. Das methodische wie öffentlichkeitswirksame Grundlagenwerk dazu bildeten die von Otfried Wagenbreth und Eberhard Wächtler herausgegebenen Auflagen der „Technischen Denkmale in der DDR". Als Klassiker der technischen Denkmalpflege im deutschsprachigen Raum spiegeln sie nicht nur die Geschichte der technischen Denkmalpflege in der DDR, sondern auch der deutschen und internationalen Entwicklung in diesem Bereich in der zweiten Hälfte des 20. Jahrhunderts wider.

---

[54] Ebenda, S. 14.

[55] Ebenda, S. 17.

[56] Ebenda.

[57] Vgl. zur Freiberger Entwicklung auch Helmuth Albrecht: Von der Montangeschichte zur Industriekultur. Traditionspflege, Wissenschaftsgeschichte und technische Denkmalpflege an der Bergakademie Freiberg. In: Acamonta. Zeitschrift für Freunde und Förderer der Technischen Universität Bergakademie Freiberg. 21. Jg. (2014), S. 174–177.

Die Autoren der einzelnen Abschnitte sind:

Annotation

Technische Denkmale in der Deutschen Demokratischen Republik. Hrsg.: Otfried Wagenbreth u. Eberhard Wächtler. – 4., durchg. Aufl. – Leipzig: Dt. Verl. für Grundstoffind., 1989. – 352 S.: 269 Bild., 65 Abb. u. 22 Tab.

Nach einführenden allgemeinen Bemerkungen über Aufgaben und Methodik der Pflege technischer Denkmale wird ein repräsentativer Überblick über bedeutsame Objekte in der DDR gegeben: technische Denkmale der Wasser-, Gas- und Elektroenergieversorgung, des Bergbaus, des Maschinenbaus und der Eisengießerei, der Elektrotechnik/Elektronik, der chemischen Industrie, der Bautechnik, der Baustoff- und Silikatindustrie, des Textilgewerbes und der Textilindustrie, technische Denkmale aus Handwerk, Gewerbe und Leichtindustrie, Mühlen, des erzgebirgischen Spielzeuggewerbes, der Verkehrsgeschichte, historische Theatertechnik, wissenschaftliche Geräte sowie Gedenkstätten der Produktions- und Verkehrsgeschichte. Der Text wird durch zahlreiche Bilder ergänzt.

Vorwort

Mit dem vorliegenden Buch kommen Herausgeber und Autoren einem von breiten Kreisen interessierter Fachkollegen, von Arbeitern, Ingenieuren, Wissenschaftlern und anderen Interessenten immer wieder geäußerten Wunsch entgegen. Es ist nötig, auf dem Gebiet der Pflege und Erhaltung des industriellen Erbes erneut Bilanz zu ziehen, Erreichtes zu nennen, dessen Funktion zu interpretieren, Zukünftiges abzustecken und die optimalen Methoden zur Realisierung eines unserer Gesellschaftsordnung würdigen Programmes zu propagieren.

In wenigen Jahren erschienen von diesem Buch drei Auflagen. Wir danken dafür dem VEB Deutscher Verlag für Grundstoffindustrie und freuen uns, daß er sowie andere Verlage durch abrundende Spezialpublikationen unser Anliegen unterstützen bzw. unterstützen werden.

Es ist uns weiter ein Bedürfnis, dafür Dank zu sagen, daß sich an unserem Buch so viele Autoren beteiligt haben. Eine noch größere Anzahl von Denkmalpflegern und anderen interessierten Bürgern gab uns wichtige Hinweise. So ist das vorliegende Werk im wahrsten Sinne des Wortes das Resultat einer großen Kollektivleistung.

Wir haben versucht, alle Gruppen von technischen Denkmalen im Bereich der Industrie, des Gewerbes und des Verkehrswesens zu erfassen. Die Entwicklung der Produktivkräfte ist ein sehr komplexer Prozeß. Jedes Denkmal für sich genommen repräsentiert jedoch vordergründig stets eine spezifische Entwicklung. Das könnte mitunter in der Darstellung in Text wie Bildern beim Leser den Eindruck hervorrufen, als ob verschiedenen Denkmalgruppen ein unterschiedliches Gewicht eingeräumt worden wäre. Dies war jedoch nicht unsere Absicht.

Natürlich waren subjektive Gesichtspunkte bei der Auswahl und Beschreibung der technischen Denkmale nicht auszuschließen. Wir betrachten aber diesen »Subjektivismus« bei allen beteiligten Autoren als Ausdruck ihres Engagements, daß sie nicht nur Denkmale beschreiben, sondern diese auch betreuen und damit ständig im Blickwinkel haben.

Für scheinbare Disproportionen gibt es aber auch einige objektive Ursachen. So sind die Pflegemethoden und der Unterhaltungsaufwand für bestimmte Kategorien technischer Denkmale unterschiedlich. Zum Beispiel lasssen sich Sachzeugen solcher Industriezweige wie Bergbau und Metallurgie oft nur im Freien, als technische und architektonische Denkmale erhalten. Die Geschichte anderer Produktionsprozesse, z. B. auf dem Gebiet der Elektrotechnik, der Optik u. a., läßt sich viel stärker traditionell museal erschließen.

Weiter dürfen wir auch die Augen nicht davor verschließen, daß wir in einigen Industriezweigen bei der Erhaltung technischer Denkmale weiter fortgeschritten sind als bei anderen. Dieses unterschiedliche Niveau drückt selbstverständlich auch unserer Publikation seinen Stempel auf. Weder die Herausgeber noch das Autorenkollektiv möchten diese Tatsache bemänteln. Wir sind stolz auf das in der DDR Geschaffene und wissen, daß wir manches noch vollenden müssen.

Um die vielen repräsentativen Fotografien in hoher Qualität abbilden zu können, wurden sie, als »Bild« gekennzeichnet, auf Kunstdruckpapier reproduziert und am Ende des Buches in einem Tafelteil nach Sachgebieten geordnet beigefügt. Dagegen erscheinen alle zeichnerischen Darstellungen als »Abbildung« im laufenden Text.

Die Herausgeber danken für wertvolle Hinweise bei der Bearbeitung der Texte und für Unterstützung bei der Beschaffung von Bildmaterial.

Direktor G. Arnold, Museen Olbernhau-Grünthal (für Abschnitt 3.)
A. Becke, Freiberg (Einführung)
Dipl.-Phil. R. Bierbaum, Rat des Bezirkes Gera (8.)
Ing. E. Blechschmidt, Gohrisch (9.)
Frau Dr. E. Breddin, Ohrdruf (3.)
Dipl.-Ing. H. Brunner, Dresden (14., 15.)
Dipl.-Ing. M. Ehrhardt, Schleusingen (10.)
U. Flachs, Wernigerode (12.)
Chr. Georgi, Schneeberg (2., 3.)
Direktor Dr. H. Giersberg, Potsdam (1.)
Werkdirektor Gläser, Papierfabrik Wolfswinkel, Eberswalde (9.)
F. Grundmann, Karl-Marx-Stadt (Einführung, 12.1.)
Direktor R. Harm, Museum Schmalkalden (3., 9., 10.)
Direktor Dr. Handrick, Weimar (13.)
Direktor E. Hänel, Frohnauer Hammer (Einführung)
J. Hänel, Lengefeld/Erzgebirge (2., 7.)

Frau A. Hecht, Strasburg (10.)
Dr. L. Hiersemann, Leipzig (1., 12., 15.)
Dipl.-Ing. E. Jahn, Magdeburg (10.)
Kustos Dr. W. Klaus, Technische Universität Dresden (9., 15.)
Dipl.-Ing. Chr. Klötzer, Halle/Saale (2.)
K. Kretzschmann, Bad Freienwalde (7.)
R. Kunis, Frankenberg (Einführung)
Dr.-Ing. Chr. Kutschke, Institut für Denkmalpflege, Arbeitsstelle Erfurt (7., 12., 13.)
Direktor Ludwig, Museum Freiberg (3.)
H. Maass, Böhlitz-Ehrenberg (15.)
R. Meyer, Großprieslig (2.)
Stadtbezirksdenkmalpflegerin Miersch, Berlin (15.)
Dipl.-Wirtsch.-Ing. W. Michalsky, Seelow (12.1.)
Direktor Mues, Museen Gera (8.)
Dipl.-Hist. M. Müller, Hohburg
Prof. Dr. H. Nadler, Dresden (Einführung)
Direktor Nagel, VEB Zementwerke Rüdersdorf (7.)
S. Nestler, Freiberg (Einführung)
Direktor S. Pausch, Museum Schneeberg (2.)
Direktor R. Priemer, Museum Grimma (9., 10., 12.)
J. Pilz, Potsdam (12.1.)
E. Quinger, Berlin-Marzahn (5.)
Direktor V. Reetz, Wasserkraftmuseum Ziegenrück (1.)
E. Rendler, Genthin (Einführung)
Dipl.-Ing. S. Richter, Techn. Univ. Dresden (4.)
Ing. W. Riedl, Frankenau (Einführung)
Prof. Dr. Ruben, Potsdam (14.)
Dr. A. Saalbach, Leipzig (10.)
Dipl.-Hist. J. Schardin, Math.-Phys. Salon, Dresden (14.)
wiss. Mitarbeiterin A. Schendel, Potsdam (1.)
Direktor R. Schmidt, Freilichtmuseum Seiffen (11.)
Oberkonservator W. Schmidt, Institut für Denkmalpflege, Berlin (1.)
Dr. D. Schneider, Techn. Hochschule Magdeburg (12.)
Direktorin E. Schröter, Bad Lauchstädt (13.)
Dipl.-Ing. oec. H. Seibt, Berlin
Bürgermeister Springer, Löbejün (15.)
Dr. R. Schubert, Lehesten (7.)
Chr. Teller, Johanngeorgenstadt (2.)
Abt.-Leiter G. Thiele, Institut für Denkmalpflege, Berlin (13.)

Dr.-Ing. Tschiersch, Bernburg (10.)
Ing. H. Weber, Potsdam (7.)
K. Wegscheider, Dresden (13.)
Dipl.-Ing. G. Welzel, Karl-Marx-Stadt (8.)
Werksdirektor M. Wendler, Ohrdruf (3.)
M. Wintermann, Dorfchemnitz (9.)
Ing. E. Wirth, Zeitz (10.)
Dr. H. Wirth, Hochschule für Architektur und Bauwesen, Weimar (10.)
Dr. J. Wittig, Universität Jena (14.)
Grafiker A. Zieger, Wurzen (12.1.)
S. Zierach, Bralitz bei Bad Freienwalde (14.)

Ferner danken wir

den Direktoren der Stadtarchive Dr. Bräuer, Karl-Marx-Stadt; Brodale, Gera; Buchholz, Magdeburg; Fischer, Erfurt; Dr. Gahrig, Berlin; Künn, Leipzig; Dr. Piechocki, Halle; Dr. Witt, Rostock;
Frau A. Mehlhorn, Technische Universität Dresden, für Erkundung und Besorgung von Literatur;
Direktor Dr. May und den Mitarbeitern der Deutschen Fotothek, Dresden, insbesondere Herrn Starke und Herrn Reinicke, für die schnelle Anfertigung zahlreicher ausgezeichneter Fotografien;
sowie allen im Bildquellenverzeichnis genannten Bildautoren für die Überlassung wertvollen Bildmaterials.
Besonderen Dank verdienen nicht zuletzt unsere Ehefrauen Brigitte Wagenbreth und Annekatrin Wächtler für ihre Einsatzbereitschaft bei der technischen Herstellung und Bearbeitung des Manuskriptes des vorliegenden Buches.
In dieser 3., durchgesehenen Auflage konnten wir auch weitere inhaltliche Hinweise berücksichtigen. Andere, die den verfügbaren Umfang gesprengt hätten, können erst in den folgenden speziellen Publikationen Eingang finden. Wir danken aber wieder allen, die mit Zuschriften ihr starkes Interesse an dem Buch bekundet und uns weitere Unterstützung gegeben haben.

Die Herausgeber

Inhaltsverzeichnis

Aufgaben und Methodik der Pflege technischer Denkmale in der Deutschen Demokratischen Republik – eine Einführung

■ Die Erhaltung technischer Denkmale – Recht und Verpflichtung der Arbeiterklasse in der Deutschen Demokratischen Republik

■ Zur Geschichte der Pflege technischer Denkmale

■ Methodik der Pflege

■ Die Aufgaben der Staatsorgane, der Industrie und der gesellschaftlichen Organisationen bei der Pflege technischer Denkmale

Die Erhaltung technischer Denkmale – Recht und Verpflichtung der Arbeiterklasse in der Deutschen Demokratischen Republik

Als HEINRICH HEINE im Jahre 1826 seine »Harzreise« veröffentlichte, rückte in den deutschen Staaten ein Prozeß immer mehr in den Mittelpunkt der gesellschaftlichen Interessen, der seit den siebziger Jahren des 18. Jahrhunderts von England ausgehend eine neue Qualität der Stellung des Produzenten im Arbeitsprozeß, das moderne Industrieproletariat, hervorrief: Die industrielle Revolution ergriff alle europäischen Staaten und veränderte auch die gesellschaftlichen Verhältnisse in Deutschland.

Sehr viele Menschen der damaligen Zeit waren von der Großartigkeit der technischen Entwicklung tief beeindruckt und begannen mehr denn je die schöpferischen Leistungen vergangener und zeitgenössischer Generationen von arbeitenden Menschen zu bestaunen und zu achten. Seine Eindrücke von einer Befahrung der Grube Karoline im traditionsreichen – noch von der vorindustriellen, uns von den Abbildungen AGRICOLAS bekannten Technik gezeichneten – Harzer Silbererzbergbau faßte HEINRICH HEINE in die folgenden Worte: »Da unten ist ein verworrenes Rauschen und Summen, man stößt beständig an Balken und Seile, die in Bewegung sind, um die Tonnen mit geklopften Erzen oder das hervorgesinterte Wasser heraufzuwinden. Zuweilen gelangt man auch in durchgehauene Gänge, Stollen genannt, wo man das Erz wachsen sieht und wo der einsame Bergmann den ganzen Tag sitzt und mühsam mit dem Hammer die Erzstücke aus der Wand herausklopft. Bis in die unterste Tiefe, wo man, wie einige behaupten, schon hören kann, wie die Leute in Amerika ›Hurra, Lafayette!‹ schreien, bin ich nicht gekommen; unter uns gesagt, dort, bis wohin ich kam, schien es mir bereits tief genug: immerwährendes Brausen und Sausen, unheimliche Maschinenbewegung, unterirdisches Quellengeriesel, von allen Seiten herabtriefendes Wasser, qualmig aufsteigende Erddünste und das Grubenlicht immer bleicher hineinflimmernd in die einsame Nacht.« [1]

Trotz allen Unbehagens ob der Neuartigkeit der Umgebung drücken diese Sätze Achtung vor der Leistung der Produzenten aus. Auch der Stolz HEINES ist zu spüren, zu dieser Gattung Lebewesen zu zählen, die solche

9

Leistungen vollbrachte und vollbringt. »... alle planmäßige Aktion aller Tiere hat es nicht fertiggebracht, der Erde den Stempel ihres Willens aufzudrücken. Dazu gehört der Mensch ... und es ist wieder die Arbeit, die diesen Unterschied bewirkt.« [2] Die Arbeit ist die entscheidende historische Leistung, die der Mensch vollbringt, die ihn als Lebewesen zum Menschen erhebt, mit der er Produktivkraft wird.

Im Verlaufe ihrer Geschichte lernten die Menschen immer effektiver zu arbeiten. Sie steigerten die gesellschaftliche Produktivität der Arbeit innerhalb der jeweiligen Produktionsweise, sie steigerten sie von Produktionsweise zu Produktionsweise. Je weiter sich die Gesellschaft entwickelte, desto rascher und qualitativ beachtlicher verlief der Prozeß des Wachstums der Produktivkräfte. Jede neue Produktionsweise ist der alten überlegen, weil sie produktiver arbeiten kann und muß.

KARL MARX und FRIEDRICH ENGELS schrieben im Kommunistischen Manifest: »Die Bourgeoisie hat enthüllt, wie die brutale Kraftäußerung, die die Reaktion so sehr am Mittelalter bewundert, in der trägsten Bärenhäuterei ihre passende Ergänzung fand. Erst sie hat bewiesen, was die Tätigkeit des Menschen zustande bringen kann. Sie hat ganz andere Wunderwerke vollbracht als ägyptische Pyramiden, römische Wasserleitungen und gotische Kathedralen, sie hat ganz andere Züge ausgeführt als Völkerwanderungen und Kreuzzüge ...

Unveränderte Beibehaltung der alten Produktionsweise war die erste Existenzbedingung aller früheren industriellen Klassen. Die fortwährende Umwälzung der Produktion, die ununterbrochene Erschütterung aller gesellschaftlichen Zustände, die ewige Unsicherheit und Bewegung zeichnet die Bourgeoisie-Epoche vor allen früheren aus.« [3]

Vor allem seit der industriellen Revolution des 18. und 19. Jahrhunderts wurde für die Entwicklung der Produktivkräfte insgesamt stärker entscheidend, in welchem Maße es dem Menschen gelang, die Technik weiter zu entwickeln und immer neue technologische Qualitäten zu schaffen. Die Entwicklung der Maschine, die Entwicklung der Technik überhaupt, wurde zu einem entscheidenden gesellschaftlichen Prozeß, der nicht nur wissenschaftlich und technisch von Bedeutung war, sondern vor allem gesellschaftliche Auswirkungen hatte. »Wenn die Einführung und Vermehrung der Maschinerie Verdrängung von Millionen von Handarbeitern durch wenige Maschinenarbeiter bedeutet, so bedeutet Verbesserung der Maschinerie Verdrängung von mehr und mehr Maschinenarbeitern selbst und in letzter Instanz Erzeugung einer das durchschnittliche Beschäftigungsbedürfnis des Kapitals überschreitenden Anzahl disponibler Lohnarbeiter, einer vollständigen industriellen Reservearmee ...« [3].

So geht es zu, daß »die Maschinerie« – um mit MARX zu reden – »das machtvollste Kriegsmittel des Kapitals gegen die Arbeiterklasse wird, daß das Arbeitsmittel dem Arbeiter fortwährend das Lebensmittel aus der Hand schlägt, daß das eigene Produkt des Arbeiters sich verwandelt in ein Werkzeug zur Knechtung des Arbeiters« [4]. Es gibt keine von der Produktionsweise isolierte Entwicklung der Produktivkräfte, keine vom Arbeitsprozeß isolierte Entwicklung der Technik. Technik entsteht in Arbeitsprozessen und erhält erst durch diese ihre gesellschaftliche Funktion. Unsere ganze Achtung vor der schöpferischen Leistung der Konstrukteure und Produzenten muß sich mit der Kritik an der gesellschaftlichen Nutzung ihres Wissens und Könnens verbinden. Wir wissen, daß der antagonistische Widerspruch zwischen der Erarbeitung und Realisierung der schöpferischen Leistung mit Hilfe der Technik auf der einen Seite sowie deren gesellschaftliche Verwertung auf der anderen Seite eine historisch bedingte gesetzmäßige Erscheinung war bzw. ist. Doch weil wir den historischen Charakter dieser Erscheinung kennen, kennen wir auch die Voraussetzungen und die gesellschaftliche Kraft dafür, daß dieser antagonistische Widerspruch in der Geschichte beseitigt werden kann.

Wir bewundern an der schöpferischen Leistung der Wissenschaftler, Techniker und Arbeiter im Arbeitsprozeß des Kapitalismus nicht primär die des Konzerns, sondern vor allem die der Menschen, die sie in Ausbeutungsverhältnissen vollbrachten; und wir wissen, daß nicht die Schöpfer der Werte deren Nutzung bestimmten.

Den Kommunisten wird seitens der Geschichtsschreibung und der Soziologie des Monopolkapitals oft vorgeworfen, daß sie die schöpferische Leistung der Arbeiter, Ingenieure und Wissenschaftler in der Masse der Produzenten untergingen ließen. Das Gegenteil ist der Fall. Auf dem internationalen Markt erscheinen die unter kapitalistischen Produktionsverhältnissen erzielten schöpferischen Leistungen der Produzenten stets als die Leistungen von Firmengruppen, wie beispielsweise Siemens, Grundig, Salamander, Oettker, Ford, Mercedes, Autounion, IBM, Fiat u. a. Wir aber wissen, daß nicht irgendwelche anonymen Firmen die Leistungen vollbringen, sondern schöpferische Arbeiter und Wissenschaftler, wie ADOLF HENNECKE, PAWEL BYKOW, FRIEDA HOCKAUF, ERICH RAMMLER und andere. Wir dokumentieren zur Leistung der Produzenten in der Produktion ein qualitativ völlig neues, durch sozialistisches Ethos bestimmtes Verhältnis (Bilder 1 bis 4).

Was sind die Ursachen dafür? FRIEDRICH ENGELS schrieb: »Die Gesetze ihres eigenen gesellschaftlichen Tuns, die ihnen bisher als fremde, sie beherrschende Naturgesetze gegenüberstanden, werden dann (mit und im Gefolge der sozialistischen Revolution – d. Verf.) von den Menschen mit voller Sachkenntnis angewandt und damit beherrscht.« [5] Durch die sozialistische Revolution befreit die Arbeiterklasse »die Produktionsmittel von ihrer bisherigen Kapitaleigenschaft und gibt ihrem gesellschaftlichen Charakter volle Freiheit, sich durchzusetzen«. [6] Das Verhältnis Arbeiter – Produktionsinstrument, Ingenieur – Produktionsinstrument und Wissenschaftler – Produktionsinstrument wird ein neues. Nunmehr besteht die Möglichkeit, die Produktionsinstrumente planmäßig für das Wohl der Menschheit zu entwickeln.

Schon vor der sozialistischen Revolution waren die Produktionsinstrumente infolge ihrer Wechselbeziehungen zum Produzenten, zum Arbeiter, Techniker und Wissenschaftler »der beweglichste und revolutionärste Teil der materiellen Produktivkräfte«. [7] Wenn die Arbeiterklasse ihren historischen Sieg in der sozialistischen Revolution über die Bourgeoisie errungen hat, gibt es keine antagonistischen gesellschaftlichen Faktoren mehr, die sie hemmen, die Produktionsmittel optimal beherrschen zu lernen und dieselben weiterzuentwickeln.

Die Grundlagen dafür wurden schon im Kapitalismus gelegt. Die Bourgeoisie schmiedete und schmiedet während der Periode ihrer Herrschaft nicht nur die Produktivkräfte als »die Waffen ... die ihr den Tod bringen: sie hat auch die Männer gezeugt, die diese Waffe führen ...« [8]. Die Arbeiterklasse wurde trotz des bourgeoisen Bildungsprivilegs vom Kapital befähigt und angeleitet, die Technik zu beherrschen. Das war kein historischer Irrtum der Bourgeoisie; ihr blieb gar keine

andere Wahl. Drei Aufgaben vor allem muß die Arbeiterklasse in ihrer Revolution vollbringen. Sie muß erstens die politische Macht erobern, behaupten und festigen. Ohne politische Macht gibt es keine siegreiche sozialistische Revolution und Gesellschaftsordnung. Zweitens muß sie, um sich wirklich frei und ohne Deformation zu formieren, sozialistische Produktionsverhältnisse schaffen. Drittens muß sie die Produktivkräfte über das historisch vorgegebene Niveau hinaus entwickeln. Diese dritte Aufgabe »... ist schwieriger als die vorgenannten, denn sie kann keinesfalls durch den Heroismus eines einzelnen Ansturms gelöst werden, sondern erfordert den andauerndsten, hartnäckigsten, schwierigsten Heroismus der alltäglichen Massenarbeit. Diese Aufgabe ist aber auch wesentlicher als die erste, denn in letzter Instanz kann die tiefe Kraftquelle für die Siege über die Bourgeoisie und die einzige Gewähr für die Dauerhaftigkeit und Unumstößlichkeit dieser Siege nur eine neue, eine höhere gesellschaftliche Produktionsweise sein, die Ersetzung der kapitalistischen und der kleinbürgerlichen Produktion durch die sozialistische Großproduktion.« [9]

In allen Entwicklungsphasen beherzigen seitdem die Führer der marxistisch-leninistischen Arbeiterparteien diese Erkenntnis. LENIN selbst proklamierte in seiner Rede auf dem III. Kongreß der kommunistischen Internationale: »Die einzige materielle Grundlage des Sozialismus kann nur die maschinelle Großindustrie sein.« [10] Er fordert die Arbeiterklasse auf, den Vorsprung in der Beherrschung der modernen Technik abzubauen, den einige kapitalistische Staaten gegenüber der Sowjetmacht besaßen. In der Vervielfachung der Anstrengungen der Masse der Werktätigen zum Forcieren des wissenschaftlich-technischen Fortschritts erkannten MARX und ENGELS wie LENIN die Hauptmethode zur Steigerung der Arbeitsproduktivität, ohne die »der endgültige Übergang zum Kommunismus unmöglich« ist [11].

Die Zeit ist seitdem nicht stehengeblieben. Viele Völker haben inzwischen die Kraft aufgebracht, dem Imperialismus im eigenen Land den Kampf anzusagen, haben ihm Niederlagen bereitet und begannen mit der Errichtung einer von Ausbeutung befreiten freien Welt.

Inzwischen hat sich jedoch auch das Niveau der Produktivkräfte verändert. Das kann auch gar nicht anders sein. Letztlich bestimmt vor allem ihre Entwicklung den Umfang und die Tiefe des im Imperialismus immer neue revolutionäre Situationen auslösenden Widerspruchs zwischen dem Charakter der Produktivkräfte und den Produktionsverhältnissen. Ein neuer Prozeß der qualitativen Veränderung des gesellschaftlichen Arbeitsprozesses ist in der Welt in Gang gekommen. Die wissenschaftlich-technische Revolution schafft von der materiell-technischen Seite her die gesellschaftliche Voraussetzung, die Arbeit der Menschen zu erleichtern, auf ein Minimum zu reduzieren, zu verwissenschaftlichen und damit den gesellschaftlichen Gesamtarbeiter schließlich typisch zum Beherrscher des automatisierten Arbeitsprozesses zu erheben. Im Sozialismus erscheint dieses Ziel real, im Imperialismus aber erhöhen die Anfänge des gleichen Prozesses die soziale Unsicherheit der Arbeiterklasse und forcieren deren Verelendung.

Die Arbeiterklasse in den sozialistischen Ländern ist aufgerufen, »die wissenschaftlich-technische Revolution mit den Vorzügen des Sozialismus immer besser zu verbinden« [12]. Sie kann sich dabei auf ihre Schöpferkraft und ihre historischen Leistungen auch als Beherrscher der Technik stützen. Die deutsche Arbeiterklasse hat mit ihren schöpferischen Leistungen im Arbeitsprozeß seit vielen Jahrzehnten – im Bergbau gar seit Jahrhunderten – Weltruf erlangt. Diese Tradition lebt in unseren sozialistischen Produktionsstaten, in Forschung, Entwicklung, Konstruktion und Lehre fort. Die Existenz einer solchen Tradition ist gesetzmäßig. In allen gesellschaftlichen Bereichen vollbringen die Menschen in der Gegenwart Aufgaben für die Zukunft. Überall, wo sie sich anschicken, Neues zu schaffen, müssen sie Altes überwinden. Je rascher sie ihr gesellschaftliches Sein und damit sich selbst verändern, desto unumgänglicher wird die kritische Verwertung des überkommenen Erbes und die Pflege der damit verbundenen Traditionen, vor allem derjenigen, die in progressiven gesellschaftlichen Prozessen gewachsen sind.

Um existieren und sich weiter entwickeln zu können, mußte die Menschheit seit jeher die Arbeitsproduktivität steigern. Je mehr und je bessere Produktionsmittel – eben damit auch Technik – sie erzeugen lernte, desto rascher schritt der gesellschaftliche Fortschritt voran, desto wuchtiger verliefen die Klassenkämpfe. Wenn wir wissen, daß der weltweite Sieg des Sozialismus in ganz entscheidendem Maße nach wie vor von eben diesen gesetzmäßigen Prozessen mitbestimmt wird, dann ist es eine erstrangige Pflicht, für die Geschichte der Produktivkräfte eine massenwirksame Traditionspflege zu organisieren. Die uns in Gestalt der technischen Denkmale überlieferten Sachzeugnisse der Geschichte spielen dabei eine ganz wesentliche Rolle. Wenn wir die alte Technik betrachten und pflegen, sie zu unserem Nutzen erhalten, dann bewegen uns heute der Anblick und das Kennenlernen der alten Technik noch weit mehr als HEINE auf der Grube Karoline.

Wir sehen in der alten Technik Waffen, die die Bourgeoisie gegen die Arbeiterklasse nutzte.

Wir sehen in der alten Technik Waffen, die die Arbeiterklasse beherrschen lernte.

Wir sehen in der alten Technik Waffen, die die Arbeiterklasse zur Organisation trieben.

Wir sehen in der alten Technik Waffen, die wir der Bourgeoisie in den historischen Klassenkämpfen entrissen und sie selbst damit vertrieben.

Wir sehen in der alten Technik Waffen, in die Erfahrung und theoretisches Wissen von Arbeitern, Technikern und Wissenschaftlern eingingen, kristallisierte Schöpferkraft.

Wir sehen in der alten und neuen Technik eingedenk dieser historischen Erfahrung Waffen, die wir weiter entwickeln müssen, um den Sieg des Sozialismus in der Welt zu vollenden.

Weil wir die historischen Leistungen in ihrer Bedeutung erkennen, begreifen wir die gegenwärtigen und zukünftigen. Die Erhöhung der führenden Rolle der Arbeiterklasse bedeutet auch Erhöhung ihrer Aktivitäten bei der Entwicklung der Produktivkräfte. Die Würdigung der bisherigen Leistung und die feste Verankerung dieser Analyse im sozialistischen Geschichtsdenken ist eine erstrangige gesellschaftliche Aufgabe. Deshalb ist die Pflege technischer Denkmale das Recht und eine ernstzunehmende Verpflichtung der Arbeiterklasse.

Zur Geschichte der Pflege technischer Denkmale

Die Denkmalpflege als gesellschaftliche Tätigkeit hat selbst eine Geschichte, die die Ziele und Interessen der herrschenden Klassen und die herrschenden geistesgeschichtlichen Strömungen widerspiegelt und in einer besonderen Dialektik abgelaufen ist.

Zwar galten schon in der Antike die ägyptischen Pyramiden und der Leuchtturm von Pharos als Wunderwerke der Bautechnik. Dieses frühe gesellschaftliche Interesse an den historischen Bauten aber war noch nicht mit einer Denkmalpflege verbunden.

Erste mit historischem Interesse begründete Pflegemaßnahmen an alten Bauwerken sind in Italien zu registrieren. In der Renaissance wurden wie in der Literatur so auch in der Baukunst die überlieferten originalen Reste aus der Antike gepflegt.

Eine zweite wichtige Entwicklungsetappe der Denkmalpflege ist das frühe 19. Jahrhundert. In dieser Zeit beobachten wir verschiedene, klassenbedingte Haltungen zum überlieferten Kulturerbe. Die Fürsten widmeten den Denkmalen der Feudalherrschaft besondere Aufmerksamkeit, so z. B. der preußische König FRIEDRICH WILHELM IV. dem Schloß Sanssouci als dem Bauwerk, das mit dem Schöpfer der politischen Macht Preußens, FRIEDRICH II., besonders verbunden war. Diejenigen konservativ-restaurativen Kreise, die die erforderliche Fortentwicklung der politischen Verhältnisse nach 1815 unter weitgehender Nutzung mittelalterlicher Traditionen vollbringen wollten, propagierten von dieser Geschichtsauffassung her die Restaurierung von Burgen und Domen als den Zeugnissen der mittelalterlichen Größe des Reiches. Die damalige Restaurierung der Wartburg und der Stiftskirche zu Quedlinburg ist im Grunde so zu verstehen. Vertreter derselben Geschichtsauffassung, vielerorts organisiert in den Altertumsvereinen jener Zeit, traten in den alten Reichs- und Handelsstädten für die Erhaltung der mittelalterlichen Stadtmauern, Tore und Türme ein, trafen damit aber auf die Gegnerschaft des fortschrittlichen Bürgertums. Dieses sah in den Baudenkmalen des Mittelalters Repräsentanten des Zunftzwanges, gegen den man jahrzehntelang kämpfen mußte, um die Gewerbefreiheit durchzusetzen. Zahlreich sind die von solchen noch bürgerlichen und doch schon kapitalistischen Kreisen damals abgegebenen Stellungnahmen, in denen die alten Bauwerke als nicht mehr in eine neuzeitliche (sprich kapitalistisch geprägte) Stadt passend bezeichnet werden. Und tatsächlich sind mit einer solchen Begründung im 19. Jahrhundert in vielen Städten historisch und architektonisch wertvolle Stadtmauern, Tore und Türme abgebrochen worden. Erst nach Jahrzehnten kapitalistischer Entwicklung erkannten die städtischen

und staatlichen Verwaltungsstellen, daß solche Bauten sowie historische Rathäuser und Bürgerhäuser zur kulturellen Überlieferung gerade der Bourgeoisie gehörten. So traten noch im 19. Jahrhundert diese Bauten – neben den Burgen, Kirchen und Schlössern – in den Aufgabenbereich der Denkmalpflege.

Da etwa um 1850 bis 1870 Handwerk und alte Gewerbe von der Industrie noch nicht so weit verdrängt waren, die Industrie selbst aber noch recht jung war, empfand man eine Denkmalpflege alter Technik im 19. Jahrhundert noch nicht als aktuelle Aufgabe. Nur technische Bauten der Antike wie die altrömischen Wasserleitungen, z.B. der Pont du Gard bei der südfranzösischen Stadt Nimes (Bild 6), weckten die Aufmerksamkeit der Denkmalpfleger, allerdings weniger als Zeugnisse für die Geschichte der Produktivkräfte, sondern mehr als Architekturdenkmale und wegen ihres absoluten Alters.

Besondere Beachtung fanden technische Denkmale etwa ab 1900, und zwar aus mehreren Gründen und von verschiedener Seite. Das nun entstandene Monopolkapital wollte die historische Entwicklung des Kapitalismus auch mit technischen Denkmalen dokumentieren. Es lag im Interesse des Monopolkapitals, mit der Technikgeschichte die kulturelle Mission der Bourgeoisie darzustellen und breiten Volksmassen als unumgänglich notwendig zu suggerieren. Man suchte die technische mit der kapitalistischen Firmentradition so zu koppeln, daß im Konkurrenzkampf auf dem Weltmarkt die technische Tradition klingende Münze wurde.

Im Sog des bourgeoisen Klasseninteresses, das darf man keinesfalls übersehen, begann auch ernstzunehmendes wissenschaftliches und gesellschaftliches Mühen um die technischen Denkmale. Der deutsche Ingenieur OSKAR VON MILLER rief auf, die Erzeugnisse auf allen Gebieten der Technik planmäßig zu sammeln und zu ordnen, um jederzeit den Fortschritt auf einem Sachgebiet ablesen zu können. Schon in seiner Eröffnungsrede für das Deutsche Museum in München im Jahre 1905 regte er an, nicht nur Erzeugnisse industrieller Fertigung zu sammeln, sondern auch technische Einrichtungen der Vergangenheit, »in denen so unendlich viel Erfindergeist steckte«, als technische Kulturdenkmale zu erhalten. Dabei dachte OSKAR VON MILLER daran, neben einem zentralen Freilichtmuseum (»Skansen«) technische Denkmale nach Möglichkeit auch am

13

Ort zu konservieren und als Schauanlagen der Öffentlichkeit zugänglich zu machen.

Nach dem verlorenen 1. Weltkrieg und beeinflußt durch die politischen Kämpfe der Nachkriegszeit, entwickelte sich an verschiedenen Stellen, besonders in Sachsen, eine zumeist konservative, stark »romantisch« orientierte »Heimatschutz«-Bewegung, die u. a. auch für die Erhaltung technischer Denkmale wirkte [13], [14] (Bild 8). Wenn wir auch heute die gesellschaftspolitische Orientierung und Zielstellung des »Heimatschutzes« der damaligen Zeit durch die gesellschaftliche Entwicklung für überholt halten, so verdanken wir ihm doch die Erhaltung mehrerer technischer Denkmale, z. B. des Frohnauer Hammers bei Annaberg (Bild 5).

Auch der Verein Deutscher Ingenieure führte in der Folgezeit eine umfassende Inventarisation alter Maschinen und Produktionsstätten durch, veranstaltete Tagungen zur Technikgeschichte [15], gab Veröffentlichungen und sogar solche mit Inventarcharakter heraus [16], [17]. In diesen wurden aus dem Gebiet der jetzigen DDR u. a. behandelt: die Dampfmaschine der Grube Alte Elisabeth bei Freiberg, das Kunstgezeug der Grube Alte Hoffnung Gottes bei Freiberg, der Pferdegöpel von Johanngeorgenstadt (Bild 8), Schindlerschacht und Türkschacht bei Schneeberg (Bild 7), das Feldgestänge und das Gradierwerk von Bad Kösen, die Waidmühle in Pferdingsleben/Thüringen, die Solschächte und Siedehäuser von Bad Dürrenberg bei Merseburg, die Papiermühle Neumühle bei Zeitz, die Göltzschtalbrücke im Vogtland, die Hammerwerke von Frohnau bei Annaberg, Grünthal, Rauda bei Eisenberg und Eberswalde, das Tretrad am Burgbrunnen der Conradsburg, Ermsleben bei Aschersleben, eine 1847 erbaute Dampfmaschine in Quedlinburg, die 1842 von Borsig erbaute Pumpwerksdampfmaschine in Potsdam, eine Kammerschleuse im Spreewald.

Diese Aufzählung enthält eine Reihe von technischen Denkmalen, die auch heute noch erhalten sind, aber auch Bauwerke, die aus verschiedenen Gründen nicht mehr existieren (vgl. Bilder 7 und 8). Gerade die genannten Objekte verdeutlichen, welche Verluste auch auf dem Gebiet der technischen Denkmale in den vergangenen Jahrzehnten eingetreten sind. Darüber hinaus ist zu bedenken, wie viele aus heutiger Sicht wertvolle Sachzeugen der Geschichte der Produktivkräfte vor Jahrzehnten beseitigt worden sind, ohne daß Historiker oder Denkmalpfleger Notiz davon nahmen. Um so mehr Achtung erfordert die Leistung derer, die damals mit Erfolg technische Denkmale vor dem Verfall bewahrt haben. Hier ist vor allem der damalige Ordinarius für Maschinenkunde an der Bergakademie Freiberg, Prof. Dr.-Ing. Otto Fritzsche (1877 bis 1962), zu nennen, dem wir u. a. die Erhaltung der drei ältesten Zylindergebläse Sachsens verdanken [18], (Bilder 9, 10, 139, 140). Das 1829 bis 1831 für die Antonshütte bei Schwarzenberg erbaute und ab 1865 in Halsbrücke bei Freiberg weiter benutzte Schwarzenberg-Gebläse ließ er auf die Halde der Grube Alte Elisabeth bei Freiberg umsetzen, wo es – von einem Schutzhaus umgeben und in Obhut der Bergakademie Freiberg – nach wie vor zahlreiche Besucher anzieht [19], [20], (Bild 10).

Die denkmalpflegerische Gesetzgebung nahm im kapitalistischen Deutschland infolge der Widersprüchlichkeit der gesellschaftlichen Interessen die durch die Initiative einzelner gegebenen Anregungen nur sehr zögernd auf. Lediglich das sächsische Gesetz zum Schutze von Kunst-, Kultur- und Naturdenkmalen legte für das damalige Land Sachsen fest, daß auch technische Anlagen Denkmale im Sinne des Gesetzes sein können.

Eine Besonderheit der Zeit des Faschismus zeigte sich auf dem Gebiet der Denkmalpflege in einer besonderen Vorliebe für ländliche Fachwerkbauten. Natürlich müssen diese Denkmale gepflegt werden. Doch man soll nicht übersehen, daß damals die geistige Grundlage dafür die Blut-und-Boden-Ideologie, konkret das Reichs-Erbhofgesetz des faschistischen deutschen Staates war.

Auf dem Gebiet der Denkmalpflege registrieren wir in der DDR nach der Befreiung vom Faschismus 1945 einen Maßstäbe setzenden Neubeginn. Beseitigt wurden die ideologischen Grundlagen der Denkmalpflege aus kapitalistischer, insbesondere faschistischer Zeit. Beibehalten wurden die methodischen und fachlichen Erkenntnisse der Denkmalpflege, und intensiv genutzt wurde die Einsatzbereitschaft derjenigen Denkmalpfleger, die in der neuen Gesellschaftsordnung positiv mitarbeiteten, auch wenn sie noch nicht in jedem Fall mit vollem Bewußtsein die gesellschaftliche Umwälzung in jenen Jahren des Neubeginns zur Maxime ihres Handelns erwählten [21]. So wurden schon in den ersten Jahren nach dem Kriege große Leistungen vollbracht, um die schweren Kriegsschäden an zahlreichen Kulturdenkmalen zu beseitigen [21]. Und doch brachte gerade der genannte Zusammenhang ein Problem mit sich, das besonders die technischen Denkmale betraf und in der Folgezeit sich (evolutionär) so verstärkte, daß die weitere Entwicklung um 1970 eine neue Qualität in der Arbeit an den technischen Denkmalen erforderte.

In der Zeit nach 1945 waren aus zwei Gründen die Kunstdenkmale besonders stark betont worden. *Erstens* galt es vorrangig die schwer beschädigten großen Denkmale von Weltgeltung zu sichern und wiederherzustellen, das waren Kunstdenkmale wie der Dresdner Zwinger, der Magdeburger Dom und der Halberstädter Dom [22], [23]. *Zweitens* aber führte das Ausmerzen der alten Ideologie, das Beseitigen des alten Geschichtsbildes zu Unsicherheiten auf dem Gebiet der Denkmalpflege und damit lediglich auf dem Gebiet der Rezeption des Kunstwertes der Denkmale zu gesellschaftlich tragbaren Entschlüssen. Die Erkenntnis, daß die marxistische Geschichtsauffassung, die Propagierung der Geschichte der Produktivkräfte und Produktionsverhältnisse gerade die Pflege und Erschließung der technischen Denkmale erfordert, brach sich zunächst – vor allem für das industrielle Erbe der Zeit nach 1848/49 – nur sehr zögernd Bahn [24]. Das nahm Jahrzehnte in Anspruch und geschah nach Bevölkerungsgruppen und regional sehr differenziert. Es galt neben der Bewertung des ästhetischen Eindrucks von Denkmalen vor allem auch stärker über deren soziale Funktion Klarheit in breiten Kreisen der Bevölkerung zu schaffen [25]. Die Kunstgeschichte wird vorwiegend bei Besichtigungsobjekten wie Schlössern und Kirchen als interessanter, lohnender Bildungswert empfunden. In der täglichen Umgebung des eigenen Wohnortes muß dominierend das historische Ereignis, der geschichtliche Zusammenhang interessieren. Für die Geschichte der Technik als eine Traditionslinie ihrer eigenen Produktionsstätten sind die Werktätigen stets aufgeschlossen oder schnell zu gewinnen. Daß kunsthistorisch ausgebildete Denkmalpfleger dagegen die kunsthistorische Aussage der Denkmale besonders kultivieren, ist subjektiv verständlich. Damit allein aber würden sie ihren gesellschaftlichen Auftrag nicht erfüllen, sondern es ist auch ihre Aufgabe, die historischen Aussagen der Denkmale zur Geschichte der Produktivkräfte und Produktionsverhältnisse zu erschließen.

Obwohl die erste Denkmalschutzverordnung der Deutschen Demokratischen Republik vom 26. 6. 1952

und auch die Verordnung über die Pflege und den Schutz der Denkmale vom 28. 9. 1961 für das Gesamtgebiet der DDR den Schutz technischer Anlagen, Maschinen und Gerätschaften zur gesellschaftlichen Aufgabe erklärten, war die Pflege technischer Denkmale in der Folgezeit nicht nur subjektiv, sondern auch regional sehr differenziert, und zwar bestimmt durch die denkmalpflegerischen Traditionen der verschiedenen Territorien. Besonders im damaligen Sachsen warb das Institut für Denkmalpflege für die Erhaltung technischer Denkmale [26], inventarisierte von zahlreichen Sachkundigen unterstützt den Bestand, registrierte so etwa 1 000 Objekte und leistete auf diesem Gebiet eine beachtliche praktische Arbeit. Eins der damals restaurierten technischen Denkmale ist die Zinnwäsche Altenberg (Bild 11), eine heute jährlich von Zehntausenden besuchte Schauanlage im Osterzgebirge [27]. Andere Restaurierungsarbeiten galten mehreren Windmühlen, dem Kupferhammer Grünthal und dem Eisenhüttenwerk Peitz bei Cottbus.

Zur Unterrichtung der Öffentlichkeit wurde 1952 durch die Städtischen Kunstsammlungen Görlitz eine Ausstellung »Technische Kulturdenkmale, Zeichnungen aus dem Planarchiv des Instituts für Denkmalpflege Dresden« gezeigt und 1955 in Dresden eine Wanderausstellung »Technische Kulturdenkmale« gestaltet [28], [29]. Diese Wanderausstellung umfaßte 120 Tafeln und wurde an 23 Orten von etwa 400 000 Menschen besucht.

Das Institut für Denkmalpflege Dresden ließ von Studenten der damaligen Technischen Hochschule Dresden zahlreiche baugeschichtliche Seminararbeiten über technische Denkmale anfertigen, erfaßte damit von einzelnen Denkmalgruppen den Bestand und erhielt viele hundert Blatt Aufmaßzeichnungen und Rekonstruktionsdarstellungen, die damals, heute und künftig als Unterlagen für denkmalpflegerische Maßnahmen dienen können. In ihren Dissertationen erforschten sie u.a. Wassermühlen, Windmühlen [30], Hammerwerke und Brücken. Durch all diese Arbeiten wurden auch wichtige theoretische und methodische Grundlagen für die denkmalpflegerische Aufwertung der technischen Denkmale geschaffen.

Nachdem die Denkmalpflegeverordnungen von 1952 und 1961 zwar technische Anlagen mit als Denkmale umfaßten, diese aber aus den erörterten Gründen nach wie vor nicht umfassend und nicht in allen Gebieten ihrer Bedeutung gemäß bearbeitet wurden, erfolgte mit dem neuen Denkmalpflegegesetz vom 19. 6. 1975 ein grundsätzlicher Umschlag. In den Jahren um 1975 entwickelte sich die sozialistische Traditionspflege einschließlich der Pflege des kulturellen Erbes aus allen früheren Epochen zu einem wichtigen Faktor des gesellschaftlichen Lebens in der DDR. Dadurch erlangten die Geschichtsdenkmale, d.h. die Denkmale der politischen Geschichte, der Kultur und Lebensweise der werktätigen Klassen und Schichten des Volkes und der Produktionsgeschichte, die gleiche Bedeutung, wie sie den Kunstdenkmalen seit je beigemessen wird. Das kommt sowohl in dem »Gesetz zur Erhaltung der Denkmale in der Deutschen Demokratischen Republik« vom 19. 6. 1975 wie auch in der vom Ministerrat der DDR bestätigten Zentralen Denkmalliste vom 25. 9. 1979 zum Ausdruck. In dieser sind 37 technische Denkmale enthalten, was etwa 10 % der Gesamtzahl der Objekte der Zentralen Denkmalliste ausmacht.

Aber Gesetze allein lösen keine gesellschaftlichen Probleme, sie bieten nur die Grundlage für die eigentliche Arbeit. Um gesellschaftliche Kräfte zur Pflege unserer Denkmale zu mobilisieren, wurde deshalb im Kulturbund der DDR im Jahre 1976 die Gesellschaft für Denkmalpflege gegründet. Hervorgegangen aus dem schon seit Jahrzehnten aktiven Fachausschuß Denkmalpflege in der Abteilung »Natur und Heimat«, umfaßt die Gesellschaft für Denkmalpflege jetzt in fast allen Kreisen Interessengemeinschaften, die an der gesellschaftlichen Erschließung der Denkmale aktiv mitwirken und oft genug auch selbst Pflegemaßnahmen durchführen. Im Zentralvorstand und in den Bezirksvorständen der Gesellschaft für Denkmalpflege widmen sich spezielle Arbeitsgruppen den technischen Denkmalen und arbeiten dazu eng mit den Staatsorganen, dem Institut für Denkmalpflege, der Industrie und anderen gesellschaftlichen Organisationen wie der Kammer der Technik zusammen [31], [32], [33].

Damit ist heute die Gewähr gegeben, daß die Auswahl, Pflege und Erschließung der technischen Denkmale nicht mehr spontan und zufällig erfolgen, sondern daß sich in dem System unserer technischen Denkmale die Geschichte der Produktivkräfte und Produktionsverhältnisse bis zum Sozialismus unserer Tage widerspiegelt und die Traditionen der Schöpferkraft der Handwerker und Erfinder, Arbeiter und Ingenieure den

Menschen unserer Zeit und künftiger Generationen an den technischen Denkmalen erlebbar werden.

Die Pflege der technischen Denkmale ist inzwischen auch ein Gebiet internationaler Kontakte geworden. Ebenfalls seit Jahrzehnten werden technische Denkmale in den anderen sozialistischen und in kapitalistischen Staaten erfaßt, restauriert und erschlossen, wenn auch mit verschiedenen gesellschaftlichen Akzenten und Zielstellungen. Dabei können verschiedene Staaten beachtliche Leistungen vorweisen, wie internationale Tagungen des TICCIH (The International Comitee for Conservation of the Industrial Heritage = Internationales Komitee zur Bewahrung des industriellen Erbes) zeigten. Auf den Tagungen dieses Komitees, 1973 in Großbritannien, 1975 in der BRD, 1978 in Schweden und 1981 in Frankreich, sowie auf den 1966 und 1980 vom Technischen Nationalmuseum Prag in der ČSSR ausgerichteten Tagungen zur Pflege technischer Denkmale [34] war auch die DDR vertreten und fand mit konzeptionellen und methodischen Beiträgen auf der Basis unseres Geschichtsbildes starke Beachtung und Anerkennung [35]. So ist die Pflege technischer Denkmale eine gesellschaftliche Aufgabe mit großer innen- und außenpolitischer Bedeutung geworden.

Methodik der Pflege

Die Methodik der Pflege technischer Denkmale wird von ihrer gesellschaftlichen Bedeutung, Wertung und Nutzung bestimmt. Entscheidend dafür sind die Geschichte der Produktivkräfte und Produktionsverhältnisse und unser marxistisches Geschichtsbild überhaupt. Ohne selbst schon an die Pflege technischer Denkmale zu denken, hat Karl Marx im ersten Band des »Kapitals« prägnant formuliert, worum es geht. Über die Produktionsweise – die Produktionsstätten und die Arbeitsmittel – schreibt er: »Nicht was gemacht wird, sondern wie, mit welchen Arbeitsmitteln gemacht wird, unterscheidet die ökonomischen Epochen; die Arbeitsmittel sind nicht nur Gradmesser der Entwicklung der menschlichen Arbeitskraft, sondern auch Anzeiger der gesellschaftlichen Verhältnisse, worin gearbeitet wird« [36]. Und für die Historiker und Denkmalpfleger ist eine gute Anregung, was er kurz zuvor im gleichen Zusammenhang schreibt: »Dieselbe Wichtigkeit, welche der Bau von Knochenreliquien für die Erkenntnis der Organisation untergegangener Tiergeschlechter, haben Reliquien von Arbeitsmitteln für die Beurteilung untergegangener ökonomischer Gesellschaftsformationen« [36].

Für die gesellschaftliche Bedeutung und Funktion der technischen Denkmale können wir die Überlegung von MARX in zwei Richtungen weiterführen:

1. Je größer der Zeitraum wird, in dem der Sozialismus selbst historische Wirklichkeit ist, desto mehr zeichnen sich Entwicklungslinien der Arbeitsmittel auch im Sozialismus ab. Es geht also nicht nur um die historische Aussage von Produktionsstätten und Produktionsinstrumenten untergegangener Gesellschaftsformationen, sondern um technische Anlagen der gesamten Entwicklung der Produktivkräfte bis zur Gegenwart. Unsere sozialistische Industrie hat inzwischen eine eigene, auch mit Sachzeugen zu dokumentierende Tradition.

2. Die technischen Denkmale haben gesellschaftliche Bedeutung nicht nur durch ihre historische Aussage, durch ihren Bildungswert im Rahmen der Traditionspflege, sondern sie sind wichtige Elemente in unserer sozialistischen Umwelt in Stadt und Land. Unsere Umgebung ist keine Naturlandschaft mehr, sondern eine seit Jahrhunderten von der produktiven Tätigkeit des Menschen geprägte Kulturlandschaft [37]. Kulturdenkmale, z. B. Kunstdenkmale, machen den historischen Faktor in unserer Umwelt bekanntlich auch emotional wirksam, z. B. wenn wir Städte wie Quedlinburg, Stralsund oder Dresden besuchen und ihre Bau- und Kunstdenkmale besichtigen oder wenn wir im Landschaftsbild die Wartburg erleben. Die emotionale Wirkung dieser Denkmale ist zwar weithin durch das überlieferte Geschichtsbild bedingt, aber selbstverständlich positiv einzuschätzen, da unsere sozialistische Gesellschaft der kritische Erbe aller Kulturleistungen der Vergangenheit ist. Die Sachzeugen zur Geschichte der Produktivkräfte und Produktionsverhältnisse haben aber in unserer Umwelt oft genug eine ebenso starke emotionale Wirkung wie die »traditionellen« Bau- und Kunstdenkmale, nur muß diese Wirkung der technischen Denkmale uns noch stärker bewußt werden. Die technischen Denkmale sind also für unsere Gesellschaft in doppelter Hinsicht zu erschließen: in ihrem historischen Bildungswert

und ihrer emotionalen Wirkung als Gestaltungsfaktoren (Bild 13) für unsere sozialistische Umwelt [37]. Davon werden die Besonderheiten, die Auswahl, die Pflege und die gesellschaftliche Nutzung unserer technischen Denkmale bestimmt.

Spezifik. Trotz ihrer prinzipiellen Gleichrangigkeit mit den anderen Denkmalarten nehmen die Zeugnisse der Produktions- und Verkehrsgeschichte in mancher Hinsicht eine Sonderstellung ein.

Der Wert technischer Denkmale begründet sich weniger aus der künstlerischen Absicht der Erbauer, auch nicht aus dem Alter, sondern aus ihren direkten, unmittelbaren Aussagen zur Produktions- und Verkehrsgeschichte. Zur Geschichte der Produktivkräfte und Produktionsverhältnisse können zwar auch Bau- und Kunstdenkmale Aussagen liefern, aber nur indirekte. So bezeugen Rathäuser des 16. Jahrhunderts indirekt die Produktionsverhältnisse des frühbürgerlichen Kapitalismus und mittelalterliche Kirchen die Leistungen der Bautechnik ihrer Zeit. Aber wer sucht schon die Torgauer Stadtkirche wegen ihres mittelalterlichen, zimmerungstechnisch bedeutenden Dachwerkes auf (vgl. Bild 152 auf S. 289), das sich über die – ebenso technikgeschichtlich wie kunstgeschichtlich interessanten – Gewölbe der dreischiffigen Halle erstreckt?

Auch mit anderen Denkmalarten haben die technischen Denkmale Berührungspunkte und teilweise Überschneidungsbereiche, so mit den ethnographischen Denkmalen, da die Arbeit in der gesellschaftlichen Produktion stets auch Bestandteil der Kultur und Lebensweise der Bevölkerung ist. Deutlich werden solche Überschneidungen, wo Wind- oder Wassermühlen, Sägewerke usw. Bestandteile ethnographischer Freilichtmuseen sind. Umgekehrt müssen die zu den Produktionsstätten gehörenden Verwaltungsgebäude, Werkswohnungen, Unternehmervillen stets in den Komplex der betreffenden, im engeren Sinne technikgeschichtlichen Sachzeugen mit einbezogen, also auch als Denkmale der Produktionsgeschichte betrachtet werden (Abb. 1). Es würde die Wirkungsmöglichkeiten von produktionsgeschichtlichen Sachzeugen empfindlich einengen, wenn die Pflege technischer Denkmale auf Maschinen, Aggregate und Geräte beschränkt bliebe, wenn man diese aus einem noch vorhandenen oder wiederherstellbaren räumlichen, funktionalen und sozialgeschichtli-

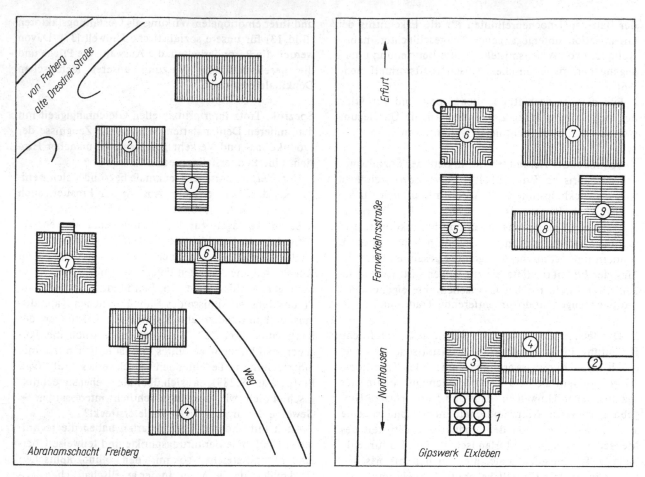

Abb. 1. Beispiele für den räumlichen und funktionalen Zusammenhang von historischen Produktions- und Sozialgebäuden (etwas vereinfachte Grundrisse)

links: Abrahamschacht bei Freiberg, Bauzeit der Gebäude etwa 1840/1860
1 Schachthaus, *2* Bergschmiede, *3* Scheidebank, *4* Erzwäsche (*3* und *4* zur Aufbereitung des Erzes), *5* Huthaus (Verwaltungsgebäude), *6* Mannschaftshaus, *7* Verwaltungsgebäude und Schichtmeisterhaus

rechts: Gipswerk Elxleben bei Erfurt, Bauzeit der Gebäude etwa 1870/1935 (hervorgegangen aus einem Bauerngut)
1 sechs Gips-Brennöfen, *2* Auffahrt für den Rohgips aus dem Steinbruch, *3* Gipsmühle und Verpackung, *4* Bürogebäude, *5* Arbeiterwohnhaus, *6* Unternehmervilla, *7* Werkstatt, *8* Stallgebäude, *9* Scheune und Stall

chen Zusammenhang risse, nur um sie in Museen zu konzentrieren. Eine ebensolche Einengung der Aussage entsteht, wenn man sich bei Industriebauten nur auf die Erhaltung der Industriearchitektur beschränkt und das technik- und sozialgeschichtliche Inventar der Beseitigung preisgibt. Manchmal zwingen allerdings besondere Umstände zur Aufgabe des historischen Zusammenhanges, z. B. wenn eine Maschine nicht im ursprünglichen Raum erhalten werden kann, sondern an andere Stelle umgesetzt werden muß. Dadurch wird der Denkmalwert aber nicht aufgehoben, sondern nur gemindert.

Bauwerke mit sozialgeschichtlicher Aussage können oft keinen eigenen Wert als ethnographisches Denkmal beanspruchen, sie vervollständigen aber die Aussage der eigentlichen Produktionsgebäude um die sozialgeschichtlichen Zusammenhänge.

Als Orte des Klassenkampfes, wichtiger politischer Auseinandersetzungen oder als Tätigkeitsfeld bedeutender Wissenschaftler und Techniker erlangen technische Denkmale zugleich den Charakter von Memorialstätten. Es hängt dann von der Priorität entweder des Erinnerungs- oder produktionsgeschichtlichen Wertes ab, ob eine derartige Anlage in die Gruppe der »Denkmale zu Ereignissen oder Persönlichkeiten der Politik, Kunst und Wissenschaft« eingereiht oder zu den »Denkmalen der Produktions- und Verkehrsgeschichte« gezählt wird. Der Silo im Bau 140 des Leuna-Werkes (I) »Walter Ulbricht« ist weniger ein Denkmal der chemischen Industrie als vielmehr eine Gedenkstätte der Kämpfe der Arbeiterklasse im Kapp-Putsch 1920. Das Kalkwerk Lengefeld/Erzgebirge ist zwar auch Gedenkstätte für die Rettung der Dresdener Gemälde durch die Rote Armee, mindestens ebenso wichtig jedoch ist seine Aussage zur Geschichte der Kalkindustrie. Historische Produktionsanlagen haben, um als Orte wichtiger Ereignisse oder als Wirkungsfeld bedeutender Persönlichkeiten erkennbar zu werden, gestalterische Zutaten – Gedenktafeln, Denkmäler – nötig, für die besondere methodische Richtlinien gelten. Es gibt auch Gedenktafeln und Denkmäler zur Produktions- und Verkehrsgeschichte, die in keinem räumlichen Zusammenhang mit einem technischen Denkmal stehen. Das betrifft Denkmäler anstelle einstiger technischer Anlagen wie z. B. das Tunnel-Denkmal bei Oberau an der Eisenbahnstrecke Leipzig–Dresden, aber auch die Geburts- oder Wohnhäuser, Wirkungsstätten und Gräber bedeutender Techniker und Technikwissenschaftler (s. Abschnitt 15.).

Die Komplexität und Vielfalt der technischen Denkmale wird im Denkmalpflegegesetz der DDR vom 19. 6. 1975 begrifflich mit der Kennzeichnung im § 3 Abs. 2 erfaßt:
»Denkmale der Produktions- und Verkehrsgeschichte wie handwerkliche Produktionsstätten mit ihren Ausstattungen, industrielle und bergbauliche Anlagen, Maschinen und Modelle, Verkehrsbauten und Transportmittel.« [38]

Objekte, die dieser Definition entsprechen, sind besonders dann denkmalwürdig, wenn sie [39] einen Markstein in der Geschichte der Produktivkräfte oder Produktionsverhältnisse darstellen, Anfangsglieder wichtiger Entwicklungslinien sind oder eine wesentliche Erfindung verdeutlichen können, oder wenn sie als typische Beispiele für eine abgeschlossene Periode der Technik insgesamt oder einzelner Techniken gelten können, oder wenn sie Beispiele für eine regionalhistorisch typische Produktion sind. Marksteine in der Geschichte der Produktivkräfte sind z. B. das 1926 bis 1933 erbaute Schiffshebewerk von Niederfinow, die erste Malimo-Maschine oder das Schwarzenberggebläse in Freiberg als das seinerzeit größte Hüttengebläse Sachsens. Die in der DDR noch erhaltenen Dampfmaschinen aus der ersten Hälfte des 19. Jahrhunderts können die für die industrielle Entwicklung insgesamt wichtige Erfindung der Dampfmaschine verdeutlichen, auch wenn das ein Ereignis war, das 1769/1784 durch JAMES WATT in England, also sechzig bis achtzig Jahre vorher und in einem anderen Land stattfand.

Typische Beispiele für eine abgeschlossene Periode der Technik sind die Windmühlen oder in der Personenschiffahrt die Raddampfer. Beispiele für regional-historisch typische Produktion sind die Bergbaudenkmale in den verschiedenen Bergrevieren, die Zuckerfabriken in landwirtschaftlichen Gebieten, die Glasindustrie im Thüringer Wald, die Holzindustrie im Erzgebirge, die Steinindustrie in der Oberlausitz.

Von ihrer Substanz her gelten als technische Denkmale: Gebäude mit maschineller Ausrüstung, auch wenn diese nicht vollständig erhalten ist; einzelne Maschinen, auch wenn sie umgesetzt worden sind, sich also nicht mehr am originalen Standort befinden; Gebäude ohne maschinelle Ausrüstung, wenn sie für den betreffenden Produktionszweig typisch sind oder die Bedeutung einer Memorialstätte für die Geschichte der Technik haben; Gebäude, die im Komplex mit anderen technischen Anlagen und Gebäuden sozialgeschichtliche Aussagen bieten, wie Arbeiterwohnhäuser, Angestelltenwohnhäuser und Unternehmervillen; Aggregate der chemischen und metallurgischen Industrie sowie der Baustoff- und Silikatindustrie wie Reaktoren, Schmelzöfen, Kalköfen, Ziegelöfen, Porzellanbrennöfen und ähnliches; produktions- und verkehrsbedingte Erdbauten und Änderungen des Reliefs wie Dämme, Einschnitte, Kanäle, Bergbauhalden und Seifenhalden; Verkehrsbauwerke jeder Art; Postanlagen und -bauten; Speicher und andere Anlagen des ruhenden Verkehrs.

Der Erhaltungszustand dieser Anlagen ist nur bedingt ein Kriterium für die Denkmalwürdigkeit. Burg- und Kirchenruinen werden allgemein im Bewußtsein der Bevölkerung und auch nach dem Gesetz als Denkmale betrachtet. Für die Ruinen von Produktions- und Verkehrsanlagen läßt das Gesetz ebenso die Wertung als Denkmal zu. Es ist durchaus zu erwarten, daß Ruinen ehemaliger Produktionsanlagen künftig in ähnlicher Weise emotionale Aufmerksamkeit erregen, wie seit langem schon die Burgruinen in unserer Landschaft (Bilder 14 und 15). Ungenutzte Burgen und Kirchen wurden vor Jahrhunderten zwecks Gewinnung von Baumaterial abgebrochen. Die noch erhaltenen Reste solcher Bauwerke sind für uns heute wertvolle Denkmale, wie z. B. die Kirchenruine Paulinzella. Was unserer Generation ein solches Fragment aus dem Mittelalter ist, kann den Einwohnern des Kreises Borna in 200 bis 300 Jahren die Ruine einer Brikettfabrik bedeuten, die dann noch Zeugnis gibt von einem in jener künftigen Zeit längst Geschichte gewordenen Produktionszweig (Bild 87).

Dieser Überblick zeigt, in welch vielfältiger Weise technische Denkmale die Geschichte der Produktivkräfte und Produktionsverhältnisse in unseren Städten und Landschaftsräumen nacherleben lassen. Die einzelnen Abschnitte des Buches bieten für diese Vielfalt in der Spezifik der technischen Denkmale zahlreiche Beispiele.

Auswahl. Methodische Voraussetzung für die Auswahl und planmäßige Pflege technischer Denkmale ist eine systematische Erfassung möglichst aller produktions- und verkehrsgeschichtlich bedeutsamen Bauten, Anlagen, Maschinen und Geräte, unabhängig von ihrer jetzigen Nutzungsart und ihrem Erhaltungszustand. Die vorliegenden Denkmallisten bieten dafür die Ausgangsposition, werden aber durch die systematische Erfassung ergänzt und aktualisiert. Die Dynamik der industriellen Produktivkraftentwicklung macht die Überarbeitung und Aktualisierung vorhandener Listen technischer Denkmale bereits nach relativ kurzer Zeit notwendig, da technische Neuentwicklungen die bis dahin modernsten Aggregate in den Bereich des Historischen rücken. Bei technologisch notwendigen Umstrukturierungen, die in der Regel nur innerhalb der Betriebe, Kombinate oder Industriezweige diskutiert und bekannt werden, wird die Vernichtung geschichtlich wertvoller Substanz oft noch heute als Selbstverständlichkeit hingenommen. Was heute oft noch als entwicklungshemmender Ballast

abgestoßen wird, kann sich aber morgen als unersetzlicher kulturgeschichtlicher Verlust erweisen.

Die Erfassung der produktionsgeschichtlichen Sachzeugen sollte regional und nach Produktionszweigen erfolgen.

Bei der Erfassung (und der folgenden Auswahl und Pflege) sind nicht nur die technischen Anlagen im engeren Sinne, sondern auch die Verwaltungs- und Sozialeinrichtungen, die Wohnbauten der Arbeiter, der Angestellten und der Unternehmer im Komplex mit zu berücksichtigen.

Nicht jeder erfaßte produktionsgeschichtliche Sachzeuge eignet sich für die Denkmalerklärung oder für die Aufnahme in ein Museum. Es muß eine Auswahl getroffen werden. Diese wurde bisher oft noch durch die zufällige Aufmerksamkeit und vereinzelte Bemühungen bestimmt. Oft blieb die Denkmalerklärung wegen Unkenntnis oder Unsicherheit bei der Wertbeurteilung überhaupt aus, oder sie erfolgte erst dann, als Verstümmelung oder Verfall des Objekts die praktischen Pflegemaßnahmen mit erheblichem ökonomischem Mehraufwand belasteten. Auch der örtliche oder regionale Überblick allein genügt nicht, ebenso die bloße Feststellung, was alt oder merkwürdig erscheint.

Die Auswahl muß nach einer Konzeption erfolgen, die prinzipiell durch die Geschichte der Produktivkräfte und Produktionsverhältnisse bestimmt wird, territorialgeschichtliche Akzente beachtet und Faktoren der denkmalpflegerischen Praxis wie den ökonomischen Aufwand, die gesellschaftliche Erschließung u. a. berücksichtigt.

Auszuwählen sind solche Objekte, die die Geschichte der Produktivkräfte allgemein und im territorialen Zusammenhang hinreichend lückenlos und umfassend veranschaulichen. Der Gesamtbestand der technischen Denkmale eines Gebietes soll die dort historisch oder gegenwärtig profilbestimmenden Gewerbe- und Industriezweige widerspiegeln. Diese sollten dabei mindestens mit je einem, besser einigen typischen Repräsentanten jeder produktionsgeschichtlichen Entwicklungsstufe, aus ihrer Anfangs-, Hoch- und Endphase vertreten sein. Dadurch ergibt sich eine räumliche Bedeutungshierarchie, wie sie für die Registrierung von Denkmalen aller Gattungen üblich und vom Gesetz vorgeschrieben ist; eine Klassifizierung in Denkmale von besonderer nationaler und internationaler Bedeutung

(Zentrale Denkmalliste) [40], Denkmale von nationaler und besonderer regionaler Wertigkeit (Bezirksdenkmallisten) und Denkmale von regionaler und örtlicher Bedeutung (Kreisdenkmallisten).

Diese Klassifizierung stellt jedoch keine juristische Rangordnung für die Notwendigkeit der Erhaltung der Denkmale dar. Nach § 9 Abs. 4 des Denkmalpflegegesetzes ist zur Aufhebung des Denkmalschutzes bei allen Denkmalen, auch solchen der Bezirks- und der Kreisdenkmallisten, die Zustimmung des Ministers für Kultur erforderlich. Durch das Gesetz ist also der Schutz der Objekte der Kreislisten der gleiche wie für die Objekte der Bezirkslisten und der Zentralen Denkmalliste.

Am Beispiel des Erzbergbaus soll die Klassifizierung in die Denkmallisten veranschaulicht werden:

Zentrale Denkmalliste

- Denkmalkomplex Erzbergbau Freiberg aufgrund seiner für die Geschichte des Bergbaus und der Montanwissenschaften internationalen Bedeutung
- Denkmalkomplex Zinnbergbau Altenberg aufgrund der Eigenständigkeit und historischen Bedeutung des Zinnbergbaus im gesamten Erzgebirge

Bezirksdenkmallisten

Bezirk Karl-Marx-Stadt
- Denkmalkomplex Erzbergbau Schneeberg als typisches Beispiel für den Bergbau der obererzgebirgischen Bergstädte und aufgrund der Bedeutung des Kobaltbergbaus
- Denkmalkomplex Erzbergbau Freiberg, zahlreiche Denkmale im Bergrevier rings um die Objekte der Zentralen Denkmalliste, deren historische Aussage ergänzend

Bezirk Gera
- Denkmalkomplex Erzbergbau Kamsdorf aufgrund der historischen Bedeutung des Kamsdorfer Bergbaus für den Silber-, Kupfer-, Kobalt- und Eisenbergbau vom 13. bis zum 20. Jahrhundert, Kamsdorf als eins der historisch wichtigsten Bergbaureviere Thüringens

Kreisdenkmallisten

- Zahlreiche Einzelobjekte in Kreisen der Bezirke mit historischem Erzbergbau

Ist die Auswahl und Klassifizierung für alle Gewerbe- und Industriezweige erfolgt, dann liegt ein der Geschichte der Produktivkräfte und Produktionsverhältnisse entsprechendes System der technischen Denkmale vor.

Ein Kriterium, das besonders bei Repräsentanten älterer produktionsgeschichtlicher Entwicklungsstufen die Auswahl mitbestimmt, ist der Seltenheitswert. Unter den Sachzeugen älterer Perioden haben Vernichtung und Verfall bereits eine Auswahl vorweggenommen. Die noch vorhandenen Anlagen erlangen schon dadurch eine hohe Denkmalwürdigkeit. So genießt heute der Denkmalkomplex Salinentechnik Bad Sulza infolge seiner erschließbaren produktionsgeschichtlichen Aussage eine höhere denkmalpflegerische Wertschätzung als die Schau-Siedeanlage in Halle, wodurch das Bedeutungsverhältnis beider ehemaliger Salzwerke, das in ihren produktiven Blütezeiten bestand, geradezu umgekehrt wird. Die Schwelerei Groitzschen ist die einzige erhaltene historische Braunkohlenschwelerei, vermutlich im Weltmaßstab, und hat damit für die Tradition unserer Industrie der chemischen Kohleveredlung (Schwarze Pumpe) und als technisches Denkmal internationale Bedeutung.

Kriterien, die die Auswahl von Denkmalen der Produktions- und Verkehrsgeschichte weiterhin mitbestimmen, sind die Bedeutung der Anlage für das Stadtbild und das Landschaftsbild als städtebauliche Dominante (Bild 19) oder Blickpunkt in der Landschaft (emotionaler Wert des Objektes) [41]; die Verkehrslage und damit die gesellschaftliche Erschließbarkeit und die Nutzungsmöglichkeiten; der bei der Pflege und Werterhaltung zu erwartende, speziell denkmalpflegerische Maßnahmen betreffende ökonomische Aufwand.

Der ökonomische Aufwand ist kein Kriterium, das auf eine möglichst geringe Zahl von Denkmalen orientiert. Nur bei Denkmalarten, die hohen Aufwand bei der Restaurierung und Werterhaltung erwarten lassen, kann die Beschränkung auf eine kleinere Zahl wichtig werden. Es gibt jedoch zahlreiche Denkmale wie Kalköfen und Hochöfen, Ziegelbrennöfen, Stollnmundlöcher, Bergwerkshalden usw., deren Erhaltung ganz oder fast ohne Aufwand erfolgt. Von diesen Objekten kann also eine größere Anzahl erhalten bleiben. Dies muß sogar geschehen, wenn es sich um die Erhaltung produktionsgeschichtlich geprägter Landschafts- und Ortsbil-

W   Wasserversorgung
G   Gasversorgung
E   Elektroenergieversorgung
⚒   Erzbergbau
⚒   Stein- und Braunkohlenbergbau
⬡   Kali- und Salzbergbau
⊙   Salinen
⌂   Buntmetallurgie und Bergfabriken
⌂   Eisenmetallurgie und Maschinenbau
⚡   Elektroindustrie
🍶   Chemische Industrie
⌂   Baustoff- u. Silikatindustrie
FFF Textil- u. Leichtindustrie und Lebensmittelindustrie
⊗   Wassermühle
⋔   Windmühle
📯   Post
🚂   Eisenbahn
⌒⌒ Brücken
⛴   Schiffahrt
⌂   Wissenschaftlicher Gerätebau

Staatsgrenze
Staatsgrenze im Wasserlauf

22

der handelt. Eine »Mühlen-, Halden- oder Schornstein-landschaft« kann, wenn ihr Denkmalwert zugesprochen wird, nicht auf *eine* Mühle, *eine* Halde oder *einen* Schornstein reduziert werden, wenn sie ihre Aussage behalten soll [37].

Schließlich ist hier darauf hinzuweisen, daß auch die Denkmalpflege langfristig zu planen hat. Es geht deshalb nicht an, nur aus augenblicklichen ökonomischen Bedenken einem historischen Sachzeugen die Schutzerklärung zu versagen oder auf eine optimale Auswahl der Denkmale zu verzichten.

Bei der Auswahl der technischen Denkmale insgesamt und in den einzelnen Bezirken und Kreisen sollte ihre Zahl auf ein ausgeglichenes Verhältnis sowohl zwischen den Sachzeugen der verschiedenen Zweige von Gewerbe, Industrie und Verkehrswesen als auch zu den übrigen Denkmalarten (Bau- und Kunstdenkmalen usw.) abgestimmt werden. Möglicherweise bedeutet das, daß in der einen Region mehr, in einer anderen weniger Objekte gleicher Art als schutzwürdig ausgewählt werden. In diesen Unterschieden dürfen keine subjektiven Faktoren der Bearbeiter, sondern nur historische Verschiedenheiten der Territorien zum Ausdruck kommen. So werden in den Nordbezirken besonders Windmühlen, in den Südbezirken der DDR mehr Wassermühlen auf den Denkmallisten erscheinen. Der Bezirk Magdeburg weist zahlreiche romanische Kirchen, aber nur wenige Bergbaudenkmale auf. Solche bestimmen aufgrund der historischen Bedeutung des Bergbaus im Erzgebirge aber in starkem Maße den Denkmalbestand des Bezirks Karl-Marx-Stadt.

Einen Überblick über den augenblicklichen Stand in der Verwirklichung der Gesamtkonzeption für die technischen Denkmale und ihr System bieten die Übersicht auf dem vorderen und hinteren Bucheinband und Abb. 2.

Pflege. Die Auswahl der technischen Denkmale erfolgt in erster Linie nach ihrem produktions- und verkehrsgeschichtlichen Wert, hat aber auch die Möglichkeiten der praktischen Pflegemaßnahmen und der Erschließung zu berücksichtigen. Grundlage dafür sind die denkmalpflegerischen Zielstellungen, die vom Rechtsträger oder in dessen Auftrag von Sachverständigen erarbeitet werden und vor Nutzungs- oder Zustandsänderungen des Denkmals vom Institut für Denkmalpflege

bestätigt sein müssen. Die denkmalpflegerischen Zielstellungen enthalten eine Darstellung der historischen Aussage des Denkmals (Bildungswert) sowie seiner städtebaulichen und landschaftlichen Bedeutung (emotionaler Wert), weiter die geplante gesellschaftliche Erschließung (Funktion des Denkmals für die gegenwärtige und künftige Gesellschaft) und daraus abgeleitet eine Aufzählung und Begründung der notwendigen oder wünschenswerten Maßnahmen. Damit werden für das einzelne Denkmal die aus dem Gesetz abzuleitenden Maßnahmen konkretisiert, unabhängig davon, ob diese Maßnahmen sofort oder erst nach einiger Zeit realisiert werden können. Ökonomische Möglichkeiten und Grenzen beschränken die praktische Denkmalpflege oft auf die dringendsten Fälle, und häufig wird man sich vorerst mit notdürftigen Sicherungen des Bestandes begnügen müssen. Die denkmalpflegerische Zielstellung hat aber gerade in diesen Fällen die Aufgabe, beizeiten alles zu vermeiden, was die für später geplante Restaurierung und Erschließung erschwert oder unmöglich macht (Teilabbrüche, An- und Umbauten, Beeinträchtigung der Umgebung). Das Bekenntnis zum Denkmal schließt das Bekenntnis zum zeitweiligen Provisorium, auch zur Ruine, ein und verbindet sich mit dem Streben zur baldigen Verwirklichung auch hochgesteckter Ziele unter Aktivierung aller in unserer Gesellschaft gegebenen Möglichkeiten. Die Pflege der Bau- und Kunstdenkmale hat in dieser Verfahrensweise schon eine längere Tradition, wie solche Beispiele wie das Dresdener Schloß oder verschiedene im Krieg stark beschädigte Denkmale in Berlin verdeutlichen. In der Pflege technischer Denkmale beginnt sich eine derartige Anschauung erst durchzusetzen. Ein Beispiel dafür ist neben der letzten erhaltenen historischen Braunkohlenschwelerei die Brikettfabrik Groitzschen, die nur als Ruine erhalten wird (Bild 16).

Bei allen noch irgendwie genutzten technischen Denkmalen, für deren Instandhaltung ohnehin dauernd gesorgt werden muß, bestimmt die denkmalpflegerische Zielstellung, in welchem Maße und in welcher Weise bei Rekonstruktionen zwecks weiterer Nutzung die originale Substanz verändert werden darf bzw. erhalten werden muß, um die historische Aussage auch weiterhin zu gewährleisten.

Trotz dieser Überlegungen sind auch an bestimmten technischen Denkmalen heute und zu jeder Zeit konkrete Sicherungs- und Restaurierungsmaßnahmen erforderlich. In der Vergangenheit konnte die vornehmlich unter ästhetischen Aspekten am Kunstwert, am Alterswert und am traditionellen Memorialwert orientierte Denkmalpflege aber nur schwer und relativ spät ein inniges Verhältnis zu Sachzeugen der Produktion finden. Demgemäß muß heute bei der Pflege technischer Denkmale immer noch um vieles gerungen werden, was methodisch in der Denkmalpflegepraxis bei Bau- und Kunstdenkmalen als selbstverständlich betrachtet wird.

Für technische Denkmale gelten jedoch die gleichen methodischen Richtlinien wie für die anderen Denkmalarten, speziell die Richtlinien für *Konservierung* (Erhaltung der überlieferten Substanz), *Restaurierung* (Wiederherstellung eines ursprünglichen Zustandes), *Ausgestaltung* (durch ergänzende historische oder moderne Zutaten), *Versetzung* (notwendige Standortveränderung), *Kopieren* (als originalgetreuer Nachbau bei Verlust der ursprünglichen Substanz) sowie Kombinationen dieser Maßnahmen.

Die praktische Pflege von Denkmalen setzt zuerst dort ein, wo der Erhaltungszustand entsprechende Maßnahmen erforderlich macht. Denkmalpflegerischer Grundsatz ist dabei die möglichst weitgehende Erhaltung der originalen Substanz. Dem widerspricht jedoch oft – bei oberflächlicher Schadensanalyse – der Befund, und ein nur scheinbar vollständiger physischer Verschleiß hat in vielen Fällen ein voreiliges Abbrechen und Verschrotten zur Folge gehabt. Vorbild für die Sorgfalt im Umgang mit der Originalsubstanz kann hier die Restaurierung von Kunst- und verschiedenen Baudenkmalen sein.

Bei noch in Betrieb befindlichen, historisch bedeutsamen Anlagen führt meist der moralische, nicht der physische Verschleiß zur Aussonderung und damit – oft aus Raummangel – zur Substanzgefährdung und -vernichtung.

Bei nicht mehr produktiv genutzten technischen Denkmalen haben schadenskundliche Probleme in der Regel größeres Gewicht. Bei der schadenskundlichen Analyse technischer Denkmale ist sehr genau den Ursachen von Profilschwächungen, Abschälungen, Aufquellungen, Verfärbungen und Verformungen nachzuspüren und festzustellen, ob es sich dabei um allgemeine sicherheitsgefährdende oder um nutzungsspezifische Erscheinungen handelt. Letztere sind – nach der Beseiti-

gung von thermischen und dynamischen Beanspruchungen durch den Betrieb, von Abgasen, schweren Schüttgütern usw. – statisch oft unbedenklich. Sie tragen sogar zur historischen Aussage bei. Völlig abwegig ist allerdings eine abschließende Behandlung nachgemachter Substanz mit Pinsel oder Lötlampe, um derartige Nutzungsspuren nachzuahmen und auf neuer Substanz den Eindruck einer historischen Produktionsstätte vorzutäuschen.

Der historische Wert, der Bauzustand, die Aussage historischer Quellen und die angestrebte Aussage bestimmen die Wahl der denkmalpflegerischen Maßnahmen. Bei vollständig erhaltenen Anlagen wird der vorhandene Bestand konserviert.

Bei Restaurierungsmaßnahmen an technischen Denkmalen erhebt sich (ebenso wie bei Kunstdenkmalen) oft die Frage, welche historische Entwicklungsstufe des Bauwerks wiederhergestellt werden soll. Umbauten drücken gegenüber dem primären Bauzustand oft technische Fortschritte und Weiterentwicklungen aus, haben also oft eine erhaltenswerte Aussage [39]. Auch bei Ruinen kann die Konservierung des Bestandes genügen, wenn für eine originalgetreue Wiederherstellung die Archivquellen fehlen oder wenn die Ruine als solche auch eine beachtliche historische Aussage oder emotionale Wirkung hat. Ein Beispiel sind die Hochöfen aus dem frühen 19. Jahrhundert. Diese waren ursprünglich von Gebäuden umbaut und damit nicht überschaubar. Im Fall der Happelshütte bei Schmalkalden hat man das Haus des kleinen Hochofens gerade in der Absicht nicht rekonstruiert, damit dieser Hochofen im Ganzen überschaubar wird und damit gegenüber dem im Hüttengebäude steckenden großen Hochofen eine zusätzliche Aussage erhält (Bild 17).

Wo von der Aussage oder Bauwerkswirkung oder vom Raumbedarf her oder wegen der Sicherung der Substanz nötig, sind nach alten Quellen, Analogien oder modernen Entwürfen Bestandslücken zu schließen oder Teilkopien herzustellen, wie bei Kunstdenkmalen seit je üblich.

Die vollständige Kopie eines technischen Denkmals ist – bei allen Vorbehalten gegenüber dieser Sondermaßnahme – nötig, wenn alle zur Zeit möglichen Konservierungsmethoden am Objekt versagen oder wenn ein Sachzeuge bereits vernichtet ist, seine Wiederherstellung aber erforderlich wird. Das ist der Fall, wenn es der letzte Zeuge seiner Art war oder die Wiederherstellung für die Aussage eines Denkmalkomplexes wesentlich ist. Wichtig für das Gelingen einer vollständigen Kopie ist eine ausreichende Dokumentation des betreffenden oder ganz analoger Sachzeugen. Bei Denkmalen der politischen Geschichte und Kunstgeschichte gibt es für die vollständige bzw. weitgehende Kopie von Originalen schon interessante Experimente, wie in Karl-Marx-Stadt z. B. das Fritz-Heckert-Haus und in Leipzig die Alte Waage. Bei den technischen Denkmalen ist die vollständige Kopie eines Pferdegöpels im Erzgebirge möglich und notwendig. Von dem 1948 abgebrochenen Johanngeorgenstädter Pferdegöpel gibt es Fotos und Zeichnungen, die eine genaue Rekonstruktion ermöglichen (Bild 8). Für den Denkmalkomplex Freiberg wäre die Kopie eines Pferdegöpels notwendig, um die wichtigsten Entwicklungsstufen der bergmännischen Schachtförderung an Denkmalen zu demonstrieren.

Wie bei Kunstdenkmalen schon praktiziert, so können auch bei technischen Denkmalen Umsetzungen auf andere Standorte nötig werden, sei es, daß der ursprüngliche Standort anderweitig beansprucht wird oder keine gesellschaftliche Erschließung des Denkmals zuläßt. Zweckmäßig ist in solchen Fällen das Versetzen – im Ganzen oder in wieder zusammensetzbaren Teilen – auf einen in der Nähe gelegenen, den alten räumlichen Zusammenhang beibehaltenden Standort oder in ein bestehendes Denkmal-Ensemble zur Vervollständigung von dessen Aussage. Beispiele dafür sind der bergmännische Glockenturm von Altenberg/Erzgebirge, das älteste Bauwerk der Stadt und einer der wenigen erhaltenen bergmännischen Glockentürme der Welt, der vom weiteren Zinnabbau bedroht ist und deshalb um etwa 200 m versetzt werden soll, und Windmühlen, die am primären Standort gefährdet und nicht erschließbar sind und in ethnographische Freilichtmuseen übernommen werden, z. B. in Diesdorf, Kreis Salzwedel.

Alle praktischen Maßnahmen an technischen Denkmalen, die über den Rahmen turnusmäßiger Werterhaltung hinausgehen, sind von den VEB Denkmalpflege oder anderen Spezialbetrieben – bei einigen Fällen auch von gesellschaftlichen Kräften – auszuführen, stets aber von Mitarbeitern des Instituts für Denkmalpflege und Sachkennern der Produktions- und Verkehrsgeschichte vorzubereiten und anzuleiten [39]. Dabei ist vor und während der Arbeiten eine genaue Dokumentation der Befunde und Veränderungen erforderlich, die als Grundlage für wissenschaftliche Bearbeitungen und künftige Denkmalpflege-Maßnahmen dient.

Gesellschaftliche Erschließung. Bei der Erhaltung und Erschließung der technischen Denkmale geht es nicht nur darum, daß der Besucher erfährt, warum eine Maschine so und nicht anders funktioniert hat, sondern es geht darum, daß die Besucher den Ort und die Bedingungen bewußt erleben, wo und wie unsere Vorfahren gearbeitet haben. Besonders die Jugend soll an der Arbeitsstelle der früheren Generationen erfahren, wie damals die technischen Probleme gemeistert wurden, wie und in welchen Maßstäben man lernte, die Naturgesetze der Mechanik, Physik und Chemie zu beherrschen und für die Menschheit zu nutzen, wie die Arbeitsbedingungen waren, wie und an welcher Stelle die Klassenkonflikte entstanden und ausgetragen wurden, und wie die Entwicklung der Produktivkräfte von der alten Arbeitsstätte bis zu den Produktionsbetrieben unserer Zeit erfolgte.

Nach dem Denkmalpflegegesetz § 1 ist es »Ziel der Denkmalpflege, die Denkmale ... so zu erschließen, daß sie der Entwicklung des sozialistischen Bewußtseins, der ästhetischen und technischen Bildung sowie der ethischen Erziehung dienen«. Und weiter fordert das Denkmalpflegegesetz für die Denkmale »eine ihrer Eigenart entsprechende Nutzung, ... insbesondere für das geistige und kulturelle Leben, für die Erholung und den Tourismus«. Das gilt selbstverständlich auch für die technischen Denkmale. Allerdings darf man sich nicht – wie das oft geschieht – als gesellschaftliche Erschließung eines technischen Denkmals nur seine Herrichtung als Schauanlage und Museum vorstellen.

Es gibt für technische Denkmale verschiedene Möglichkeiten der gesellschaftlichen Erschließung, und zwar die gleichen wie für Bau- und Kunstdenkmale. Dabei sind die Nutzungsvarianten mit verschiedenem ökonomischem Aufwand verbunden. In einer Reihenfolge mit absteigendem ökonomischem Aufwand sind dies folgende Varianten:

– ständige Schauanlagen mit eigenem Haushalts- und Stellenplan, festen Öffnungszeiten und Besichtigungsmöglichkeit ohne Voranmeldung

- bei Bedarf zu öffnende Schauanlagen ohne eigenen Haushalts- und Stellenplan, zu besichtigen nach Voranmeldung
- Objekte, die als unbewertetes Sachvermögen jedermann zur freien Besichtigung zur Verfügung stehen
- Objekte mit Fremdnutzung, deren historische Aussage im äußeren Erscheinungsbild liegt und ebenfalls für jedermann aus dem öffentlichen Verkehrsraum verfügbar ist

Nachfolgend sollen diese Varianten näher erläutert werden.

Ständig geöffnete Besichtigungspunkte sind bei den Kunstdenkmalen z. B. der Meißner Dom oder Schloß Sanssouci, bei den technischen Denkmalen der Frohnauer Hammer. Seine über 180 000 Besucher je Jahr zeigen, welches Interesse technische Denkmale erlangen können. Bei den als Schauanlagen hergerichteten technischen Denkmalen lassen sich sogenannte »kalte« und »produzierende« unterscheiden [39]. Eine produzierende Schauanlage ist z. B. die Eisengießerei Heinrichshütte in Wurzbach, Kreis Lobenstein, in der vor den Augen der Touristengruppen glutflüssiges Eisen aus dem Kupolofen in die Formen gegossen wird. Produzierende Schauanlagen sind auch das Salinenmuseum Halle und die Reifendreherei Seiffen/Erzgebirge. Sie sind ferner u. a. möglich in der keramischen, der Textil- und der Glasindustrie. Aber auch die nichtproduzierenden Schauanlagen lassen sich meist so herrichten, daß eine betriebsnahe Atmosphäre spürbar wird, wie die Hammerwerke und die Schaubergwerke zeigen. In kalten Schauanlagen kann dem Besucher durch Einblick in geöffnete Aggregate wie aufgeschnittene Schmelzöfen und abgedeckte Feuerungen manche Erkenntnis vermittelt werden, die ihm in produzierenden Schauanlagen naturgemäß verschlossen bleiben muß. Optimal ist also, wenn sich kalte und produzierende Schauanlagen ergänzen können, wie z. B. die Denkmale der ehemaligen Salinen Halle und Bad Sulza.

Bei Bedarf zu besichtigende Kunstdenkmale gibt es schon zahlreich. Das gilt zum Beispiel für viele Kirchen, an deren Tür der Interessent lesen kann, wo er sich zwecks Besichtigung melden muß. Für technische Denkmale ist diese Möglichkeit bisher nur in wenigen Fällen genutzt. So sind im Freiberger Bergbau die Grube Alte Elisabeth und die Radstube der Grube Un-

verhoffter Segen Gottes bei Oberschöna nach Voranmeldung zu besichtigen.

Als *unbewertetes Sachvermögen* kennt jeder zahlreiche Stadttürme und Stadtmauern in unseren Städten sowie in der Landschaft Burgruinen. Keiner möchte diese Denkmale missen, jeder hält ihre Erhaltung und Restaurierung für gesellschaftlich gerechtfertigt, auch wenn dabei kein direkter ökonomischer Nutzen zu erwarten ist. Von der Sache her gilt gleiches für eine Anzahl technischer Denkmale wie Hochöfen, Kalköfen, Ziegelöfen, Meilensteine, Bergbauhalden, Bahndämme usw. Nur sind diese Objekte breiten Kreisen der Bevölkerung noch nicht als Denkmal bewußt geworden. Der neue, umfassendere sozialistische Denkmalbegriff setzt sich nicht mit Erlaß des Gesetzes im Selbstlauf durch, sondern muß propagiert werden. Das gilt gerade auch für die als unbewertetes Sachvermögen für jedermann zur freien Besichtigung verfügbaren technischen Denkmale.

Bau- und Kunstdenkmale mit Fremdnutzung sind z. B. Schlösser, deren Räume heute von Staatsorganen, medizinischen Einrichtungen, Schulen, Ferienheimen usw. sowie für Wohnzwecke verwendet werden. Die Nutzer gewährleisten die Werterhaltung. Diese wird von der Denkmalpflege so gelenkt, daß die historische Aussage und die architektonische Wirkung erhalten bleiben. Das gleiche gilt für zahlreiche Denkmale der Produktions- und Verkehrsgeschichte. So verdeutlichen typische Fabrikgebäude des 19. Jahrhunderts die Industrielle Revolution allein durch ihre Größe und ihr Erscheinungsbild, auch wenn sie im Innern heute als Lagerraum genutzt werden. Die zahlreichen Huthäuser des Bergbaus in den Bergrevieren des Erzgebirges werden heute als Wohnhäuser genutzt und erhalten, sind aber trotzdem jetzt und künftig wichtige Sachzeugen der Bergbaugeschichte.

Mehrere technische Denkmale, vor allem Brücken und Bahnhöfe, dienen noch heute und auch künftig ihrer ursprünglichen Aufgabe.

Problematisch kann die Erschließung werden, wenn sich technische Denkmale in Betriebsgelände befinden und damit nicht, wie das Denkmalpflegegesetz in § 11 fordert, »der Öffentlichkeit zugänglich gemacht« werden können. Der Denkmalschutz ist hier einerseits eine prophylaktische Maßnahme für die vielleicht später gegebene Möglichkeit der Erschließung. Andererseits kann in solchen Sonderfällen die Forderung des Gesetzes als erfüllt betrachtet werden, wenn die Besichtigungsmöglichkeit auf eine Gruppe produktionsgeschichtlich besonders Interessierter beschränkt bleibt oder wenn das Bauwerk schon aus der Ferne als Denkmal wirkt.

Die Zahl der technischen Denkmale, die nach den genannten Nutzungsvarianten erschlossen werden, ist dem erforderlichen Aufwand umgekehrt proportional. Ständige Schauanlagen können nur relativ wenige eingerichtet werden. Jeder historisch oder gegenwärtig wichtige Industriezweig der DDR sollte im Gesamtsystem der technischen Denkmale mindestens mit einer solchen Schauanlage vertreten sein, die zugleich die Funktion eines zentralen Objekts für die Traditionspflege des betreffenden Industriezweiges übernehmen kann. Ansätze und Anregungen dazu zeigen bzw. bieten sich uns u. a. in folgenden technischen Denkmalen an: die *Wasserkraftwerke Fernmühle* bei Ziegenrück und *Mittweida* an der Zschopau für die Energieerzeugung; der Denkmalkomplex *Erzbergbau Freiberg* für den erzgebirgischen Silberbergbau; der Denkmalkomplex *Zinnbergbau Altenberg* für den erzgebirgischen Zinnbergbau; der *Karl-Liebknecht-Schacht*, Oelsnitz, für den Steinkohlenbergbau; der Denkmalkomplex *Braunkohlenindustrie Zeitz* für den Braunkohlenbergbau sowie für die chemische und die mechanische Braunkohlenveredelung; der Denkmalkomplex *Salinentechnik Bad Sulza* für das Salinenwesen; der Denkmalkomplex *Saigerhütte Grünthal* für das Buntmetallhüttenwesen; das technische Denkmal *Fischerhütte* Ilmenau für den Industriezweig technisches Glas; das technische Denkmal *Natursteinbetrieb Brückmühle Sohland* für die Werksteinindustrie, der *Bayrische Bahnhof* in Leipzig für die Traditionspflege der Eisenbahn.

Wie die genannten Denkmale zeigen, sind die Schauanlagen in dem Territorium einzurichten, in dem der Industriezweig eine möglichst reiche Tradition aufzuweisen hat.

Diese ständigen Schauanlagen sind der Konzeption für die Denkmale des betreffenden Industriezweiges gemäß mit Denkmalen der weniger aufwendigen Nutzungsvarianten zu ergänzen. So werden im Erzgebirge an mehreren Orten Kalköfen als Denkmale erhalten, aber nur das Kalkwerk Lengefeld wird Schauanlage. Dort wird auf die anderen Kalköfen hingewiesen, die

u. a. in Raschau, Herold, Weißbach, Hammer-Unterwiesenthal in mehr oder weniger fragmentarischem Zustand erhalten bleiben und damit in der Landschaft die frühere Verbreitung der Kalkindustrie demonstrieren. An diesen Kalköfen aber werden die Urlauber und Touristen nur durch Erläuterungstafeln informiert und zum Besuch der Schauanlage Lengefeld geworben.

Als Besucher der technischen Denkmale sind neben interessierten Einzelpersonen vor allem Urlauber, Touristen, Studentengruppen und Schulklassen zu nennen [42]. Was das optische Erleben für den Erfolg des Schulunterrichts bedeutet, ist allgemein bekannt. Exkursionen von Schulklassen zu technischen Denkmalen des Territoriums erlangen deshalb große Bedeutung für den Unterricht in Geschichte, Physik und Chemie. Sie sollten ebenso zu obligatorischen Teilen der Lehrpläne werden wie Exkursionen zu Gedenkstätten der politischen Geschichte, der Kunst und Literatur. Wann sollen unsere jungen Menschen den Rang der Geschichte der Produktivkräfte erkennen, wenn nicht in der Schulzeit? Daß eine solche Erschließung der technischen Denkmale möglich und lohnend ist, beweist der für die Schulen von Zwickau und Umgebung erarbeitete Lehrpfad »Geschichte des Zwickauer Steinkohlenbergbaus«.

Wo technische Denkmale in stärkerem Maße konzentriert sind wie in den Bergrevieren von Freiberg und Schneeberg, können diese Denkmalkomplexe durch Lehrpfade gut erschlossen werden.

Nutzer der technischen Denkmale der DDR sind vor allem auch die Werktätigen unserer Industrie. Sie erleben an den Denkmalen die Tradition ihres Betriebes. Die technischen Denkmale aber, die zu unserer täglichen Umgebung gehören, prägen, wenn sie gut erschlossen werden, das Bewußtsein der gesamten Bevölkerung.

Zur Erschließung der technischen Denkmale gehören auch die verschiedenen Möglichkeiten der Bücher, Zeitschriftenaufsätze, Zeitungsartikel (Tabelle 1), Rundfunk und Fernsehen, Briefmarken und Ansichtskarten. Briefmarken mit technischen Denkmalen zeigten in der DDR in den letzten Jahren z. B. Windmühlen und Schmalspurbahnen, Brücken, Dampfmaschinen und Denkmale der Wasserversorgung. Bei Ansichtskarten gibt es Serien zu technischen Denkmalen, z. B. zum Bayrischen Bahnhof in Leipzig, zu Schmalspurbahnen, zu Dampfmaschinen und zur Schneeberger Bergbaulandschaft. Diese Serien werden aber in erster Linie von

Tabelle 1. Technische Denkmale in der Tagespresse der DDR (Auswahl von Zeitungsartikeln der Zeit 1974 bis 1982)

Denkmalgruppe Überschrift des Zeitungsartikels	Autor	Zeitung, Ort	Jahrgang, Nummer, Seite, Datum
Übersichtsartikel			
Wo gibt es technische Denkmale?	Dr. H. MÜLLER	Junge Welt, Berlin	**29**, Nr. 121 A (Touristikbeilage) (23.5.1975)
Zinnwäsche, Salinen und Kalköfen	W. SCHMIDT	Neues Deutschland, Berlin	**31**, Nr. 10, S. 2 (12.1.1976)
Zeugen technischer Pionierleistungen	K. H. KÖRNER	Neues Deutschland, Berlin	**35**, Nr. 23, S. 2 (28.1.1980)
Wasser, Gas, Elektroenergie			
Künftig Technikmuseum (Moschee Potsdam)	–	Neues Deutschland, Berlin	**35**, Nr. 223, S. 10 (20./21.9.1980)
Die langen Kerls als Wasserträger (Wassertürme, Berlin)	U. STEMMLER	Neues Deutschland, Berlin	**36**, Nr. 86, S. 8 (11.4.1981)
Bergbau			
Die Alte Elisabeth ist noch heute anziehend (Freiberg)	P. JATTKE und E. WÄCHTLER	Freie Presse, Karl-Marx-Stadt	**17**, Beilage »heute f. morgen« S. 1 (30.11.1979)
Exkursion zu technischen Denkmalen (Volkskammerausschuß im Karl-Liebknecht-Schacht, Oelsnitz)	–	Freie Presse, Karl-Marx-Stadt	**18**, Nr. 45, S. 1 (22.2.1980)
Saline in Bad Sulza wird Museum – Weimarer Studenten unterstützen Erhaltung wertvoller technischer Denkmale	–	Das Volk, Weimar	14.4.1978
Hütten und Hammerwerke			
Denkmal der Industrie wird erhalten (Neue Hütte, Schmalkalden)	F. NICK	Thüringische Nachrichten, Erfurt	**24**, Beilage Nr. 8 (27.2.1974)
Altes Hammerwerk bei Weida	HOPFGARTEN	Volkswacht, Gera	18.1.1980
Tobiashammer wird Museum und Stätte der Erholung	K. ENGELHARDT	Neues Deutschland, Berlin	**36**, Nr. 184, S. 8 (5.8.1981)
Maschinenbau und Eisengießereien			
Gußeisernes Gebläse mit neogotischen Spitzbögen	G. GRABOW und O. WAGENBRETH	Neues Deutschland, Berlin	**37**, Nr. 55, S. 13 (6./7.3.1982)
Elektrotechnik/Elektronik			
Als Elektromaschinen noch in den Kinderschuhen steckten	P. SCHUBERT	Universitätszeitung, TU Dresden	**24**, Nr. 14, S. 5 (8.7.1981)
Chemische Industrie			
Bautechnik, Baustoff- und Silikatindustrie			
Jahrhundertaltes Kalkwerk wird Denkmal	Interessengemeinschaft Kalkwerk	Freie Presse, Karl-Marx-Stadt	**17**, Beilage »heute f. morgen« S. 2 (24.11.1978)
Natursteinbetrieb soll zur Schauanlage werden	ADN	Neues Deutschland, Berlin	**36**, Nr. 223, S. 10 (19./20.9.1981)
Pferdegöpel restauriert (Lehesten)	–	Der Morgen, Berlin	**34**, Nr. 281 (28.11.1978)

Tabelle 1 (1. Fortsetzung)

Denkmalgruppe Überschrift des Zeitungsartikels	Autor	Zeitung, Ort	Jahrgang, Nummer, Seite, Datum
Textilgewerbe und Textilindustrie			
Museumsstück vom Urgroßvater, um das viel Dampf gemacht wird (Werdauer Dampfmaschine)	J. FRÖHNER und H. SCHMIDT	Freie Presse, Karl-Marx-Stadt	19, Nr. 291, S. 5 (10.12.1981)
Historische Textilmaschinen: Entdeckung in der Turmkammer	H. TEICHMANN	Neues Deutschland, Berlin	37, Nr. 113, S. 16 (15./16.5.1982)
Handwerk, Gewerbe, Leichtindustrie			
Technische Denkmale vorgestellt: Pappe aus der alten Mühle (Zwönitz)	A. KNACK	Berliner Zeitung	8.7.1981
Mühlen, Lebensmittelindustrie			
Historische Mühlen im Bezirk Cottbus restauriert	H. H. KRÖNERT	Neues Deutschland, Berlin	34, Nr. 285, S. 3 (1./2.12.1979)
Wassermühlen als technische Denkmale	–	Thür. Neueste Nachrichten, Erfurt	24, Nr. 287, Beilage (4.12.1974)
An der Pockau klappert die Ölmühle	J. ARNOLD	Freie Presse, Karl-Marx-Stadt	18, Nr. 162, Beilage »heute f. morgen« S. 5 (11.7.1980)
Verkehrsgeschichte			
Interessante Denkmale der Postgeschichte	–	Neues Deutschland, Berlin	35, Nr. 154, S. 8 (2.7.1980)
Kleinbahnmuseum in Rittersgrün	H. GÜNTHER	Freie Presse, Karl-Marx-Stadt	16, (4.8.1978) »heute f. morgen« S. 4
Traditionsfahrten zur 100-Jahr-Feier	H. GROSSTÜCK	Neues Deutschland, Berlin	36, Nr. 294, S. 13 (12./13.12.1981)
Denkmale der Verkehrsgeschichte	W. DIETZE	Sächsisches Tageblatt, Karl-Marx-Stadt	37, Nr. 2, 3, 4 (Jan./Febr. 1982)
Raddampfer gehört heute zum Schiffahrtsmuseum in Oderberg	–	Neues Deutschland, Berlin	36, Nr. 47, S. 8 (25.2.1981)
Technisches Denkmal Schiffshebewerk	–	Freie Presse, Karl-Marx-Stadt	19, Nr. 179, S. 3 (31.7.1981)
Wissenschaftliche Geräte			
Der Minutenzeiger braucht zwei Stunden zum Umlauf (Astronomische Uhr in Stendal)	M. SCHUKOWSKI	Neues Deutschland, Berlin	37, Nr. 104, S. 8 (5.5.1982)
Denkmale für Techniker			
Gedenktafel für Johann Friedrich Böttger, am Rathaus von Schleiz (Bild)	G. FUNKE	Der Morgen, Berlin	38, Nr. 107, S. 5 (8./9.5.1982)

denen gekauft, die ohnehin historisch interessiert sind. Deshalb werden jetzt auch Ansichtskarten von technischen Denkmalen mit entsprechend informativer Beschriftung in das allgemeine Ansichtskartensortiment eingefügt. Eine sehr wirksame Form der Werbung für technische Denkmale ist ihre Eintragung in Wanderkarten. So empfiehlt die vom Tourist-Verlag herausgegebene Wanderkarte »Westerzgebirge« dem Benutzer u. a. den Besuch der Hammerherrenhäuser Neidhardtsthal, Wolfsgrün, Blauental und Erlahammer, der Silberwäsche Antonsthal, des Kalkwerks Hammer-Unterwiesenthal, der Bergbaudenkmale von Schneeberg und der Pinge von Geyer.

Technisches Denkmal und technisches Museum. Nach den gesetzlichen Festlegungen, wie von der Zuständigkeit der Staatsorgane und Fachinstitutionen, der Planung der materiellen und finanziellen Kennziffern aus betrachtet sowie aufgrund der Funktionspläne der damit beschäftigten Mitarbeiter, sind technische Denkmale und technische Museen verschiedene Bereiche des kulturellen Lebens.

Beide Bereiche bemühen sich jedoch um originale Sachzeugen der Produktions- und Verkehrsgeschichte, und so verwundert es nicht, daß es Überschneidungen und Probleme der Zuordnung gibt. Eindeutig technische Denkmale sind z. B. Eisenbahnbrücken und Bahnhofsgebäude. Dagegen zählen Eisenbahneruniformen, historische Fahrkarten und Ausrüstungsstücke als Museumsgut. Problematischer ist die Einordnung von Lokomotiven oder Eisenbahnwagen. Doch ist in solchen Zweifelsfällen die Zuordnung vom Wesen des Denkmals und des Museums her möglich: Werden Lokomotiven und Eisenbahnwagen aus dem räumlichen Zusammenhang ihrer historischen Wirkungsstätte gelöst und in einer speziellen Bildungsstätte konzentriert, dann werden sie zu Museumsgut, z. B. im Verkehrsmuseum. Ähnliches gilt für umsetzbare Maschinen der verschiedenen Industriezweige [39]. Wird eine Lokomotive vor oder in dem Bahnhof, wo sie in Betrieb war, zur Traditionspflege aufgestellt, werden Kleinbahnzüge auf den zugehörigen Strecken aus historischen Gründen weiterbetrieben, dann sind dies technische Denkmale.

In der Praxis der Kulturarbeit bieten sich jedoch Kombinationen zwischen beiden Bereichen an [43]. So können technische Denkmale regional und fachlich zu-

ständigen Museen als Außenstellen zugeordnet werden. Umgekehrt liegt es bei vielen technischen Denkmalen nahe, die historische Aussage durch eine gewisse museale Gestaltung zu verdeutlichen und zu ergänzen, sei es, daß in dem technischen Denkmal historisch wichtige Werkzeuge und Maschinen aus anderen Betrieben museal konzentriert werden, sei es, daß man die Aussage des Denkmals selbst durch Texte, Bilder oder Modelle herausarbeitet. Ein gutes Beispiel solcher Kombination bietet das zentrale technische Denkmal des Steinkohlenbergbaus, der Karl-Liebknecht-Schacht in Oelsnitz. Originale Denkmalsubstanz sind dort vor allem der Schachtturm mit allen Einbauten, das Fördermaschinenhaus, die Dampffördermaschine, die elektrische Turmfördermaschine, der Leonard-Umformer und der Wagenumlauf. Was fehlt, sind die in 500 bis 1 000 m Tiefe gelegenen Strecken und Abbaue, wo die eigentliche Steinkohlengewinnung stattfand. Da diese untertägigen Grubenräume aus gebirgsmechanischen Gründen nicht im Original erhalten werden können, hat man sie in dem großen Baukörper des unmittelbar benachbarten Mannschaftsbades in musealer Gestaltung so nachgebildet, daß dem Besucher ein der Wirklichkeit nahekommender Eindruck der Untertagesituation vermittelt wird (Bild 18).

Solche Kombinationen von technischem Denkmal und technischem Museum können natürlich nur in Zusammenarbeit von Produktionstechnologen, Denkmalpflegern, Architekten und Museologen erfolgreich gestaltet werden [42], [44].

Insgesamt gesehen gibt es also viele Möglichkeiten für die Nutzung und Erschließung der technischen Denkmale einschließlich der musealen Gestaltung. Ihre planmäßige Einbeziehung in das kulturelle Angebot garantiert ihnen eine bewußtseinsbildende Wirksamkeit, deren Attraktivität in keiner Weise der Faszination nachsteht, die Bau- und Kunstdenkmale auszulösen vermögen.

Die Aufgaben der Staatsorgane, der Industrie und der gesellschaftlichen Organisationen bei der Pflege technischer Denkmale

Im Gesetz zur Pflege der Denkmale in der Deutschen Demokratischen Republik vom 19. 6. 1975 heißt es:

»Für die Denkmalpflege sind die zentralen Staatsorgane sowie die örtlichen Volksvertretungen mit ihren Räten verantwortlich. Sie lösen diese Aufgabe unter Einbeziehung der Bevölkerung mit den wirtschaftsleitenden Organen, den Betrieben und Einrichtungen, der Nationalen Front der DDR, den gesellschaftlichen Organisationen, … [45].

Diese Formulierung verdeutlicht, daß die Denkmalpflege ein gesamtgesellschaftliches Anliegen ist. »Denkmale stehen als kultureller Besitz der sozialistischen Gesellschaft unter staatlichem Schutz. Der staatliche Schutz erstreckt sich auf die gesamte Substanz eines Denkmals als Träger seiner geschichtlichen und wissenschaftlichen Aussage und seiner künstlerischen Wirkung« [46]. Er erstreckt sich uneingeschränkt auf alle Denkmalarten. Ausdrücklich verweist das Gesetz in diesem Zusammenhang auf die »Denkmale der Produktions- und Verkehrsgeschichte, wie handwerkliche, gewerbliche und landwirtschaftliche Produktionsstätten mit ihren Ausstattungen, industrielle und bergbauliche Anlagen, Maschinen und Modelle, Verkehrsbauten und Transportmittel« [47].

Zu den Aufgaben und der Verantwortung der Staatsorgane für die Denkmalpflege. Entsprechend dem von der Volkskammer erlassenen Gesetz gewährleistet der Ministerrat »die zentrale staatliche Leitung und Planung der Denkmalpflege. Er beschließt die kulturpolitischen und ökonomischen Maßnahmen für den Schutz, die Pflege und die gesellschaftliche Erschließung der Denkmale und sichert, daß die denkmalpflegerischen Aufgaben in die Volkswirtschaftsplanung einbezogen werden. Er bestätigt die zentrale Denkmalliste« [48].

Die Verantwortung für die Verwirklichung der vom Ministerrat auf dem Gebiet der Denkmalpflege gestellten Aufgaben ist dem Minister für Kultur übertragen worden: »Er regelt im Rahmen seiner Verantwortung die Grundfragen und die Methodik der Denkmalpflege und sichert ihre Anwendung« [49].

Der Minister für Kultur hat die zentrale Denkmalliste aufzustellen, hat also auch im Ergebnis weiterer Forschungen und Erkenntnisse dem Ministerrat Ergänzungen zur Liste vom 25. 9. 1979 vorzuschlagen.

Er ist für den Schutz, die Pflege und die Erschließung der Denkmale der zentralen Denkmalliste verantwortlich und gewährleistet »in Zusammenarbeit mit den örtlichen Räten die Durchführung der erforderlichen denkmalpflegerischen Arbeiten« an ihnen [50]. Die Verantwortung des Ministers für Kultur für die Anwendung einer einheitlichen Methodik der Denkmalpflege kommt auch darin zum Ausdruck, daß er berechtigt ist, »in Übereinstimmung mit den Vorsitzenden der Räte der Bezirke von den Räten der Kreise eine Denkmalerklärung oder ihren Widerruf zu fordern« [51]. Mit dieser Verantwortung für den Denkmalbestand hängt auch zusammen, daß die Aufhebung einer Denkmalerklärung, gleichviel welcher Liste ein Denkmal zugehört, nur mit dem Einverständnis des Ministers für Kultur möglich ist [52].

Dem Minister für Kultur ist als »zentrale wissenschaftliche Einrichtung für die Vorbereitung und Anleitung bei der Erfassung, dem Schutz, der Pflege und Erschließung der Denkmale das Institut für Denkmalpflege unterstellt«, dessen Aufgaben und Tätigkeit er regelt [53].

Das Institut für Denkmalpflege wirkt demnach als Fachorgan des Ministers für Kultur an der Entwicklung der Konzeption der Denkmalpflege in der DDR mit und wird bei ihrer Umsetzung in der Praxis tätig. Dazu berät es die örtlichen staatlichen Organe in bezug auf die Erfassung der Denkmale und die Einordnung der denkmalpflegerischen Maßnahmen in die Entwicklung des Territoriums durch Konsultationen, Gutachten und Stellungnahmen. Das Institut hat weiter das Recht, in Abstimmung mit den zuständigen Staatsorganen, den Rechtsträgern, Eigentümern und Verfügungsberechtigten Anleitung bei der Ausarbeitung der denkmalpflegerischen Zielstellungen und bei der Durchführung der Maßnahmen an den Denkmalen zu geben, um die Einhaltung der denkmalpflegerischen Prinzipien zu sichern. Dazu hat das Institut den Denkmalbestand der DDR zu erforschen und hierfür den wissenschaftlichen Nachweis zu führen. Es leistet Forschungs- und Entwicklungsarbeit zur Theorie, Methodik und Technologie der Denkmalpflege, wertet die Ergebnisse der Denkmalpflege aus und verbreitet Kenntnisse über Denkmalbestand und Denkmalpflege.

Das Institut für Denkmalpflege mit seiner Zentrale in Berlin und seinen Arbeitsstellen in Dresden, Erfurt, Halle und Schwerin führt seine Arbeiten in engem Kontakt mit allen in Frage kommenden gesellschaftlichen Institutionen und Organisationen durch und sichert so eine den Interessen des Sozialismus dienende kulturpolitische Arbeit.

Auf der Ebene der örtlichen Staatsorgane ist die Denkmalpflege als eine Verantwortung der Volksvertretungen und der Räte in ihrer Gesamtheit gekennzeichnet. Die Räte der Bezirke sind »für die Erhaltung und gesellschaftliche Erschließung des Denkmalbestandes ihres Territoriums verantwortlich« [54]. Sie beschließen nach Zustimmung des Ministers für Kultur über die Aufnahme von Denkmalen in die Bezirksdenkmalliste und sind für den Schutz, die Pflege und Erschließung dieser Denkmale verantwortlich. Die Räte der Bezirke gewährleisten die Durchführung der erforderlichen Arbeiten in Zusammenarbeit mit den Räten der Kreise unter fachwissenschaftlicher Anleitung durch das Institut für Denkmalpflege.

Die Räte der Kreise schließlich beschließen nach Zustimmung des Rates des Bezirkes über die Aufnahme von Denkmalen in die Kreisdenkmalliste unter Berücksichtigung der Denkmale der zentralen und der Bezirksdenkmalliste. Diese Kreislisten enthalten also auch informativ die Denkmale der übergeordneten Listen, denn auch auf sie erstreckt sich nach Entscheidung der zuständigen Staatsorgane die Leitungs- und Planungstätigkeit der Räte der Kreise.

Die Aufgaben der Industrie. Nach dem Denkmalpflegegesetz ist der Rechtsträger, Eigentümer oder Verfügungsberechtigte von Denkmalen zur Erhaltung und gesellschaftlichen Erschließung verpflichtet. Das trifft natürlich auch für technische Denkmale und für Industriebetriebe als Rechtsträger zu. Doch gibt es dabei Besonderheiten.

Wo ein Industriebetrieb Rechtsträger eines Kunstdenkmals ist, z. B. eines Schlosses, das er als Ferienheim nutzt, befindet er sich in derselben Situation wie jeder andere Nutzer eines Schlosses, sei es das Gesundheitswesen, ein staatliches Organ, eine landwirtschaftliche Produktionsgenossenschaft usw. Sie haben die vom Staatsorgan erteilten, von den Kunsthistorikern wissenschaftlich erarbeiteten Auflagen zu erfüllen, um unser Kulturerbe zu bewahren.

Komplexer ist jedoch die Aufgabe der Industrie bei technischen Denkmalen, die zur Tradition der Industrie selbst gehören. Hier ist es nicht nur gesellschaftliche Pflicht des Betriebes, die Denkmale gemäß den gesetzlichen Vorschriften zu erhalten, sondern hier bietet sich ihm die Möglichkeit, originale historische Arbeitsinstrumente und Produktionsstätten in seine Traditionspflege einzubeziehen. Bei der Pflege der Tradition in der Industrie ist es nicht mit dem Schreiben einer Betriebsgeschichte bzw. -chronik oder dem Einrichten eines Betriebsmuseums bzw. Traditionskabinetts getan, so wichtig beides unbestritten ist. Die Festschrift zu einem Betriebsjubiläum oder die Betriebsgeschichte beschränkt ihre geschichtsbewußtseinsbildende Wirkung vornehmlich nur auf bestimmte Generationen von Betriebsangehörigen. Das technische Denkmal im Betrieb wirkt dagegen in der täglichen Arbeitsumwelt auf das Bewußtsein vieler Generationen von Werktätigen und zwingt sie so ständig zur Auseinandersetzung mit den Traditionen und der Schöpferkraft ihrer Klasse.

Gute Beispiele, wie dazu technische Denkmale in den Betrieben, durch die Betriebe und für ihre Traditionspflege erschlossen worden sind oder werden können, sind u. a. das Zylindergebläse von 1836 vor dem Werktor des VEB Lauchhammerwerk (vgl. S. 106), das technische Denkmal Schöpfhaus B von 1893 im Wasserwerk Berlin-Friedrichshagen (vgl. S. 41), die 1904 erbaute Fischerhütte als Teilobjekt des VEB Kombinat Technisches Glas, Ilmenau (vgl. S. 127), der Tobiashammer bei Ohrdruf als Traditionsobjekt des VEB Metallformungswerk Ohrdruf, wie der metallurgischen Industrie generell (Bilder 20 und 21), das Schachtgebäude des VEB Bergsicherung Schneeberg, der historische Naturwerksteinbetrieb Brückmühle Sohland im VEB Lausitzer Granit (vgl. S. 116).

Traditionskabinett und technisches Denkmal lassen sich in vielen Fällen auch methodisch gut koppeln. Reportagen über technische Denkmale in Betriebszeitungen beweisen, daß die gesellschaftliche Aufgabe in einer Reihe von Betrieben erkannt worden ist [55]. In welchem Maße Kleinbahnen von Eisenbahnern und Eisenbahnfreunden aktiv zur Traditionspflege benutzt werden, ist bekannt. Ein gutes Beispiel für betriebliche Traditionspflege ist auch die Aufstellung historischer Lokomotiven vor dem Bahnhof, wie z. B. in Gommern bei Magdeburg oder in Güstrow (Bild 26). In anderen Betrieben gilt es das historische Gebäude, die historische Industriearchitektur in ihrer Aussage für die Tradition den Werktätigen bewußt zu machen, auch wenn in den Gebäuden mit modernen Maschinen produziert wird. Die Gebäude des VEB Baumwollspinnerei Flöha berichten denen, die heute täglich in ihnen arbeiten, von 150 Jahren Betriebsgeschichte, und bei der Eisenbahn gehören nicht nur Lokomotiven, sondern auch Bahnhofsgebäude zu den stark beachteten historischen Sachzeugen.

Ein gutes Beispiel für die Nutzung originaler historischer Produktionsmittel zur Gestaltung von Traditionskabinetten sind die Maschinen der Strumpfindustrie im Traditionskabinett des VEB Gelkida, Gelenau bei Karl-Marx-Stadt.

Ein weiteres gutes Beispiel ist das Betriebsmuseum des VEB Mansfeld-Kombinat »Wilhelm Pieck« in Hettstedt. Dort ist nicht nur das sogenannte Humboldtschlößchen in Burgörner zu einem Kombinatsmuseum ausgebaut worden, sondern daneben werden auf dem Freigelände historisch wichtige Maschinen und Aggregate aufgestellt. In Vorbereitung des Jubiläums »200 Jahre erste deutsche Dampfmaschine Wattscher Bauart« haben Werktätige des Mansfeld-Kombinates diese 1785 auf einem Hettstedter Kupferschieferschacht aufgestellte und damit zu ihrer Tradition gehörende Dampfmaschine nach sorgsam ausgewerteten Archivunterlagen neu gefertigt und in einem Maschinenhaus neben dem Humboldtschlößchen so aufgestellt, daß Besucher sie in Bewegung erleben können (Bild 12). Die Einweihung der rekonstruierten ersten deutschen Dampfmaschine am 2. Oktober 1985 wurde zu einem Ereignis, das weit über den VEB Mansfeld-Kombinat »Wilhelm Pieck« hinaus Aufmerksamkeit erregte [56].

Die Nutzung technischer Denkmale für die Traditionspflege in der Industrie greift aber über den Rahmen des einzelnen Betriebes hinaus. Ganze Industriezweige können in einzelnen technischen Denkmalen ihre Keimzelle, ihr Traditionsobjekt sehen, so die Gasindustrie der DDR im Gaswerk Neustadt/Dosse, die Glasindustrie in der Fischerhütte Ilmenau. Der VEB Polygraph-Kombinat »Werner Lamberz«, Leipzig, konzentriert stellvertretend für die polygraphische Industrie der DDR historische Maschinen in Leipzig. Die Schwelerei Groitzschen ist Traditionszelle der gesamten chemischen Braunkohlenveredlung einschließlich der Kombinate Böhlen und Schwarze Pumpe. Die Konsequenz aus einer solchen (allein möglichen) komplexen Sicht der Traditionspflege in unserer Industrie müßte natürlich sein, daß auch die erforderlichen Maßnahmen an unseren technischen Denkmalen von allen Betrieben des zu dieser Tradition gehörenden Industriezweiges getragen werden.

Sinngemäß das gleiche gilt für zwei Sonderfälle der Rechtsträgerschaft von technischen Denkmalen. Manchmal gehört zu einem Industriebetrieb ein technisches Denkmal aus der Traditionslinie eines anderen Industriezweiges. Das tritt ein, wenn ein Betrieb stillgelegt und seine Baulichkeiten einem anderen zur Nutzung übergeben werden. In solchem Fall sollte sich – was historisch auch der Tatbestand ist – der neue Betrieb als Traditionsnachfolger des alten betrachten, auch in Hinsicht auf die technischen Denkmale. Wenn heute in den ehemaligen Siedehäusern der Saline Bad Sulza Arbeiter des Weimar-Werkes Ersatzteile für landwirtschaftliche Maschinen produzieren, dann tun sie das an der gleichen Stelle, wo früher Angehörige ihrer Klasse Salz gesotten haben. Sie stehen heute wie damals in einem Arbeitsprozeß. Damals wie heute schaffen sie Werte. Aber heute bestimmen sie als herrschende Klasse selbst die Reproduktionsbedingungen. Zum Stolz auf die Arbeitsleistung kommt der Stolz auf die Machtausübung. Ohne Kenntnis der historischen Wurzeln ihres gegenwärtigen Schaffens ist das nicht möglich.

Wenn sich technische Denkmale – was auch vorkommt – in privater oder zumindest industriefremder Rechtsträgerschaft befinden, dann liegt natürlich eine fachliche und eigentlich auch materiell-finanzielle Betreuung durch den Industriezweig nahe, zu dessen Tradition dieses Denkmal gehört.

Die Aufgaben der gesellschaftlichen Organisationen. Traditionspflege ist nicht Aufgabe einer einzelnen gesellschaftlichen Organisation, sondern gesamtgesellschaftliches Anliegen und Notwendigkeit. Damit werden die technischen Denkmale für den Freien Deutschen Gewerkschaftsbund als die historischen Stätten der Arbeit und der Klassenkämpfe der Arbeiterklasse bedeutsam. Für die Freie Deutsche Jugend sind sie die Stätten, wo die heranwachsende Arbeitergeneration mit den Arbeitsmitteln sowie Produktionsstätten und damit den Arbeits- und Lebensbedingungen früherer Generationen konfrontiert wird. Der Kammer der Technik sind die technischen Denkmale Dokumente der technischen Entwicklung. Sie demonstrieren die

Folge der technischen Neuerungen, die Schöpferkraft und den Erfindergeist der konstruktiv tätigen Menschen bis auf den heutigen Tag. Der Techniker muß bedenken, daß die technischen Leistungen unserer Zeit die technischen Denkmale von morgen werden. So vollendet sich für ihn der historische Entwicklungsgedanke. Beispielgebend kann man in dieser Hinsicht innerhalb der Kammer der Technik die montanwissenschaftliche Gesellschaft werten. Konzeptionelle Arbeiten zur Bewältigung zukünftiger Vorhaben schließen bei ihr schon weitgehend die Erberezeption mit ein.

Ein Beispiel der Komplexität der Interessen auf dem Gebiet der Pflege technischer Denkmale bietet auch die westsächsische Stadt Werdau. Hier ist die ehemalige Streichgarnspinnerei C. F. Schmelzer (erbaut 1888) Zeuge des großen westsächsischen Textilarbeiterstreiks von 1903/04 (Bilder 192 und 193). Für die Freie Deutsche Jugend und den Freien Deutschen Gewerkschaftsbund repräsentiert schon das Gebäude dieser Fabrik die Organisation der Arbeiterklasse jener Zeit und macht uns heute diese Tradition bewußt. Die als Denkmal erhaltene Dampfmaschine der Spinnerei ist von KDT-Mitgliedern restauriert worden und erregt immer wieder besonders das Interesse der in der Kammer der Technik organisierten Ingenieure. Natürlich kann man die verschiedenen Aussagen des technischen Denkmals nicht voneinander trennen, wie ja auch die gesellschaftlichen Organisationen nicht isoliert sind, sondern jeweils spezifische Akzente des gesellschaftlichen Lebens vertreten.

Besondere gesellschaftliche Bedeutung für die technischen Denkmale hat auch die Gesellschaft für Denkmalpflege im Kulturbund der DDR. Sie hat in ihren Leitsätzen [57] ausdrücklich auch die Arbeit an den technischen Denkmalen in ihren Aufgabenbereich aufgenommen. Die Gesellschaft vereint in über 300 Interessengemeinschaften mehr als 5 000 Bundesfreunde. Sie leisten vor allem bei der Erfassung der Denkmale die lokalhistorische und fachspezifische Kleinarbeit, auf die die Staatsorgane ihre Entscheidungen zu einzelnen Denkmalen begründen können. Das ist für die technischen Denkmale besonders wichtig, da umfassende wie detaillierte Fachkenntnisse über Geschichte der Technik, der Produktivkräfte insgesamt und der Produktionsverhältnisse weder bei den Mitarbeitern der Staatsorgane noch bei den hauptamtlichen Denkmalpflegern

immer vorausgesetzt werden können, zumindest nicht in der Breite, die zur Bewertung aller technischen Sachzeugen erforderlich ist. Auch die Techniker in den Betrieben haben keine solche Fachausbildung, daß sie ohne eigene Einarbeitung in die Historie historische Sachzeugen der Technik als Denkmale bewerten, die Dokumentation durchführen und die Erschließung anleiten können. Für die technischen Denkmale ist also eine gesellschaftliche Organisation notwendig, die Historiker, Techniker, Bauingenieure, Denkmalpfleger und vor allem Lokalkenner vereinigt. Die Gesellschaft für Denkmalpflege, die natürlich eng mit den staatlichen Organen, mit dem Institut für Denkmalpflege und mit der Industrie zusammenarbeitet, erfüllt diese Funktion. Im Zentralvorstand dieser Gesellschaft gibt es den Zentralen Fachausschuß »Technische Denkmale«, in den Bezirksvorständen teils ebensolche Arbeitsgruppen, teils einzelne Beauftragte, die in ihren Bezirken die bei technischen Denkmalen anstehenden Fragen aufgreifen. In Tagungen und Beratungen werden Probleme von verschiedener Reichweite behandelt, sowohl Fragen der Konzeption für das Gesamtgebiet der technischen Denkmale als auch Fragen der Erhaltung und Erschließung von einzelnen Denkmalen.

Der Zentrale Fachausschuß »Technische Denkmale« bereitet auch regelmäßig methodische Merkblätter zu technischen Denkmalen vor, die dann vom Zentralvorstand der Gesellschaft für Denkmalpflege und vom Institut für Denkmalpflege herausgegeben und den Mitarbeitern der Staatsorgane und den Kreisdenkmalpflegern für ihre Arbeit zur Verfügung gestellt werden [58].

In einigen Orten haben sich Interessengemeinschaften und Arbeitsgruppen der Gesellschaft für Denkmalpflege gebildet, die technische Denkmale ihres Territoriums feststellen, betreuen und erschließen. In Dresden arbeitet die Kulturbund-Arbeitsgruppe »Personenschiffahrt Obere Elbe« an der Rekonstruktion des Seitenraddampfers »Diesbar«. Besonders dem historischen Bergbau widmen sich mehrere Arbeitsgruppen, so im Kupferschieferbergbau von Sangerhausen [59] sowie im erzgebirgischen Bergbau in Freiberg, Schneeberg, Annaberg, Marienberg-Pobershau [60] und in Mittweida, Gersdorf bei Roßwein und Limbach-Oberfrohna [61].

Alle diese Gruppen arbeiten an der Dokumentation bergbaugeschichtlicher Sachzeugen über und unter Tage (Bild 25) und liefern dabei auch dem VEB Bergsicherung Schneeberg wichtige Unterlagen für die notwendigen Verwahrungsarbeiten. Aber sie legen auch selbst Hand an, wenn es gilt, Denkmale zu rekonstruieren und zu pflegen. So hat die Gruppe Bergbaugeschichte Marienberg, 10 Bundesfreunde unter Leitung von R. KUNIS, im Jahre 1973 die Lage der Grube Fabian-Sebastian erkundet, deren Silberfunde der Hauptanlaß zur Gründung der Bergstadt Marienberg waren, und im Jahre 1979 an dieser Stelle einen Denkstein aufgestellt (Bild 22). Die Bergbrüderschaft Pobershau setzt einen alten Kunstgraben instand. Die Gruppe Bergbaugeschichte Freiberg, 10 Bundesfreunde unter Leitung von A. BECKE, hat 1981 das weitgehend verschüttete und verbrochene Mundloch des Erzbahntunnels vom Davidschacht wiederhergestellt (Bilder 23 und 24), [62]. Die Gruppe Bergbaugeschichte Mittweida [63], 24 Bundesfreunde unter Leitung von W. RIEDL, hat u. a. Denkmale der Grube Alte Hoffnung bei Schönborn im Zschopautal restauriert. Die Arbeitsgruppe Bergbaugeschichte Gersdorf unter Leitung von J. SCHMIDT pflegt den Denkmalkomplex der Grube Segen Gottes bei Roßwein. Alle Gruppen leisten durch Vorträge, Presse-Notizen, Mitarbeit an Rundfunksendungen eine beachtliche Öffentlichkeitsarbeit.

Durch die Zusammenarbeit mit dem Kulturbund wurden auch die Betriebsleitungen und die Bergleute der VEB Bergsicherungsbetriebe angeregt, die Verwahrungsarbeiten an einer Reihe von Bergbauanlagen so durchzuführen, daß die historische Aussage auf lange Sicht erhalten bleibt und eine gesellschaftliche Erschließung möglich wurde bzw. wird. Der VEB Bergsicherung Erfurt richtet den Rabensteiner Stolln bei Ilfeld als Schauanlage für den historischen Steinkohlenbergbau am Südharz her [64]. Der VEB Bergsicherung Schneeberg hat im Freiberger Revier mehrere Stollnmundlöcher restauriert, bei Oberschöna eine bergbauliche Radstube (vgl. S. 53) zur Besichtigung hergerichtet, und auf einer kleinen Halde an der Grube Alte Elisabeth bei Freiberg eine Haspelkaue gebaut. Der VEB Bergsicherung Freital hat in Zinnwald einen historischen Handhaspelschacht nicht verfüllt, sondern rekonstruiert ihn

als Besichtigungsobjekt mit Handhaspel und Schachtkaue. Diese denkmalpflegerischen Arbeiten der Bergsicherungsbetriebe sind zwischen den Abteilungen Bergbauangelegenheiten bei den Räten der Bezirke (ihren übergeordneten Organen), den Abteilungen Kultur und der Gesellschaft für Denkmalpflege vertraglich geregelt.

In Bad Sulza leistet eine Interessengemeinschaft, unter Leitung des Uhrmachers und jetzigen Direktors des Salinemuseums, H. L. RADIG, mit dem Staatsorgan vertraglich geregelt und unter Anleitung durch einen Vertreter der örtlichen Bauindustrie (Arbeitsschutz) und fachwissenschaftlich-denkmalpflegerischer Beratung durch einen Vertreter der Hochschule für Architektur und Bauwesen sowie des Instituts für Denkmalpflege, Bauarbeiten an den ehemaligen Siedehäusern [65].

Im Philatelistenverband des Kulturbundes der DDR arbeiten die Forschungsgruppen »Kursächsische Postmeilensäulen« und »Preußische und mecklenburgische Postmeilensäulen« mit zusammen etwa 200 Mitgliedern. Diesen Gruppen ist die Inventarisation von weit über 600 Postsäulen, die Bestandskontrolle, die Entdeckung bisher verschollener Säulen und Säulenfragmente und ihre Restaurierung und Wiedererrichtung zu verdanken. So wurden allein im Jahre 1981 im ehemaligen Kursachsen in Mühlanger, Borna, Berndorf, Wolfen, Mutzschen, Steinbach, Schönfeld, Brehna, Geringswalde, Berggießhübel und Glashütte Postsäulen restauriert oder als Nachbildung wiederaufgestellt [66].

Die Gesellschaft für Denkmalpflege, ihre Interessengemeinschaft und zahlreiche aktive Mitglieder, die montanwissenschaftliche Gesellschaft und die Forschungsgruppen »Postmeilensäulen« im Philatelistenverband des Kulturbundes tragen durch zahlreiche Vorträge, Exkursionen, Tagungen, Zeitungsaufsätze, Ansichtskartenserien und sonstige Veröffentlichungen zur Verbreitung der Kenntnisse über technische Denkmale in der Deutschen Demokratischen Republik und damit zur Pflege unseres Kulturerbes und zur Propagierung unseres Geschichtsbildes in breiten Bevölkerungskreisen bei (unter vielen anderen: [67] bis [75]).

1. Technische Denkmale der Wasser-, Gas- und Elektroenergieversorgung

■
Alte Wasserkunst Bautzen

■
Burgbrunnen Augustusburg

■
Wasserwerk Friedrichshagen bei Berlin

■
Wasserwerk Sanssouci, Potsdam

■
Wassertürme in Halle/Saale

■
Gaswerk Neustadt/Dosse

■
Gasbehälter Dresden-Reick

■
Gasbehälter Leipzig

■
Schwungrad-Generator Deutschneudorf
(mit Kolbendampfmaschine)

■
Wasserkraftwerk Mittweida

■
Wasserkraftwerk Fernmühle, Ziegenrück

■
Kavernenkraftwerk Dreibrüderschacht

Je Kopf der Bevölkerung werden heute in den Haushalten der Deutschen Demokratischen Republik jährlich etwa 55 m³ Wasser, etwa 750 m³ Gas und etwa 600 kWh Elektroenergie verbraucht. Ein Mehrfaches des Haushaltbedarfs an Elektroenergie, Stadtgas und anderen Energieträgern sowie an Wasser benötigen Industrie und Landwirtschaft, Handel, Verkehr und Bauwesen sowie die Dienstleistungsbetriebe. Durch die wachsenden volkswirtschaftlichen Aufwendungen für die Bereitstellung von Energieträgern und Wasser sowie durch die Notwendigkeit, mit Brennstoffen, Energie und Wasser überlegt und sparsam umzugehen, werden wir nachdrücklich daran erinnert, daß die Versorgung mit Wasser, Stadtgas und Elektroenergie eine dynamische Geschichte und ihre Zukunft hat.

Die Versorgung mit Wasser ebenso wie die energetische Versorgung haben die Technik seit langem immer wieder vor bedeutende Aufgaben gestellt und zu Leistungen geführt, die als technikgeschichtliche Denkmale Zeugnisse der Schöpferkraft des werktätigen Volkes sind [1.1].

Ohne Wasser keine menschliche Existenz! Das einst reine Wasser der Bäche und Flüsse bestimmte den Standort von Siedlungen – bei uns noch in den Siedlungsperioden des Mittelalters. Doch schon im antiken Rom erforderte die Millionenbevölkerung eine Wasserversorgung und Abwasserbeseitigung, die mit ihren Aquädukten, Verteilersystemen und Abwasserkanälen eine Meisterleistung der Technik darstellten [1.2]. Da die Leistung der Wasserversorgung in erster Näherung der Bevölkerungszahl und der Entwicklung des Lebensstandards proportional sein muß, ergibt sich für Mitteleuropa eine Steigerung des Umfangs der Wasserversorgung und damit ein Qualitätssprung in deren Technik mit der Bevölkerungsexplosion im 19. Jahrhundert und dem entsprechenden Anwachsen der Städte (Tabelle 2).

Heute ist unsere Wasserversorgung und Abwasserbehandlung ein leistungsfähiger Zweig der sozialistischen Volkswirtschaft mit Trinkwassertalsperren, Fernwasserleitungen, Verbundnetzen, Wasseraufbereitungsanlagen sowie Kanalisationsnetzen und Kläranlagen, stets ausgerichtet auf gezielte Mehrfachnutzung des Lebensmittels und Rohstoffes Wasser. Also einmal als direkte Existenzbedingung allen Lebens und in mannigfaltiger Form als Rohstoff und Energieträger für die industrielle Produktion.

Tabelle 2. Das Wachsen größerer Städte im 18. bis 20. Jahrhundert, nach Auskünften der Stadtarchivare (Einwohnerzahlen gerundet)

Jahr	Berlin	Magde-burg	Rostock	Dresden	Chemnitz (seit 1953 Karl-Marx-Stadt)	Leipzig	Halle	Gera	Erfurt
1700	42 000	12 500	5 000	21 300	?	15 700	7 000	3 800	12 000
1750	113 000	22 000	7 500	63 200	8 000	?	13 500	5 300	13 600
1800	172 000	30 700	12 800	54 800	10 500	32 100	15 200	6 800	16 700
1850	510 000	83 000	24 200	94 100	31 820	63 800	35 200	12 700	25 500
1900	2 712 000	230 000	54 700	396 000	206 900	456 100	130 000	45 600	85 200
1950	1 205 000[1])	246 000	131 700	492 000	293 200	623 800	250 000	100 000	190 000

[1]) Hauptstadt der DDR

Brennbare Gase sind als »griechisches Feuer« schon seit der Antike bekannt. Aber erst in der Periode der Industriellen Revolution bekam Leuchtgas Bedeutung für die Technik und den gesellschaftlichen Alltag. Die bis dahin üblichen Beleuchtungsquellen reichten nach Anzahl, Leuchtkraft und Brenndauer ab etwa 1810/1830 nicht mehr aus. Die Ausdehnung des kapitalistischen Arbeitstages, die aus dem Schichtsystem resultierende Nachtarbeit und das Wachstum der Städte und damit der steigende Bedarf an städtischer Beleuchtung verlangten im 19. Jahrhundert nach einer neuen Lichtquelle [1.3]. Der Steinkohlenbergbau und die ihm angeschlossenen Kokereien ermöglichten die Leuchtgasproduktion, die das Problem für das 19. Jahrhundert löste. Auch als in der Beleuchtung das Gas durch die Elektrizität ersetzt wurde, blieb die Gasproduktion bestehen und erhöhte sich stetig, da Gas nun und bis heute an vielen Stellen in Haushalt und Industrie als Brennstoff eingesetzt wird.

Die Elektrizität erlangte im 18. Jahrhundert wissenschaftliche und im 19. Jahrhundert technische Bedeutung. Die Telegraphie revolutionierte das Nachrichtenwesen, die Glühlampe verdrängte die Gasbeleuchtung. Der auf dem Prinzip der elektromagnetischen Induktion beruhende Elektromotor löste fast überall die älteren Antriebsarten der verschiedensten Maschinen ab. Energiebedarf beim Einsatz von ortsfesten Maschinen ist heute fast gleichbedeutend mit Bedarf an Elektroenergie. Diese wird jetzt mit Generatoren erzeugt, von deren Größe und Leistung noch vor 100 Jahren niemand zu träumen gewagt hätte.

Diese gewaltige Entwicklung in der Versorgung der Menschen mit Wasser und Energie wird im Vergleich mit den gegenwärtigen Leistungen der Technik an einigen technischen Denkmalen erkennbar.

1.1. Denkmale der Wasserversorgung

In den Dörfern und in vielen Städten wurde die Wasserversorgung ursprünglich mit zahlreichen kleinen Brunnen gelöst, aus denen das Wasser mit Haspelwinden und Eimern oder mit hölzernen Schwengelpumpen gefördert wurde. Größere technische Anlagen waren nicht erforderlich.

Bei einigen Städten mußte das Wasser schon vor Jahrhunderten aus einem abseits gelegenen Quellgebiet durch Rohrleitungen ins Stadtgebiet geführt werden. Auch davon sind technische Denkmale kaum erhalten. Nur in einigen Museen werden ausgegrabene hölzerne Wasserrohre jener Zeit aufbewahrt.

Eine besondere Technik der Wasserversorgung entwickelte sich dort, wo Wasser auf größere Höhen gehoben werden mußte. Das war bei einigen Städten und zahlreichen Burgen der Fall. Hier nutzte man im 16. Jahrhundert die im Bergbau vor allem Sachsens entwickelte maschinelle Technik der Wasserhebung, die damals die fortgeschrittenste Maschinentechnik über-

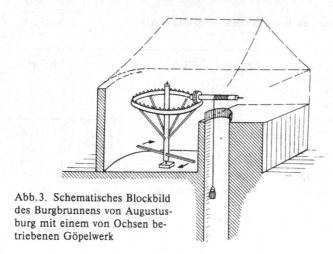

Abb. 3. Schematisches Blockbild des Burgbrunnens von Augustusburg mit einem von Ochsen betriebenen Göpelwerk

haupt darstellte. Die technischen Denkmale dieser Entwicklungsstufe der Wasserhebetechnik entsprechen durchweg dem Stand des 16. Jahrhunderts, auch wenn ihre Substanz später bei Verschleiß erneuert wurde.

Das bekannteste technische Denkmal der städtischen Wasserversorgung im 16. Jahrhundert ist die Alte Wasserkunst in Bautzen (Bild 27). Im Jahre 1559 erbaut, enthielt sie ein wasserradbetriebenes System von Kolbenpumpen, die das Wasser in einen Hochbehälter hoben [1.4], [1.5]. Von diesem floß es durch Rohrleitungen in die Brunnen der Stadt. In dieser Anlage war das Wasser zugleich Produkt und Antriebsmittel der Technik, erscheint also deutlich in seiner Doppelfunktion: Existenzgrundlage für die Bevölkerung und Energieträger. In der alten Wasserkunst sind nicht mehr die Maschinen von 1559, wohl aber die Turbinen, Transmission und Kolbenpumpen von 1874/1878 erhalten. Die Maschinerie des 16. Jahrhunderts soll dem Besucher in Rekonstruktionszeichnungen nahegebracht werden.

Die Burgbrunnen mußten oft über 100 m tief abgeteuft werden, ehe man Wasser fand. Zu dieser Arbeit zogen die Feudalherren Bergleute heran. So ließ der sächsische Kurfürst AUGUST 1563 bis 1569 auf dem Königstein bei Pirna einen 3,5 m weiten und 152,5 m tiefen Brunnen (Bild 29), [1.6] bis [1.8], und 1568 bis 1575 auf der Augustusburg bei Flöha einen etwa 170 m tiefen Brunnen durch Freiberger Bergleute unter Leitung des Bergmeisters MARTIN PLANER bauen. Aus beiden Brunnen wurde das Wasser mit Göpelwerken gefördert, de-

ren Antrieb durch Ochsen oder Pferde erfolgte. Der Brunnengöpel der Augustusburg ist erhalten (Bilder 30 und 31, Abb. 3). Eine senkrechte Welle wurde von zwei Ochsen in Drehung versetzt. Die Holzzähne eines auf dieser Welle sitzenden Kammrades von 7,50 m Durchmesser versetzten über ein Holzritzel die horizontale Brunnenwelle in Bewegung. Bei etwa 0,2 m/s Fördergeschwindigkeit dauerte ein Fördervorgang 12 Minuten und hob 125 Liter Wasser.

Über dem 93 m tiefen, 1651 bis 1659 durch einen Steiger aus Ohrdruf gebauten Burgbrunnen der Wachsenburg bei Arnstadt ist ein Tretrad erhalten, das bis 1912 zur Brunnenförderung benutzt wurde (Bild 28). Das 4,2 m hohe Rad wurde von zwei Menschen und zwei Bernhardinerhunden betrieben, die in einer halben Stunde einen Kübel mit 140 Liter Inhalt förderten [1.9].

Die nächste historische Etappe in der Entwicklung der Wasserversorgungstechnik ist durch die Wasserwerke für die Fontänen und sonstigen Wasserspiele der Schlösser des 17. bis 18. Jahrhunderts gekennzeichnet. Die prachtliebenden Fürsten wollten ihre barocken

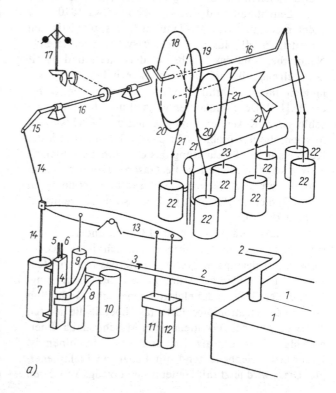

a)

38

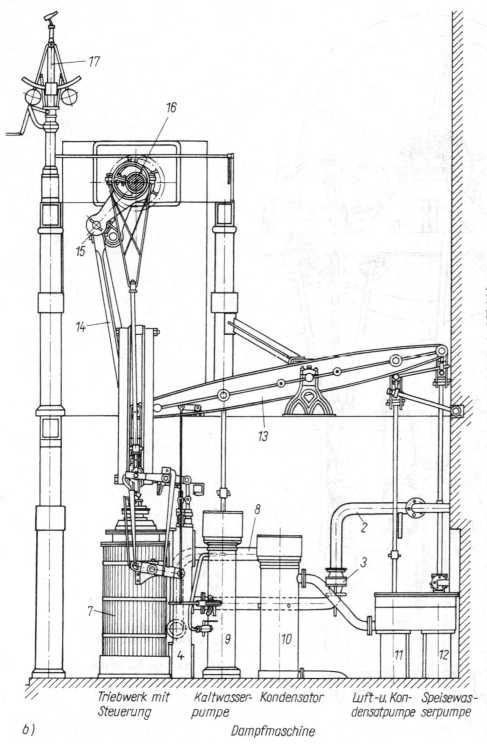

17

16

15

14

13

8

2

3

9

10

11   12

4

7

Triebwerk mit
Steuerung

Kaltwasser-
pumpe

Kondensator

Luft-u. Kon-
densatpumpe

Speisewas-
serpumpe

b)

Dampfmaschine

Abb. 4. Zeichnungen der
Dampfmaschine und Pumpen im historischen Wasserwerk Sanssouci; (b) und (c)
(nach H. L. Voesch)

a) Schema der Gesamtanlage (S. 38)
b) Seitenansicht der Dampfmaschine (S. 39)
c) Ansicht von drei Pumpen (S. 40)

1 Dampfkessel, 2 Frischdampfrohre, 3 Schieber,
4 Steuerkasten, 5 Steuerschieber, 6 Expansionsschieber (5 und 6 durch Exzenter von Kurbelwelle betätigt), 7 Zylinder, 8 Abdampfrohr, 9 Kaltwasserpumpe, 10 Kondensator,
11 Luft- und Kondensatpumpe, 12 Speisewasserpumpe, 13 Balancier,
14 Kolbenstange und Kurbelstange, 15 Kurbel,
16 Kurbelwelle, 17 Fliehkraftregler, 18 Schwungrad,
19 Zahnrad auf Kurbelwelle, 20 Zahnräder mit
Pumpenkurbeln, 21 Pumpen-Kurbelstangen,
22 Pumpen, 23 Sammelbehälter mit Anschluß an die
Druckleitung nach Sanssouci

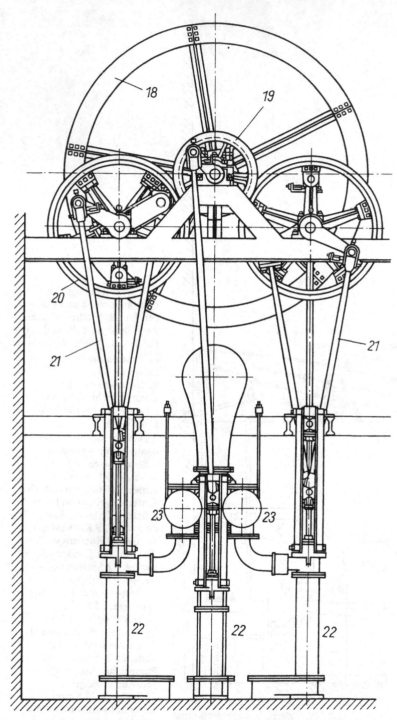

noch Abb. 4.
c) Ansicht von drei Pumpen
18 Schwungrad, 19 Zahnrad auf Kurbelwelle, 20 Zahnräder mit Pumpenkurbeln, 21 Pumpen-Kurbelstangen, 22 Pumpen, 23 Sammelbehälter mit Anschluß an die Druckleitung nach Sanssouci

c)   Pumpwerk

Schlösser und Parks derart mit Wasser beleben, daß dazu technische Anlagen von zuvor nicht bekanntem Ausmaß erforderlich wurden. Berühmt geworden sind aus jener Zeit die Wasserhebewerke der Schlösser von Versailles bei Paris und von Herrenhausen bei Hannover. Aus der DDR ist hier das Schloß Sanssouci zu nennen. Dort hatte der preußische König FRIEDRICH II. vergeblich versucht, Pumpwerke für die Fontänen in den königlichen Gärten anlegen zu lassen. Erfolg war erst fast 100 Jahre später FRIEDRICH WILHELM IV. beschieden, da nun die Dampfkraft zur Verfügung stand. Er ließ 1841/1842 von dem bekannten Berliner Fabrikanten AUGUST BORSIG an der Havel eine 80-PS-Dampfmaschine bauen. Um in der Residenzstadt keine Industriearchitektur entstehen zu lassen, wurde das Maschinenhaus als Moschee, der Schornstein als Minarett ausgebildet (Bild 32). Das regte dazu an, auch das Innere des Gebäudes und die Tragkonstruktion der Maschine maurisch zu gestalten, ein bemerkenswertes Beispiel für den Architekturstil im Maschinenbau des 19. Jahrhunderts (Bild 34). Die Maschine selbst besitzt zwei stehende Zylinder, deren Kolbenstangen nach oben arbeiten und über Kreuzköpfe und Kurbelstangen eine in der Kuppel gelagerte Kurbelwelle drehen (Abb. 4, S. 38 bis 40). An diese angeschlossen waren ein Fliehkraftregler und über Zahnradgetriebe beiderseitig je sieben Kolbenpumpen (Bild 33). Die Maschine arbeitete mit einer Schiebersteuerung, die von der Kurbelwelle aus mit Exzentern betätigt wurde, und mit Einspritz-Kondensation. An die zwei Kreuzköpfe sind Balanciers angeschlossen, die die Kaltwasserpumpen und die Speisewasserpumpen betätigten. Mit dieser Bauart entspricht die Potsdamer Pumpwerks-Dampfmaschine noch ganz der klassischen Dampfmaschine von JAMES WATT. Sie ist neben der Geraer Dampfmaschine von 1833 die zweitälteste Dampfmaschine der DDR. Als Produkt der bekannten Firma A. Borsig liefert sie zugleich eine Aussage über die Leistungsfähigkeit der im Zuge der Industriellen Revolution entstandenen Maschinenindustrie [1.10], [1.11].

Im weiteren Verlauf des 19. Jahrhunderts wurden für die nun stark wachsenden Groß- und Mittelstädte leistungsfähige Wasserwerke gebaut. Dieser Periode gehört das auf Anregung von RUDOLF VIRCHOW von den Ingenieuren HENRY GILL und VEYTMEIER gebaute, 1893 in Betrieb gegangene Wasserwerk Berlin-Friedrichshagen, gelegen am Großen Müggelsee, an [1.12]. In mehreren als neugotische Backsteinbauten im englischen Landhausstil errichteten Schöpfhäusern (Bild 35) arbeiteten stehende Verbund-Dampfmaschinen gekuppelt und mit doppelt wirkenden Plungerpumpen der Firma Borsig. Bei 130 PS betrug die Förderleistung 1 500 m³/h, je Hub etwa 500 Liter (Bild 36), die Anlage war bis zur Stillegung 1979 in Betrieb und hatte mit der technologischen Einheit, dem Zwischenpumpwerk Berlin-Lichtenberg, ebenfalls unter Denkmalschutz, wesentlichen Anteil an der Trinkwasserversorgung Berlins. In anderen Städten gibt es noch zahlreiche historisch und industriearchitektonisch wertvolle Wasserwerksgebäude, die auch ohne die originale Maschinenausstattung denkmalwürdig sind. Als Denkmale registriert sind z. B. in Dresden die Wasserwerksgebäude von Tolkewitz und an der Saloppe. Darüber hinaus müßten künftig auch weitere technische Einrichtungen der Wasserversorgung und Abwasserbehandlung wie Rohrbrunnen, Wasseraufbereitungsanlagen und Meßeinrichtungen als Denkmale erfaßt werden. Kaum bekannt, aber historisch bemerkenswert ist die Existenz von Aquädukten in der DDR, wenn auch aus der Zeit nach 1900: größere Wasserleitungsbrücken führen bei Canitz nördlich Wurzen über die Mulde und nördlich von Zschopau über die Zschopau. Während die Wasserwerke in der Regel abseits der Städte liegen und daher städtebaulich wenig in Erscheinung treten, bilden Wassertürme oft geradezu städtebauliche Dominanten, so z. B. der 1877 erbaute, mit Wohnungen ausgestattete runde Wasserturm in Berlin-Prenzlauer Berg, der 1905 erbaute, »die Ritterburg« genannte Wasserturm in Berlin-Altglienicke, der 1897 bis 1899 erbaute Wasserturm Nord in Halle/Saale an der Berliner Brücke (Bild 38), der 1927/28 ebenfalls in Halle erbaute Wasserturm Süd und der seit 1903 in Rostock an der Schwaaner Landstraße stehende Wasserturm (Bild 39), [1.13]. In Frankfurt/Oder dient ein hundertjähriger Wasserturm heute als Schulsternwarte.

Daß die alten Handschwengelpumpen auch in den Großstädten des 19. Jahrhunderts noch üblich waren, beweisen zahlreiche Beispiele, die in Leipzig und Berlin erhalten und zur Zeit für das historische Stadtzentrum restauriert werden (Bild 37).

1.2. Denkmale der Stadtgaserzeugung

Schon im 16. bis 18. Jahrhundert hatten verschiedentlich Landesherren und Stadtväter die Beleuchtung von Straßen und Plätzen der Städte angeordnet. In Leipzig richtete man bereits 1701 eine öffentliche Beleuchtung der Straßen und Plätze ein. Technisch verfügbar waren dafür in jener Zeit Kienspan und Fackel, Kerze und Rüböllampe. Die Industrielle Revolution aber erforderte bei der Konzentration der Arbeiter in Fabriken, bei der Ausdehnung des Arbeitstages und der zunehmenden Präzision vieler Arbeitsprozesse eine bessere Beleuchtung der Produktions- und Gewerberäume und wegen des Aufschwungs von Handel und Verkehr auch besseres Licht auf den Straßen und Plätzen der Städte. Die Industrielle Revolution ermöglichte aber auch auf Grund der steigenden Steinkohlenförderung die industrielle Erzeugung von Stadtgas, wobei sich die Technologie der Steinkohlenentgasung durchsetzte. So wie die Industrielle Revolution in England um etliche Jahrzehnte eher als in Mitteleuropa einsetzte, so besaß England auch einen Vorsprung in der Entwicklung der Beleuchtungstechnik. Der Bau von Gaswerken war somit zwar letztlich durch die Industrialisierung bedingt, für die Anfänge der Gaserzeugung waren aber Repräsentationsbedürfnisse wohlhabender Bevölkerungsschichten ebenfalls mit von Bedeutung.

In Mitteleuropa nutzte als erster W. A. LAMPADIUS, Professor der Chemie an der Freiberger Bergakademie, seine wissenschaftlichen Kenntnisse, die bis dahin üblichen Kerzen- oder Öllaternen durch eine Gaslampe an seinem Haus zu ersetzen [1.14]. So wurde erstmalig 1811/12 auf dem Kontinent, wenn auch noch nicht industriell, Gas für Beleuchtungszwecke erzeugt und verwendet. Mit Recht wird deshalb das Andenken an LAMPADIUS in Freiberg gepflegt – eine restaurierte Gaslaterne an seinem früheren Wohnhaus ist ein äußeres Zeichen dessen. Diesem gelungenen ersten Versuch folgte – ebenfalls von LAMPADIUS ausgeführt – 1816 in der Halsbrücker Hütte bei Freiberg die erste mitteleuropäische industrielle Gaserzeugungsanlage. Sie lieferte bis 1895 das für die Beleuchtung des Werkes benötigte Leuchtgas. Das war der Beginn einer technischen Entwicklung bisher unbekannten Ausmaßes. Gebührt Freiberg und Halsbrücke zeitlich ein Vorrang, so kann Dresden in anderer Beziehung einen solchen in Anspruch nehmen. Dresden war 1828 die erste deutsche Stadt, in der ein Gaswerk ohne ausländische Mitwirkung, nach Plänen von R. S. BLOCHMANN und mit Anlagen einheimischer Fertigung, größtenteils aus dem Lauchhammerwerk, erbaut worden ist. Das war eine kühne technische Leistung. Für die vereinzelt bis dahin errichteten Gaswerke, z. B. in Berlin 1826 sowie für zahlreiche spätere Anlagen, waren die Anlagenteile aus England bezogen und am Standort lediglich montiert worden. Der Bau und dann auch der Betrieb der ersten Gaswerke wurden auf der Grundlage von Konzessionen an englische kapitalistische Unternehmen von englischen Fachleuten geleitet.

So leistete R. S. BLOCHMANN, dem auch der Bau des Gaswerkes in Leipzig (1838), weiterer Gaswerke in Berlin (1845 bis 1847) und in mehreren anderen Städten übertragen wurde, mit seinen Arbeiten bedeutende Beiträge zur technischen und industriellen Entwicklung auf deutschem Boden. Nach ihm wurden in Leipzig und Dresden Straßen benannt.

Eines der letzten Gaswerke in der DDR, das noch nach der klassischen Technologie aus Steinkohle in Retortenöfen Stadtgas erzeugte, das Gaswerk Neustadt/Dosse, wird als technisches Denkmal erhalten (Bilder 40 und 41), [1.15]. 1898 erbaut, gehörte es seit je zu den der Leistung nach kleinsten Gaserzeugungsstätten. Es besitzt zwei Öfen mit je sechs Horizontalretorten, die mit Lademulden oder mit Schaufeln von Hand beschickt werden. Teerabscheider, Kühler, Reinigungskästen und andere Anlagenteile sind in zwei Räumen von jeweils Wohnzimmergröße untergebracht. Durch Umbau oder Modernisierung kaum verändert, bietet das Gaswerk ein Bild der Technik um die Jahrhundertwende. Allerdings kann es keinen Eindruck von den Dimensionen vermitteln, die Gaswerke in großen Städten um die Jahrhundertwende bereits erreicht hatten, als das Stadtgas noch Hauptquelle der Beleuchtung war und zugleich in beträchtlichem Umfang für Wärmeprozesse in der Industrie und in Gewerbebetrieben verwendet wurde. Beispiele für solche Anlagen sind das vor Jahren stillgelegte Gaswerk Leipzig II, 1882 bis 1885 entstanden, zu dessen erhaltener Gebäudesubstanz zwei stadtbildbestimmende Großgasbehälter gehören, sowie das Gaswerk Dresden-Reick, 1878 bis 1881 errichtet. Einen besonderen technikgeschichtlichen Rang besitzt die Großgaserei Magdeburg [1.14].

In der städtebaulichen Dominanz den Wassertürmen vergleichbar sind die Gasbehälter, von denen einige wirkungsvolle als technische Denkmale erhalten bleiben sollten, insbesondere wenn sie zugleich industriearchitektonisch bedeutend sind. So wurde in Leipzig ein Gasbehälter nahe am Hauptbahnhof und in Dresden-Reick der 1907/1908 von H. ERLWEIN erbaute Gasbehälter (Bild 43) unter Denkmalschutz gestellt. Dieser prägt in der Elbniederung östlich des Stadtzentrums das Landschaftsbild.

In der DDR wurde die technische Tradition der Braunkohlenveredlung auch mit Technologien zur Stadtgaserzeugung auf Basis von Braunkohle zu Spitzenleistungen geführt. Mit dem Gaskombinat Schwarze Pumpe, dem größten Braunkohlenveredlungskombinat der Erde, entstand als Kernstück des Kombinats das weltgrößte Druckgaswerk. Es nahm im Jahre 1964 den Betrieb auf und stellt eine zuverlässige technologische Basis auch für die künftige Stadtgaserzeugung in unserem Lande dar. Welche Bauwerke oder technischen Aggregate aus dieser jüngsten Entwicklungsetappe der chemischen Kohleveredlung als technische Denkmale zu erhalten sind, muß künftigen Entscheidungen vorbehalten bleiben.

1.3. Technische Denkmale der Erzeugung und Fortleitung von Elektroenergie

Wie LENIN hervorhob, war die Elektroindustrie und damit die Elektroenergie Ende des 19. und Anfang des 20. Jahrhunderts zum typischsten Merkmal für die neuesten Fortschritte der Technik und für den Kapitalismus geworden. Ein bedeutender Beitrag zur Energietechnik, namentlich zur Kraftwerkstechnik und zur Technik der Elektroenergieübertragung, ist damals auf dem Gebiet unserer Republik geleistet worden [1.17], [1.18]. Diese Pioniertaten und Spitzenleistungen gehören zu den Traditionen des wissenschaftlich-technischen Schöpfertums unseres Volkes, die wir mit großer Sorgfalt pflegen müssen, wie der Generalsekretär des Zentralkomitees der Sozialistischen Einheitspartei Deutschlands, ERICH HONECKER, im Bericht des Zentralkomitees an den X. Parteitag der SED unterstrichen hat.

In Berlin ging 1885 das damals leistungsstärkste Kraftwerk Europas in Betrieb, die Elektrizitätszentrale Markgrafenstraße (heute Wilhelm-Külz-Straße) mit sechs Dampfmaschinen und mit Gleichstromerzeugern von insgesamt 540 kW Leistung [1.19]. Es war das erste öffentliche Kraftwerk in Deutschland, d. h., es erzeugte Elektroenergie für den Verkauf, nicht gänzlich oder vorwiegend für den Eigenbedarf des Betreibers. Anlagen für den Eigenbedarf gab es zu jener Zeit bereits häufiger. Allein in Leipzigs Innenstadt bestanden 1886 schon 23 Stromerzeugungsanlagen, davon 10 mit Dampfmaschinen- und 13 mit Gasmotorantrieb.

Zu den ersten Drehstromanlagen in Deutschland gehörte das Kraftwerk in Chemnitz, dem heutigen Karl-Marx-Stadt, sowie eine Anlage in Dresden zur Stromversorgung der Bahnhöfe (1893/94). Wenig später – 1896 – wurde in Magdeburg ein Drehstromkraftwerk gebaut. Der Übergang vom Gleichstrom zum Drehstrom stellte eine entscheidende Etappe in der Energietechnik dar, weil Drehstrom sich für die Spannungsänderung und Übertragung elektrischer Leistungen als wesentlich geeigneter erwies und so der Elektroenergieverwendung neue Möglichkeiten erschloß.

Eine der bedeutendsten energietechnischen Pionier- und Spitzenleistungen war die 110-kV-Drehstrom-Übertragung Lauchhammer–Gröditz–Riesa. 1911 gebaut und 1912 in Betrieb genommen, war die Leitung mit einer Länge von mehr als 50 km die erste in Europa, die eine so hohe Übertragungsspannung verwendete [1.20]. Es zeigt den Sprung in der technischen Entwicklung, daß bis dahin Übertragungsspannungen von etwa 65 kV zu den höchsten zählten. Für Transformatoren, Schalter und Isolatoren mußten daher neue Lösungen gefunden werden. Erstmals wurden auch zwei Systeme (je drei Leitungen) auf einer Mastreihe geführt, bis dahin galt als feststehend, daß jedes System auf einem eigenen Gestänge und einer gesonderten Trasse verlegt werden mußte. Als Maste wurden Stahlgitterkonstruktionen auf Betonfundamenten verwendet; auch das war bis dahin nicht gebräuchlich. Eine technische Leistung stellte die 270 m weite Elbüberspannung dar, für die zwei Turmmasten von 43 und 37 m Höhe gebaut wurden. Eigenartig waren die Schutzbrücken, die an Kreuzungen mit Eisenbahnbrücken und Postleitungen angebracht wurden.

Die Leitung war bis in die 50er Jahre in Betrieb und wurde dann abgebrochen. Anfang der 20er Jahre entstand ein ausgedehntes 110-kV-Übertragungsnetz mit einer Reihe bedeutender Umspann- und Schaltwerke. Zum Beispiel war Lausen bei Leipzig das erste Umspann- und Schaltwerk, das in Deutschland in Freiluft-Flachbauweise ausgeführt worden ist (1924). Diese Ausführungsweise wurde dann allgemein. Ende des Jahres 1924 schloß der Bau der Leitung von Zwickau, Umspannwerk Silberstraße, über Gößnitz nach Leipzig, Umspannwerk Lausen, den 110-kV-Leitungsring Berlin–Leipzig–Dresden–Berlin, in den die Kraftwerke Zschornewitz, Böhlen, Hirschfelde, Trattendorf und Lauta einspeisen konnten. In den 20er Jahren entstanden weitere, der Ausdehnung nach kleinere 110-kV-Ringleitungen, mit denen eine im Hinblick auf die Versorgungssicherheit vorbildliche Elektroenergieübertragung erreicht wurde.

Zu den technischen Spitzenleistungen im Kraftwerksbau gehört das Kraftwerk Zschornewitz, 1915 in Betrieb genommen, das 1915/16 mit 128 MW installierter Leistung das größte Dampfkraftwerk der Welt war [1.21]. 1929 nahmen zwei 85-MW-Turbinen ihren Betrieb auf, die damals die leistungsstärksten in Europa waren. Im Kraftwerk Zschornewitz arbeitete 1927 Ingenieur KRÄMER an der Entwicklung einer Mühlenfeuerung für Kraftwerksdampferzeuger. Die Krämer-Mühlenfeuerung brachte für die Braunkohlenkraftwerke einen bedeutenden technischen und ökonomischen Fortschritt. Pionierwerk für die Einführung der Kohlenstaubfeuerung in Großdampferzeugern war das Kraftwerk Böhlen, dessen Bau 1924 begonnen worden war und das 1925 in die große 110-kV-Ringverbindung einbezogen wurde. 1930 wurden dort zwei Dampferzeuger installiert, die wegen der Größe ihrer Heizfläche (je 2 450 m²) und ihrer Leistung (je 145 t/h) in Europa damals einmalige Spitzenleistungen waren.

In die Reihe technisch bedeutender Kraftwerksbauten in unserem Land, die mit der hier gegebenen Aufzählung bei weitem nicht vollständig ist, gehört das Heizkraftwerk »Georg Klingenberg« in Berlin-Rummelsburg. Im Jahre 1926/27 in Betrieb genommen, wurde es mit einer neuartigen Steinkohlenstaubfeuerung und einer Kohlenaufbereitungsanlage von großer Kapazität ausgestattet. Die 80-MW-Turbinen des Kraftwerks Klingenberg waren 1926 bis 1929 die leistungsstärksten in Europa [1.19]. Es ist auch industriearchitektonisch eine bemerkenswerte Leistung der 20er Jahre unseres Jahrhunderts gewesen. Erforderliche Rekonstruktionsmaß-

nahmen dieses noch heute für die Energieerzeugung genutzten Kraftwerkes zwangen allerdings zu Eingriffen in die ursprüngliche technische und architektonische Substanz.

Den übergroßen Teil der Elektroenergie haben im Gebiet der heutigen DDR seit je Dampfkraftwerke erzeugt, darunter zunehmend Braunkohlenwerke. Dennoch ist bisher keine solche Anlage – Sachzeuge energietechnischer Leistungen und Schöpfertums unseres Volkes – in denkmalpflegerischem Schutz. Die noch vorhandenen älteren Anlagen sollten deshalb auf ihre Schutzwürdigkeit geprüft werden. Den technischen Stand der Anfänge der Elektroenergieerzeugung mittels Kolbendampfmaschine oder Gasmotors und treibriemengetriebenen Gleich- oder Wechselstromerzeugern in vollständigen Anlagen aus der Zeit vor der Jahrhundertwende mit Sachzeugen zu dokumentieren ist heute nur noch bedingt möglich. Aus einer alten Textilfabrik in Crimmitschau wurde eine etwa von 1900 stammende Kolbendampfmaschine mit riemengetriebenem Generator geborgen. Dieses Aggregat soll in einem anderen Denkmal der Energietechnik museal aufgestellt werden. Im VEB Leuchtenbau Deutschneudorf/Erzgebirge läuft noch eine 1922 erbaute 220-PS-Kolbendampfmaschine mit AEG-Schwungrad-Generator (Bild 148), eins der letzten Beispiele dieser historischen Entwicklungsstufe der Elektroenergieerzeugung, die besonders für die städtische Energieversorgung große Bedeutung besessen hatte. Als technische Denkmale dieser Entwicklungsstufe kommen auch Gebäude von solchen städtischen Elektrizitätswerken in Frage, wie z.B. in Leipzig das Gebäude des ersten, 1895 eingerichteten Elektrizitätswerkes (Magazingasse 3), an dem die am Giebel erhaltene Inschrift »Leipziger Elektricitätswerk« dem Betrachter noch Auskunft über die stadtgeschichtliche und technikgeschichtliche Bedeutung des Gebäudes gibt (Bild 42). Von älteren Anlagen industrieller Wärmekraftwerke sind heute noch bemerkenswerte Teilstücke erhalten. Je zwei Turbinen und Generatoren aus den Inbetriebnahmejahren 1908 und 1910 sowie mehrere Dampferzeuger von 1912/13 befinden sich noch im Kraftwerk Zeißholz (VEB Braunkohlenwerk Glückauf im VE Braunkohlenkombinat Senftenberg). Je eine Turbine mit Generator aus dem Jahre 1912 arbeiten in den Kraftwerken des Chemiewerkes Greiz-Dölau und der Zuckerfabrik Rositz. Hier gilt es eine typische, zur Erhaltung geeignete

Anlage als Denkmal auszuwählen und in ihr maschinelle Aggregate, historisch wichtige Schalttafeln, Isolatoren, Gleichrichter, Transformatoren, Meßtechnik und anderes Zubehör museal zu konzentrieren.

Bedeutende historische Leistungen sind auf dem Gebiet der DDR auch für die Entwicklung der Wasserkraftwerke vollbracht worden. Diese sind zwar an der Elektroenergieproduktion der DDR nur sehr untergeordnet beteiligt, aber in den Denkmallisten doch schon mit mehreren Objekten vertreten. Das erste bedienungslose, d. h. vollautomatisch betriebene Wasserkraftwerk in Europa wurde 1915 in Wolfswinkel bei Eberswalde eingerichtet. Eine vorhandene Wasserkraftanlage, die Elektroenergie für eine Papierfabrik lieferte, wurde für bedienungslosen Betrieb umgerüstet und arbeitete jahrelang zufriedenstellend. Mit den dabei gewonnenen Erkenntnissen wurden weitere bedienungslose Wasserkraftwerke gebaut.

Das 1900 erbaute und 1965 stillgelegte Laufwasserkraftwerk Fernmühle Ziegenrück präsentiert sich als Wasserkraftmuseum der DDR (Bilder 44 und 45). Zwei Francisturbinen treiben einen Generator, der bei 375 U·min^{-1} eine Spannung von 2 100 V erzeugt. Das Turbinenhaus der Fernmühle hat zwei Räume. Im Turbinenraum befinden sich die Handräder zum Öffnen und Schließen der Schütze. Werden die Schütze hochgewunden, strömt das aufgestaute Wasser in die beiden tiefer gelegenen Turbinenkammern und setzt die Turbinen in Bewegung. Die Drehbewegung der senkrechten Turbinenwellen wird über Kammräder mit Holzzähnen und Kegelräder auf eine waagerechte Vorgelegewelle übertragen. Diese Welle ist durch die Wand in den Maschinenraum geführt und trägt dort das mächtige Übersetzungsrad mit einem Durchmesser von 5 m. Vom Übersetzungsrad wird mittels Lederriemen der Generator getrieben, dessen verkleidungslose Bauweise ein genaues Betrachten des Aufbaus der Maschine gestattet. Im Maschinenraum befinden sich weiter die Erregermaschine, der Spannungsregler und die Schaltwarte. Der Maschinenraum wird zugleich benutzt, um einige Beispiele aus der Entwicklung der elektrischen Beleuchtungstechnik zu zeigen. In einem Nebengebäude ist eine lehrreiche und eindrucksvolle Ausstellung über die Saalekaskade mit dem Pumpspeicherwerk Bleiloch, dem Wasserkraftwerk Burgkhammer, den Pumpspeicherwerken Wisenta, Hohenwarte I und II und dem

Wasserkraftwerk Eichicht eingerichtet. Im Freigelände sind u. a. verschiedene Turbinen aufgestellt.

Auf der Zentralen Denkmalliste ist das 1921 erbaute Wasserkraftwerk Mittweida verzeichnet. Das Wasser der Zschopau, durch eine baulich und technisch imposante Wehranlage gestaut, betreibt drei Francisturbinen von 2,40 m Durchmesser, die über Generatoren 1 MW Elektroenergie erzeugen (Bilder 46 und 47). In späteren Jahren sind zur Erhöhung der Stromerzeugung noch Dieselaggregate installiert worden, von denen eins erhalten bleiben wird. Die durch Demontage der anderen frei werdende Fläche soll zur musealen Aufstellung anderer Energieerzeugungsaggregate genutzt werden. Im Jahre 1928 wurde das Kraftwerk um ein Pumpspeicherwerk erweitert, eine der ersten Anlagen dieser Art überhaupt. Je zwei Pumpen und Turbinen mit insgesamt 1,6 MW Leistung tragen noch heute zur Deckung der Spitzenlast bei.

Bekannter ist das seit 1930 betriebene, auch unter Denkmalschutz stehende Pumpspeicherwerk Niederwartha bei Dresden [1.49], (Bild 49). Wie alle Pumpspeicherwerke nutzt es die in den lastschwächeren Nachtstunden verfügbare Kraftwerksleistung zum Aufstauen großer Wassermengen in einem hochgelegenen Stausee, wo sie zur Verfügung stehen, um in Spitzenbelastungszeiten zusätzlich Elektroenergie zu erzeugen. Dem Pumpspeicherwerk Niederwartha gebührt »der unbestreitbare Ruhm, daß mit ihm zum ersten Mal in der ganzen Welt der Gedanke der reinen Pumpspeicherung verwirklicht wurde, und zwar sofort in großem Maßstab ... Dieses Werk war ... von Anfang an ein ›gelungener Wurf‹, der alle ... Anforderungen eines neuzeitlichen Pumpspeicherwerkes gleich im ersten Anlauf verwirklichte. Damit wurde diese Pioniertat richtungweisend für alle folgenden Großausführungen« [1.22].

Da das Pumpspeicherwerk Niederwartha auch heute unvermindert produziert und mit seinem unteren Stausee Tausende von Badelustigen anlockt, ist es weithin bekannt, landschaftsbestimmend und in jeder Hinsicht wertvoll.

Im Gebiet der DDR liegt auch das erste Kavernenkraftwerk der Welt, das Untertagekraftwerk Dreibrüderschacht bei Freiberg (Bild 48), [1.23]. Es erwuchs aus der alten bergmännischen Wasserwirtschaft. Im Freiberger Erzbergbau wurde die erforderliche Energie seit dem 16. Jahrhundert zum großen Teil durch den Bau von Aufschlagwassergräben mit Wasserrädern und Abzugsstolln gewonnen, deren Niveauunterschied die nutzbare Fallhöhe und mit dem Wasserangebot die nutzbare Energiemenge bestimmte. Als 1913 der Freiberger Erzbergbau stillgelegt wurde, baute man im Constantinschacht und im Dreibrüderschacht zwischen das System der Aufschlagwassergräben und den in etwa 260 m Tiefe liegenden Rothschönberger Stolln ein mit sechs Hochdruck-Freistrahl-Turbinen ausgerüstetes Kavernenkraftwerk mit etwa 4 MW Gesamtleistung ein, das 1915 den Betrieb aufnahm (Abb. 5). Damit lieferte das in der Verwendung von Elektroenergie zuvor rückständige Freiberger Bergrevier einen interessanten Beitrag zur Geschichte der Elektroenergieerzeugung. Bei Markersbach im Erzgebirge ist 1980 der Bau eines wesentlich leistungsstärkeren, modernen Kavernenkraftwerkes vollendet worden, ein Pumpspeicherwerk, dessen 6 Turboaggregate eine installierte Leistung von insgesamt 1 050 MW besitzen und das eine technische Spitzenleistung unserer Tage darstellt.

Die bedeutenden energietechnischen Leistungen unserer Arbeiterklasse seit 1945 und der mit ihr verbündeten Intelligenz – bereits in den ersten Aufbaujahren nach der Befreiung unseres Volkes vom Faschismus – werden für die weitere Festigung des Stolzes auf das Schöpfertum und die Kraft unseres Volkes, auf die Geschichte unserer Republik erst in vollem Umfang wirksam, wenn am Anschauungsobjekt, an Sachzeugen dieser Leistungen, ihr gesellschaftlicher Rang und die Bedingungen, unter denen sie vollbracht wurden, begriffen werden können. Bisher sind die hier liegenden Möglichkeiten noch weitgehend ungenutzt. In einem begrenzten Umfang können die Traditionskabinette und Betriebsgeschichten der Kombinate im Bereich der Kohle- und Energiewirtschaft hierbei Wichtiges tun. Hier sei deshalb noch ein Überblick über die historischen Leistungen unserer Energieerzeugung seit 1945 gegeben. Zu den ersten, unter schwierigsten Bedingungen neu erbauten Kraftwerken gehören die Kraftwerke in Calbe und Eisenhüttenstadt. Beide sind dadurch bemerkenswert, daß sie die in Eisenhüttenbetrieben anfallenden Gichtgase mit niedrigen Heizwerten von 1 130 bzw. 900 kcal/Nm³ verwerten. Das Kraftwerk Calbe wurde mit zwei Turbosätzen von je 12,5 MW Leistung und einem Turbosatz von 8 MW ausgerüstet. Die drei Turbosätze mit je 25 MW Leistung des Kraftwerkes im

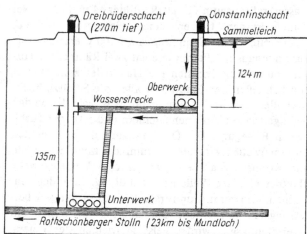

Abb. 5. Übersichtskarte und schematischer Schnitt durch das Kavernenkraftwerk Dreibrüderschacht bei Freiberg (nach MOSCHNER [23] vereinfacht)

Eisenhüttenkombinat Ost gingen 1954 und 1955 in Betrieb.

1954 begann der Bau des Kraftwerkes Trattendorf, und bereits Ende des Jahres lief die erste Turbine (25 MW) an. Als Erster Sekretär des Zentralrates der FDJ erklärte damals Genosse ERICH HONECKER das

Kraftwerk Trattendorf II zum »Bau der Jugend«. 1959 erhielt es den Namen »Artur Becker«.

Der wirtschaftliche Leistungsanstieg der DDR und ebenso der Zusammenschluß der Elektroenergie-Übertragungssysteme der RGW-Länder bedingte, daß bei der Übertragung von Elektroenergie zu einer höheren Spannungsebene übergegangen werden mußte. 1959 wurde die erste 380-kV-Leitung der DDR vom Zentralen Umspannwerk (ZUW) Ragow zum ZUW Wustermark gebaut, während bis dahin 220 kV die höchste Übertragungsspannung war. Der 1959 begonnene und dann ständig fortschreitende Ausbau der 380-kV-Übertragung steigerte die Leistungsfähigkeit des Elektroenergiesystems erheblich und sicherte den Abtransport der großen Energiemengen aus den Grundlastkraftwerken.

Das Bündnis mit der UdSSR und die Zusammenarbeit im RGW wurden für die Energietechnik unseres Landes zu einer den wissenschaftlich-technischen Fortschritt bedeutend fördernden Kraft. Im Zusammenwirken mit der Sowjetunion entstand das erste Kernkraftwerk der DDR in Rheinsberg (70 MW), das 1966 den Dauerbetrieb aufnahm. Mit dem Kraftwerk Rheinsberg begann die friedliche Nutzung der Kernenergie in unserem Land. Als erstes Wärmekraftwerk, dessen Hauptausrüstungen aus der UdSSR kamen, wurde 1967 bis 1971 das Kraftwerk Thierbach gebaut. Die hier installierten vier 210-MW-Blöcke sind ausgereifte sowjetische Konstruktionen, die den Bedingungen unserer Elektroenergieerzeugung auf der Basis von Rohbraunkohle entsprechen und sich in mehreren unserer Kraftwerke aufs beste bewähren. Die modernsten Kraftwerksanlagen unseres Landes, die 440-MW-Blöcke im Kernkraftwerk Greifswald sowie die 500-MW-Blöcke in den Kraftwerken Hagenwerder und Boxberg, stammen ebenfalls aus der Sowjetunion. Die Dampferzeuger der 500-MW-Blöcke sind in unserem Land und mit eigenen Kräften gebaut worden, wie auch die wärme- und verfahrenstechnische sowie die kombinationstechnische Gesamtverantwortung dieser Werke beim Kraftwerksanlagenbau der DDR lag.

In welchem Maße unsere modernen Kraftwerke das Landschaftsbild bestimmen, empfindet jeder, der auf Fahrten durch die Bezirke Leipzig oder Cottbus die Schornsteinreihen und Kühltürme schon von weitem aufragen sieht.

1.4. Überblick über die historischen Stufen der Quellen für mechanische Energie in der Geschichte der Produktion

In der Industrie und in den vorindustriellen Produktionsweisen läßt die Versorgung der Arbeitsmittel mit mechanischer Energie historisch allgemeingültige Entwicklungsstufen erkennen, die wir auch an den technischen Denkmalen der verschiedenen Industriezweige beobachten. Sie seien deshalb hier in einem Überblick dargestellt.

Die älteste für die Arbeitsmittel genutzte Quelle mechanischer Energie ist die menschliche Muskelkraft. Beispiele dafür sind u. a. die Handschwengelpumpen, die Reibsteine beim Getreidemahlen in Vorgeschichte und Antike, die bergmännische Haspelförderung und die Treträder.

Die historisch folgende und auch stärkere Energiequelle ist die Tierkraft. Denkmale dieser Stufe der Energienutzung sind die von Pferden oder Ochsen betriebenen Göpelwerke.

Noch stärkere Energiequellen sind Wasser und Wind, genutzt z. B. bei den Wasser- und Windmühlen. Wind war wegen seiner Unregelmäßigkeit fast nur als Energiequelle für Getreidemühlen geeignet, die nicht immer betrieben werden mußten. Mit Wasserrädern hat man seit der Antike, in größerem Umfang seit dem 16. Jahrhundert eine solche Anzahl und Vielfalt von Arbeitsmitteln angetrieben, daß Wasser als die damals wichtigste Energiequelle gelten kann. Wasserräder trieben nicht nur Getreide- und Sägemühlen an, sondern auch im Bergbau die Förder- und Pumpenanlagen, die Pochwerke und im Hüttenwesen die Blasebälge, ferner Textilmanufakturen und Natursteinbetriebe. Einfache Wasserturbinen betrieben im Mittelalter Mühlen. Leistungsfähige moderne Turbinen finden wir heute in Wasserkraftwerken. Ein bis heute noch wichtiger Vorteil der Wasserkraft ist die Möglichkeit ihrer Speicherung durch Anlage von Teichen und Talsperren, eine Möglichkeit, die schon im 16. Jahrhundert bewußt genutzt wurde.

Historisch bemerkenswert sind die von Wasserrädern ausgehenden Feldgestänge des 16. bis 17. Jahrhunderts, mit denen die mit Wasserrädern gewonnene Energie mehrere hundert Meter weit übertragen werden konnte. Das letzte erhaltene Feldgestänge ist das in Bad Kösen, das damit nicht nur ein wertvolles Denkmal des Bergbaus und Salinenwesens, sondern auch der Energie-übertragung ist (Bilder 98 und 100).

Im 18. Jahrhundert begann der Einsatz der Dampf-kraft. Im 19. Jahrhundert wurde im Zuge der industriellen Revolution die Kolbendampfmaschine die wichtigste Kraftmaschine für nahezu alle Industriezweige. So finden wir heute als technische Denkmale Kolbendampfmaschinen in den verschiedensten Produktionsstätten, z.B. in der Streichgarnspinnerei C.F. Schmelzer in Werdau, in der Grube Alte Elisabeth bei Freiberg, im Steinkohlenbergwerk Karl-Liebknecht-Schacht in Oelsnitz/Erzgebirge, in der Brauerei Singen, dem Leuchtenwerk Deutschneudorf und in den alten Raddampfern auf der Oberen Elbe (Bilder 63, 84, 91, 135 bis 138, 193 und 247).

Logisch (von den Konstruktionsprinzipien her) und historisch folgen auf die Kolbendampfmaschinen die Gas- und sonstigen Verbrennungsmotoren, die ihre größte Bedeutung als Fahrzeugantriebe erlangt haben.

Seit Ende des 19. Jahrhunderts und auch heute noch sind Elektromotoren aller Bauarten und Stärken praktisch universell einsetzbare Kraftmaschinen.

Diese durch die Menschenkraft, die Tierkraft, Was-serkraft, Dampf- und Elektroenergie gekennzeichnete historische Folge der Antriebsenergien von Arbeitsmaschinen umfaßt also mehrere Jahrtausende Produktionsgeschichte und ist eine der wichtigsten Entwicklungslinien in der Geschichte der Technik.

Die verschiedenen Energieträger lösen sich im Lauf der Geschichte jedoch nicht einfach ab, sondern werden teils – aus verschiedenen, meist ökonomischen Gründen – in verschiedenen Anlagen noch gleichzeitig nebeneinander genutzt, teils treten sie in einem energetischen Verbundsystem auf, indem Energiewandlungen bis zu der technisch optimalen Variante erfolgen. Die Energie des Wassers wurde vom Wasserrad einst direkt auf die Mechanismen übertragen, heute aber wird mit derselben Energie des Wassers mittels Turbinen und Generatoren Elektroenergie erzeugt und durch Elektromotoren beim Antrieb von Maschinen in Bewegung umgesetzt. Die chemische Energie von Holz oder Kohle wird über Wärme in die Energie des Dampfes und diese durch Dampfturbinen und Generatoren auch in Elektroenergie umgesetzt. So fördern die historischen Aussagen der technischen Denkmale das Systemdenken in Fragen der energetischen Optimierung.

2. Technische Denkmale des Bergbaus

- Freiberger Erzbergbau

- Erzbergbau von Schneeberg, Altenberg u. a. Orten

- Erzbergbau Kamsdorf bei Saalfeld

- Kupferschieferbergbau von Mansfeld und Sangerhausen

- Steinkohlenbergbau bei Oelsnitz/Erzgebirge und Freital

- Tiefbauschacht, Schwelerei und Brikettfabrik im Braunkohlenrevier Zeitz

- Steinsalzschacht Ilversgehoven

- Kalischächte Sonderhausen und Bleicherode

- Salinentechnik in Sulza, Halle/Saale, Kösen, Dürrenberg und Schönebeck

Der Bergbau ist historisch und gegenwärtig einer der bedeutendsten Industriezweige der DDR. Seit dem 12. Jahrhundert prägt der Erzbergbau im sächsischen Erzgebirge das Landschaftsbild, die Städte und die Kultur. Zu Beginn war es neben Eisen und Zinn das Währungsmetall Silber, das vom 12. bis 16. Jahrhundert die Herausbildung des Kapitalismus stark gefördert hat. Vom 16. Jahrhundert folgten Wismut, vor allem für das Letternmetall des Buchdruckes, Kobalt für die blaue Farbe des Glases und des Porzellans, Nickel für die verschiedenen Metallegierungen, und Uran, zunächst für Farben, heute für die Kernenergie. Eisen als wichtigstes Metall für die Produktion der Arbeitsmittel wurde im Erzgebirge bis ins 19. bzw. 20. Jahrhundert gewonnen [2.1].

Historisch fast ebenso bedeutend und berühmt ist der Kupferbergbau von Mansfeld-Eisleben.

Mit dem Steinkohlenbergbau ist die volle Entfaltung des Kapitalismus ursächlich verbunden. In der Industriellen Revolution wurde in einigen historisch entscheidenden Industriezweigen, vor allem in der Textilindustrie, die Handhabung einfacher Werkzeuge durch den Menschen im Arbeitsprozeß durch die Anwendung der Werkzeugmaschine abgelöst, die schließlich ihre Energie statt vom Menschen von der Dampfmaschine empfing. Dies und der Aufschwung der Eisenbahn ließen in den Steinkohlenrevieren Mitteleuropas, auch in Sachsen, die Förderung sprunghaft ansteigen [2.2], [2.3].

Der große Bedarf an Brennstoff, aber auch an chemischen Rohstoffen, Zwischen- und Endprodukten wie Teer, Paraffin und Leuchtöl verursachte ebenfalls ab 1850 den Aufschwung des Braunkohlenbergbaus und der Braunkohlenindustrie, insbesondere im Raum Halle–Leipzig. Heute besitzt die DDR die größte Braunkohlenförderung der Welt, und die Braunkohle ist unser wichtigster Energieträger.

Das Salz ist seit je Grundlage der menschlichen Existenz und wird seit über tausend Jahren in einem eigenständigen Gewerbezweig mit besonderer Technik, den Salinen, gewonnen. Die reichen Salzvorkommen im Untergrund der DDR haben in der Geschichte Anlaß zur Gründung zahlreicher Salinen gegeben, die mit der klassischen Technik des Salzsiedens bis weit ins 20. Jahrhundert produziert haben. Erst in jüngster Zeit wurde die Produktion in wenigen Produktionsstätten mit moderneren Verfahren konzentriert.

Als man um 1850 bei Staßfurt das Steinsalz statt im überlieferten Salinenbetrieb bergmännisch erschließen und gewinnen wollte, fand man 1858 die Kalisalze. Damit wurde Staßfurt die Keimzelle des Kalibergbaus in Deutschland und in der Welt überhaupt. Die Kaliindustrie liefert mit dem Mineraldünger eine wichtige Voraussetzung für die Ertragshöhe der Landwirtschaft in der Gegenwart und ist damit ebenfalls eine entscheidende Existenzgrundlage der Bevölkerung in Mitteleuropa.

Alle genannten Zweige des Bergbaus und der Montanindustrie haben Sachzeugen ihrer Geschichte hinterlassen, teils Veränderungen des Geländereliefs (Halden, Pingen und Restlöcher), teils Grubenräume unter Tage (in den Schaubergwerken auch zugänglich), teils Bauwerke mit ursprünglich verschiedener technischer und sozialer Zweckbestimmung, teils Werkzeuge, Geräte und Maschinen. Von diesen Sachzeugen lassen sich nur die Werkzeuge und die kleineren Geräte und Maschinen in Museen konzentrieren. Alle anderen Sachzeugen sind von ihrer Art und Größe her nicht umsetzbar, sondern müssen am Ort erhalten werden. Wegen der Bindung des Bergbaus an das Vorkommen des Bodenschatzes ist auch die historische Aussage aller bergbaugeschichtlichen Sachzeugen mehr als bei den Sachzeugen anderer Industriezweige an den Ort der Produktion gebunden. Damit (und nicht durch subjektive Faktoren in der Auswahl der Denkmale durch verschiedene Bearbeiter) erklärt sich auch die Tatsache, daß im Gesamtsystem der technischen Denkmale solche des Bergbaus in relativ großer Anzahl vertreten sind. Die Geschichte anderer Industriezweige wie z. B. die der feinmechanischen und optischen Industrie läßt sich umgekehrt weniger durch technische Denkmale, sondern besser in Museen darstellen.

2.1. Technische Denkmale des sächsischen Erzbergbaus

Der Überblick über die technischen Denkmale des Erzbergbaus ist nach den Bergrevieren und innerhalb dieser chronologisch und technologisch gegliedert.

Das älteste Bergrevier im sächsischen Erzgebirge und zugleich das historisch bedeutendste ist das von Freiberg. Das kommt auch in einem reichen Bestand an technischen Denkmalen aus den drei Hauptperioden des Freiberger Bergbaus zum Ausdruck [2.4].

Schlägel   Eisen

Abb. 6. Schlägel und Eisen als Symbol des Bergbaus und jahrhundertelang wichtigste Werkzeuge des Bergmanns
links: das Symbol: Das Eisen (auch Bergeisen) als Meißel mit lose durchgestecktem Stiel wird zuerst aus der Hand gelegt; das Schlägel (auch Fäustel) als schwach gebogener Hammer wird dann aus der rechten Hand gelegt
rechts: Benutzung von Schlägel und Eisen nach einem Holzschnitt aus »De re metallica« von G. Agricola (1556)

Entdeckt wurde das Freiberger Silbererz im Jahre 1168 im Gebiet der heutigen Altstadt, dort wo der wichtigste Erzgang, der Hauptstollngang, das Münzbachtal schneidet und wohl von dem Bach freigespült worden war. Eine Gedenktafel am Haus Wasserturmstraße 34 (Ecke Berggasse) macht auf die Stelle aufmerksam [2.5]. Der Bergbau erreichte in der ersten Hauptperiode bis um das Jahr 1380 vermutlich nur eine Tiefe von etwa 50 bis maximal hundert Meter, erforderte also noch keine große Maschinerie. Die Gewinnung erfolgte mit Schlägel und Eisen, also den Werkzeugen, die in Europa von rund 2000 v. u. Z. bis zum Ende des 19. Jahrhunderts benutzt wurden und die noch heute das Bergmannsymbol darstellen (Abb. 6). Grubenräume unter Tage sind aus der ersten Hauptperiode des Freiberger Bergbaus nicht mehr zugänglich, doch kann man in jüngeren Strecken der Grube Alte Elisabeth die Arbeit des Bergmanns mit Schlägel und Eisen sehen, an mehreren Stellen sogar im einzelnen genau erkennen, wie der Bergmann das Eisen angesetzt hat (Bilder 51 und 52). Gefördert wurden das Erz und ein Teil des tauben Gesteins aus zahlreichen Schächten mit Handhaspeln. Von diesen sind keine mehr erhalten, wohl aber lassen sich die Schächte im Gelände noch an den Halden erkennen. Diese sind – obwohl einst nur Haufen wertlosen Gesteins – heute aussagekräftige Sachzeugen der Bergbaugeschichte (Abb. 7), [2.6]. Die Erzgänge sind gerade gestreckte, steil stehende, unregelmäßig mit metallhaltigen und tauben Mineralen gefüllte, zentimeter- bis meterbreite Spalten. Die Schächte wurden in diesen Erzgängen abgeteuft und dabei das taube Material rings um die Schächte zu Halden aufgeschüttet. Damit markieren die Haldenreihen die Erzgänge in der Landschaft, z. B. den Hauptstollngang zwischen Freiberg und Tuttendorf (Bild 50). Der Abstand der Halden entspricht in der Regel der bergrechtlich festgelegten Länge eines Grubenfeldes der damaligen Zeit, also rund 50 Meter. So gibt das, was dem Laien nur als bloßer Geröllhaufen erscheint, historisch Auskunft über die Lage des Erzganges als der alten Produktionsstätte, über die Abbau- und Fördertechnik (mit Handhaspel) und über die Produktionsverhältnisse (Größe der Grubenfelder).

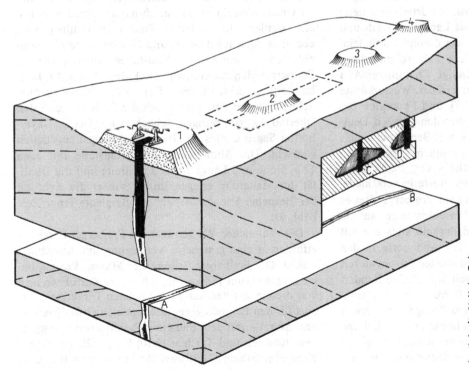

Abb. 7. Schematisches Blockbild eines Erzganges mit »Streichen« *AB* und des zugehörigen Haldenzuges *(1, 2, 3, 4)* von Handhaspel-Schächten; auf der Oberfläche: *gestrichelt* Streichen des Erzganges: *strichpunktiert* Grubenfeld, bei *C* und *D* vom Schacht aus seitliche Abbauräume im Erzgang

Gegen Ende der ersten Bergbauperiode, im 14. Jahrhundert, wurde die Entwässerung der Gruben problematisch. Die Mengen des eindringenden Grundwassers waren nicht mehr durch Schöpfen mit Eimern zu bewältigen. Man trieb deshalb von den benachbarten Tälern aus Stolln zu den Gruben vor, auf denen das Wasser abfließen konnte. Einen solchen, auf dem Hauptstollngang im Muldental bei Tuttendorf angesetzten Stolln übernahmen 1384 die Meißner Markgrafen. Dieser Stolln, seitdem der Alte Tiefe Fürstenstolln genannt, war bis ins 19. Jahrhundert der wichtigste Stolln des Freiberger Reviers. Die beiden Mundlöcher sind noch erhalten, wenn auch mit einer Gewölbemauerung aus dem 18. bzw. 19. Jahrhundert (Bild 53).

Die zweite Hauptperiode des Freiberger Bergbaus im späten 15. und im 16. Jahrhundert entspricht zeitlich und kausal dem Aufschwung des Frühkapitalismus. Der Abbau und die Verarbeitung ärmerer Erze in größerer Tiefe, die Förderung der (wegen geringerer Metallgehalte) größeren Massen aus größerer Tiefe, die Hebung der Grundwasser aus den tiefen Abbaustrecken bis auf die Stollnsohle erforderten den Einsatz komplizierter Maschinen und damit die Investition des dem Bürgertum damals verfügbaren Kapitals. Natürlich profitierte umgekehrt das Kapital – und als Landes-, Regal- und Münzherr auch der Kurfürst – von diesem Kapitaleinsatz. In seinem berühmten Werk »De re metallica« (1556) stellt uns der bergverständige Chemnitzer Arzt GEORG AGRICOLA die Göpel, Wasserräder, Wasserkünste und Pochwerke jener Zeit vor [2.7], und FRIEDRICH ENGELS betonte in seinem Werk über den Großen Deutschen Bauernkrieg, daß die deutschen Bergleute damals die am weitesten entwickelte Technik besessen haben [2.8]. Von dieser Maschinentechnik des 16. Jahrhunderts sind im Original nur geringe Reste in verschiedenen Museen vorhanden. Da aber im Freiberger Revier die auf Wasserkraft gegründete Maschinerie gut auf die zahlreichen, aber schmalen und deshalb stets nur mit wenigen Bergleuten zu belegenden Abbauorte in den Erzgängen abgestimmt war und weiter so entwickelt wurde, daß sie hier noch bis weit ins 19. Jahrhundert hinein gegenüber der Dampfkraft ökonomisch überlegen blieb, baute man bis um 1850 Anlagen, die denen der Agricolazeit bis in Details entsprachen. Technische Denkmale solcher Maschinen können deshalb – obwohl aus jüngerer Zeit stammend – als Sachzeugen der erz-

gebirgischen Bergbautechnik des 16. Jahrhunderts gelten. Das imposanteste Beispiel dafür ist das Kehrrad, von AGRICOLA als die mit 12 m Höhe und 2 m Breite größte Fördermaschine seiner Zeit beschrieben (Bild 54). Zwei einander gegenläufige Beschaufelungen erlaubten das für eine Fördermaschine nötige Umsteuern, je nachdem, auf welche Beschaufelung der Fördermaschinist das Aufschlagwasser lenkte. Schon AGRICOLA erwähnt, daß Kehrräder auch unter Tage eingebaut waren. Ein 1856 in der Roten Grube, im Stadtgebiet von Freiberg, in etwa 80 m Tiefe eingebautes Kehrrad ist fast wie das von AGRICOLA abgebildete 11 m hoch und 2 m breit (Bilder 55 bis 57). Die Neuerungen am Kehrrad der Roten Grube gegenüber dem von AGRICOLA beschriebenen sind nur sekundärer Art: Dem 19. Jahrhundert gemäß wurden am Rad der Roten Grube die Seilkörbe aus Eisen hergestellt und die Förderseile nicht sogleich in den Schacht hinab, sondern nach über Tage über Seilscheiben in den Schacht geleitet, damit mit dem Rad der Kübel bis nach über Tage gefördert werden konnte. Die Kehrradanlage der Roten Grube war bis 1944, bis zur Zerstörung des Schachthauses infolge Kriegseinwirkung, in Betrieb [2.9]. Sie könnte unter Umständen für einen Besichtigungsbetrieb erschlossen werden. In anderen Freiberger Gruben sind ebenfalls noch aus dem 18. und 19. Jahrhundert Wasserräder oder zumindest die Radstuben erhalten, die die Freiberger Bergmaschinentechnik des 16. bis 19. Jahrhunderts repräsentieren. Der VEB Bergsicherung Schneeberg hat bei Oberschöna die Radstube und den Oberteil des zugehörigen Schachtes der Grube Unverhoffter Segen Gottes für Gruppenführungen zugänglich gemacht. Die Abmessungen der Radstube mit etwa 12 m Höhe und Länge sowie 2 m Breite und die Qualität der Mauerung erregen immer wieder die Achtung der Besucher vor der Arbeit der Bergleute jener Zeit (Abb. 8).

Die zahlreichen Wasserräder des Freiberger Bergbaus erforderten eine gesicherte Versorgung mit Aufschlagwasser. Der Freiberger Bergmeister MARTIN PLANER begann deshalb um 1560 – im Auftrag des Kurfürsten und von diesem auf der Basis des feudalen Direktionsprinzips für den Bergbau gegen die feudalen Grundbesitzer unterstützt – mit dem Bau eines Systems von Kunstgräben, Röschen und Teichen [2.10] bis [2.12]. Im Erzgebirge oberhalb des Freiberger Reviers wurden Bäche in

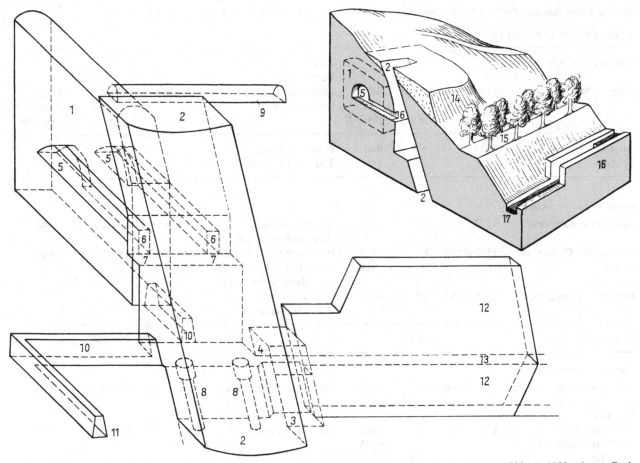

Abb. 8. Die 1973 bis 1975 vom VEB Bergsicherung Schneeberg als Besichtigungsobjekt hergerichtete, 1790 bis 1792 erbaute Radstube mit Kunstschacht der Grube Unverhoffter Segen Gottes, Oberschöna bei Freiberg

links: die Grubenbaue in einem Untertageraumbild (von R. Sennewald)

rechts oben: dasselbe vereinfacht mit dem Gelände

1 Radstube, 2 Kunstschacht, 3 Haspelschacht (neben 2), 4 Ort des Handhaspels, 5 Auflager der Wasserradwelle, 6 Strecken für die Kurbelstangen (Streckengestänge), 7 Lagerfläche für die Kunstwinkel, die die Bewegung auf die Schachtgestänge übertrugen, 8 Kunstsätze (Pumpen) im Schacht, 9 Aufschlagrösche (Wasserzuleitung), 10 Abzugsrösche, gleichzeitig Tiefer Segen Gottes-Stolln, 11 dessen Mundloch, 12 Abbauräume im Erzgang, 13 Tiefer Segen Gottes-Stolln im Erzgang, 14 die Halde des Schachtes, 15 die Straße Oberschöna-Wegefahrt, 16 Aufschlaggraben und Radstube für die Erzwäsche, 17 Abzugsgräben der Erzwäsche, in den der Tiefe Segen Gottes-Stolln mündet

Kunstgräben abgezweigt und diese fast horizontal in der Landschaft oder unter Tage als Röschen dem Bergrevier zugeführt. Teiche dienten der Speicherung des Aufschlagwassers für trockene Witterungsperioden. Unter den Nachfolgern Martin Planers wurde das Grabensystem dreihundert Jahre lang erweitert, bis ab 1885 sogar Wasser aus der Flöha bei Neuwernsdorf dem Freiberger Bergbau zugeleitet wurde (Tabelle 3). Die Anlagen werden heute noch wasserwirtschaftlich genutzt. Die Kunstgräben, Röschenmundlöcher und Kunstteiche dieses seit der zweiten bis in die dritte Hauptperiode des Freiberger Bergbaus angelegten, insgesamt unter Denkmalschutz stehenden Systems bergmännischer Wasserwirtschaft findet man an vielen Stellen der Land-

Tabelle 3. Die Anlagen der bergmännischen Wasserwirtschaft im Freiberger Revier [2.11], [2.12], [2.15]

a) Kunstgräben und Kunstteiche

| *Kunstgrabensystem* | | | | *Ziel des Laufs des Kunstgrabens* | | | |
Kunstgraben	Baujahr	Länge in km	Höhe in m über NN	Kunstteich oder Grubenrevier	Baujahr	Inhalt in m³	Höhe in m über NN
Alter Thurmhofer Graben	1555	≈3	etwa +400	Gruben auf dem Thurmhofer Gangzug	–	–	–
untere Wasserversorgung							
Zethauer Kunstgraben	1572	8,2	+490	Unterer (Großer) Großhartmannsdorfer Teich	1565–1572	1 700 000	+490
Müdisdorfer Graben und Rösche	1562–1568	8,5	+485 +480	zuerst Berthelsdorfer Teich später Hohbirker Kunstgra. z. T. Mittlerer Großhart-	1555–1560 1590	349 000	+446
Hohbirker Kunstgraben	1589–1590	4,5	+480 +470	Gruben auf dem Hohbirker Gangzug	–	–	–
Summe:		**21,2**				etwa **2 000 000**	–
obere Wasserversorgung							
Kunstgräben und Röschen von Neuwernsdorf bis Dittmannsdorf	1826–1860	10	+585 +570	Dittmannsdorfer Teich	1826	500 000	+570
Kunstgräben und Röschen von Dittmannsdorf bis Dörnthal	1787–1826	5	+568 +565	Dörnthaler Teich	1787	1 200 000	+565
Kunstgräben und Röschen von Dörnthal bis Obersaida	1730–1787	7,5	+560 +545	Obersaidaer Teich	1728–1734	130 000	+555
Kunstgräben und Röschen von Obersaida bis Großhartmannsdorf	1592–1607	2,5	+545 bis +530	Oberer Großhartmannsdorfer Teich	1590	700 000	+530
Kohlbachgraben	1550–1570	13,2	+525 bis +505	z.T. Mittlere Großhartmannsdorfer Teich; Größerer Teil: Himmelsfürster Grubenrevier bei Brand-Erbisdorf	1725–1732	300 000	+500
Summe		**38,2**				**2 830 000**	–
Größere Kunstgräben innerhalb des Reviers							
Himmelfahrter Kunstgraben	1844–1845	3,3	+430 bis +420	Schächte der Grube Himmelfahrt bei Freiberg	–	–	–

Tabelle 3 (1. Fortsetzung)

Kunstgrabensystem				Ziel des Laufs des Kunstgrabens			
Kunstgraben	Baujahr	Länge in km	Höhe in m über NN	Kunstteich oder Grubenrevier	Baujahr	Inhalt in m³	Höhe in m über NN
Roter Graben	um 1610	5,5	+350 bis +325	Gruben bei Halsbrücke	–	–	–
Altväter-Kunstgraben (einschließlich Altväterbrücke)	1680–1690	3	+330 bis +325	Grube St. Anna samt Altväter bei Rothenfurt	–	–	–
oberer Churprinzer Kunstgraben	1749	8	+330 bis +320	Grube Churprinz bei Großschirma, dazu Zechenteich	1749	50 000	+321
Churprinzer Bergwerkskanal	1788–1789	5	+310 bis +290	Grube Churprinz bei Großschirma	–	–	–
Kunstgraben der Grube Christbescherung	um 1780	3	+285 bis +280	Grube Christbescherung bei Großvoigtsberg	–	–	–
Kunstgraben der Grube Alte Hoffnung Gottes	1741	2,5	+277 +275	Grube Alte Hoffnung Gottes bei Kleinvoigtsberg	–	–	–
Summe		**30,3**					**50 000**
Gesamtsumme		**≈90**					**≈5 000 000**

Name des Stollns (Lage)	Bauzeit	Höhe des Ansatzpunktes in m über NN	Ungefähre Tiefe unter der Erdoberfläche im Bereich der zugehörigen Grube in m	Länge	
				ohne Verzweigungen in km	mit Verzweigungen in km
Alter Tiefer Fürstenstolln (Tuttendorf-Freiberg)	begonnen vor 1384	+325	80	10	30,1
Hohe-Birke-Stolln (Freiberg-Zug)	1516	+400	50	3 (?)	?
Brand-Stolln (Brand-Erbisdorf)	etwa 1520	+425	75	3 (?)	?
Thelersberger Stolln (Striegistal-Brand)	etwa 1520	+393	100	6,7	33,6
Anna-Stolln (Rothenfurth-Halsbrücke)	ab 1550	+290	50	5	?
Kurfürst Johann-Georg-Stolln (Fortsetzung des Alten Tiefen Fürstenstollns) (Zug-Brand-Erbisdorf)	ab 1612	+362 (am Dreibrüderschacht)	110	4	7,8

Tabelle 3 (2. Fortsetzung)

b) Größere Stolln (Zum Abfluß des Grundwassers und des für untertägige Wasserkraftmaschinen benutzten Kunstgrabenwassers)

Moritz-Stolln (Fortsetzung des Alten tiefen Fürstenstollns) (Zug-Brand-Erbisdorf)	ab 1791	+343 (am Dreibrüderschacht)	130	6,4	19,1
Treue-Sachsen-Stolln (Obergruna-Großschirma)	1826–1849	+250	100	5,7	?
Adolph-Stolln (Siebenlehn-Obergruna)	1837–1864	+230	90	5,4	?
Rothschönberger Stolln 1844–1877 staatlicher Teil: (Rothschönberg-Halsbrücke)			100–140	13,9	–
Grubeneigentum: Halsbrücke-Brand-Erbisdorf			200–270	11,1	56
Gesamtlängen				≈74	≈183[1])

[1]) Wo Länge der Verzweigungen unbekannt, wurde die Länge ohne Verzweigungen eingesetzt.

schaft zwischen Freiberg und Purschenstein-Neuhausen (Abb. 9 und Bilder 58 und 59).

Die dritte Periode des Freiberger Bergbaus begann 1765, nach dem Siebenjährigen Krieg, als eine bürgerlich geprägte Restaurationskommission die zerrüttete Wirtschaft des Kurfürstentums Sachsen beleben sollte und auch der Bergbau eine Reorganisation erfuhr [2.1]. Sie endete um 1870 mit der Aufhebung der Silberwährung in Deutschland, dem Sturz des Silberpreises auf dem Weltmarkt und dem dadurch bedingten wirtschaftlichen Niedergang des Silberbergbaus, der 1913 ganz eingestellt wurde. Der Beginn dieser dritten Hauptperiode fällt zeitlich mit dem Beginn der Industriellen Revolution in England zusammen, das Ende etwa mit dem Ende der Industriellen Revolution in Deutschland. Trotzdem ist dies nur eine zeitliche, weniger – oder besser nur indirekt – auch eine sachlich-kausale Parallele: Im erzgebirgischen Erzbergbau blieb die Gewinnung des Erzes durch die Handarbeit des einzelnen Hauers bestimmend. Allerdings erforderte der allgemeine Übergang von der Manufaktur zum Fabriksystem im Zuge der Industriellen Revolution auch vom Erzbergbau eine Produktionssteigerung, und diese quantitative Änderung im Hauptprozeß der Erzgewinnung hatte qualitative Änderungen in den Nebenprozessen zur Folge.

Neue Maschinentypen wurden konstruiert und eingeführt, z. B. die Wassersäulenmaschinen [2.13], die Schwamkrug-Turbinen [2.14] und ab 1844 auch Dampfmaschinen (diese zusätzlich zu den mit Wasserkraft betriebenen Maschinen, da die verfügbare Wasserenergie nicht mehr ausreichte). Für die neuen technischen Aufgaben standen dem Bergbau die Absolventen der 1765 gegründeten Bergakademie Freiberg als Ingenieure zur Verfügung [2.1]. Die neuen, leistungsstärkeren Maschinentypen erforderten höhere Investitionen, aber auch zu ihrer Auslastung eine höhere Produktion. Da sich bei den geologischen Verhältnissen der Erzgänge die Produktion aus dem einzelnen Abbauort kaum noch steigern ließ, bedeutete die Notwendigkeit höherer Produktion die Vergrößerung der Zahl der Abbauorte, also eine Vergrößerung der Grubenfelder durch Betriebskonzentration. Diese Entwicklung spiegelt sich deutlich in den technischen Denkmalen des Freiberger Reviers wider. Aus dem 17. und 18. Jahrhundert stammen vorwiegend die kleinen Huthäuser der damals noch kleineren Gruben, z. B. das Kuhschacht-Huthaus und das Löfflerschacht-Huthaus in der Stadt Freiberg, die Huthäuser der Gruben Daniel, Kurfürst-Johann-Georg-Stolln, Herzog-August-Fundgrube in Zug bei Freiberg und viele andere (Bild 60). Größer sind schon die um 1750 errich-

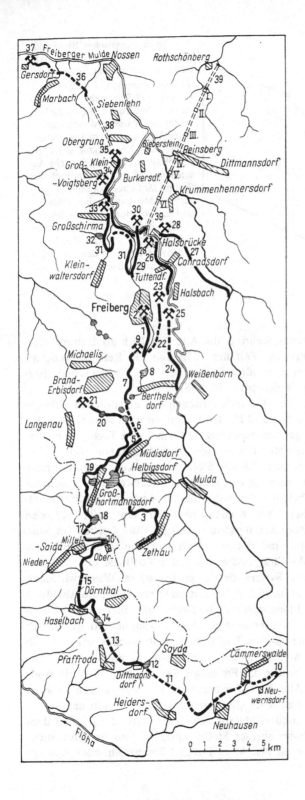

Abb.9. Übersichtskarte der Kunstgräben *(starke ausgezogene Linien)*, Röschen *(starke gestrichelte Linien)* und Kunstteiche *(waagerecht schraffiert)* im Freiberger Revier (nach [2.4])

1 Thurmhofer Graben (nicht mehr erhalten), *2* Schächte auf Thurmhofer Gang, *3* Zethauer Kunstgraben, *4* Unterer Großhartmannsdorfer Teich, *5* Müdisdorfer Kunstgraben, *6* Müdisdorfer Rösche, *7* Hohbirker Kunstgraben, *8* Berthelsdorfer Hüttenteich, *9* Schächte auf Hohbirker Gangzug, *10* Neuwernsdorfer Wasserteiler, *11* Dittmannsdorfer Rösche, *12* Dittmannsdorfer Teich, *13* Friedrich-Benno-Rösche, *14* Dörnthaler Teich, *15* Haselbacher Rösche, *16* Obersaidaer Teich, *17* Mittelsaidaer Rösche (unter Wasserscheide Flöha/Mulde: *strichpunktiert)*, *18* Oberer Großhartmannsdorfer Teich, *19* Kohlbachgraben, *20* Landteich, *21* Grubenrevier Himmelsfürst, *22* Himmelfahrter Kunstgraben und Rösche, *23* Grubenrevier Himmelfahrt, *24* Werner-Kunstgraben und Rösche, *25* Grube Morgenstern, *26* Roter Graben, *27* Bobritzsch-Kunstgraben, *28* Schächte bei Halsbrücke, *29* Altväter-Kunstgraben, *30* Grube St. Anna samt Altväter, *31* Oberer Churprinz-Kunstgraben, *32* Zechenteich, *33* Grube Churprinz mit Bergwerkskanal, *34* Grube Christbescherung mit Kunstgraben, *35* Grube Alte Hoffnung Gottes mit Kunstgraben, *36* Marbacher Kunstgraben und Röschen, *37* Grube Segen Gottes bei Gersdorf, *38* Treue Sachsen-Stolln und Adolph-Stolln, *39* Rothschönberger Stolln mit Lichtlöchern *I* bis *VI*

teten Huthäuser der Gruben Alte Hoffnung Gottes bei Kleinvoigtsberg, Neue Hoffnung Gottes bei Bräunsdorf und Churprinz bei Großschirma. Im Jahre 1786 wurde das Huthaus der Grube Beschert Glück erbaut, das 1812 einen Glockenturm erhielt (Bild 61). Die Grube besaß drei leistungsfähige Schächte. Als große Grubenanlagen des 19. Jahrhunderts mit je einer Anzahl verschiedener Gebäude sind noch erhalten: der Abrahamschacht der Grube Himmelfahrt bei Freiberg (Bild 62 und Abb. 1 auf S. 18), Grube Himmelsfürst bei Brand-Erbisdorf und die Mordgrube, heute Gasthaus Zugspitze in Zug bei Freiberg.

Die wichtigsten Gebäude solcher Schachtanlagen waren (Abb. 10):
das Schachtgebäude mit der Fördermaschine, der Pumpenanlage und anderen maschinellen Einrichtungen, die Bergschmiede für das tägliche Anschärfen der bei der Arbeit stumpf gewordenen Bergeisen und Gesteinsbohrer, die Scheidebank zur Sortierung grob verwachsener Erz- und tauber Minerale, das Huthaus mit der Verwaltung, der Betstube, dem Magazin, der Erzkammer und den Wohnungen für Hutmann und Obersteiger, das wegen der Explosionsgefahr meist etwas abseits gelegene Pulverhaus und die ebenfalls meist entfernt, am

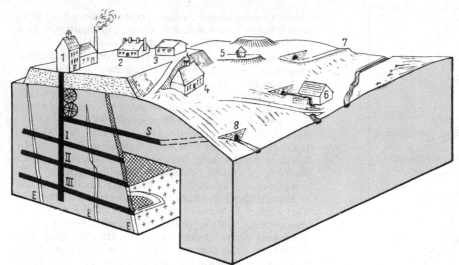

Abb. 10. Schematisches Blockbild einer größeren Grube des 19. Jahrhunderts im sächsischen Erzbergbau
1 Schachtgebäude, *2* Bergschmiede, *3* Scheidebank, *4* Huthaus, *5* Pulverhaus, *6* Erzwäsche (nutzt die Wasserkraft von zuvor unter Tage genutztem Kunstgrabenwasser), *7* Kunstgraben (führt den Wasserrädern im Schacht Aufschlagwasser zu), *8* Mundloch des Stollns *(S)* (leitet das unter Tage verbrauchte Kunstgrabenwasser und das von den Tiefbausohlen *I*, *II*, *III* gehobene Grundwasser ab), *E* Erzgänge, *Kreuzschraffur*: bereits abgebaute Bereiche des Erzganges, *Kreuze*: noch abzubauen

Ort verfügbarer Wasserkraft gelegenen Pochwerke und Erzwäschen.

Die im 19. Jahrhundert größten Gruben des Freiberger Reviers – Himmelfahrt und Himmelsfürst – besaßen neben den genannten Schächten weitere Schachtanlagen, von denen heute noch Halden oder Bauwerke erhalten sind und die damit die Größe der gesamten Grube in der Landschaft erkennen lassen. So gehörten außer dem Abrahamschacht zur Himmelfahrt-Fundgrube u. a. noch die Schächte Reiche Zeche, Davidschacht, Rote Grube, Thurmhof, Ludwigschacht, Oberes Neues Geschrei und Alte Elisabeth (Abb. 11).

Alle diese Schächte waren mit Förder- und Wasserhaltungsmaschinen auf Wasserkraftbasis oder mit Dampfmaschinen ausgerüstet. So finden wir heute noch im Schachthaus der Alten Elisabeth, außer der Betstube mit Orgel, museal aufgestellt eine Wassersäulenmaschine von 1872 und an ihrem originalen Standort die 1848 von Constantin Pfaff, Chemnitz, erbaute dritte Dampffördermaschine des Freiberger Bergbaus (Abb. 12 und Bild 63; vgl. auch S. 104). Damit bieten die von der Halde der Alten Elisabeth sichtbaren Schachtgebäude nicht nur einen Überblick über die Ausdehnung der Himmelfahrt-Fundgrube, sondern zugleich eine historische Entwicklungsreihe der Schachtfördertechnik: Man sieht den 1839 erbauten Abrahamschacht als typisches Wassergöpelgebäude mit einem in etwa 50 m Tiefe erhaltenen Kehrrad, die Alte Elisabeth als Dampfförderanlage der Zeit um 1850 und die Reiche Zeche als Schacht mit dem für die Zeit ab 1890 typischen eisernen Fördergerüst (Bild 65).

In dem Gelände zwischen den eigentlichen Grubengebäuden und Halden finden wir noch zahlreiche Hilfsanlagen des Bergbaus, so Damm und Trasse einer Erzbahn, Mundlöcher von Erzbahntunneln (vgl. S. 35), Mundlöcher kleiner Stollen, einen Kanal zum Erztransport mit Schleusen und Schiffshebewerk und – auch innerhalb des Reviers! – die Kunstgräben, Röschenmundlöcher und Kunstteiche. Der um 1620 für den Halsbrücker Bergbau angelegte Rote Graben im Muldental und der im Wald gelegene Zechenteich der Grube Churprinz sind beliebte Ausflugsziele.

Das System der bergmännischen Wasserwirtschaft wurde im 19. Jahrhundert nicht nur durch die Ableitung von Flöhawasser bei Neuwernsdorf, sondern auch durch den Rothschönberger Stolln komplettiert [2.15]. Er wurde 1844 im Triebischtal bei Rothschönberg oberhalb von Meißen angesetzt (Bild 64) und erreichte 1877 bei Halsbrücke das Freiberger Revier, etwa 100 m tiefer als der Alte Tiefe Fürstenstolln. Das war für den Bergbau ein dreifacher Gewinn: *Erstens* konnte nun das in diesen hundert Metern zufließende Grundwasser auf dem Rothschönberger Stolln abfließen und brauchte nicht mehr auf den Alten Tiefen Fürstenstolln hochgepumpt

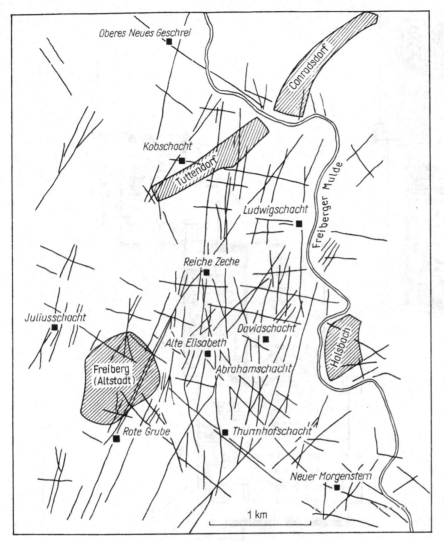

Abb. 11. Übersichtskarte aller Schächte der Himmelfahrt-Fundgrube bei Freiberg im 19. Jahrhundert und der in diesem Gebiet liegenden Erzgänge

zu werden. *Zweitens* brauchte man das Grundwasser aus den tieferen, z. T. 800 m tiefen Abbauen nur bis auf den Rothschönberger Stolln hochzupumpen, sparte also 100 m Pumphöhe. *Drittens* konnte man zwischen den Alten Tiefen Fürstenstolln und den Rothschönberger Stolln weitere Wasserräder, Turbinen und Wassersäulenmaschinen einbauen, gewann also einen erheblichen Energiebetrag zusätzlich. Der bis Halsbrücke etwa 14 km lange, mit allen Verzweigungen im Revier weit über 50 km lange Rothschönberger Stolln gehört zu den

größten und berühmtesten Tunnelbauten des 19. Jahrhunderts. Über Tage erkennt man den Verlauf des Stolln an verschiedenen Lichtlöchern, d. h. Hilfsschächten für den Bau und die Unterhaltung des Stollns (Abb. 13).

Insgesamt können die technischen Denkmale des Freiberger Bergbaus als ein großes Freilichtmuseum betrachtet werden (Abb. 14). Nicht nur vom Denkmalbestand, sondern auch von der gesellschaftlichen Nutzung her gilt diese Aussage. Die Volkshochschule, der Kul-

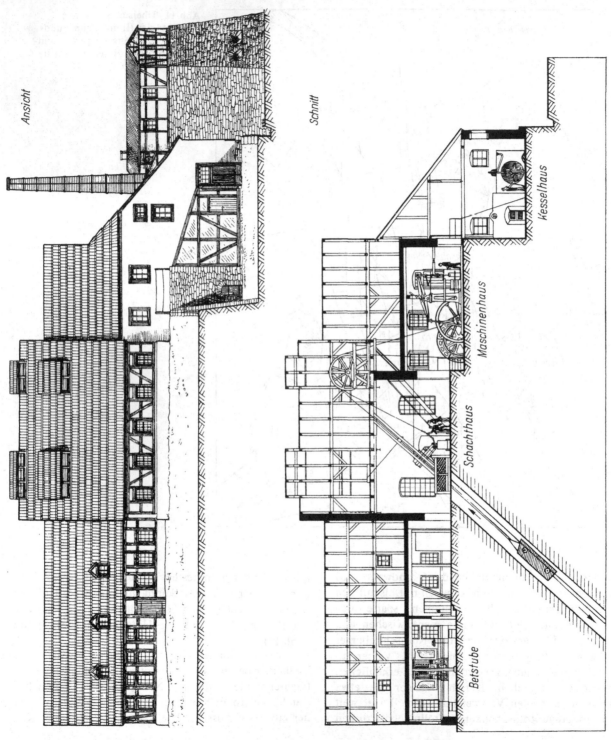

Ansicht

Schnitt

Kesselhaus

Maschinenhaus

Schachthaus

Betstube

60

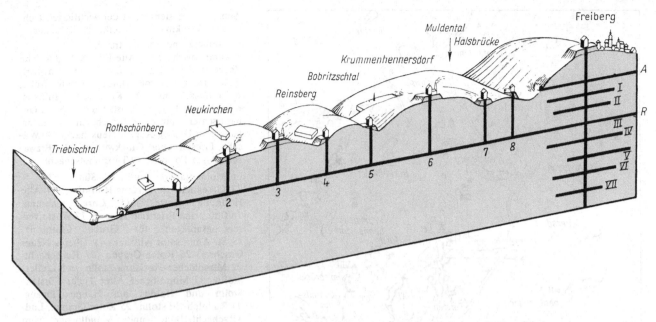

Abb. 13. Schematisches Blockbild des Alten Tiefen Fürstenstollns *(A)* und des Rothschönberger Stollns *(R)*
1 bis *8* Lichtlöcher des Rothschönberger Stollns, teils mit Dampfmaschinen, teils mit Wasserrädern betrieben, *I* bis *VII* Tiefbausohlen der nördlichen Freiberger Erzgruben

turbund und Freiberg-Information führen Jahr für Jahr stets gut besuchte Exkursionen durch das Revier und erläutern dabei die Denkmale.

Für die technischen Denkmale des Bergbaus in den obererzgebirgischen Bergrevieren gilt ähnliches, wenn auch mit einigen Besonderheiten. Da Silber bei Schneeberg erst um 1470, bei Annaberg um 1490, bei Marienberg um 1520 gefunden worden ist, ist die frühkapitalistische Blütezeit des Bergbaus für diese Bergstädte die erste Hauptperiode. Johanngeorgenstadt wurde erst 1654 durch böhmische Exulanten gegründet und danach durch Silberfunde Bergstadt. Die technische Entwicklung und die Gebäudeformen, damit auch die technischen Denkmale sind in den obererzgebirgischen Revieren dieselben wie in Freiberg.

Schneeberg ist seit dem 16./17. Jahrhundert durch den Kobaltbergbau bekannt geworden. Heute finden wir in der Stadt die Schachtkauen der Kornzeche und des

Eisernen Landgrafen (Bild 66) sowie zwischen Schneeberg, der benachbarten Bergstadt Neustädtel und dem 1483 als erstem Kunstteich des Erzgebirges erbauten Filzteich trotz einiger Verluste der letzten Jahrzehnte noch eine ganze Anzahl Grubengebäude, die hier dem Hohen Gebirge das Gepräge geben. Genannt seien das Siebenschlehner Pochwerk, Huthaus und Pulverhaus der Gesellschaft-Fundgrube, Huthaus und Halde vom Daniel (früher mit Pferdegöpel), die Huthäuser Siebenschlehn, Peter und Paul, Priester, Rappold, die Gruben Sauschwart (Bild 67) und Wolfgang-Maßen u. a. Ein Lehrpfad durch das auch landschaftlich schöne Revier informiert durch Erläuterungstafeln an den Objekten.

Annaberg ist weniger durch technische Denkmale seines Bergbaus als vielmehr durch die 1499 bis 1525 erbaute Annenkirche bekannt. Deren großer Raum ist deutlich für eine volkreiche Gemeinde, eben die damals zahlreichen Bergleute, geschaffen worden. Der 1521 von

Abb. 12. Ansicht und Schnitt durch die Schachtanlage Alte Elisabeth, heute Lehrgrube der Bergakademie Freiberg (aus Bleyl 1917, vgl. [13], Abb. 97, 99)

Das Fachwerk rechts vom Schornstein war eine Scheidebank. Davon ist nur noch das massive Sockelmauerwerk mit den beiden Füllöffnungen zum Abtransport des Erzes mit der Pferde-Eisenbahn erhalten. Anstelle der einstigen Kessel (im Kesselhaus) steht heute die neue, für den Lehrbetrieb erforderliche Fördermaschine

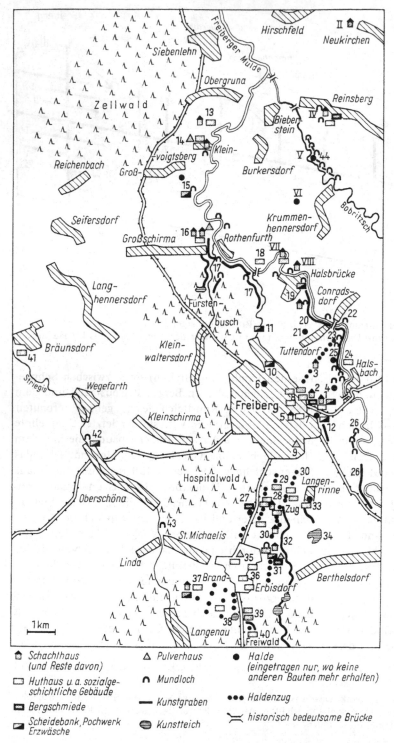

Abb. 14. Übersichtskarte der wichtigsten technischen Denkmale des Freiberger Bergbaus

in Freiberg und am Stadtrand:
1 Abrahamschacht, *2* Alte Elisabeth, *3* Reiche Zeche (mit Halden auf dem Hauptstollngang), *4* Davidschacht (große Halde!), *5* Rote Grube, *6* Juliusschacht, *7* Kuhschacht-Huthaus, *8* Huthäuser Reicher Trost, Segen Gottes, Geharnischter Mann, Löfflerschacht, *9* Pulverhaus vom Herzog-August-Neuschacht, *10* Wäsche Priesterlicher Glückwunsch, *11* Erzwäsche Anna Fortuna, *12* Thurmhofschacht

im Muldental von Nord nach Süd:
13 Gesegnete Bergmanns-Hoffnung, *14* Alte Hoffnung Gottes, *15* Christbescherung, *16* Churprinz Friedrich August, *17* Wasserversorgungsanlagen für Grube Churprinz, *18* St. Anna samt Altväter, *19* Oberes Neues Geschrei, *20* Roter Graben, *21* Kobschacht, *22* Mundlöcher Hosianna-Stolln und Löffler-Stolln, *23* Mundlöcher Alter Tiefer Fürsten-Stolln und Halden auf Hauptstollngang, *24* Rudolph-Erbstolln, *25* Roter Graben, Ludwigschacht-Halde und Mundlöcher vom Thurmhof-Hilfsstolln und Verträgliche Gesellschaft-Stolln, dazu zwei Mundlöcher von Erzbahn-Tunneln, *26* Werner-Röschen und Werner-Kunstgraben

südlich von Freiberg:
27 Bergschmiede Beschert Glück, *28* Halden und Huthäuser auf dem Rosenkranz-Gangzug mit Herzog August, Kurfürst Johann-Georg-Stolln, Dreibrüderschacht und Beschert-Glück, *29* Halden und Huthaus Daniel, *30* Halden und Huthäuser auf dem Hohe-Birke-Gangzug mit Constantinschacht, *31* Mordgrube, *32* Hohbirker Kunstgraben, *33* Junge Hohe Birke, *34* Berthelsdorfer Hüttenteich, *35* Einigkeit-Fundgrube, *36* Huthäuser in Brand-Erbisdorf, u.a. Sonne und Gottesgabe, Kaiser Heinrich, Drei Eichen, *37* Himmelsfürst-Fundgrube, *38* Landteich, *39* Huthäuser Silberschnur und Veste Burg, *40* Reicher Bergsegen

im Striegistal:
41 Neue Hoffnung Gottes, *42* Unverhoffter Segen Gottes-Stolln, *43* Thelersberger Stolln

Neukirchen-Halsbrücke:
II bis *VIII* Lichtlöcher des Rothschönberger Stollns, *44* Grabentour

62

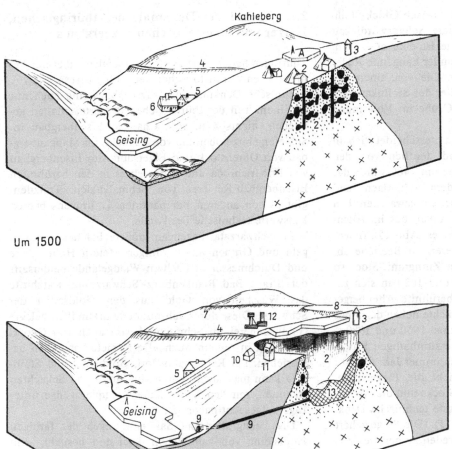

Kahleberg

Um 1500

Um 1980

Geising

Abb. 15. Die Geschichte und technischen Denkmale des Altenberger Zinnbergbaus in schematischen Blockbildern

Kreuze: Granit, *Punkte*: Zinnerz

1 Geländerelief nach dem Waschen von Zinnstein aus Zinnseifen, *2* Pferdegöpel und Förderung von Zinnerz aus dem Zinngranit bzw. (nach 1545) die Pinge, *3* Glockenturm (für Arbeitszeitregelung im Bergbau), *4* Aschergraben (1460), *5* Pochwerk und Zinnwäsche, *6* Zinnhütte, *7* Quergraben (1550), *8* Galgenteiche (1550), *9* Zwitterstocks Tiefer Erbstolln (1491 bis 1553) zum Wasserabfluß, *10* Pulverhaus (17./18. Jh.). *11* Wetterschacht (20. Jh.), *12* gegenwärtige Schachtanlagen des VEB Zinnerz Altenberg, aus denen die Bruchmassen der Pinge *(13)* gefördert werden, *A* Altenberg

der Bergknappschaft aufgestellte Bergaltar ist durch das Bild einer Bergbaulandschaft vom Maler HANS HESSE berühmt geworden.

Marienberg, als Bergstadt 1521 gegründet, zeichnet sich durch einen großen Markt und ein rechtwinkliges Straßennetz aus und gibt sich dadurch jedem aufmerksamen Besucher als planmäßige Stadtgründung zu erkennen. Die wenigen erhaltenen Grubengebäude stammen aus dem 18. und 19. Jahrhundert. Besonders bemerkenswert ist der Haldenzug vom Bauer-Morgengang beim benachbarten Lauta, der den Verlauf des Erzganges, die Art der Haspelschacht-Halden und ihren durch die Grubenfeldgröße bedingten Abstand besonders deutlich erkennen läßt (vgl. Abb. 7). Im Pockautal liegt wenig unterhalb der Kniebreche das Mundloch des Weißtaubner Stollns, des Hauptstollns im Marienberger Revier.

Im benachbarten Pobershau bietet das Schaubergwerk Molchner Stolln gute Einblicke in die Stolln, Strecken und Erzabbaue einer kleinen Grube des Gangerzbergbaus [2.16].

Johanngeorgenstadt, in den letzten Jahrzehnten in Stadtbild und Landschaft durch den Bergbau stark umgestaltet, besitzt vom alten Bergbau noch ein Pulverhaus und das Schaubergwerk Frisch-Glück-Stolln (Bilder 68 und 69). Die besondere Sehenswürdigkeit dieses Schaubergwerks unter Tage ist eine etwa 28 m hohe Radstube für zwei untereinander hängende Räder von 10 bzw. 16 m Durchmesser. Die von einem geschnitzten Bergmann im Dachreiter der Stollnkaue angeschlagene Glocke hat für die Grube im Volksmund den Namen Glöckl veranlaßt.

Der Altenberger Zinnbergbau unterscheidet sich in Geschichte und Denkmalbestand deutlich von den Gangerzbergbaurevieren [2.17]. Bis um 1400 wurde das Zinnerz im Erzgebirge nur aus dem erzhaltigen Sand der Bäche und Flüsse, den Zinnseifen, gewaschen. Um 1440 begann der bergmännische Abbau des im Altenberger Zinngranit fein verteilten Erzes (Abb. 15). Indem man zunächst nur die reicher vererzten Bereiche abbaute, war im 16. Jahrhundert der Zinngranit-Stock so durchlöchert, daß er 1545, 1578 und 1620 in sich zusammenbrach. So entstand die berühmte Altenberger Pinge. Seitdem hat man neue Schächte neben der Pinge angelegt – die jüngsten erst zwischen 1960 und 1980 – und fördert im Schubortabbau die zinnhaltigen Bruchmassen, so daß sich die Pinge noch immer Jahr für Jahr vergrößert. Schon jetzt verdeutlicht die Pinge Lage, Größe und Form des Zinngranit-Stocks und die Abbautechnik und ist damit das wichtigste technische Denkmal von Altenberg (Bilder 70 und 71). (Die Pinge gehört z. B. neben der von Falun in Schweden zu den wenigen weltberühmten Bergbau-Pingen.) Hilfsanlagen für den Abbau des Zinnerzes waren – als technische Denkmale in unmittelbarer Nähe der Pinge erhalten – das Pulverhaus und der Wetterschacht, der der Frischluftzufuhr nach unter Tage diente. Auch das Altenberger Revier hatte ein eigenes System bergmännischer Wasserwirtschaft. Von Zinnwald führte seit 1460 der Aschergraben Aufschlagwasser nach Altenberg (Bild 72), seit 1553/1554 sammeln der Neugraben und der Quergraben das Wasser des Kahleberg-Gebietes in den Galgenteichen. Mit diesem Wasser wurden Maschinen der Zinngrube, vor allem aber die zahlreichen Pochwerke und Erzwäschen angetrieben, von denen die kleinste als technisches Denkmal und Schauanlage erhalten und zu besichtigen ist (Bild 73), [2.18].

2.2. Technische Denkmale des thüringischen, Harzer und mansfeldischen Erzbergbaus

Thüringen hat an vielen Orten Erzbergbau, aber nur wenig solchen von historischer Bedeutung besessen [2.19]. Technische Denkmale des Erzbergbaus sind auch nur an einem Teil der thüringischen Bergorte erhalten geblieben, nichts z. B. vom Chamosit-Eisenbergbau im Schiefergebirge oberhalb von Saalfeld, im Manganbergbau von Öhrenstock und Elgersburg, im Eisenbergbau von Friedrichroda und kaum etwas in den berühmten Eisenbergbau-Revieren von Schmalkalden. Trotzdem gibt es von anderen Bergbauorten Thüringens bemerkenswerte technische Denkmale.

Im Schwarzatal bezeugen größere Flächen von Hügeln und Gruben mit je einigen Metern Höhe, Tiefe und Durchmesser in flachem Waldgelände beiderseits der Straße Bad Blankenburg–Schwarzburg–Katzhütte das Waschen von Gold aus den Goldseifen der Schwarza. Diese durch Jahrhunderte urkundlich belegte Goldwäscherei im Schwarzatal wird auch von GEORG AGRICOLA in seinem Buch »De re metallica« 1556 beschrieben. Bei Reichmannsdorf, Goldisthal und Steinheid kann man noch Spuren von Stolln und Schächten erkennen, mit denen Bergleute Goldquarzgänge unter Tage aufgesucht haben [2.20].

Die Feengrotten bei Saalfeld, wegen der farbigen Tropfsteine von zahlreichen Touristen besucht, sind Alaunschieferbergwerke des 16. bis 19. Jahrhunderts [2.21].

Uralter Bergbau hat im Vorland des Thüringer Waldes, am Roten Berg bei Saalfeld und bei Kamsdorf-Könitz Zeugen hinterlassen. Aus dem 13. bis 18. Jahrhundert stammen kleine Halden von Schächten, in denen aus Erzgängen Silber-, Kupfer- und Kobalterze gefördert wurden.

Vom 18. Jahrhundert an und verstärkt ab 1872, dem Gründungsjahr der Maxhütte, hat man in Kamsdorf die beiderseits der Erzgänge in flacher Lagerung dem Zechstein eingeschalteten Lager von Spateisenstein und Eisenkalkstein abgebaut (Abb. 16), [2.19]. Technische Denkmale dieser Bergbauperiode sind das um 1800 erbaute Revierhaus (Bild 74) und der benachbarte Förderturm vom Himmelfahrt-Ersatzschacht (Bild 75). Dieser für den alten Kamsdorfer Erzabbau unter Tage typische Förderturm und das unmittelbar daneben befindliche

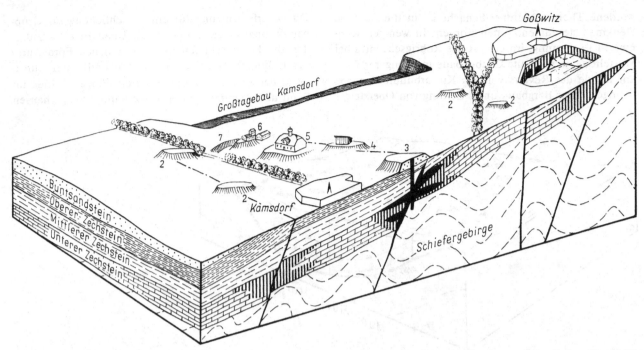

Abb. 16. Geologie, Bergbaugeschichte und technische Denkmale des Erzbergbaus von Kamsdorf in einem schematischen Blockbild

senkrecht schraffiert: Eisenerzlager beiderseits von Verwerfungen

1 Tagebau Sommerleite, mit Erzgang, Eisenerzlager und angeschnittenen Erzabbauen unter Tage, *2 bis 4* alte Halden auf Erzgängen *(strichpunktiert), 3* Halde der Storzenzeche mit angeschnittenem Schacht und Abbauräumen im Erzgang und in den Eisenerzlagern, *4* Halde der Grube Glücksbude mit einer zu rekonstruierenden Handhaspelkaue, *5* Revierhaus, *6* Förderturm des Ersatzschachtes, *7* Einschnitt der Großraumförderstrecke (von *1* bis *7* als bergbauhistorischer Lehrpfad zu erschließen)

Mundloch der Großraumgrubenbahn lassen zusammen den Fortschritt erkennen, der sich im Kamsdorfer Revier von 1870 bis 1950 in der Grubenförderung vollzogen hatte. Das Eisenerzlager selbst ist in dem ehemaligen Tagebau Sommerleite bei Goßwitz angeschnitten und läßt – als geologisches Naturdenkmal – die Art der Vererzung erkennen: die metasomatische Umwandlung des Zechsteinkalks in Eisenerz beiderseits der Kamsdorfer Gangspalten (Abb. 16), [2.19]. An der Wand des Tagebaus Sommerleite sieht man auch noch untertägige Erzabbaue. Die jüngste Periode des Kamsdorfer Bergbaus wird zwischen Kamsdorf, Goßwitz und Könitz von dem noch in Betrieb befindlichen Großtagebau Kamsdorf repräsentiert.

Der Kupferschieferbergbau von Ilmenau, durch die amtliche Tätigkeit des Weimarer Ministers GOETHE bekanntgeworden, ist heute noch an der Halde des Johannisschachtes, an den zu Wanderwegen umgestalteten Kunstgräben bei Ilmenau-Manebach und am Mundloch und einigen Lichtlochhalden des Martinrodaer Stollns zu erkennen. In der Stadt Ilmenau sind zwei Schachthalden, das Zechenhaus von 1691, der ehemalige Glockenturm des Bergbaus und zwei Bergmannswohnhäuser erhalten [2.22].

Der Mittelharzer Eisenbergbau im Raum Elbingerode ist in der Landschaft noch durch einige Pingen bezeugt. Von dem weniger bedeutenden Unterharzer Gangerzbergbau bei Neudorf, Straßberg und Harzgerode gibt es noch wenige Halden, Teiche und Pingen. Architektonisch anspruchsvoll ist das 1830 gebaute klassizistische Mundloch des Herzog-Alexis-Stollns im Selketal bei Mägdesprung (Bild 76).

Die historisch größte Bedeutung im Raum des Harzes hat der Kupferschieferbergbau in der Mansfelder und Sangerhäuser Mulde. Der noch fördernde und mit seiner Spitzhalde zum Wahrzeichen von Sangerhausen gewordene Thomas-Müntzer-Schacht ist in die Zentrale Denkmalliste aufgenommen worden. In wenigen Kilometern Entfernung, im Gebiet des Röhrigschachtes bei Wettelrode, werden alte Grubenbaue in geringerer Tiefe am Rande des Reviers von der Kulturbundfachgruppe »Sangerhäuser Bergbau« unter Leitung von Obersteiger DIETZE erforscht und für eine Erschließung für Gruppenführungen vorbereitet [2.23]. Über Tage wird dort der alte Kupferschieferbergbau durch den Förderturm des Röhrigschachtes, kleine Halden und einen Kunstteich, der älteste Bergbau durch ein Pingengelände im Wald dokumentiert. Wie bei Wettelrode-Sangerhausen

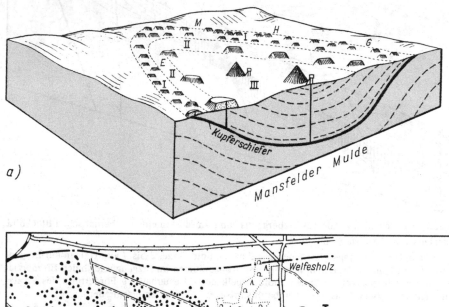

a)

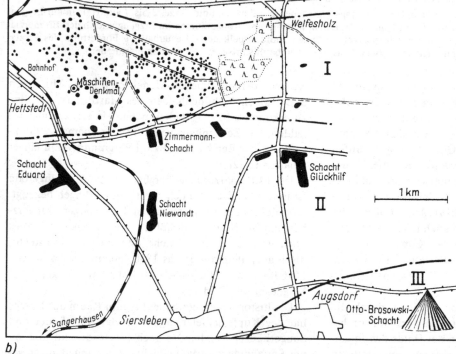

b)

Abb. 17. Die historische Aussage der Haldenlandschaft im Mansfelder Kupferschieferbergbau

a) Schematisches Blockbild mit den Zonen der zahlreichen Flachhalden (I), der wenigen großen Flachhalden (II) und (zentral) der Spitzhalden (III), ungefähre Lage: E Eisleben, M Mansfeld, H Hettstedt, G Gerbstedt

b) Ausschnitt aus der Haldenlandschaft am Nordrand der Mansfelder Mulde bei Hettstedt-Welfesholz

c) Ausschnitt aus der Haldenlandschaft am Südwestrand der Mansfelder Mulde bei Eisleben-Wolferode

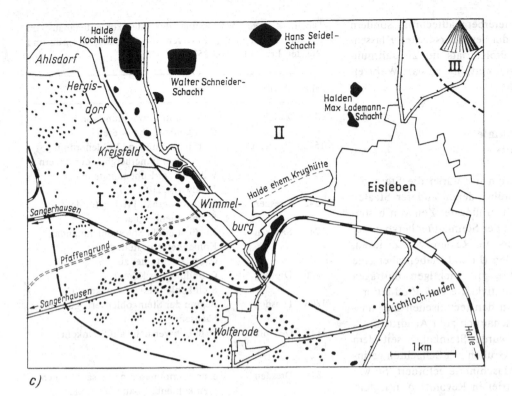

c)

die ältesten Pingen, die alten Halden und die Spitzhalde des Thomas-Müntzer-Schachtes das Vorrücken des Bergbaus vom Rand der Sangerhäuser Mulde in deren Zentrum in der Landschaft erkennen lassen, so die Halden im Raum Eisleben-Hettstedt im Bereich der bergbaugeschichtlich bedeutenderen Mansfelder Mulde (Abb. 17). In dieser ist der Kupferschiefer schüsselförmig gelagert. Er streicht am Rand zu Tage und liegt im Zentrum der Mulde etwa 1 000 m tief. Der Bergbau begann ums Jahr 1 200 am Rand der Mulde, rückte durch die Jahrhunderte ins Zentrum vor und wurde nach fast vollständigem Abbau des Kupferschiefers im Jahre 1969 eingestellt. Die geologischen Verhältnisse und die Geschichte der Produktivkräfte und Produktionsverhältnisse haben von dem über 750 Jahre langen Bergbau eine historisch aussagekräftige Haldenlandschaft hinterlassen, die auch emotional wirkungsvoller ist als einst die ursprüngliche Naturlandschaft [2.24].

Vom 13. bis 18. Jahrhundert förderten am Rande der Mansfelder Mulde zahlreiche Schächte mit Handhaspeln Kupferschiefer aus geringer Tiefe und aus kleinen Grubenfeldern. Heute markiert demgemäß ein Streifen mit zahlreichen kleinen Halden den Rand der Mansfelder Mulde. Bei Eisleben hat LUTHERS Vater einige solcher Gruben besessen (Bild 77).

Im 19. Jahrhundert war der Bergbau weiter ins Innere der Mulde vorgerückt. Tiefere Schächte erforderten den Einsatz von Maschinen. Deren Investition mußte sich durch erhöhte Produktion aus größeren Grubenfeldern amortisieren. Es entstanden die größeren Flachhalden, die neben den kleinen Halden einen inneren Ring um das Zentrum der Mansfelder Mulde bilden. Dieses Zentrum war nur durch wenige, aber leistungsstarke Schächte zu erschließen. Deren Förderung war so groß, daß das taube Material – zu Flachhalden geschüttet – unvertretbar viel landwirtschaftliche Nutzfläche in Anspruch genommen hätte. Man schüttete deshalb am Ernst-Thälmann-Schacht, am Fortschritt-Schacht und am Otto-Brosowski-Schacht Spitzhalden, die etwa 100 m hohen Mansfelder Pyramiden (Bild 78). Nach der Demontage der Schachtanlagen selbst sind diese Spitzhalden an den ehemaligen Produktionsstätten nicht nur

Denkmale der Kupferschieferbergbautechnik, sondern vor allem auch Denkmale der besonders harten Klassenkämpfe des Bergarbeiter-Proletariats im 20. Jahrhundert, und sind landschaftlich weithin sichtbare Wahrzeichen des »roten Mansfeld«.

2.3. Technische Denkmale des Steinkohlenbergbaus

Vom Umfang der Produktion her waren die Steinkohlenreviere der DDR gegenüber denen anderer Staaten zwar weder historisch noch in jüngster Zeit von besonderer Bedeutung. Heute ist der Steinkohlenbergbau der DDR eingestellt. Besonders die Reviere von Zwickau, Lugau-Oelsnitz und Dresden (Freital) haben aber eine bemerkenswerte Geschichte mit wichtigen Beiträgen zur Entwicklung der Produktivkräfte und Produktionsverhältnisse. Das kommt in den technischen Denkmalen dieser drei Reviere anschaulich zum Ausdruck.

Im Zwickauer Revier wurde Steinkohle seit dem 14. Jahrhundert in kleinen Gruben mit Schächten geringer Tiefe und primitiver Maschinerie gefördert. So wie in England mit der Industriellen Revolution, mit dem Einsatz von Dampfmaschinen, Kokshochöfen und Eisenbahnen der Aufschwung des Steinkohlenbergbaus ursächlich verbunden war, so setzte im Zwickauer und Freitaler Revier ebenfalls mit der Industriellen Revolution um 1840 eine starke Steigerung der Steinkohlenproduktion, eine Bildung von Kapitalgesellschaften, der Bau tieferer Schächte, Aufschluß größerer Grubenfelder und Einsatz maschineller Technik ein (Tabelle 4), [2.25]. Die Steinkohle von Lugau-Oelsnitz wurde überhaupt erst seit dem Jahre 1844 erschlossen, der dortige Bergbau sogleich als kapitalistische Industrie entwickelt [2.26]. Diesen im Gegensatz zum sächsischen Erzbergbau rein kapitalistischen Produktionsverhältnissen entsprach schon im 19. Jahrhundert die Entstehung eines klassenbewußten Bergarbeiter-Proletariats. Schon 1869 nahmen im Lugau-Oelsnitzer Revier Lugauer Bergleute brieflich Verbindung mit KARL MARX in London auf. Auch in den Klassenkämpfen der monopolkapitalistischen Zeit bewährten sich die Bergarbeiter der sächsischen Steinkohlenreviere [2.8]. Als nach dem 2. Weltkrieg die Wirtschaft im Gebiet der damaligen sowjetischen Besatzungszone wiederaufgebaut werden mußte

Tabelle 4. Der Aufschwung des Steinkohlenbergbaus im 19. Jahrhundert in den Revieren von Zwickau, Oelsnitz und Dresden-Freital [2.2], [2.25] bis [2.27]

Jahr	Revier	Ereignis
1342	Zwickau	Abbau und Verwendung von Steinkohle nachgewiesen
1542	Zwickau	Kurfürst erläßt eine Kohlenordnung; Grundeigentümerbergbau der Bauern während der Ruhemonate in der Landwirtschaft
1542	Dresden	H. BIENER erhält Privileg für den Steinkohlenbergbau
1743	Sachsen	Kurfürst erläßt Steinkohlenmandat; Kohlenbergbau steht dem Grundeigentümer zu
1806	Dresden	Gründung des Königl. Steinkohlenwerkes Zauckerode
1806	Dresden	Beginn der Steinkohlenverkokung in Sachsen
1818 bis 1827	Oelsnitz	erste Bohrversuche auf Steinkohle
1819	Dresden	erste Dampfmaschine im sächsischen Steinkohlenbergbau auf dem Königl. Steinkohlenwerk Zauckerode
1820	Dresden	Aufschwung des Steinkohlenwerks des Freiherrn DATHE VON BURGK
1821	Dresden	DATHE V. BURGK läßt Dampfmaschine bauen
1826	Zwickau	Beginn kapitalistischer Unternehmen im Zwickauer Steinkohlenbergbau: Kaufmann KIRSCH läßt auf dem Jungen Wolfgang eine Dampfmaschine aufstellen
1830	Zwickau	Beginn der Steinkohlenverkokung auf Grube Junger Wolfgang
1831	Oelsnitz	Entdeckung der Steinkohle bei Straßenbauarbeiten
1844	Oelsnitz	Erschließung der Steinkohle in 9 m Tiefe durch K. G. WOLF und Gründung einer Kapitalgesellschaft
1844	Oelsnitz	erste Dampfmaschine im Revier, auf dem Höselschacht des Oelsnitzer Steinkohlenbauvereins
1844	Zwickau und Oelsnitz	Beginn der Gründung größerer Kapitalgesellschaften, z.B. im Revier Zwickau: Erzgebirgischer Steinkohlenbauverein, Gewerkschaft

Tabelle 4 (Fortsetzung)

Jahr	Revier	Ereignis
		Morgenstern; im Revier Lugau-Oelsnitz u.a.: Steinkohlenbauverein (später Gewerkschaft) Gottes Segen (1856 bis 1920), Oelsnitzer Bergbaugesellschaft (1856 bis 1884), Bergbaugesellschaft Rhenania (1872 bis 1878)
um 1870	Zwickau und Oelsnitz	Steinkohlenabbaue und Schachttiefen erreichen etwa 600 bis 700 m Tiefe; Frisch-Glück-Schacht, Oelsnitz, war 1871 mit 931 m der tiefste Kohlenschacht der Erde
1882	Dresden	erste elektrische Grubenlok der Welt im Königl. Steinkohlenwerk Zauckerode
1895	Oelsnitz	Inbetriebnahme des Kraftwerks auf Gewerkschaft Deutschland, damals das größte Kraftwerk im deutschen Bergbau

und dazu eine entscheidende Steigerung der Arbeitsproduktivität erforderlich war, nahm die Aktivistenbewegung nicht zufällig im Lugau-Oelsnitzer Steinkohlenrevier ihren Anfang. Am 13. Oktober 1948 wurde im Steinkohlenabbau des Karl-Liebknecht-Schachtes ADOLF HENNECKE einer der ersten und der heute noch bekannteste Aktivist der DDR. Eine große Rolle spielte dabei, daß es eben im Steinkohlenbergbau – im Gegensatz z.B. zu dem schon hochmechanisierten Braunkohlenbergbau – damals noch immer wesentlich auf den persönlichen Einsatz und die optimale Anwendung der menschlichen Arbeitskraft bei der Steigerung der Arbeitsproduktivität ankam.

Die wichtigsten dieser Entwicklungsetappen unseres Steinkohlenbergbaus sind an technischen Denkmalen noch ablesbar.

In Lugau sind die Gebäude des Einigkeitsschachtes und der Doppelschachtanlage Gottes Segen/Glückaufschacht typisch für die Schachtanlagen aus den ersten Jahrzehnten des industriellen Steinkohlenbergbaus (Bilder 13, 79 und 80). Massive Schachthäuser mit Satteldach, das des Einigkeitsschachtes schon turmartig und einst mit Dachreiter, erinnern industriearchitektonisch noch etwas an die Schachthäuser des erzgebirgischen Erzbergbaus. Neben den Schachthäusern stehen die Fördermaschinenhäuser, im Steinkohlenbergbau seit je mit Dampfmaschinen ausgerüstet. Beim Einigkeitsschacht in Lugau ist der dicke, quadratische Schornstein noch erhalten, wogegen das einst niedrigere Maschinenhaus schon im 19. Jahrhundert aufgestockt wurde, um nach der 1871 erfolgten Stillegung des an dieser Stelle ziemlich ergebnislosen Bergbaus eine Textilfabrik aufzunehmen. So läßt der Baukörper heute beide Perioden seiner Verwendung erkennen. Jetzt ist in ihm ein Schraubenwerk untergebracht.

Aus dem Jahre 1886 stammt das Schachthaus des Marienschachtes im Freitaler Steinkohlenrevier, 2 km östlich von Burgk, in der Landschaft westlich der Transitstraße Dresden-Zinnwald dominierend auf der Höhe

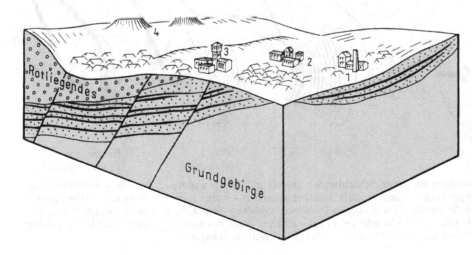

Abb. 18. Geologie, Bergbaugeschichte und technische Denkmale des Steinkohlenbergbaus von Lugau-Oelsnitz in einem schematischen Blockbild

1 Einigkeitsschacht, *2* Alter Gottes-Segen-Schacht, *3* Karl-Liebknecht-Schacht, *4* Halden der Steinkohlengrube Gewerkschaft Deutschland u.a. am Westrand des Reviers gelegen (Bild 81). Als Turm mit flachem Zeltdach und Dachreiter ist das Gebäude das letzte vollständig erhaltene Beispiel eines früher im Steinkohlenbergbau weit verbreiteten Förderturmtyps: ein Malakowturm, benannt nach der im Krimkrieg umkämpften Zentralbastion auf der Südseite von Sewastopol. Vom Freitaler Steinkohlenbergbau sind als technische Denkmale noch einige Huthäuser und das Mundloch des tiefen Weißeritzstollns zu nennen [2.27]. Ein an die kapitalistische Konzentration von Arbeitskräften, die damals intensive Ausbeutung der Steinkohlenbergarbeiter und die mangelhafte Grubensicherheit erinnerndes Denkmal ist die auf dem Windberg erhaltene Ruhestätte der 276 Todesopfer der Schlagwetterexplosion, die am 2. August 1869 in den benachbarten Gruben Segen-Gottes-Schacht und Hoffnung-Schacht des Freiherrn DATHE VON BURGK erfolgte (Bild 82).

Das größte und als zentrale Schauanlage gestaltete technische Denkmal des Steinkohlenbergbaus ist der Karl-Liebknecht-Schacht in Oelsnitz (vgl. S. 218, Bild 4), (Abb. 18). Der vom Jahre 1869 an abgeteufte, zuletzt 588 m tiefe, damals Kaiserin-Augusta-Schacht genannte Schacht wurde ursprünglich mit einer neben dem Schacht stehenden Dampffördermaschine und dem üblichen eisernen Förderturm ausgerüstet. Im Zuge der kapitalistischen Rationalisierung nach dem 1. Weltkrieg erbaute man 1923 über dem Schacht das heute bestehende 50 m hohe Schachthaus mit der elektrischen Turmfördermaschine (Bild 83). Der etwa 4 m hohe Siemens-Schuckert-Motor dieser Maschine arbeitete mit 600 V Gleichstrom und hatte eine Leistung von über 1 000 kW. Er treibt eine Koepescheibe von 6 m Durchmesser an. Die Koepescheibe, nach ihrem Erfinder benannt und 1878 entwickelt, ist für tiefe Schächte noch heute das modernste Förderaggregat (Abb. 19). Es benutzte das Prinzip des endlosen Seils und die Reibung des Förderseils auf der Scheibe und verhinderte ein Abgleiten des Seiles durch einen Gewichtsausgleich mittels »Unterseil«.

Das Oelsnitzer Revier war durch seine Turmfördermaschinen überregional bekannt. Der Karl-Liebknecht-Schacht zeigt die für Turmfördermaschinen typische, an ein Taubenhaus erinnernde Architektur und wirkt städtebaulich durch seine Lage und Größe als Dominante des Ortsbildes (Bild 19).

Seit Juli 1986 ist der Karl-Liebknecht-Schacht als Steinkohlenbergbaumuseum der Öffentlichkeit zugänglich. Der Besucher wird in museal gestalteten Räumen in die geologischen Verhältnisse und in die Geschichte des sächsischen Steinkohlenbergbaus eingeführt. Im Förderturm sieht er nicht nur die elektrische Turmfördermaschine, sondern auch die armdicken Förderseile, die für diese erforderlichen Umlenkscheiben, die Förderkörbe und am »Wagenumlauf« das Ausstoßen der vol-

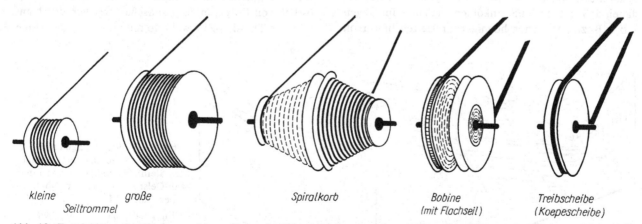

kleine
Seiltrommel
große

Spiralkorb

Bobine
(mit Flachseil)

Treibscheibe
(Koepescheibe)

Abb. 19. Entwicklung der Fördermaschinen für große Schachtteufen, jeweils mit Dampfmaschinen oder Elektromotorantrieb. Kleine Seiltrommel für Schächte geringer Tiefe – wurde für tiefe Schächte vergrößert – wurde zum Spiralkorb umgestaltet, um bei großer Last (Förderkorb in der Tiefe + Seilgewicht) einen kleinen Lastarm zu erzielen – wurde zur Bobine gewissermaßen zusammengeschoben, wobei das Wirkprinzip des Spiralkorbs erhalten blieb – abgelöst durch das neue Wirkprinzip der Koepescheibe: beide Förderkörbe an gemeinsamem Förderseil (Gewichtsausgleich durch Unterseil im Schacht)

len und Einschieben der leeren Wagen in den Förderkorb. In dem (zu ebener Erde nachgestalteten) Füllort des Schachtes lernt der Besucher als technische Besonderheit der ehemaligen Grube die Holzkästen kennen, die dem Transport des Grubenholzes nach unter Tage dienten.

Vom Füllort aus gelangt der Besucher in den im ehemaligen Mannschaftsbad aufgebauten Untertagebereich. Die Nachbildung eines solchen Untertagebereiches übertage war erforderlich, da sich die in etwa 500 bis 1 000 m Tiefe und in brüchigem Gestein liegenden Grubenräume des Steinkohlenbergbaus nicht selbst erhalten lassen. Recht originalgetreu sind in dem Untertagebereich Förderstrecken mit verschiedenen Ausbauarten, mit Lokomotiven, Grubenwagen, Bandförderung und anderen Fördermitteln, Strebabbaue mit verschiedenen Abbau- und Versatzmaschinen, Blindschächte und eine vom Gebirgsdruck zusammengedrückte Strecke zu besichtigen.

So lernt der Besucher die Technik des Steinkohlenbergbaus untertage kennen. Er erlebt in gewissem Maße die Atmosphäre des Arbeitsortes, an dem ADOLF HENNECKE am 13.10.1948 seine historische Schicht leistete. Diesem Ereignis ist im musealen Teil der Anlage eine besondere Abteilung gewidmet.

Wichtige originale Maschinen im Steinkohlenbergbaumuseum sind weiter der Leonard-Umformer und die Dampffördermaschine. Der Leonard-Umformer hatte Drehstrom des Landesnetzes in den für die Turmfördermaschine erforderlichen Gleichstrom mit veränderlicher Spannung umzuformen (vgl. Seite 108). Die 1923 von der Gutehoffnungshütte Sterkrade gebaute 1800-PS-Zwillingsdampffördermaschine (Bild 84) war ursprünglich am Vereinigtfeld-Schacht I im Oelsnitzer Revier aufgestellt und wurde 1932/33 (in der Leistung auf 1 200 PS reduziert) zum damaligen Kaiserin-Augusta-Schacht, dem jetzigen Karl-Liebknecht-Schacht umgesetzt und hier als Fördermaschine für die zweite im Schacht befindliche Förderanlage genutzt. Die Maschine arbeitete mit 13 at Betriebsdruck, hat zwei Zylinder je 720 mm Durchmesser und 1 600 mm Hub und bewegt eine 6 m hohe Koepescheibe, die zugleich als Schwungrad wirkt. Von den anderen Varianten der Förderung aus tiefen Schächten (vgl. Abb. 19) sind noch eine Bobine und eine Vierseil-Trommel museal erhalten, während die letzte große zylindrische Seiltrommel

und die Spiralkörbe vor einer Reihe von Jahren leider verschrottet wurden.

Außer in den Revieren von Zwickau, Lugau-Oelsnitz und Freital gab es in der DDR Steinkohlenbergbau noch in mehreren kleinen Vorkommen, allerdings historisch nur unbedeutend. Im Revier von Wettin und Plötz nördlich Halle/Saale sind eine Anzahl kleiner, flacher, alter Halden und eine jüngere Spitzhalde erhalten. Im Revier von Ilfeld/Südharz hat der VEB Bergsicherung Ilfeld den Rabensteiner Stolln bei Netzkater zu einer Schauanlage hergerichtet. In diesem Stolln sieht der Besucher das hier im Niveau des Tales liegende Steinkohlenflöz noch im ursprünglichen Gesteinsverband.

2.4. Technische Denkmale und Bergbaulandschaft der Braunkohlenindustrie

Nach dem Steinkohlenbergbau entwickelte sich im 19. Jahrhundert auch die Braunkohlengewinnung und -verarbeitung zu einer großen Industrie. In verschiedenen Vorkommen war Braunkohle zuvor im 17. Jahrhundert bis etwa 1850 im Kleinbetrieb abgebaut und in der näheren Umgebung in Haushalten, in Ziegeleien und Salinen als Brennmaterial verwendet worden. Ab 1850 bildeten sich besonders in den Revieren von Halle, Zeitz–Weißenfels, Meuselwitz–Altenburg–Borna, Bitterfeld und später auch in der Niederlausitz Kapitalgesellschaften, die die Braunkohle jeweils im Tiefbau und/oder Tagebau abbauten und mehrere Werke der mechanischen und chemischen Kohleveredlung betrieben. Der allgemeinen Entwicklung der Produktionsverhältnisse entsprechend erfolgte besonders in der Zeit von 1890 bis 1910 die Fusionierung von Aktiengesellschaften der Braunkohlenindustrie, so daß im 20. Jahrhundert in diesem Industriezweig nur noch wenige, meist überregionale Konzerne bestanden. So gingen um 1920/1925 die A. Riebeckschen Montanwerke, die zuvor andere Aktiengesellschaften übernommen hatten, im Stinnes-Konzern bzw. in den IG-Farben auf [2.28]. Dieser Machtkonzentration in der Braunkohlenindustrie entsprach die Herausbildung eines an Zahl, Kampfkraft und Kampfentschlossenheit starken Proletariats, aus dessen Geschichte zahlreiche Streiks und Klassenkämpfe bekannt sind. Diese Traditionen aus der Geschichte der Arbeiterbewegung in der Braunkohlenindustrie haben heute besondere Bedeutung in der Traditionspflege der Bezirk Halle, Leipzig und Cottbus. Eindrucksvolle Sachzeugen dafür sind die erhaltenen historischen Produktionsstätten und die Bergbaufolgelandschaften.

Die Gewinnung der Braunkohle erfolgte je nach den geologischen Verhältnissen und dem Stand der Technik im Tiefbau oder Tagebau. Sie begann dort, wo kein oder nur wenig Abraum über der Kohle lag, mit Tagebau. An wenigen Stellen am Rande der Reviere sind Restlöcher dieser ältesten kleinen Tagebaue erhalten. Von etwa 1880 bis 1925 herrschte der untertägige Abbau der Braunkohle vor, da der Bergbau nun weite Bereiche mit mächtigerem Abraum ergriffen hatte. Kilometerweite Bruchfelder zwischen Weißenfels und Zeitz, Meuselwitz und Altenburg, bei Borna und in der Niederlausitz

sind Zeugen dieser Bergbauperiode in der Landschaft (Abb. 20). Da unter den Landstraßen, Bahnstrecken und Ortschaften die Kohle nicht abgebaut werden konnte, liegen diese noch im ursprünglichen Niveau der Landschaft. Besonders einige Straßen verlaufen so scheinbar auf Dämmen und werden beiderseits von den Senkungsgebieten der Bruchfelder begleitet. Technisches Denkmal des Braunkohlentiefbaus in einer solchen von Bruchfeldern geprägten Bergbaufolgelandschaft ist der um 1905 erbaute Förderturm der Grube Paul II bei Theißen im Zeitzer Revier (Bild 85). Von dem etwa 60 m tiefen Schacht aus wurde ringsum die Kohle abgebaut, so daß der Förderturm schließlich wie auf einer Bergkuppe stand. Ein Teil der ihn umgebenden Bruchfelder wurde allerdings um 1950 mit Abraummassen aus dem nahen Tagebau Pirkau aufgefüllt. Ursprünglich

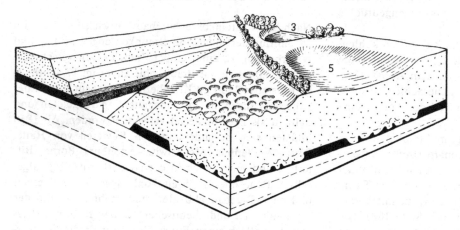

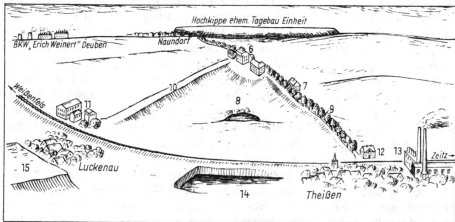

Abb. 20. Abbau der Braunkohle – Bergbaufolgelandschaft und technische Denkmale
oben: schematisches Blockbild der bergbaubedingten Landschaftsformen in den Braunkohlenrevieren
unten: Ansichtsskizze des Förderturms Paul II und seiner Umgebung bei Theißen

1 Tagebau im Betrieb, 2 Kippe (wiedergewonnenes Land), 3 Tagebau-Restloch, 4 frische Tiefbau-Bruchfelder, 5 altes Tiefbau-Bruchfeld, 6 Förderturm Paul II, 7 Zechenhaus der ehemaligen Grube Luise, 8 Bruchfeld des Tiefbaus Südmulde, 9 Straße Weißenfels–Zeitz auf einem Damm zwischen zwei Tiefbau-Bruchfeldern, 10 Sicherheitspfeiler für untertägige Kettenbahn von Paul II nach Paul I (Kohle nicht abgebaut), 11 ehemalige Brikettfabrik Paul I, 12 Volkshaus Theißen als Denkmal der Geschichte der Arbeiterbewegung in der Braunkohlenindustrie, 13 ehemalige Brikettfabrik und Kraftwerk Theißen, 14 Tagebau-Restloch Maybach-Aue, 15 Kippe des Tagebaus Neue Sorge IV

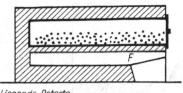

Liegende Retorte

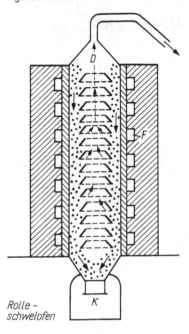

Rolle-
schwelofen

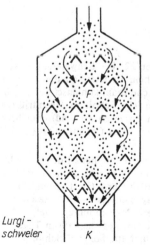

Lurgi-
schweler

Abb. 21. Schemaskizzen zur Entwicklungsgeschichte der Braunkohlenschwelung

beförderte eine Seilbahn die im Schacht Paul II geförderte Kohle zur Brikettfabrik Paul I, deren Gebäude am Bahnhof Luckenau zum Teil noch erhalten sind. Im Zuge der kapitalistischen Rationalisierung wurden die Schachtförderung und Seilbahn um 1927 stillgelegt und die Kohle unter Tage mit Kettenbahn bis zur Brikettfabrik Paul I gefördert. Der Verlauf der Kettenbahnstrecke ist in der Landschaft durch die Nordgrenze der Bruchfelder deutlich markiert.

Die Braunkohlenschwelerei als wichtigster Produktionszweig der chemischen Kohlenveredelung nahm ihren Aufschwung um 1850 am Rande des Zeitz-Weißenfelser Reviers. Die dort vorkommende Schwelkohle erbrachte besonders hohe Ausbeuten an Teer, Paraffin, Solaröl und den anderen Produkten der Schwelindustrie. Die Geschichte der Braunkohlenschwelerei ist technologisch durch drei Entwicklungsstufen markiert (Abb. 21).

1. bis um 1870: Liegende Retorten: diskontinuierlicher, chargenweiser Betrieb, indirekte Wärmeübertragung;
2. von etwa 1870 bis um 1935: der im Zeitzer Revier vom Chemiker ROLLE entwickelte Rolleofen: kontinuierlicher Betrieb im Schachtofen, mit indirekter Wärmeübertragung, demgemäß höhere Leistung bei noch nicht optimaler Wärmebilanz;
3. ab etwa 1935: der außerhalb der Braunkohlenindustrie entwickelte Lurgischweler mit kontinuierlichem Betrieb und direkter Wärmeübertragung, also hohe Leistung bei guter Wärmebilanz.

Während die liegenden Retorten der Anfangsphase der Schwelindustrie angehören und die Lurgischweler noch heute betrieben werden, ist mit den Rolleöfen der Aufschwung und die Hauptblütezeit der chemischen Braunkohlenveredelung historisch und kausal verbunden. Da der Rolleofen außerdem eine auf dem Gebiet der DDR getätigte Erfindung ist, muß die Erhaltung des im Weltmaßstab letzten bestehenden Rolleschwelhauses, des 1890 erbauten Schwelhaus I der ehemaligen Schwelerei Groitzschen bei Zeitz als internationale Ver-

Beim Lurgi-Schweler sammeln sich die Teerdämpfe und Schwelgase unter den dachförmigen Blechen und werden von dort abgeleitet

F Feuerung bzw. Feuerzüge, D Abzug der Teerdämpfe und Schwelgase, K Koksabzug

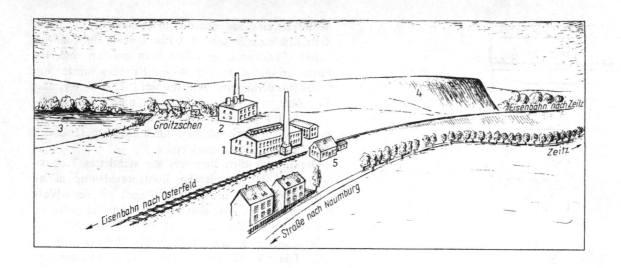

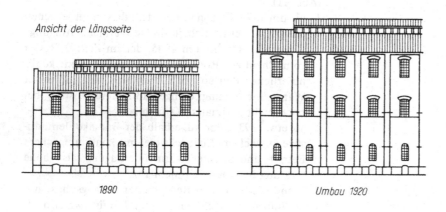

Ansicht der Längsseite

1890

Umbau 1920

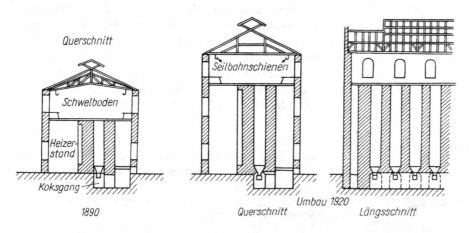

Querschnitt

Schwelboden

Heizerstand

Koksgang

1890

Seilbahnschienen

Umbau 1920

Querschnitt

Längsschnitt

Abb. 22. Die Schwelerei Groitzschen, die letzte erhaltene historische Braunkohlenschwelerei, in Ansicht, Schnitten, Grundriß (im unversehrten Zustand) und ihrer Umgebung (rekonstruiert gezeichnet)

1 das Schwelhaus I der Schwelerei Groitzschen, *2* die ehemalige Brikettfabrik Groitzschen, *3* das Tagebau-Restloch Groitzschen (jetzt Naherholungsgebiet), *4* Kippe des ehemaligen Tagebaus Neue Sorge, *5* Bahnhof Kretzschau der Bahnstrecke Zeitz–Osterfeld

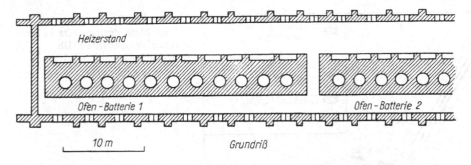

Heizerstand

Ofen-Batterie 1

Ofen-Batterie 2

10 m

Grundriß

pflichtung in der Pflege unserer technischen Denkmale gelten. Das nur von Zweckmäßigkeit geprägte, aber monumental wirkende, in Ziegelbauweise aufgeführte Schwelhaus enthält die Mauerblöcke von zwei Schwelofenbatterien, deren Wirkungsweise durch einen teilweisen Anschnitt des Mauerwerks am Original verdeutlicht werden kann (Abb. 22 und Bild 86).

Ebenfalls auf dem Gebiet der DDR wurde die erste Braunkohlenbrikettpresse der Welt in Betrieb genommen: 1858 auf der Grube Von der Heydt bei Ammendorf im Revier Halle. Von dieser Anlage ist nichts mehr erhalten. Stellvertretend für diese ist aber – in enger Nachbarschaft mit dem Förderturm Paul II und der Schwelerei Groitzschen – die 1889 erbaute Brikettfabrik Zeitz mit den beiden genannten Denkmalen der Braunkohlenindustrie in die Zentrale Denkmalliste aufgenommen worden. Die Brikettfabrik Zeitz (Abb. 23 und Bild 88) entspricht in Größe, Gliederung und ma-

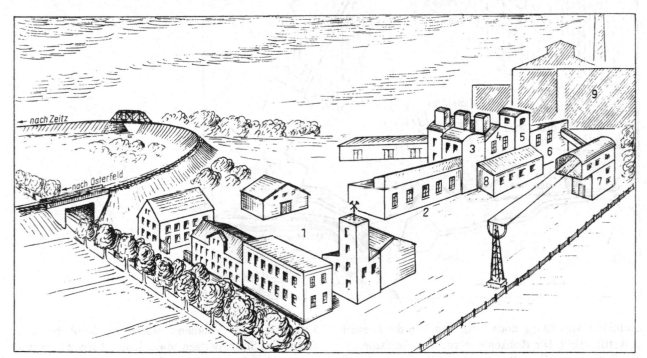

Abb. 23. Schematische Ansicht der Brikettfabrik Zeitz

1 Werkhof mit Verwaltung, Beamtenwohnhäusern, Waage-Gebäude u. a., 2 Kesselhaus (zeichnerisch z. T. rekonstruiert), 3 Naßdienst, 4 Trockendienst (mit Tellertrocknern), 5 Elevatorhaus, 6 Pressenhaus, 7 Seilbahnstation mit Teil der Seilbahn (zeichnerisch z. T. rekonstruiert), 8 Naßpressenhaus, 9 Zuckerfabrik Zeitz

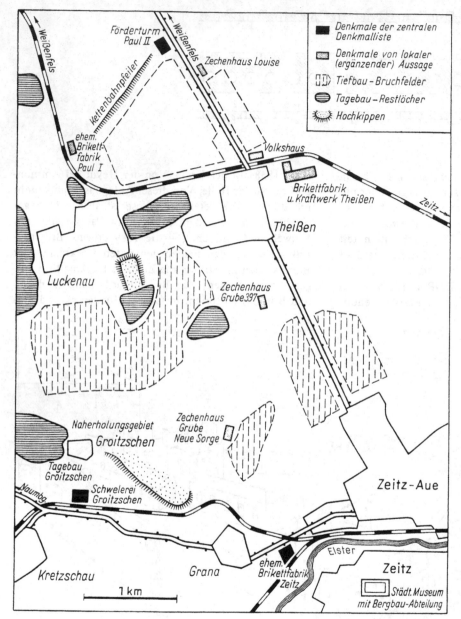

Abb. 24. Der Denkmalkomplex Braunkohlenindustrie Zeitz in der Bergbaufolgelandschaft (Übersichtskarte)

schineller Ausrüstung noch ganz dem Typ der ältesten Brikettfabriken. Die Rohkohle wurde über Seilbahn angeliefert und auf Kesselhaus und Naßdienst verteilt. Im Kesselhaus dienten Zweiflammrohrkessel, von denen einer noch erhalten ist, der Erzeugung von Dampf für die Trocknung der Rohkohle und den Betrieb der Brikettpressen. Im Naßdienst wurde die Rohkohle mit Glatt- und Stachelwalzen sowie Schüttelsieben auf etwa 4 mm Körnung zerkleinert. Sie wurde dann durch Elevatoren in das von drei Wrasenschloten bekrönte und mit drei Tellertrocknern ausgerüstete Trockenhaus gefördert und hier von 50 % bis auf etwa 15 % Wassergehalt getrocknet. Das geschah in den Tellertrocknern, wo die Kohle auf 32 dampfgeheizten (doppelbödigen) Tellern von einem Rührwerk fortbewegt und dabei getrocknet wurde. Die Trockenkohle gelangte wieder über einen Elevator in den Trockenkohlenbunker und von da in die drei Pressen. Eine von diesen Brikettpressen des Typs 1883 ist noch erhalten und damit die älteste erhaltene Brikettpresse der Welt. Anstelle der zwei inzwischen demontierten Brikettpressen des gleichen Typs sollen andere Pressen aufgestellt werden, so daß dann das Pressenhaus der Brikettfabrik an drei originalen Sachzeugen die Entwicklung der Brikettpressen im 19. Jahrhundert demonstriert.

Der Denkmalkomplex Braunkohlenindustrie Zeitz (Abb. 24) veranschaulicht dann auf dem Raum von wenigen Kilometern mit dem Förderturm Paul II, dem Schwelhaus Groitzschen, der Brikettfabrik Zeitz und der Bergbaulandschaft mit ihren Tiefbau-Bruchfeldern und Tagebau-Restlöchern in eindrucksvoller Weise den historischen Ablauf der Braunkohlengewinnung und -verarbeitung. Die Schwelerei Groitzschen liegt in unmittelbarer Nähe eines Naherholungsgebietes. Die Brikettfabrik Zeitz kann zugleich als Traditionsobjekt für den unmittelbar benachbarten VEB Zemag Zeitz betrachtet werden, da dieser Betrieb in der Konstruktion und Produktion von Brikettpressen und Kohletrocknern eine führende Rolle gespielt hat und der Aufschwung der Braunkohlenindustrie im 19. Jahrhundert eng mit der Geschichte der Zemag (Zeitzer Eisengießerei und Maschinenfabrik AG) verbunden war [2.29].

Während der Denkmalkomplex Braunkohlenindustrie Zeitz die Geschichte dieses Industriezweiges bis um 1945 für die gesamte DDR und international repräsentiert und demgemäß in die Zentrale Denkmalliste aufgenommen ist, sind Denkmale der Braunkohlenindustrie in den anderen Revieren für die Bezirks- und Kreisdenkmallisten bisher noch kaum erfaßt. Zu nennen sind nur bei Grimma, von der Autobahn Leipzig–Dresden gut sichtbar, der ehemalige Schacht Ragewitz, im Meuselwitz-Altenburger Revier der Förderturm des Eugenschachtes bei Großröda, dem ebenfalls Bruchfelder und das als Naherholungsgebiet genutzte Tagebau-Restloch Zechau benachbart sind, am Südrand der Stadt Leipzig der Schacht Dölitz und bei Borna die Brikettfabrik Neukirchen (Bild 87). Diese 1911 erbaute Brikettfabrik enthält keinerlei maschinelle Ausrüstung

mehr, wirkt aber durch ihre bauliche Gestaltung, insbesondere durch den Schornstein und die fünf Wrasenschlote auf dem hohen Trockenhaus monumental in der Landschaft. Allen Benutzern der Fernverkehrsstraße Leipzig–Karl-Marx-Stadt kann sie vom Bornaer Braunkohlenbergbau auch dann noch künden, wenn dieser längst der Geschichte angehört. Diesen Zweck erfüllt das Bauwerk auch ohne die einstige maschinelle Ausrüstung. Es hat Denkmalwert also selbst in dem jetzigen, ausgeschlachteten Zustand. Eine gesellschaftlich und ökonomisch bessere Variante wäre allerdings die Nutzung des Baukörpers für das bei Auslaufen des Tagebaus Borna-Ost in unmittelbarer Nähe entstehende Naherholungsgebiet. Warum sollten in einer ehemaligen Brikettfabrik, die in der Landschaft allen künftigen Generationen die Tradition des Bornaer Braunkohlenbergbaus bewußt macht, nicht auch z. B. Touristen und Erholungssuchende Unterkunft finden können?

2.5. Technische Denkmale des Salz- und Kalibergbaus

Salz ist seit Jahrtausenden für die menschliche Ernährung unentbehrlich; die 1858 entdeckten Kalisalze sind seit etwa 1860 wichtige Rohstoffe für die chemische und die Düngemittelindustrie. Die Gewinnung von Salz und Kalisalzen hängt in starkem Maße von den geologischen Verhältnissen ihrer Vorkommen ab.

In Mitteleuropa waren zur Gewinnung von Salz seit je die Solquellen verfügbar. In ihrer Nachbarschaft entstanden die Salinen, die aus der Sole Siedesalz erzeugten.

Die Überlegung, daß am Ort von Solquellen das Salz als Gestein in der Tiefe liegen müsse, gab besonders im 19. Jahrhundert – bei entsprechendem Stand der Technik – Anlaß zu Bohrungen und zum Abteufen von Schächten. Mit diesen sollte das Salz selbst erreicht und als Steinsalz bergmännisch abgebaut werden. Ein Beispiel dafür ist der um 1865 erbaute, 1916 stillgelegte Steinsalzschacht Ilversgehoven bei Erfurt. Es ist das im Salz- und Kalibergbau der DDR einzige erhaltene Beispiel eines Malakowförderturms (vgl. S. 70), [2.30] (Bild 89).

Als man bei Staßfurt 1854/1858 ebenfalls einen Steinsalzschacht abteufte, entdeckte man über dem

Steinsalz Kalisalze, die man zunächst als wertlos erachtete. Der gerade damals aufgrund des Krim-Krieges bestehende Kalibedarf für die Schießpulverherstellung, noch mehr aber die aufgrund des Bevölkerungswachstums notwendige und sich in jener Zeit entwickelnde künstliche Düngung lenkten die Aufmerksamkeit der Industrie auf diese Staßfurter Kalisalze. Ab 1861 trat in Staßfurt die Steinsalzproduktion in den Hintergrund, und es wurde vorrangig Kalisalz gefördert. Nun setzte eine von vornherein von den Gesetzen kapitalistischer Konkurrenz und Profitstreben bestimmte Erkundungs-, Aufschluß- und Abbautätigkeit ein. Binnen weniger Jahre und Jahrzehnte entwickelten sich die Kalireviere von Staßfurt–Aschersleben, Halle/Saale–Roßleben/Unstrut, Sondershausen–Bleicherode–Mühlhausen und im Werratal. Die Konkurrenz und die Kapitalkonzentration führten – der Entwicklung des Monopolkapitalismus insgesamt entsprechend – zur Herausbildung weniger, aber mächtiger Großbetriebe wie dem Wintershall-Konzern, der AG Deutsche Kaliwerke, der Salzdetfurth AG, der Deutschen Solvaywerke, der AG Consolidierte Alkaliwerke Westeregeln und der Gewerkschaft Glückauf-Sondershausen. Unter Einschaltung des Staates wurde schließlich die Zwangssyndizierung aller Kaliwerke erreicht. Wie kein anderer Industriezweig widerspiegelt die Kaliindustrie damit schon frühzeitig die staatsmonopolistische Tendenz in der deutschen Wirtschaft [2.31].

Die Fördertürme, Maschinenhäuser, Verwaltungsgebäude und Waschkauen, Kalifabriken und Wohngebäude aller Kaliwerke zeigten die wirtschaftliche Macht dieser Kapitalgesellschaften in der Zeit um 1880 bis 1920 und den Stil der Industriearchitektur jener Zeit. Erschöpfung von Lagerstätten, Ersaufen von Bergwerken infolge von Wassereinbrüchen und die Konzentration der Produktion auf wenige große Werke in den letzten Jahrzehnten haben dazu geführt, daß die meisten historischen Kaliwerke nicht mehr erhalten sind. Um so wichtiger ist es, die besonders dynamische Geschichte unserer Kaliindustrie auch künftig an ausgewählten technischen Denkmalen ablesbar zu machen.

Am Ursprungsort dieses jungen Zweiges des Montanwesens – in Staßfurt – sind nach derzeitigem Erkenntnisstand denkmalwerte Sachzeugen nicht mehr vorhanden, sieht man von den beiden verwahrten Tageöffnungen der Schächte ab, aus denen seit 1859 Kali-

salze in großer Menge zunächst als Abraumsalze, dann (ab 1861) für die industrielle Aufbereitung als Düngemittel gefördert worden waren.

Die bemerkenswertesten Zeugnisse aus der Zeit der großindustriellen Entfaltung des Kalibergbaus befinden sich heute im Südharzer Revier, bei Sondershausen und Bleicherode im Bezirk Erfurt, wo die Kalisalzförderung seit den 90er Jahren des 19. Jahrhunderts einsetzte (1892 Gründung des Unternehmens Glückauf bei Stockhausen). Der 1892 niedergebrachte Brüggmann-Schacht – heute Schacht I des VEB Kaliwerks Glückauf – wird noch von einer (im Jahre 1927) umgebauten) Dampfmaschinenanlage betrieben [2.32]. Aus der Zeit seiner Anlage haben sich Fördergerüst und Schachtgebäude des ehemaligen Petersenschachtes – heute Schacht II desselben Werkes – erhalten, der nach einem schweren Grubenunglück in Staßfurt als Sicherheits- oder Polizeischacht 1907/08 neben dem Bahnhof Sondershausen niedergebracht werden mußte, dennoch aber zur Förderung herangezogen wurde. Das Fördergerüst erhielt u. a. auf fürstliche Anordnung wegen der Nähe zur damaligen Residenzstadt eine ästhetisch anspruchsvollere Form, die offenbar durch den Pariser Eiffelturm (1889) angeregt wurde: Ein 44 m hohes, offenes genietetes Stahlbauwerk mit doppeltem, symmetrischem Seilscheibenstuhl und gekrümmt gespreizten, durch je einen Bogen verbundenen Rahmenstielen überspannt das im Grundriß I-förmige, den Gestaltungsprinzipien des Jugendstiles deutlich verpflichtete Schachtgebäude (Bild 90). Es wurde hier eine wirkungsvolle Komposition aus traditioneller Haus- und neuer Industriearchitektur geschaffen, ein optisches Wahrzeichen der Stadt Sondershausen. Bis 1927 förderte man hier Kalisalze aus etwa 800 m Tiefe; danach diente der Schacht zur Wetterführung und wird heute vom VEB Kaliwerk für Forschungszwecke genutzt. Trotz Abbau von Fördermaschinen und Verdachung blieb der Denkmalwert uneingeschränkt.

Im Sinne der ursprünglichen Anlage, als geschlossener, separater Industriekomplex in einer relativ wenig gestörten gestalterischen Einheit ist das ehemalige Kaliwerk Bleicherode Ost – heute VEB Kaliwerk Karl Liebknecht – erhalten geblieben. 1899 wurden die beiden Schächte abgeteuft, deren Fördergerüste 1936 (Schacht I, östlich) und 1975 (Schacht II) ihre heutige Form erhielten und die noch heute mit Dampfkraft be-

trieben werden. Für die Geschichte des Dampfmaschi-
nenbaus höchst bemerkenswert ist die Fördermaschine
des Schachtes I, eine heute wohl einzigartige Drillings-
dampfmaschine von 1936, bei welcher drei Kolben auf
eine gemeinsame Kurbelwelle wirken. Diese Maschine
stellt einen Höhepunkt der Dampfmaschinentechnik
dar [2.32], (Bild 91). Am Schacht II dagegen steht eine
typische Zwillings-Tandem-Dampfmaschine, die die
übliche Koepescheibe antreibt. Fördergerüste, Maschi-
nen- und Verwaltungsgebäude gruppieren sich symme-
trisch um die vom Werktor ausgehende gestalterische
architektonische Achse zu einem wirkungsvollen Ensemble, das vom Uhrenturm im Jugendstil (1903) und
vom modernen Schornstein akzentuiert, von der Abraumhalde gleichsam gerahmt und von einer Ziegel-
mauer mit gotisierenden Bekrönungen weiträumig um-
schlossen wird (Bild 92). An das Betriebsgelände
schließen sich im Osten Werkswohnungen – traufsei-
tige Doppelhäuser in offener Zeilenbebauung – an, und
im Stadtgebiet von Bleicherode befindet sich die von
1903 bis 1914 entstandene, schon durch die der Werks-
umfriedung ähnliche Umfassungsmauer erkennbare Be-
triebszentrale mit Direktorenvilla, dem ehemaligen,
durch eine Allee mit der Villa in gestalterische Beziehung gesetzten Technikum (heute Betriebsakademie)
sowie je einem Wohnblock für das mittlere und gehobene Personal – alles Gebäude im stilgeschichtlichen
Spannungsfeld von Historismus und Jugendstil.

Die eindrucksvollste Werkswohnungssiedlung aus der
Geschichte der Kaliindustrie ist sicherlich Marienhall,
die heute zu Sondershausen gehört und als Folgeanlage
des Kaliwerkes Glückauf ab 1892 entstand. Drei z. T.
beidseitig bebaute parallele Straßenzeilen, die kammar-
tig auf eine vierte Zeile münden, repräsentieren im
chronologischen Nacheinander die gestalterischen Entwicklungsstufen des Werkswohnungsbaues vom sach-
lich-nüchternen Backsteinrohbau bis zu den romanti-
schen, am Gartenstadtgedanken orientierten mansard-
dach-bekrönten Doppelhäusern der 20er und 30er Jahre
des 20. Jahrhunderts. Vorgärten und Hintergebäude für
die Kleintierhaltung machen gemeinsam mit dem Ei-
genheimcharakter der Wohnhäuser das damalige sozial-
politische Programm von Unternehmern und Konzern-
herren heute noch anschaulich.

2.6. Technische Denkmale des Salinenwesens

Kochsalz und seine Gewinnung spielten früher im Wirt-
schaftsleben eine relativ größere Rolle als heute. Seit
Jahrtausenden dient es als Speisewürze, jahrhundertelang war es wichtigstes Konservierungsmittel und damit
Voraussetzung für eine Vorratswirtschaft pflanzlicher
und tierischer Produkte, bis die Kühltechnik zunehmend Ersatz bot. Dafür wurde ab 1800 bis heute das
Salz, wenn auch meist in Form des Steinsalzes oder der
Sole, wichtiger Rohstoff für die chemische Industrie.

Die alte materielle Bedeutung des Salzes spiegelt sich
in Sagen und Legenden, in Kult und Gebräuchen wider
(»Brot und Salz«). Um Salzquellen wurden Kriege geführt, z. B. etwa um das Jahr 50 zwischen Hermunduren
und Chatten. Salz wirkte siedlungsbildend und gab heutigen Städten den Namen: z. B. Salzungen, Sulza, Salzelmen, Sülze, Halle. An den Salzhandel alter Zeit erinnern die Salzstraßen, z. B. von Halle nach Böhmen, im
Erzgebirge.

Diese historischen Zusammenhänge erklären sich mit
der Tatsache, daß Salz nur in bestimmten Gebieten
Mitteleuropas im Untergrund vorhanden ist. Nur an wenigen Stellen dieser Gebiete, vor allem an geologischen
Störungslinien der Erdkruste, trat Salzwasser, die Sole,
auf natürliche Weise zu Tage und gab seit Jahrtausenden oder vielen Jahrhunderten Anlaß zur Siedesalzge-
winnung. Das geschah durch Eindampfen der Sole in
beheizten Pfannen in den Salinen, z. B. bei Halle und
Sulza. Im 16. bis 18. Jahrhundert, stellenweise auch
noch später, versuchte man dort, wo man eine arme
Sole oder Spuren von solcher fand, eine Verbesserung
des Salzgehaltes zu erreichen, indem man Stolln anlegte oder Schächte abteufte, um die Sole tiefer im Untergrund zu fassen, so z. B. an der Elisabeth-Quelle bei
Frankenhausen. Man hatte erkannt, daß oberflächen-
nah zufließendes Süßwasser die Sole verdünnte. Seit
dem 18. Jahrhundert hat man Sole auch durch Schächte
oder Bohrungen künstlich erschlossen, so in Kursachsen
JOHANN GOTTFRIED BORLACH (1687 bis 1768) 1724/28 in
Artern, 1731 in Kösen und 1763 in Dürrenberg.

So wie im Frühkapitalismus des 16. Jahrhunderts der
Bergbau durch bedeutende Investitionen auf eine technisch höhere Stufe gehoben wurde, gewann auch das
Salinenwesen zunehmend an Bedeutung. Von Salinen-
unternehmungen des 16. Jahrhunderts, u. a. in Franken-

hausen [2.33], Auleben bei Nordhausen und Poserna bei Weißenfels, ist archivalisch die Anlage von Kunstgezeugen zur Hebung der Sole bekannt. Wie im Bergbau für das Wasser, so wendete man im Salinenwesen für die Sohlehebung Handpumpen, Roßkünste (zum Antrieb von Pumpen) und wasserradgetriebene Kunstgezeuge an. Für das nach der Überlieferung um 1556 in Jachimov (ehem. Joachimsthal) im böhmischen Erzgebirge erfundene Feldgestänge als Mittel der mechanischen Energieübertragung betrifft der erste archivalische Bildnachweis ein solches von 1561 in der Saline Sulza [2.34].

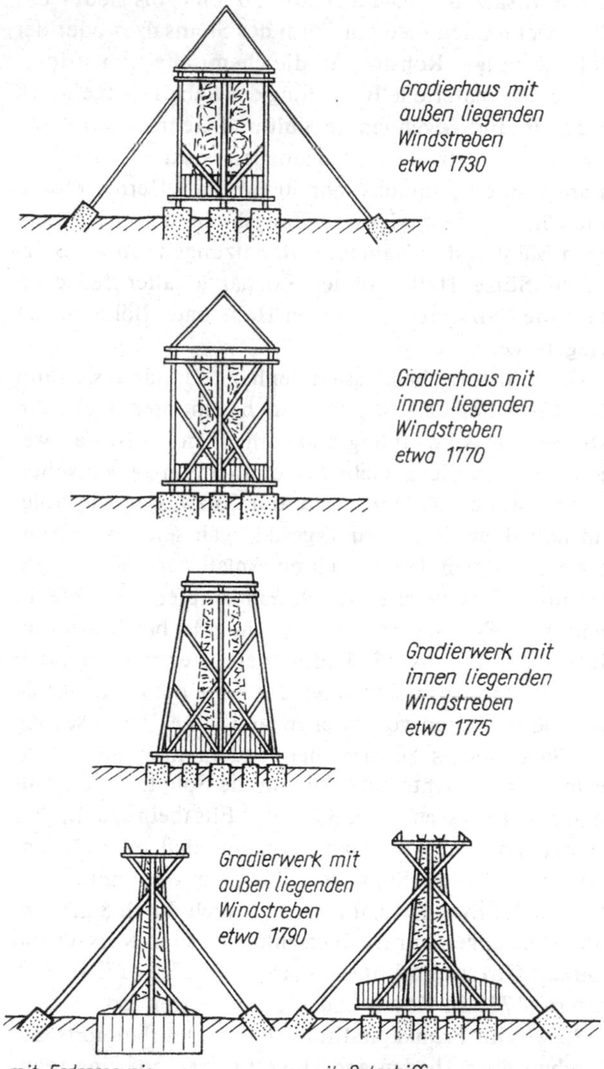

Versotten wurde die Sole in anfangs keramischen, später bleiernen, schließlich eisernen Siedepfannen, die im 19./20. Jahrhundert Abmessungen bis zu 12 m Länge und 8 m Breite erreichten. Konnte man die kleinen Pfannen über die Feuerstätte hängen, so mußte man die großen Pfannen später auf große Feuerungen mit ausgeklügelten Heizgasführungen auflegen. Zeitlich parallel mit der Vergrößerung der Siedepfannen erfolgte die Umstellung des Brennmaterials von Holz und Stroh auf Stein- und Braunkohle und damit der Einbau besonderer Feuerungen mit Plan-, Flach- und (seit 1850) Treppenrosten. Damit näherte sich die Feuerung im Siedeprozeß der industriellen Feuerungstechnik.

Das Aussehen der Siedestätten wandelte sich dementsprechend von kleinen, z. T. im Boden versenkten Hütten des Mittelalters zu den großen Siedehäusern der jüngeren Salinen – mit Dampfableitung (Brodemfang) über der Pfanne und Schornsteinen bis 40 m Höhe.

Der Mangel an hochprozentigen, siedewürdigen Solen und die hohen Brennstoffkosten ließen Landesherren, Salinenbesitzer und Techniker nach Methoden sinnen, wie der Salzgehalt der Solen erhöht werden könnte. Das erschien möglich, wenn ein Teil des Wassers der Sole vor dem Sieden verdunstete, und führte somit zur Erfindung der Gradieranlagen (Abb. 25). Dies sind Holzgerüste, die zunächst mit Strohbündeln beschlagen, seit dem 18. Jahrhundert mit Schwarzdornreisig ausgelegt waren. Anfangs wurde die Sole mit Handschaufeln angeworfen, später wurde sie mit Pumpen auf das Gradierwerk gefördert und rieselte allein der Schwerkraft folgend an dem Reisig herab, teilte sich in Tröpfchen und gab so Anlaß zu stärkerer Verdunstung. Dadurch erhöhte sich der Salzgehalt der Sole, und Verunreinigungen schieden sich ab. Ursprünglich wie ein Haus mit Dach errichtet, wurden die Gradierwerke in der Folgezeit zu dachlosen, Hunderte von Metern langen, teils über 15 m hohen Bauwerken, die neben qualmenden Rauchabzügen, dampfenden Brodemschloten, Wasserrädern und Feldgestängen das Bild vieler Salinen des 18. und 19. Jahrhunderts bestimmten.

Im 19. Jahrhundert erfuhr das Salinenwesen weitere technische Neuerungen, die der allgemeinen Industria-

Gradierhaus mit außen liegenden Windstreben etwa 1730

Gradierhaus mit innen liegenden Windstreben etwa 1770

Gradierwerk mit innen liegenden Windstreben etwa 1775

Gradierwerk mit außen liegenden Windstreben etwa 1790

mit Erdreservoir   mit Solschiff

Abb. 25. Die historische Entwicklung der Gradieranlagen in den Salinen Mitteleuropas in schematischen Querschnitten (nach Bock 1981 [2.35])

Abb. 26. Die Standorte historischer Salinen (Punkte) in der DDR, mit beigeschriebenen Ortsnamen, sowie die Standorte salinengeschichtlicher Denkmale (Punkte mit Kreisen) (nach Bock 1981 [2.35])

Ribnitz
Sülze
Rostock
Gristow
Richtenberg
Greifswald
Golchen
Schwerin
Sülten
Neubrandenburg
Conow
Biesenbrow
Storkow
Zehdenik
Selbelang
WB BERLIN
Potsdam
Frankfurt
Trebbin
Müllrose
Salzbrunn
Elbe
Guben
Morsleben
Remkers-leben
Magdeburg
Sohlen-Beiendorf
Sülldorf
Schönebeck
Salzelmen
Staßfurt
Schadeleben
Leopoldshall
Aschersleben
Beesenlaublingen
Cottbus
Erdeborn
Halle
Auleben
Teutschen-thal
Angersdf.
Burgliebenau
Leipzig
Franken-hausen
Artern
Dürren-berg
Kötzschau
Teudlitz
Wilhelms-
Glücks-brunn
Bufleben
Stotternheim
Kösen
Poserna
Ilvers-gehoven
Sulzaf
Köstritz
Salzungen
Erfurt
Arnstadt
Gera
Karl-Marx-Stadt
Schmalkalden
Plaue
Stadtilm
Dresden
Suhl
Altensalz
Erlbach

Saale

Staatsgrenze
Staatsgrenze im Wasserlauf

81

lisierung und neuen Technik in anderen Industriezweigen entsprachen, so die Anwendung von Dampfmaschinen, Turbinen, Elektromotoren, das Sieden in Vakuumbehältern und die Anwendung der nun entwickelten Bohrtechnik zum Erschließen gesättigter Sole oder des Steinsalzes selbst in großer Tiefe. Trotz dieser Fortschritte konnte das Salinenwesen der Konkurrenz des Steinsalzbergbaus nicht auf die Dauer widerstehen. Im 19. Jahrhundert gingen zahlreiche unter ungünstigen geologischen, technologischen und damit vor allem auch ökonomischen Bedingungen arbeitende Salinen ein, im 20. Jahrhundert produzierten nur noch wenige leistungsstarke Betriebe. Bis auf die noch heute betriebene Saline Oberilm wurden aber auch diese zwischen 1960 und 1970 stillgelegt, so daß die technischen Denkmale des Salinenwesens eine historisch sehr bedeutende, heute aber abgeschlossene Periode der Technik dokumentieren.

Daß sich trotz dieses 150 Jahre währenden Niedergangs des Salinenwesens ein beträchtlicher Denkmalbestand erhalten hat, ist einem zunächst fernliegenden Umstand zuzuschreiben: Im 19. Jahrhundert richteten viele Salinen auf ihrem Betriebsgelände Kuranlagen ein und gaben vor allem die Umgebung der Gradierwerke wegen der dort salzhaltigen Luft zur Nutzung als Freiluft-Inhalatorien frei.

Im folgenden können nur einige der bedeutendsten Denkmalkomplexe des Salinenwesens behandelt werden [2.35]. An zahlreichen ehemaligen Salinenstandorten sind technische Anlagen oder Gebäude denkmalwürdig, wie das Stollnmundloch der Elisabeth-Quelle in Bad Frankenhausen, die Fassung der Solquelle in Artern, die Hausinschrift »Gutjahr-Brunnen« am Haus Oleariusstraße 9 in Halle/Saale, das ehemalige Verwaltungsgebäude der Saline, Arbeiterwohnhäuser und das Salinengefängnis in Bad Sülze, der Kunstgraben »Kleine Wipper« bei Frankenhausen usw. (Abb. 26).

Nachdem in dem einleitenden Abschnitt das Salinenwesen in historisch-technologischer Gliederung dargestellt worden ist, sollen die technischen Denkmale selbst nach Standorten zusammengefaßt behandelt werden, um die Komplexität der Aussage zu betonen. Die verschiedenen technischen Denkmale eines Standortes vereinigen sich zu einer gemeinsamen produktionsgeschichtlichen und regionalhistorischen Gesamtaussage.

Den umfassendsten Komplex salinengeschichtlicher Denkmale finden wir in *Bad Sulza*. Dort gestattete ein königliches Privileg schon im Jahre 1064 die Salzgewinnung. Eine Saline ist jedoch erst im 16. Jahrhundert belegt. Ein wirtschaftlicher Aufschwung erfolgte 1752, als die Saline in den Besitz der Familie v. BEUST gelangte (Abb. 27). Die in 880 m Tiefe erschlossene Heinrichsquelle (1893/1900) und die Carl-Elisabeth-Quelle (1937) im benachbarten Darnstedt sind mit typischen Bohrtürmen des 19. Jahrhunderts versehen und damit zugleich Denkmale der Bohrtechnik überhaupt (Bild 94). Die Soleförderung aus beiden Bohrlöchern erfolgte durch Kolbenpumpen, die von einem Wasserrad über ein kleines Feldgestänge bzw. über eine lange Welle angetrieben wurden. Im Ort sind die Schachthäuser des Leopoldschachtes (1810) und des Kunstgrabenschachtes (1871) erhalten. In diesem diente dem Heben der Pumpengestänge bei Reparaturen ein Handgöpel, die letzte Maschine dieser Art im gesamten Montanwesen der DDR. Von der ehemaligen Fördertechnik im Kunstgrabenschacht sind noch das mittelschlächtige Wasserrad zwischen Kunstgraben und Ilm, das Gestänge sowie – heute vor dem Stollnmundloch aufgestellt – der Kunstwinkel erhalten, der die horizontale Bewegung des Stollngestänges in die vertikale des Schachtgestänges umsetzte. Das gleiche Wasserrad betätigte eine 1841/51 erbaute, fast gleiche Anlage auf der anderen Seite der Ilm im Beustschacht.

Das Gradierwerk Karl Marx ist das einzige in der DDR heute in Hausform gestaltete Gradierwerk, das zwar einen 1952/53 ausschließlich für Kurzwecke errichteten Ersatzneubau darstellt, aber doch die volle technikgeschichtliche Aussage für diesen Gradierwerkstyp bietet.

Ein zweigeschossiger Solebehälter (vor 1780) ermöglichte durch Solebevorratung auch bei witterungsbedingter Unterbrechung der Gradierung einen ununterbrochenen Siedebetrieb. Der Solebehälter in Sulza ist das technisch und baulich bedeutendste Bauwerk dieser Art.

Die fünf in Sulza erhaltenen, in der heutigen Form 1871 bis 1911 erbauten Siedehäuser (Bild 93) bezeugen schon durch ihre Gesamtanlage die industriellen Maßstäbe des Salinenwesens im 19. Jahrhundert. In vier Siedehäusern produziert heute der VEB Weimarwerk Maschinenteile. Trotzdem bleibt die industriegeschichtliche Aussage der Architektur erhalten. Das 1885/86

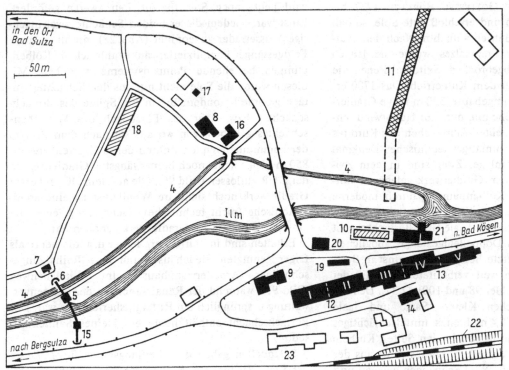

Abb. 27. Schematisches (stark zusammengedrängtes) Raumbild und Lageplan der Saline Bad Sulza (Oberneusulza)

1 Carl-Elisabeth-Quelle, *2* Heinrichs-Quelle, *3* Radhaus zum Antrieb der Pumpenanlagen in *1* und *2*, *4* Kunstgraben, *5* Radhaus für den Kunstgrabenschacht, *6* Stollnmundloch (mit Kunstgestänge), *7* Kunstgrabenschacht mit Handgöpel, *8* Leopoldschacht, *9* Salinengasthof (heute Museum), *10* Solebehälter, *11* Gradierwerk Karl Marx, *12* und *13* Siedehäuser I bis V, III mit Uhrturm, *14* Verwaltungsgebäude, *15* Kunstgestänge, Wendedocke und Stollnmundloch zum Beustschacht, *16* Wohnhaus des Salzinspektors, *17* Charlottenschacht (Mohnschächtchen), *18* Sole-Erdreservoir IV, *19* Pferdestall mit Kutscherwohnung, *20* Zimmerei, *21* Schmiede und Turbinenanlage zur Energieerzeugung, *22* Eisenbahneinschnitt mit Aufschluß der Finnestörung, *23* Bahnhof Bad Sulza

erbaute Siedehaus V enthält die einzige originale historische Planpfanne sowie daneben die Trockenpfanne. Beides sowie die Feuerung werden nach Abschluß der Restaurierung zu besichtigen sein. Da auch dann kein Siedebetrieb mehr erfolgt, können durch Abdecken einiger Bleche der Trockenpfanne die Feuerzüge gezeigt werden.

Bauwerke mit besonderer sozialgeschichtlicher Akzentuierung der Arbeits- und Lebensbedingungen sind am Siedehaus III/IV der Uhrturm von 1902 zur Regelung der Arbeitszeit, das Wohnhaus des Salzverwalters (1716), das Herren- oder Societätshaus mit dem Konventsaal (heute im Museum) und die Salinenschänke (1843/53; heute Salinenmuseum), [2.34] bis [2.36].

In *Bad Kösen* teufte nach erfolglosen Versuchen einiger Vorgänger JOHANN GOTTFRIED BORLACH 1727 bis 1731 einen Schacht ab und erschloß gute Sole, so daß 1731 eine Saline den Betrieb aufnahm. Nach dem Aufschluß des Staßfurter Steinsalzes wurde sie jedoch 1859 stillgelegt und abgebrochen. Seitdem dienen die erhaltenen Anlagen nur dem Kurbetrieb. Das 1780 erbaute, 1808 und 1816 umgebaute, 320 m lange Gradierwerk ist auf einer Anhöhe und quer zur Hauptwindrichtung erbaut und noch heute Wahrzeichen des Kurortes (Bild 101). Ein heute einmaliges technisches Denkmal ist die Soleförderungsanlage. Zwar sind in dem zwischen der Saale und dem Gradierwerk gelegenen Borlachschacht die alten Kolbenpumpen durch moderne Kreiselpumpen ersetzt, das Schachthaus also nur als Bauwerk erhalten. Zwischen Saale und Borlachschacht besteht aber noch das Doppelfeldgestänge, möglicherweise das überhaupt letzte Beispiel einer einst in Bergbau und Salinenwesen weit verbreiteten Technik der Energieübertragung (Bilder 98 und 100), [2.37]. Den Niveauunterschied zwischen Kleiner Saale und Saale nutzt ein 7 m hohes, 2,4 m breites mittelschlächtiges Wasserrad (Bild 99), an dessen beiden Seiten Kurbeln je ein Doppelgestänge antreiben. Dieses führt aus der Radstube heraus, ist auf 2 × 27 Schwingen gelagert und überträgt die Bewegung 180 m weit bis zum Borlachschacht, betätigte dort in dem 173,5 m tiefen Schacht einst die Pumpen und führte als 130 m langes einfaches Gestänge vom Schacht weiter zum Gradierwerk, um dort mittels Kolbenpumpen die Sole auf das Gradierwerk zu heben. Von dem zweiten Wassertriebwerk für den jetzt verwahrten Unteren Schacht existiert noch die

Radstube mit einem großen, als Eisenkonstruktion ausgeführten Wasserrad. Beide Radstuben liegen auf der Radinsel nahe beieinander und bieten nicht nur die Möglichkeit zur Besichtigung verschiedener Wasserradtypen, sondern lassen heute noch erkennen, welchen Stand und welche Intensität die Wasserkraft im historischen Salinenwesen erreicht hatte.

In *Bad Dürrenberg* erbaute J. G. BORLACH 1754 bis 1763 den massiven, mit mächtiger Dachhaube versehenen Borlachschacht und der Salinendirektor v. WITZLEBEN sowie der Kunstmeister CHR. FR. BRENDEL 1805 bis etwa 1814 den 28 m hohen, 18 m langen und 15 m breiten, ebenfalls massiven Witzlebenschacht, die heute noch beide das Ortsbild Dürrenbergs vom anderen Saaleufer aus bestimmen (Bild 95). Im Witzlebenschacht wird heute noch Sole für die Leunawerke gefördert. Einst waren jedem dieser beiden Schächte zwei mächtige Wasserräder zugeordnet (Abb. 28), die über kurze Feldgestänge komplizierte, aus zahlreichen Kolbenpumpen bestehende Pumpensysteme antrieben. Mit diesen wurde die Sole nicht nur aus den Schächten zutage gefördert, sondern bis in die Spitze des Borlachschachtes bzw. über das Flachdach des Witzlebenschachtes gehoben, von wo aus sie nach dem Prinzip der kommunizierenden Röhren den in Dürrenberg mit 850 m Länge heute noch immer längsten Gradierwerken der DDR zuflossen (Bild 96). Die auf dem Dürrenberger Gradierwerk noch sichtbare Windkunst ist eine architektonische (nicht technische) Nachbildung jener, die einst die Sole auf das Gradierwerk gehoben hat.

Erhalten sind in Dürrenberg ferner u. a. die heute als Lager genutzten Siedehäuser und eine Reihe eingeschossiger Arbeiterwohnhäuser im Witzlebenweg (Bild 97), während der Renaissancebau der Salinenverwaltung ursprünglich ein Rittergutsherrenhaus war. Der Borlachschacht enthält heute ein kleines Salinenmuseum.

Salzquellen gaben den Siedlungsanlaß für *Halle an der Saale*. Zu ihrem Schutz wurde ein im Jahr 806 erwähntes Kastell angelegt. Die Salzsiedlung »im Tal« — im Bereich des jetzigen Hallmarktes — war ein wesentlicher Faktor für die Entstehung der Stadt. An die einst dort gelegene Saline erinnert nur noch die schon erwähnte Hausinschrift Gutjahr-Brunnen. Die in Halle heute erhaltenen salinengeschichtlichen Denkmale gehören zu dem anfangs königlich-preußischen, 1680 bis

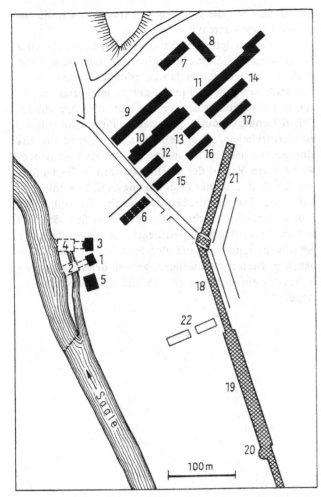

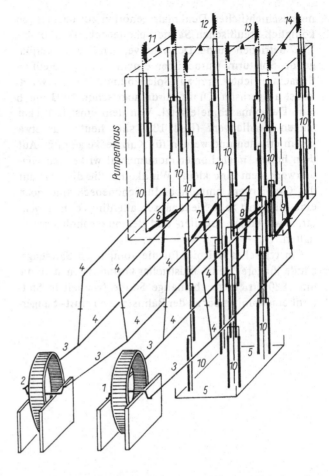

Abb. 28. Lageplan der Saline Bad Dürrenberg und schematisches Raumbild der um 1810 erbauten Pumpenanlage im Witzlebenschacht

im Lageplan:
1 Borlachschacht (heute Museum), *2* zugehöriges Radhaus, *3* Witzlebenschacht, *4* zugehöriges Radhaus (*2* und *4* nicht mehr erhalten), *5* Verwaltungsgebäude, *6* fünf Arbeiterwohnhäuser, *7* bis *14* Siedehäuser, *15* und *16* Pfannenschmieden, *17* Kohlenschuppen, *18* und *19* Gradierwerk I, *20* Standort der Windkunst, *21* Gradierwerk II, *22* Bauhof der Saline.
im schematischen Raumbild:
1 Wasserrad für die Schachtpumpen, *2* Wasserrad für die Pumpen zum Gradierwerk, *3* Kurbelstangen, *4* Kunstgestänge, *5* Solschacht, *6* bis *9* Kunstkreuze (zur Übertragung der horizontalen Gestängebewegung in eine vertikale), *10* vertikale Kunstgestänge mit Kolbenpumpen, *11* bis *14* Balanziers auf dem Dach des Witzlebenschachtes zum Gewichtsausgleich der Kunstgestänge

1964 betriebenen Salzwerk außerhalb der Stadtmauer, das auf erbohrter hochprozentiger Sole beruhte und daher keine Gradieranlagen nötig hatte. Ein Siedehaus und ein Verwaltungsgebäude (Uhrenhaus) beherbergen jetzt das Halloren- und Salinenmuseum (Bild 102). Dort wird in einer kleinen, neu angelegten, nicht der historischen entsprechenden Pfanne von Zeit zu Zeit ein

Schausieden veranstaltet. Für Halle wichtig, aber weit darüber hinaus bekannt ist die kulturgeschichtliche Tradition der Halloren, einer aus den ursprünglichen Salzwirkern hervorgegangenen Bevölkerungsgruppe mit Merkmalen, die in der gesellschaftlichen Stellung an Patrizier erinnern.

Alle heute in *Schönebeck-Salzelmen* erhaltenen sali-

85

nengeschichtlichen Denkmale gehörten zur ehemaligen königlich-preußischen Saline Schönebeck, die 1705 bis 1767 betrieben wurde. Der massive, sich konisch verjüngende Soleturm wurde über einem 1774 abgeteuften Schacht errichtet und zur Solehebung mit einer Windkunst ausgerüstet. Diese wurde aber schon 1793 durch eine Dampfmaschine ersetzt. Von dem einst fast 2 km langen Gradierwerk (Bild 103) sind heute nur etwa 250 m erhalten und werden für Kurzwecke genutzt. Auf dem hohen, noch immer monumental wirkenden Gradierwerk steht eine kleine Windkunst, die die Sole auf das Gradierwerk emporhob. In Schönebeck sind noch eines der einst zehn Siedehäuser, allerdings ohne Inventar, sowie einige Arbeiter- und Beamtenwohnhäuser erhalten.

Ein typisches Beispiel für die kompakten Salinengebäude jüngerer, rein industrieller Gründungen stellt die um 1880 errichtete ehemalige Saline Neuhall in Stotternheim unmittelbar an der Bahnstrecke Erfurt–Sanger-

hausen dar. Aus der gleichen Zeit stammt auch die zugehörige Fabrikantenvilla.

Die denkmalpflegerische Bestandsaufnahme aller Sachzeugen der Salinengeschichte in der DDR kann dank der in den letzten Jahren erfolgten Erfassung als abgeschlossen gelten. Nun gilt es eine territorial und historisch abgestimmte Konzeption der salinengeschichtlichen Denkmale durch planmäßige Pflegemaßnahmen zu verwirklichen. Die Denkmale des Salinenwesens sind gesellschaftlich besonders günstig zu erschließen, weil sie den Vorteil der Freilichtmuseen – die räumliche Konzentration der Besichtigungsobjekte – mit dem Kriterium des technischen Denkmals, der originalen Produktionsstätte, verbinden und zudem fast sämtlich in stark besuchten Kurorten liegen. Die Geschichte der jeweiligen Saline anhand der technischen Denkmale den Kurgästen nahezubringen, wäre in deren kultureller Betreuung ein bestimmt gern in Anspruch genommenes Angebot.

3. Hüttenanlagen und Hammerwerke als technische Denkmale

■ Saigerhütte Grünthal

■ Freiberger Hütten

■ Kupferhütte Sangerhausen

■ Blaufarbenwerke im Erzgebirge

■ Eisenwerke im Westerzgebirge

■ Eisenhüttenwerk Peitz

■ Neue Hütte bei Schmalkalden

■ Eisenhammer Dorfchemnitz

■ Frohnauer Hammer bei Annaberg

■ Tobiashammer bei Ohrdruf

Die Metallproduktion ist eine jahrtausendealte Tätigkeit des Menschen und hat die Geschichte der Menschheit in vielfältiger Weise bestimmt. Erste Kupferschmelzen sind etwa um das Jahr 6500 v. u. Z. in Vorderasien nachweisbar [3.1]. Wenn man bedenkt, daß in Afrika und im vorderen Orient die ersten Erze und Edelmetalle ganz oder fast ganz an der Oberfläche zu finden waren, dann erscheint die These berechtigt, daß die Metallurgie älter als der Erzbergbau ist.

Bekannt ist die konventionelle Gliederung der mitteleuropäischen Frühgeschichte in Steinzeit (600 000 bis 1800 v. u. Z.), Bronzezeit (1800 bis 750 v. u. Z.) und Eisenzeit (ab etwa 750 v. u. Z.). Diese Gliederung ist – da nicht auf die Produktionsverhältnisse bezogen – sicher nicht die historisch entscheidende, läßt aber deutlich die kulturgeschichtliche Bedeutung der Metalle erkennen.

Seit der Eisenzeit ist das Eisen das für Werkzeuge und Waffen, Maschinen, Verkehrsmittel, Metallbauwerke usw. wichtigste Gebrauchsmetall, dessen Produktion und Anwendung besonders seit der Industriellen Revolution sprunghaft angestiegen ist. Selbst das in kurzer Zeit wichtig gewordene Aluminium hat ihm keine grundlegende Konkurrenz machen können.

Neben dem Eisen sind Kupfer, Blei, Zinn, Zink, Kobalt, Nickel, Wismut, Antimon und Arsen u. a. Gebrauchsmetalle für die verschiedensten Zwecke. Sie bilden gegenüber dem Eisen im allgemeinen Sprachgebrauch die Nichteisenmetalle oder Buntmetalle und unterscheiden sich vom Eisen in der Art der Erzvorkommen, in der metallurgischen Technik, in der Geschichte der Erzeugung, Verarbeitung und Verwendung so, daß dieser Unterschied auch in den technischen Denkmalen zum Ausdruck kommt.

Gold und Silber gehören natürlich auch zu den Nichteisenmetallen und sind in den Vorkommen und der Metallurgie den Buntmetallen eng verwandt, wurden und werden oft aus denselben Erzen und in denselben Hütten produziert. Als Edelmetalle und Währungsmetalle haben sie aber in der Verwendung und historischen Bedeutung eine Sonderstellung. Ihr Besitz bedeutet in der Geschichte wirtschaftliche und damit politische Macht.

Auch in der Gegenwart ist die Metallurgie einer der wichtigsten Industriezweige. In der DDR sind dazu vor allem zu nennen für die Buntmetallurgie der VEB

Mansfeld-Kombinat »Wilhelm Pieck«, Eisleben, und der VEB Bergbau- und Hüttenkombinat »Albert Funk«, Freiberg, sowie für die Eisen- oder Schwarzmetallurgie der VEB Eisenhüttenkombinat Ost, Eisenhüttenstadt, und der VEB Maxhütte Unterwellenborn, die beide Roheisen erzeugen, sowie die Stahlwerke Riesa, Hennigsdorf, Ilsenburg, Freital u. a.

Selbstverständlich erfordert die Traditionspflege eines derart wichtigen Industriezweiges die Erhaltung originaler Sachzeugen. Aufgrund der Besonderheiten metallurgischer Technik und der Größe der technischen Aggregate kommt dafür aber nicht eine museale Aufbewahrung, sondern (fast) nur die Erhaltung als technische Denkmale in Frage. Das aber ist in der Metallurgie von der Geschichte her problematischer als im Bergbau. Wenn ein Bodenschatz an einer Stelle erschöpft ist, rückt der Bergbau weiter. Es werden neue Grubenanlagen an anderer Stelle gebaut und die alten stillgelegt. Oft bleiben die Gebäude der stillgelegten Grube erhalten und erregen (nach einiger Zeit) die Aufmerksamkeit der Denkmalpfleger. Anders bei den Hüttenanlagen und Hammerwerken. Sie sind – wegen der Energiequellen oder/und der Arbeitskräfte – meist jahrhundertelang am gleichen Standort geblieben und wurden an der gleichen Stelle immer wieder aufs neue modernisiert. Im Ergebnis finden wir heute auch am Standort alter Hüttenwerke vorwiegend neuzeitliche Produktionsstätten. Um so wertvoller sind die hüttentechnischen Denkmale, die sich trotzdem bis heute erhalten haben.

3.1. Denkmale des Edel- und Buntmetall-hüttenwesens

In den historischen Bergrevieren der DDR, vor allem im sächsischen Erzgebirge und im Mansfelder Kupferschieferbergbau, begann mit dem Abbau der Erze auch zugleich die Verhüttung. Vom 12. bis 16. Jahrhundert aber gab es zahlreiche kleine Hütten, von denen heute keinerlei Sachzeugnisse mehr erhalten sind. Allenfalls Schlackenhalden, aber auch diese verringert und verrollt, bezeugen an mancher Stelle alten Hüttenbetrieb. Gleiches gilt für die alten Saigerhütten, die im Thüringer Wald aufgrund des dortigen Holzreichtums im 15. und 16. Jahrhundert das Mansfelder Schwarzkupfer entsilbert, also zu Garkupfer und Silber verarbeitet haben.

Das älteste technische Denkmal des Hüttenwesens ist die Saigerhütte Grünthal bei Olbernhau/Erzgebirge, die aus einem ganzen Komplex von Gebäuden mit verschiedener historischer Aussage besteht (Abb. 29), [3.2]. Die Saigerhütte Grünthal wurde 1537 von dem Annaberger Hans Lienhardt gegründet [3.3], kam aber 1567 in den Besitz des sächsischen Kurfürsten, war über 300 Jahre lang somit also Staatsbetrieb, ging 1873 in Privatbesitz über, wurde unter der Firmenbezeichnung Sächsische Kupfer- und Messingwerke F. A. Lange weiter betrieben und erhielt in der Nähe neue Produktionsgebäude. In diesen produziert heute der VEB Bandstahlkombinat Eisenhüttenstadt, Betrieb Blechwalzwerk Olbernhau, und ist damit Traditionsnachfolger der alten Saigerhütte.

Die Tatsache, daß in Grünthal die Produktionsgebäude der letzten Jahre nicht im Gelände der Saigerhütte errichtet wurden, hat zur weitgehenden Erhaltung der dortigen Gebäude geführt. Leider ist 1951 allerdings gerade das technologische und architektonische Zentrum des Gebäudekomplexes, das eigentliche Hüttengebäude (Bild 107) abgebrochen worden. Die übrigen erhaltenen Gebäude stellen jedoch noch einen geschlossenen Denkmalkomplex dar, der eindeutige Aussagen nicht nur zur Geschichte der Technik, des Arbeitsprozesses und der notwendigen Hilfsprozesse (bis zur Flößerei und zum Holzschlag) zuläßt, sondern auch die historische soziale Position dieses Betriebes einschließlich der Sozialstruktur seiner Belegschaft offenbart. Das Hüttengebäude als technologisches und architektonisches Kernstück des gesamten Gebäudekomplexes muß zur Komplettierung der Anlage als Kopie wiedererrichtet werden, sobald die Möglichkeit dazu besteht. Bauzeichnungen und Unterlagen für die technische Ausstattung liegen vor.

Das Hüttengebäude, auch Lange Hütte genannt, war 1562 errichtet worden, stammte also fast noch aus der Zeit Agricolas. Mit den niedrigen Umfassungsmauern und dem hohen Dach war es ein typisches historisches Hüttengebäude, wie sie in Bildern auch von anderen Hütten überliefert sind. Die technische Einrichtung sei hier nicht nach den vorhandenen alten Quellen, sondern in Form eines neuen Gestaltungsvorschlages dargestellt, der aber weitgehend dem alten Bestand folgt, diesen jedoch so ergänzt, daß einem künftigen Besucher – wenn die Rekonstruktion nach alten Unterlagen

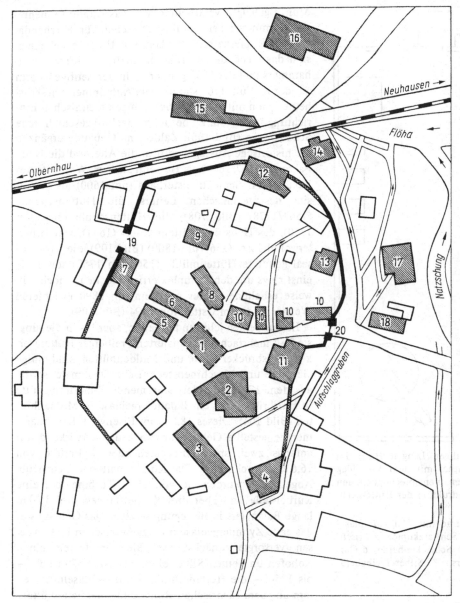

Abb. 29. Grundriß der Saigerhütte Grünthal

dunkel: die historischen Gebäude; die Jahreszahlen geben die erste Erwähnung und das ungefähre Alter der gegenwärtigen Bausubstanz an

1 das Saigerhüttengebäude, die Lange Hütte (nicht mehr erhalten), (1562), *2* Treibehaus (für die Silber-Raffination) (1890), *3* sog. Neue Faktorei (1567/1803), *4* Brauhaus (1580/1900), *5* Alte Faktorei (1604/1800), *6* Hüttenschänke (1567/1778), *7* Hüttenschule und Zimmerhaus (1604/1750), *8* Schichtmeisterhaus (1587/1900), *9* Richterhaus (1641), *10* vier Arbeiterwohnhäuser (1567/1800), *11* Kohlenschuppen (1900), *12* Garhaus (1650/1900), *13* Hüttenschmiede (1567/1750), *14* Hüttenmühle (1567/1750), *15* Neuhammer (1587/1700), *16* Doppelhammer (heute Kulturhaus) (1604/1936), *17* Althammer (1567/1700), *18* Försterei (1610/1850), *19* Westtor (1660/1890), *20* Osttor (1694), die Hüttenmauer ist teils erhalten *(schwarz ausgezogen)*, teils ergänzbar *(schraffiert)*

erfolgt ist – der vollständige Hüttenprozeß demonstriert wird (Abb. 30), [3.4]. An einem alten Pochwerk (1) wird das Pochen des Schwarzkupfers erläutert. Eine Welle mit Wasserrad betreibt zwei Blasebälge für zwei Frischherde (2). Auf diesen wurde das Schwarzkupfer unter Zugabe von Blei und Holzkohle so geschmolzen, daß eine Blei-Kupfer-Silber-Legierung entstand. In den Saigerherden (3) gegenüber wurde die Legierung so erhitzt, daß die bei niedrigerer Temperatur schmelzende Blei-Silber-Legierung flüssig herabtropfte (saigerte) und das Kupfer in Form der Kienstöcke fest zurückblieb. Dies war der technische Prozeß, der dem Werk den Namen Saigerhütte einbrachte. In dem Darrofen (4) wurden die Kienstöcke unter Luftzufuhr erhitzt. Sie ergaben da-

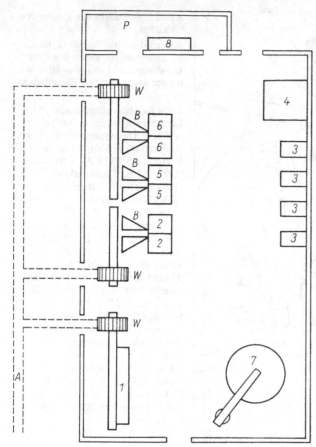

Abb. 30. Der Grundriß der ehemaligen Langen Hütte im Denkmalkomplex Saigerhütte Grünthal mit dem Vorschlag einer der einstigen Ausrüstung fast genau entsprechenden, den Produktionsablauf zeigenden Rekonstruktion der Hüttentechnik

A Aufschlagwassergraben, *W* Wasserrad mit Welle, *B* Blasebalg, *1* Pochwerk zum Pochen von Schwarzkupfer, *2* Frischherde, *3* Saigerherde, *4* Darrherd, *5* Schlackenherde, *6* Garherde zum Reinigen des Kupfers, *7* Silber-Treibeherd, *8* Probierofen in Probierstube *(P)*

durch weitgehend von dem restlichen Blei befreite Kupferstücke. Auf den Schlackenherden (5) wurden die Blei-Kupfer-Schlacken, auf den Garherden (6) das metallische Kupfer weiterverarbeitet bzw. gereinigt. In dem Treibeherd (7), einem schon von AGRICOLA abgebildeten Ofentyp, erfolgte die Trennung des Silbers vom Blei. Damit waren Kupfer und Silber die Endprodukte der Saigerhütte. Während das Silber in die kurfürstliche

Münze gelangte, verarbeitete man das Kupfer in mehreren Hammerwerken zu Kupferblechen für Kirchendächer, zu Kupferkesseln, Pauken usw. Erhalten geblieben sind das Gebäude des 1587 erstmalig erwähnten Neuhammers und der 1567 genannte, in der heutigen Form aus der Zeit um 1700 stammende Althammer. Dieser ist heute schon mit seiner betriebsfähigen technischen Einrichtung eine stark besuchte technikgeschichtliche Schauanlage (Bild 106). Zahlreiche Gebäude ergänzen die historische Aussage, so u. a. die Alte und die Neue Faktorei (1567/1604) als Herrenhaus bzw. Wohnsitz des Faktors, das Schichtmeisterhaus (um 1600) als Wohnsitz des technischen Leiters, die Hüttenschänke (1567/1778) (Bild 108), die Hüttenschule (1604/um 1750), das Haus des Hüttenrichters (1641), vier Arbeiterwohnhäuser (1567/um 1800) (Bild 109), die jetzt museal genutzte Hüttenmühle (1567/um 1750) sowie die einst rings um den Komplex errichtete, heute noch teilweise erhaltene Mauer mit dem um 1890 errichteten Westtor und dem Osttor von 1694 (Bild 109).

In den beiden jahrhundertealten, aber bis in die jüngste Zeit mehrfach modernisierten Freiberger Hüttenwerken, Halsbrücker Hütte und Muldenhütten, sind einige Gebäude und Maschinen technische Denkmale, so die aus dem 17. Jahrhundert stammende Silbertreibehütte in Halsbrücke und ein Balanciergebläse in Muldenhütten (Bild 104). Dieses 1827 vom Eisenwerk Lauchhammer hergestellte Gebläse arbeitete doppeltwirkend mit anfangs zwei, später drei stehenden Zylindern von 76,6 cm Durchmesser. Die Kolben hatten 122 cm Hub. Angetrieben wurden sie von einer Turbine, die eine Kurbelwelle und über drei Kurbelstangen drei 3,80 m lange Balanciers in Bewegung setzten. Das Gebläse war das erste Zylindergebläse im erzgebirgischen Hüttenwesen, versorgte zunächst zwei Bleischmelzöfen, einen Rohofen und einen Silberfeinbrennherd, später aber – bis 1954! – die Hüttenschmiede mit Gebläseluft. Weitere aus dem sächsischen Bunt- und Edelmetallhüttenwesen erhalten gebliebene Gebläsemaschinen sind das neugotische Schwarzenberg-Gebläse und das antikisierende Lauchhammer-Gebläse (Bilder 9, 139 und 140).

Im 19. Jahrhundert war die Halsbrücker Hütte durch das 1790 errichtete, der Edelmetallgewinnung dienende Amalgamierwerk berühmt. Von diesem ist außer einigen Mauerresten noch die aus massiven Gewölbebögen bestehende Wasserleitungsbrücke erhalten. Das bekannteste technische Denkmal des Freiberger Hüttenwesens ist die 1889 erbaute, 140 m hohe Halsbrücker Esse (Bild 105), [3.5]. Sie ist nun fast hundert Jahre ein Wahrzeichen der Landschaft nördlich von Freiberg, zugleich aber ein Denkmal früherer Maßnahmen zum Umweltschutz. Die vorher üblichen Schornsteine des in dem Tal der Mulde gelegenen Hüttenwerkes waren so niedrig, daß der schadstoffreiche Hüttenrauch besonders nach den Produktionssteigerungen des 19. Jahrhunderts zu starken Schädigungen der Landwirtschaft, des Obstbaus und der Imkerei führte. Nach einigen Prozessen der Geschädigten gegen den sächsischen Staat als dem Besitzer der Hütte baute man deshalb diesen damals höchsten Schornstein der Welt, um die Schadstoffe in höhere Luftschichten abzuführen. Sie sollten damit den Erdboden nicht wieder oder so weit verteilt erreichen, daß sie bis zur Unschädlichkeit verdünnt waren. Die Halsbrücke Esse ist damit der erste in einer ganzen Reihe von hohen Schornsteinen, die zum gleichen Zweck bis heute an verschiedenen Orten errichtet worden sind.

Ein industriearchitektonisch besonders wertvolles Hüttengebäude ist die ehemalige Kupferhütte bei Sangerhausen, an der Straße nach Wippra gelegen (Bild 111). Zwar ist von der einstigen technischen Inneneinrichtung nichts mehr erhalten, doch sind die neogotischen Details, die Staffelgiebel beiderseits des hohen steilen Dachs und die maßwerkgeschmückten Spitzbogenfenster typisch für viele Industriebauten der Zeit um 1830. Unmittelbar in der Nähe stehen weitere Gebäude des ehemaligen Hüttenkomplexes aus dem 18. und 19. Jahrhundert. Die Kupferhütte Sangerhausen ist das wertvollste erhaltene historische Gebäude der für die Reviere von Eisleben und Sangerhausen regionalgeschichtlich äußerst wichtigen Kupferhüttenindustrie und von der Verkehrslage her für eine spätere gesellschaftliche Erschließung besonders geeignet.

3.2. Bergfabriken als technische Denkmale

Die Edel- und Buntmetallurgie hatte sich seit dem Beginn des erzgebirgischen Bergbaus im Jahre 1168 bis zum 16. Jahrhundert zu einem technisch hohen Stand entwickelt. Besonders in dem 1470 aufblühenden Schneeberger Bergrevier kamen jedoch auch Erze vor, die zuvor unbekannt waren, geschweige denn verwendet wurden. Anfangs wurden sie als wertlos oder gar beim Verhütten der bekannten Erze als störend empfunden und erhielten dem bergmännischen Aberglauben der Zeit entsprechend die Namen von Berggeistern: Kobalt und Nickel. Aber der sächsische Berg- und Hüttenmann suchte auch für diese Erze eine Verwendungsmöglichkeit.

Das ebenfalls neue und in Schneeberg reichlich auftretende Wismut hatte schon um 1450 Verwendung für das Letternmetall des damals jungen Buchdrucks gefunden. Beim Wismutschmelzen ergab sich als Nebenprodukt Kobalt, aus dem 1520 erstmalig die blaue Kobaltfarbe hergestellt wurde. Venedig kaufte diese Farbe für seine Glasindustrie. Auch Nürnberg und Holland meldeten sich als Kunden. Die Holländer exportierten das Kobaltblau nach China, wo man es zur Dekoration des dortigen Porzellans verwendete. So wurde Kobalt, besonders als der Silberreichtum in den Zechen nachließ, in Schneeberg zum wichtigsten Fördererz.

Diese Entwicklung aber machte die Anlage von Blaufarbenwerken nötig, in denen das Erz zum Kobaltblau verhüttet wurde. Vom Arbeitsgegenstand, vom erstrebten Produkt und von Details der Technologie her weichen diese Blaufarbenwerke von den traditionellen Buntmetallhütten zwar ab, aber von der generellen Art des Arbeitsprozesses – der thermischen Stoffwandlung – her waren die sächsischen Hüttenleute diejenigen, die die Blaufarbenwerke entwickeln konnten und auch wirklich entwickelt haben.

Im Jahre 1568 wurde das erste Blaufarbenwerk errichtet. Da Kobalt nicht zum Bergregal gehörte, war seine Verarbeitung zunächst de jure frei. De facto aber regelte der sächsische Kurfürst die Produktion wie die aller damaligen Manufakturen mit der Erteilung von Privilegien, bis er mit Kobaltkontrakten und mit seinem eigenen Blaufarbenwerk Oberschlema ab 1724 die Kobaltfarbenproduktion fest in eigene Regie nahm.

Die Blaufarbenwerke (Tabelle 5) waren mit ihrer Arbeitsteilung und mit dem Anteil der Handarbeit typische Produktionsstätten der Manufakturperiode, aber sie waren keine von den Manufakturen, die sich aus kapitalistischer Konzentration traditioneller Handwerkstätigkeit ergeben hatten. Die Konzentration der Arbeiter und die Arbeitsteilung waren hier von der dem Hüttenprozeß ähnlichen Technologie bestimmt, so daß sich

Tabelle 5. Übersicht über die erzgebirgischen Blaufarbenwerke

Gründung und Stilllegung	Werk und Ort	Bemerkungen
1568–1573	Farbmühle von CHRISTOPH STAHL in Schneeberg	1573 durch Hochwasser vernichtet
1635 bis 20.Jh.	Niederpfannenstiel bei Aue	gegründet von VEIT HANS SCHNORR (1614 bis 1664) aus Schneeberg
1644 bis 20.Jh.	Oberschlema bei Schneeberg	gegründet von HANS BURKHARDT aus Schneeberg, ab 1651 kurfürstlich
1650–1854	SCHINDLERS Werk bei Bockau/Albernau	gegründet von ERASMUS SCHINDLER aus Schneeberg
1651–1684	Werk im Sehmatal bei Annaberg	SEBASTIAN OEHME aus Leipzig
1684–1850	Zschopenthal bei Zschopau	Nachfolgewerk des Werkes bei Annaberg
1665–1677	Unterjugel bei Johanngeorgenstadt	gegründet von J.G.LÖBEL, 1668 kurfürstlich und mit Oberschlema vereinigt

die Blaufarbenproduktion sogleich in Form der Bergfabriken, ohne handwerkliche Vorstufe entwickelte [3.6].

Weitere solche Bergfabriken entstanden z.B. im Gebiet von Aue zur Verarbeitung der Nickelerze, als E. A. GEITNER 1821 das Nickel gewann und die Nickel-Kupfer-Zink-Legierung Argentan (Neusilber) entwickelte, aus der man u.a. Bestecks produzierte.

Schließlich können auch die Porzellanmanufakturen des 18. Jahrhunderts den Bergfabriken zugezählt werden, wenn man die Eigenart des Produktionsprozesses von der bergmännischen Gewinnung des Kaolins über die Arbeitsteilung bei der Massebereitung, Formung, Trocknung und dem Brennen des Porzellans bis hin zur Nutzung hüttenmännischer Kenntnisse beim Ofenbau und Brennprozeß bedenkt. Tatsächlich entstand in Sachsen die Porzellanmanufaktur Meißen 1710 unter wesentlicher Mitwirkung der Freiberger Berg- und Hüttentechniker [3.7]. Ähnliches gilt für andere silikattechnische Produktionsstätten von Fayencebäckereien bis hin zu Glashütten.

Die Blechhämmer, in denen besonders im Westerzgebirge durch Verzinnen gehämmerten Schwarzblechs Weißblech produziert wurde, standen hinsichtlich Technik, technischer Ausrüstung und Produkt zwischen den Bergfabriken und den traditionellen Eisenhütten jener Zeit [3.8].

Obwohl in den Blaufarbenwerken wie in den Hüttenwerken überhaupt die alte Technik stets am gleichen Ort neuen Produktionsanlagen weichen mußte, gibt es im westlichen Erzgebirge noch einige Gebäudegruppen, die von der Architektur her die Eigenart der früheren Bergfabrik erkennen lassen und die mit ihrem Standort jene in der Produktionsgeschichte Sachsens wichtige Entwicklungsetappe der Bergfabriken dokumentieren. Die heute historisch wertvollsten dieser Gebäudegruppen sind das Schindlersche Blaufarbenwerk im Tal der Zwickauer Mulde bei Albernau oberhalb von Aue und das ehemalige Blaufarbenwerk Zschopenthal unterhalb von Zschopau. In beiden Fällen hat sich nichts von der technischen Einrichtung erhalten. Im Schindlerschen Blaufarbenwerk wird seit 1854 bis heute Ultramarin-Farbe produziert, also die Tradition wenigstens indirekt fortgesetzt. In den Gebäuden des Blaufarbenwerkes Zschopenthal sind heute vorwiegend Wohnungen eingerichtet. In Zschopenthal geben sich die Häuser durch ihre Größe, die alte Fachwerk-Architektur, die Anordnung um den Werkshof und vor allem durch den zur Arbeitszeitregelung wichtigen Uhr- und Glockenturm als alte Bergfabrik zu erkennen. SCHINDLERS Werk bildet noch heute die typische, aus Herrenhaus mit Glockenturm, Produktionsgebäuden, Arbeiterwohnhäusern und Unternehmervilla bestehende Gebäudegruppe (Bild 110).

3.3. Technische Denkmale der Eisenhüttenindustrie

Eisen ist seit über 2000 Jahren in Mitteleuropa das wichtigste Gebrauchsmetall. Werkzeuge und Waffen sind seit der Eisenzeit vorrangig aus Eisen. Hölzernes Gerät, hölzerne Bauteile und Mobiliar, Wagen, Türen, Truhen usw. hatten eiserne Teile. Schmiede und Schlosser waren spezialisierte Berufe, die Eisen verarbeiteten.

Die Erzeugung des Eisens erfolgte bis in das 15. Jahrhundert vorwiegend in Rennfeuern. Das waren kleine, etwa 1,5 bis 2 m hohe Öfen, in denen die erreichbaren Temperaturen nur bis zu einem teigigen Schmiedeeisen führten. Dieses wurde durch mehrfaches Ausschmieden von den Schlacken befreit. Rennfeuer wurden stets in der Nähe der zahlreichen Eisenerzvorkommen angelegt und lohnten sich auch schon bei geringer Größe der Eisenerzlagerstätten. Als Standorte wählte man die Höhen oder oberen Talhänge, um hier den natürlichen Wind zur Erzeugung eines möglichst starken Feuers zu nutzen.

Später erzeugte man künstlichen Wind, zunächst mit handgetriebenem Blasebalg, dann mit Wasserradantrieb. Das hat eine Verlagerung der Eisenschmelzen in die Täler zur Folge, wo eben die Wasserkraft verfügbar war.

Wasserradbetriebene Blasebälge erzeugten derartige Luftmengen, daß die Temperaturen bis zur Erzeugung von Gußeisen gesteigert werden konnten und mit höheren Öfen größere Produktionsleistungen erzielt wurden. So entstanden um 1500 die Blauöfen (wohl Blaseöfen) und durch Art und Umfang der Produktion ganze Hüttensiedlungen in den Tälern. Die Gruben mußten mehr Eisenerz liefern, also mehr Bergleute beschäftigen. Das Erz mußte für den Schmelzprozeß vorbereitet, der Blauofen und die Maschinerie bedient, Eisen und Schlacke sogleich weiterbearbeitet werden. Das Gußeisen wurde entweder als solches für die Produktion von Gußwaren (Ofenplatten, Kanonenkugeln, Töpfe usw.) benutzt oder im Frischfeuer zu Schmiedeeisen weiterbearbeitet, indem in oxydierendem Herdfeuer ein Teil des im Gußei-

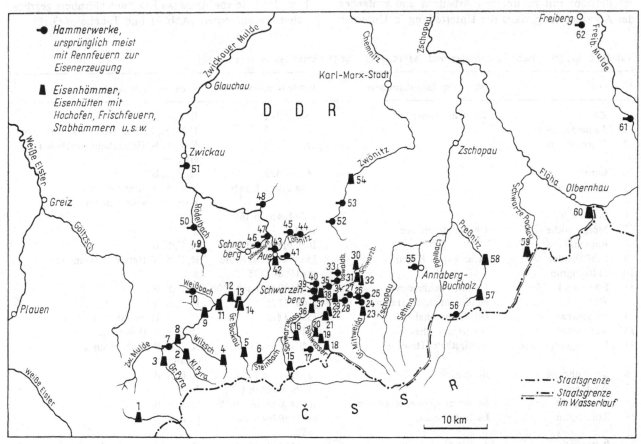

Abb. 31. Übersichtskarte der Eisenhämmer und Eisenhütten im westlichen und mittleren Erzgebirge (nach G. Altmann und [3.9]) (Erläuterung s. Tabelle 6)

93

sen befindlichen Kohlenstoffs oxydiert (entfernt) und das Eisen damit schmiedbar wurde. Nach dem Frischfeuer schmiedete man in Zainhämmern das Schmiedeeisen zum stabförmigen Halbfabrikat oder in ähnlichen Hammerwerken zu Werkzeugen und anderen schmiedeeisernen Waren aus. Deshalb sprach man nicht von Eisenhütten, sondern von Eisenhämmern und gab den einzelnen Werken oft Namen, die dieses Wort mit der Ortsbezeichnung oder dem Namen des Besitzers verbanden. So waren die Eisenwerke Erlahammer, Schönheider Hammer, Auerhammer mit den Namen benachbarter Orte verbunden, die Bezeichnungen Nietzschhammer, Wittigsthaler Hammer, Siegelhammer von Namen der Besitzer abgeleitet [3.9].

Der mehrstufige Produktionsprozeß hatte schon im 16. Jahrhundert notwendigerweise die Entstehung größerer Betriebe mit zahlreichen Arbeitern und weitgehender Arbeitsteilung, dazu die Unterteilung in Unterneh-

mer, Beamte und Arbeiter zur Folge. Das spiegelte sich im Gebäudebestand wider. Ein typischer erzgebirgischer Eisenhammer des 16. bis 18. Jahrhunderts bestand also aus Eisenerzgruben, einem oder mehreren Frischfeuern, Zain- und sonstigen Hammerwerken, dem Herrenhaus, Beamtenwohnhäusern, Arbeiterwohnhäusern, Hammerschänke, -schule u. ä.

Von diesem Gebäudebestand der historischen, besonders für den Raum Schwarzenberg/Westerzgebirge typischen Eisenhämmer haben sich vorwiegend nur die Wohnbauten und Hammerschänken erhalten, z. B. bei Schwarzenberg das Herrenhaus des 1380 erstmals erwähnten Erlahammers (Bild 116), mit Fachwerkobergeschoß und Glockenturm, in Pöhla das Herrenhaus vom Pfeilhammer mit hohem Mansardendach (Bild 117) und in Blauenthal an der Zwickauer Mulde das Herrenhaus des 1536 von ANDREAS BLAU aus Nürnberg gegründeten Eisenhammers (Abb. 31 und Tabelle 6) [3.10].

Tabelle 6. Erzgebirgische Eisenhütten und -hämmer und ihr Denkmalbestand (nach [3.10])

Nr.	Ort	Name des Eisenhammers	Betriebsjahre von–bis	Technische Anlagen
1	Zwota	Zwotenhammer	vor 1580–1848	H, F, S
2	Tannenbergsthal		1675–1855	1824: H, F, S, B. Herrenhaus erhalten
3	Morgenröthe		1596–1877	H, F, S, B, Herrenhaus, Hochofen u.a. erhalten
4	Carlsfeld		1676–1823	H, F, S, B
5	Wildenthal		1598 bis nach 1836	H, F, S, B, Arbeiterhäuser und Hammergraben erhalten
6	Steinbach		1629 bis nach 1680	H
7	Morgenröthe	Ob. Muldenhammer	1612	S
8	Rautenkranz		1680 bis nach 1821	H, F, S, B
9	Schönheide	Schönheider Hammer	1563–1872 bis heute	H, F, S, B, Herrenhaus erhalten
10	Stützengrün		vor 1500–1775	S
11	Eibenstock	Unt. Muldenhammer	vor 1500 bis nach 1800	H, F, S, B
12	Wolfsgrün	Neidhardtsthaler Hammer	1608–1875	H, F, S, B
13	Blauenthal	Oberblauenthal	1537–1816	H, F, S, Herrenhaus erhalten
14	Blauenthal	Unterblauenthal	1536–?	H, F, S, B, Herrenhaus u.a. erhalten
15	Johanngeorgenstadt	Wittigsthaler Hammer	1640 bis um 1870	H, F, S, B, Herrenhaus u.a. erhalten
16	Breitenbrunn	Breitenhof	1570 bis um 1850	H, F, S, B
17	Wildenau		16. Jh. bis nach 1871	S
18	Rittersgrün	Schmerzing- oder Rothammer	um 1440 bis um 1850	H, F, S, B
19	Rittersgrün	Escherhammer	um 1560 bis nach 1661	H, F, S
20	Rittersgrün	Arnoldshammer	um 1550–1868	H, F, S, B, Herrenhaus erhalten
21	Kleinpöhla	Pfeilhammer	1505–1872	H, F, S, Herrenhaus u.a. erhalten

Tabelle 6 (Fortsetzung)

Nr.	Ort	Name des Eisenhammers	Betriebsjahre von–bis	Technische Anlagen
22	Großpöhla	Siegelhammer	vor 1550–1856	H, F, S, B, Herrenhaus u.a. erhalten
23	Obermittweida	Nietzschhammer	1409–1854	H, F, S, B
24	Markersbach	Unt. Schumannscher Hammer	vor 1500	S
25	Markersbach	Weigelscher Hammer	vor 1500	S
26	Markersbach	Siegelscher Hammer	um 1507	S
27	Markersbach	Hegerscher Hammer	vor 1500	S
28	Markersbach	Kleinhempelscher Hammer	vor 1500	H, F, S
29	Raschau	Pöckelhammer	vor 1500	H, F, S
30	Elterlein		vor 1406 bis 18.Jh.	H, F, S
31	Schwarzbach	Tännicht	vor 1500 bis um 1700	H, F, S
32	Schwarzbach	Förstel	um 1520	H, F, S, Herrenhaus erhalten
33	Waschleithe		14. Jh.	S
34	Waschleithe	St. Oswald	16. Jh.	S
35	Waschleithe	St. Niklas	um 1530	S
36	Erla	Erlahammer	1380–1879 bis heute	H, F, S, Herrenhaus u.a. erhalten
37	Schwarzenberg	Rosenthal	um 1625	S
38	Schwarzenberg	Kugelhammer	1536 bis um 1750	H, F, S, Herrenhaus erhalten
39	Schwarzenberg	Güntherhammer	18. Jh. bis heute	S
40	Schwarzenberg	Obersachsenfeld	17. Jh.	S
41	Aue	Niederpfannenstiel	1635	S
42	Aue	Auerhammer	um 1500 bis um 1929	H, F, S, B
43	Aue	Zeller Hammer	1687 bis nach 1846	S
44	Dittersdorf		um 1750	S
45	Lößnitz		um 1585	S
46	Oberschlema		?	S
47	Niederschlema		16.–18. Jh.	S
48	Hartenstein		15. Jh.	S
49	Hartmannsdorf		17.–18. Jh.	S
50	Kirchberg		18. Jh.	S
51	Zwickau		16.–18. Jh.	S
52	Zwönitz		um 1670	S
53	Dorfchemnitz		um 1577	S
54	Thalheim		vor 1687 bis nach 1850	H, F, S
55	Annaberg-Buchholz	Frohnauer Hammer	1656–1900	S, Hammer und Herrenhaus erhalten
56	Schlössel		1618 bis um 1850	s, Hammergut erhalten
57	Schmalzgrube		vor 1550 bis nach 1860	H, F, S, Hochofen, Herrenhaus u. a. erhälten
58	Mittelschmiedeberg		1674 bis 19. Jh.	1815: H, F, S, Hammerschänke erhalten
59	Kühnhaide		1550 bis nach 1800	H, F, S, B
60	Rothenthal		1626 bis um 1750	H, F, S, B, Drahthütte
61	Dorfchemnitz		1567–1933	S, Hammerwerk erhalten
62	Freiberg	Freibergsdorfer Hammer	um 1700–1974	S, Hammerwerk erhalten

H Hochofen, F Frischfeuer, B/S Blech- bzw. Stab- oder Zainhammer

An drei Stellen des Erzgebirges finden wir noch die Hochöfen dieser Eisenhämmer, allerdings als einzeln stehende Ruinen, die die Komplexität der einstigen technischen Anlagen nur noch zum Teil erkennen lassen. So steht im Pyratal/Vogtland der alte Hochofen des Eisenhammers Morgenröthe dem barocken Herrenhaus gegenüber, und der Hochofen des Eisenwerks Schmalzgrube bei Jöhstadt befindet sich in der Nähe des Herrenhauses (Bild 115), während der um 1700 erbaute Hochofen von Brausenstein im Bielatal/Osterzgebirge der letzte Überrest des von 1450 bis 1720 produzierenden Eisenhammers ist (Bild 114). Er wurde 1980 auf Initiative des Arbeitskreises »Sächsische Schweiz« der Geographischen Gesellschaft von einer Brigade des VEB Stahl- und Walzwerk Riesa restauriert, zu dessen Industriezweigtradition dieser Hochofen in technikgeschichtlicher Hinsicht auch gehört.

Als mit der Einführung des Kokshochofens ab etwa 1800 und im Zuge der Wechselwirkungen der Industriellen Revolution (Maschinenbau, Eisenbahn) die Eisenwerke der Steinkohlenreviere ihren Aufschwung erlebten, war dies mit einem Niedergang der mit der Holzkohle des Gebirges betriebenen Eisenhämmer verbunden. Im Jahre 1881 wurde der letzte Holzkohlenhochofen des Erzgebirges, der von Erlahammer bei Schwarzenberg, stillgelegt. Dabei wurden allgemein (bis auf die drei Ausnahmen) die technischen Anlagen abgebrochen und durch artverwandte oder andere Produktionsanlagen ersetzt, die, meist stets weiter modernisiert, noch heute produzieren. So steht an der Stelle des alten Schönheider Hammers heute der VEB Tempergießerei Schönheiderhammer und an der Stelle des Erlahammers der VEB Erlawerk Erla bei Schwarzenberg. Aufgabe dieser Betriebe ist es, die Denkmale ihrer Vorgänger in ihre Traditionspflege einzubeziehen. So können der VEB Erlawerk Erla bei Schwarzenberg das Herrenhaus des Erlahammers und der VEB Tempergießerei Schönheiderhammer neben anderen Gebäuden auch noch das Herrenhaus, vor allem aber die noch erhaltene, in der neogotischen Industriearchitektur der Zeit um 1830 errichtete erste Tempergießhalle als ihre Traditionsstätten pflegen und nutzen.

Sozusagen im Windschatten der großen industriellen Entwicklung des 19. Jahrhunderts haben sich in der DDR zwei alte Holzkohleneisenhütten der Zeit um 1800 bis 1830 erhalten, das Hüttenwerk Peitz bei Cott-

bus und die Neue Hütte, auch Happelshütte genannt, bei Schmalkalden.

Das Hüttenwerk Peitz verarbeitete seit dem 16. Jahrhundert den in den Niederungen der Umgebung anstehenden Raseneisenstein. Unter sächsischer Verwaltung wurde 1809/1810 ein neuer Hochofen mit Gießhalle errichtet (Bild 118). Die eingeschossige Gießhalle wird von einem bemerkenswert gekrümmten Dach und frei sichtbaren Dachstuhl überspannt. In der Mitte des eingeschossigen Baus überragt der aus Bruchsteinen gemauerte Hochofen das Dach. Auf der Hofseite weist der Bau halbkreisförmige Fenster, Risalit und Giebeldreieck als Schmuckformen auf. An der Rückseite hingen in dem Wassergraben einst die Wasserräder für die Blasebälge. An deren Stelle finden wir im Innern des Gebäudes heute ein zwar jüngeres, aber historisch auch wertvolles Zylindergebläse. Weiter enthält die Gießhalle noch die Abstichöffnung des Hochofens, einen Röhrenwinderhitzer, einen hölzernen Kran und zwei Kupolöfen (Bilder 119 und 120).

Die Neue Hütte oder Happelshütte bei Schmalkalden ist das einzige technische Denkmal der dort seit dem 14. Jahrhundert nachgewiesenen berühmten Eisenindustrie [3.11] bis [3.13] Wo schon 1656 bis 1669 der hessische Amtmann Dr. S. HAPPEL Blauofen und Stahlhammer errichtet hatte, wurde 1835 ein 9,6 m hoher Holzkohlenhochofen aus heimischen Sandsteinblöcken gebaut und mit einem klassizistischen Zentralbau aus Fachwerk-Mauerwerk umgeben (Abb. 32). Zur technischen Ausrüstung der Hütte aus der Zeit der Erbauung gehörten der neben dem Gebäude stehende Winderhitzer und das Zylindergebläse, das von einem (nicht mehr erhaltenen) 3,6 m hohen Wasserrad angetrieben wurde. Holzkohlenschuppen (Bild 112) und das Wohn- und Verwaltungsgebäude ergänzen die Anlage.

Im Jahre 1870 erhöhte man den Hochofen auf 11,7 m und das Gebäude um ein Stockwerk (Bild 3.13) und baute daneben noch einen kleinen 9,35 m hohen Hochofen. Dessen Fachwerkumbauung minderte allerdings den Eindruck des alten Gebäudeteils, indem dieser nun nicht mehr so deutlich als Zentralbau wirkte. Für die 1965 bis 1980 durchgeführte Restaurierung des Gebäudes war deshalb denkmalpflegerisch zu entscheiden, ob und in welchem Maße die Umbauten von 1870 rückgängig gemacht werden sollten. Bei dem alten, großen Hochofen behielt man die 1870 geschaffene Höhe des

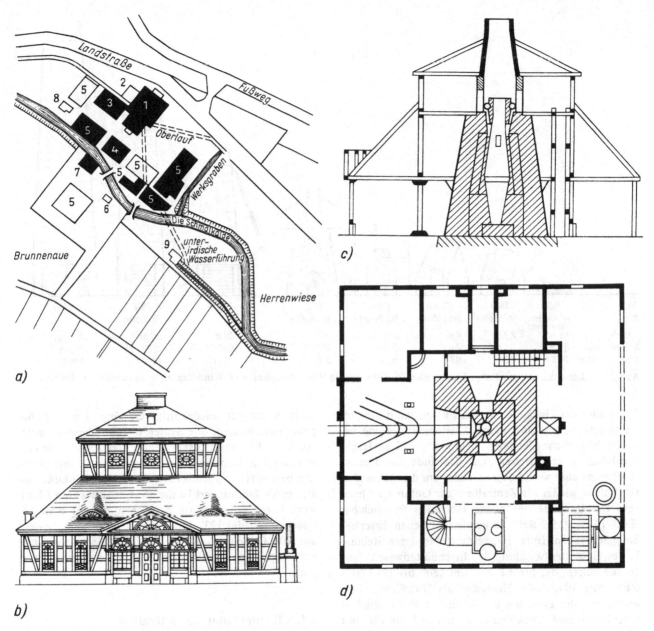

Abb. 32. Die Neue Hütte (Happelshütte) bei Schmalkalden
a) Grundriß der Gesamtanlage
1 Hochofenhaus, *2* Schmiede, *3* Brechergebäude, *4* Wohn- und Verwaltungshaus, *5* Holzkohleschuppen, *6* Labor, *7* Sacklager für Holzkohle, *8* ehemalige Schlackensteinherstellung;
schwarz: erhaltene Gebäude, *weiß:* nicht erhaltene Gebäude
b) Fassade des Hüttengebäudes im Jahre 1835
c) Schnitt durch das Hüttengebäude im Jahr 1835
d) Grundriß mit Gießhalle *(Mitte links)* und Wasserrad mit Zylindergebläse *(rechts unten)* (nach WENZEL, HANTKE, EBERT [3.12])

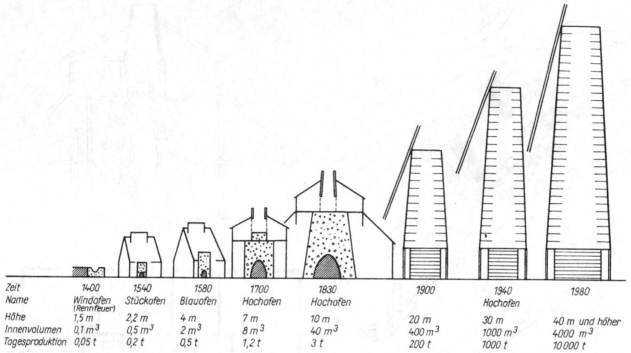

Zeit	1400	1540	1580	1700	1830	1900	1940	1980
Name	Windofen (Rennfeuer)	Stückofen	Blauofen	Hochofen	Hochofen		Hochofen	
Höhe	1,5 m	2,2 m	4 m	7 m	10 m	20 m	30 m	40 m und höher
Innenvolumen	0,1 m³	0,5 m³	2 m³	8 m³	40 m³	400 m³	1000 m³	4000 m³
Tagesproduktion	0,05 t	0,2 t	0,5 t	1,2 t	3 t	200 t	1000 t	10 000 t

Abb. 33. Schemaskizzen zur Entwicklungsreihe der Öfen für die Eisenerzeugung vom Windofen bis zum modernen Hochofen

Ofens und des Gebäudes bei und kann damit die produktionstechnisch und durch Leistungssteigerung bedingte historische Tendenz zu immer größeren Hochofenhöhen demonstrieren. Das Gebäude des kleinen Hochofens aber wurde abgebrochen, um das des großen Hochofens wieder als Zentralbau zur Geltung zu bringen. Damit wurde der kleine Hochofen frei sichtbar (Bild 17, S. 225). Bei der gesellschaftlichen Erschließung der Neuen Hütte (Happelshütte) ist deren Stellung in der Gesamtentwicklung des Eisenhüttenwesens herauszuarbeiten: der für die Zeit um 1800 bis 1840 typische, etwa 10 m hohe Hochofen als Glied einer Entwicklungsreihe zwischen den kleinen mittelalterlichen Rennfeuern und Stücköfen einerseits und den bis etwa 60 m hohen Hochofenriesen der Eisenmetallurgie unserer Zeit (Abb. 33).

Als Produkte aller hier genannten Eisenhütten und -hämmer des 16. bis 19. Jahrhunderts wurden schon Ofenplatten, Kanonenkugeln usw. genannt. Im 19. Jahrhundert kamen besonders Maschinenteile wie Zylinder von Kolbenmaschinen, Tragkonstruktionen von Ma-

schinen und verschiedenartige Gestänge hinzu, ferner gußeiserne Bauteile wie Säulen und Brückensegmente. Auch der Kunstguß bekam neue Aufgaben wie die Produktion von Türgittern, Grabgittern und Grabkreuzen. Ein besonders imposantes Denkmal des Eisenkunstgusses im 19. Jahrhundert ist der 1854 erbaute, vom Eisenwerk Bernsdorf gelieferte Aussichtsturm auf dem Löbauer Berg (Bild 123), [3.14]. Er ist 28 m hoch, besteht aus 70 t Gußeisen und ist um 1980/1985 vorwiegend von örtlichen Handwerksbetrieben restauriert worden.

3.4. Kupfer- und Eisenhämmer

Kupfer- und Eisenschmiede waren früher ein weit verbreitetes Handwerk. Die Kupferschmiede hatten allerlei Hausgerät anzufertigen. Eisen und Stahl verarbeiteten die Hufschmiede, Waffenschmiede, Sensenschmiede, Nagelschmiede usw. Meist handelt es sich dabei um kleine Produktionsstätten, wo die Werkzeuge einschließlich Blasebalg von Hand geführt und bedient wurden. Es gab aber vom 16. bis ins 20.Jahrhundert mit Wasserkraft betriebene Kupfer- und Eisenhämmer, die zwar im Gegensatz zu den Hütten das Metall nicht selbst erzeugten, sondern nur verarbeiteten, aber aufgrund der Wasserkraft als Energiequelle den Maßstab der typisch handwerklichen Schmieden überstiegen. Diese Kupfer- und Eisenhämmer standen zwischen den dörflichen und städtischen Schmieden und den Hüttenwerken sowohl technologisch wie auch in der Arbeitsorganisation, in der Sozialstruktur, der Größe der Gebäudekomplexe und der einzelnen Gebäude und nehmen damit auch im Denkmalbestand eine Mittelstellung ein.

Das technische Grundschema ist überall gleich (Abb. 34): Ein Wasserrad versetzt (direkt oder in seltenen Fällen mit Übersetzung) eine Daumenwelle in eine Drehbewegung. Die Daumen drücken die Schwänze der Schwanzhämmer nieder und heben damit den Hammer an, bis dieser bei weiterer Drehung der Welle freigegeben wird und auf den Amboß fällt. Meist betätigte eine Welle zwei oder drei Hämmer. Ein zweites Wasserrad diente dem Betrieb des Blasebalgs für das Schmiedefeuer. Dabei sind Kupfer- und Eisenhämmer im Prinzip einander gleich.

Als Denkmale sind folgende Hämmer erhalten: der *Kupferhammer Thießen* bei Roßlau, um 1560 erbaut, bis etwa 1960 in Betrieb; der *Freibergsdorfer Hammer* am Stadtrand von Freiberg, um 1700 erstmalig urkundlich genannt, bis 1974 in Betrieb, also der letzte, als Produktionsbetrieb genutzte sächsische Eisenhammer (Bild 124); der *Eisenhammer von Dorfchemnitz* bei Freiberg, 1567 gegründet, 1844 in der heutigen Gestalt erbaut, bis 1933 in Betrieb, seit 1969 Schauanlage [3.16], (Bilder 125 und 126); der *Frohnauer Hammer bei Annaberg*, einst Münzstätte, dann Getreidemühle, seit 1657 Eisenhammer, seit 1908 eins der bekanntesten und am stärksten besuchten technischen Denkmale mit drei Hämmern und zwei Wasserrädern (Bilder 127 und 128); der *Liebsdorfer Hammer* bei Weida, in der Nähe der Auma-Talsperre, 1770 erbaut, mit zwei Hämmern für die Eisenverarbeitung, und der *Tobiashammer bei Ohrdruf*, seit dem 16. Jahrhundert Eisen- und Kupferhammer, benannt nach dem Besitzer TOBIAS ALBRECHT (gest. 1615), in Privatbesitz bis 1972, seitdem in Rechtsträgerschaft des VEB Stahlverformungswerk Ohrdruf. Der Hammer war bis 1977 in Betrieb und wurde 1980 bis 1982 unter wesentlichem Anteil einer Jugendbrigade des Betriebes als technisches Denkmal restauriert. Der Tobiashammer (Bilder 129 und 130, Abb. 35) hat im Gegensatz zu den anderen genannten Hammerwerken vier Wasserräder, zwei Hammergestelle mit drei bzw. zwei Hämmern, ein Pochwerk und ein 1851 bis 1853 erbautes Walzwerk, das das einzige in der DDR erhaltene historische Walzwerk sein dürfte. Mit dieser technischen Ausrüstung ist der Tobiashammer im Gegensatz zu den anderen Hammerwerken ein Sachzeuge für bereits frühindustrielle Maßstäbe [3.17].

Auch die Hammerwerke gehören ähnlich wie die Hochöfen in eine historische Entwicklungslinie mit zunehmender Leistung und Größe, hier gleichbedeutend mit zunehmendem Gewicht des einzelnen Hammers. Ein Vorschlaghammer eines Schmiedes hat ein Gewicht

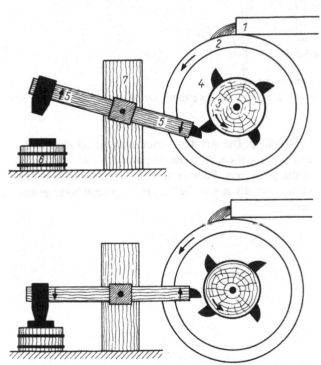

Abb. 34. Prinzipskizze zur Wirkungsweise eines Schwanzhammers (die Pfeile geben die Bewegungsrichtung an)
oben: Anheben des Hammers
unten: Schlag des Hammers auf den Amboß
1 Aufschlagwassergerinne, *2* Wasserrad, *3* Welle, *4* Nocken, *5* Schwanzhammer, *6* Amboß, *7* Hammergerüst

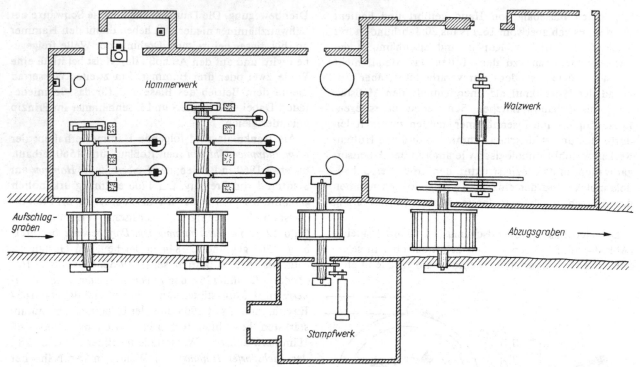

Abb. 35. Grundriß des Tobiashammers bei Ohrdruf (stark vereinfacht nach einer Zeichnung von F. OSCHMANN, B. KUMMER, U. TO-MASZEWSKI)

von etwa 10 kp, ein Hammer eines Hammerwerkes mit Wasserradantrieb wiegt etwa 150 bis 500 kp, das Fallgewicht eines Dampfhammers aus dem 19. Jahrhundert etwa 1 000 bis 10 000 kp, und eine moderne Schmiedepresse des 20. Jahrhunderts drückt mit etwa

1 500 000 kp. Die Art der Verformung ist im Prinzip die gleiche geblieben, die Energiequelle Mensch aber durch leistungsstärkere Energiequellen ersetzt und die Maschine damit um ein Vielfaches leistungsfähiger geworden.

4. Denkmale des Maschinenbaus und der Eisengießerei

■

Eisengießerei Schwarzenberg

■

Heinrichshütte bei Wurzbach

■

Maschinenfabriken von Escher, Voigt und Hartmann im ehemaligen Chemnitz

■

Dampfmaschinen und Gebläse

■

Werkzeugmaschinen

Der Maschinenbau ist neben der Textilindustrie und dem Verkehrswesen der Industriezweig, in dem die Geschichte der Produktivkräfte und Produktionsverhältnisse am deutlichsten zum Ausdruck kommt.

Die Wassermühle, seit der Antike bekannt, von KARL MARX als »Elementarform aller produktiven Maschinerie« [4.1] bezeichnet, erforderte zu ihrer Herstellung den Mühlenbauer. Ebenso wie dieser schufen im Bergbau des 15. bis 18. Jahrhunderts Bergschmiede, Kunststeiger und Kunstarbeiter die Wasserräder, Wasserkünste, Kehrräder und Pochwerke auf handwerkliche Weise – aus Holz und Eisen, nach Maß und in Einzelanfertigung, ohne daß dabei eine besondere Art der Produktionsstätten entstand. Allenfalls einige Eisenhämmer kann man als Maschinenbauwerkstätten jener Zeit betrachten (vgl. S. 99).

Erst die Dampfmaschine begann in der Industriellen Revolution den Maschinenbau zu revolutionieren. War zuvor das Holz der vorherrschende Maschinenbauwerkstoff für den Mechanismus der Mühlen, Wasserkünste und Wasserräder, so ließ sich die Wärmeenergie des Dampfes nur in eisernen Zylindern und mit gut eingepaßten Kolben in mechanische Energie wandeln. Die Herstellung von Dampfmaschinen bedingte also den Übergang von Holz zu Eisen als wichtigstem Maschinenbauwerkstoff und hatte die Entwicklung besonderer Maschinenbauwerkstätten zur Folge. Zunächst waren hier nur verschiedene Metallhandwerker konzentriert. Aber als Bohrmaschinen, Hobel- und Fräsmaschinen sowie Drehmaschinen zum Einsatz kamen, also Maschinen mit Hilfe von maschinell angetriebenen Werkzeugmaschinen gebaut wurden, war die Maschinenfabrik entstanden, in England gegen Ende des 18. Jahrhunderts, auf dem Kontinent in den ersten Jahrzehnten des 19. Jahrhunderts.

Da die Maschinenbauwerkstätten und Fabriken zahlreiche Gußteile benötigten, entwickelten sie sich am Standort von Eisenhütten, waren mit Eisengießereien verbunden oder besaßen für die Herstellung von Eisenguß selbst einen bzw. mehrere Kupolöfen.

Der Maschinenbau wurde im Laufe des 19. Jahrhunderts zu einem der größten und wichtigsten Industriezweige auf dem Gebiet der heutigen DDR und hatte ein vielseitiges Produktionsprofil. Genannt seien nur die Fabriken für Dampfmaschinen, Textil- und Werkzeugmaschinen im sächsischen Raum, besonders im heutigen Karl-Marx-Stadt, Dampfmaschinen und Keramikmaschinen in Görlitz, Polygraphiemaschinen in Leipzig, der Schwermaschinenbau in Magdeburg, die Lokomotivfabrik Orenstein und Koppel in Potsdam, die Zemag-Zeitz als Fabrik für Ausrüstungen von Brikettfabriken – alle im 19. Jahrhundert emporgekommen! Der Maschinenbau ist auch für die gegenwärtige Wirtschaft der DDR ein profilbestimmender Industriezweig, in dem durch die Exportverpflichtungen in zahlreiche Länder die technische Leistung unserer Zeit demonstriert wird.

Die Tradition des Maschinenbaus ist vielfältig durch Sammlungen historischer Maschinen in technischen Museen und durch technische Denkmale erschließbar.

4.1. Historische Eisengießereien

Die Herstellung von Gußteilen für den Maschinenbau erfolgt in älteren Gießereien (Bild 122) heute noch fast so wie vor hundert Jahren. Wenn eine solche historische Gießerei zu einer produzierenden Schauanlage eingerichtet wird, sieht der Besucher die Arbeiter beim Abstich des Kupolofens, er sieht das flüssige Eisen funkensprühend durch die Gießrinne in die Gießpfanne und von dieser in die Formen fließen.

Solche für den Maschinenbau tätigen Eisengießereien entwickelten sich an vielen Orten, vor allem auch dort, wo zuvor Eisenhütten aus Eisenerz Roheisen erschmolzen hatten [4.2]. Als mit Aufkommen der großen Eisen- und Stahlindustrie in den Steinkohlenrevieren die alten, auf Holzkohlenbasis produzierenden Eisenhütten unrentabel wurden, ersetzte man den Hochofen durch Kupolöfen und führte den Betrieb als Eisengießerei weiter. Das gilt zum Beispiel für die Eisengießerei Heinrichshütte bei Wurzbach/Kreis Lobenstein, die seit 1983 als produzierende Schauanlage betrieben wird. An anderer Stelle wandelten sich Eisenhämmer, also Verarbeitungsstätten des Eisens, in Eisengießereien, so der VEB Eisengießerei Schwarzenberg, der den Eindruck einer weitgehend historischen Produktionsstätte vermittelt (Bilder 121 und 122). Als Schauanlage wie die Heinrichshütte betrieben, könnte die Eisengießerei Schwarzenberg den Kunstgußbedarf der drei sächsischen Bezirke decken und in Verbindung mit dem Schwarzenberger Museum allen Besuchern

und der Bevölkerung des Erzgebirges die Tradition der westerzgebirgischen Eisenindustrie nahebringen.

4.2. Historische Maschinenbauwerkstätten und Fabriken

Die Maschinenfabriken bildeten im 19. Jahrhundert technologisch und auch industriearchitektonisch eine völlig neue Gruppe von Produktionsbauten. Obwohl für die Geschichte der Produktivkräfte gerade in unserem Territorium äußerst wichtig, sind sie bei der Erfassung der Denkmale bisher nur vereinzelt beachtet worden.

Historische Produktionsstätten des Maschinenbaus sind zum Beispiel noch in Dresden und in Karl-Marx-Stadt erhalten. In Übigau bei Dresden richtete im Jahre 1836 ANDREAS SCHUBERT, der berühmte Lehrer an der Technischen Bildungsanstalt Dresden, Projektant der Göltzschtalbrücke und Konstrukteur der ersten deutschen Lokomotive und des ersten Personendampfers auf der oberen Elbe, eine Maschinenbauwerkstatt ein, deren Produktionshalle noch erhalten ist [4.3].

In der zweiten Hälfte des 19. Jahrhunderts wurde das damalige Chemnitz zum Zentrum der Werkzeug- und Textilmaschinenindustrie. Drei Denkmale bezeugen diese auch territorialgeschichtlich wichtige Epoche: die um 1885 von BERNHARD ESCHER erbaute spätere Werkzeugmaschinenfabrik Hermann und Alfred Escher AG (Bild 131), die heute vom VEB Schleifmaschinenkombinat Karl-Marx-Stadt genutzt wird und deren Industriearchitektur unter Denkmalschutz steht; die 1872 als fünfschiffige Holzkonstruktion errichtete Produktionshalle der damaligen Firma Sächsische Stickmaschinenfabrik Kappel, vormals A. Voigt, heute Halle C7 des VEB Schleifmaschinenkombinat (Bilder 133 und 134), [4.4], und die 1864 gebaute, heute als Lagerraum genutzte Produktionshalle der Maschinenfabrik Richard Hartmann [4.5], [4.6]. Die von hohen Rundbögen bekrönte Klinkerfassade der Fabrik von Escher bzw. der Harlaß-Gießerei bezeugt in der Zwickauer Straße, noch heute umgeben von typischen Wohnhäusern des als Industriestadt bekannten ehemaligen Chemnitz, den Maschinenbau in der Stadtarchitektur. Die Holzkonstruktion der Halle C7 des VEB Schleifmaschinenkombinat ist ein eindrucksvolles Beispiel des auf den Maschinenbau orientierten Industriebaus. Unter den speziellen

Bedingungen dieses Industriezweiges – seiner Betriebsorganisation, seines technologischen Arbeitsablaufes und der zur Produktion erforderlichen Antriebsenergie und Transportmittel – entstand die Galeriehalle, zunächst als Holz-, später als Gußeisenkonstruktion (z.B. die Halle für Werkzeugmaschinenbau der Firma Richard Hartmann im damaligen Chemnitz) und zuletzt als Stahlkonstruktion. An den noch erhaltenen Galeriehallen wird deutlich, wie im 19. Jahrhundert der Fabrikbau Dimensionen erreichte, die zuvor nur in den Feudal- und Sakralbauten zu finden waren. Die Größe und Monumentalität der Halle ist ein Spiegelbild der kapitalistischen Produktionsverhältnisse, wo nun eine große Anzahl Arbeiter unter dem Kommando des Kapitalisten vereint waren. Von beiden Hallen sind Graphiken aus der Zeit ihrer Nutzung als Maschinenfabriken erhalten (Bilder 132 und 134). Diese Abbildungen aus dem 19. Jahrhundert regen zu dem Vorschlag an, in einer der Hallen nach dem Freiwerden ihrer jetzigen Nutzung die erhaltenen historischen Maschinen der Zeit ab 1850 museal aufzustellen. Die Entwicklung des fabrikmäßigen Maschinenbaus wäre damit nicht nur anhand der Produkte überschaubar, sondern der bisher nur durch die Graphiken überlieferte Eindruck einer historischen Maschinenfabrik würde an originaler Produktionsstätte mit originalen Produktionsinstrumenten optisch erlebbar [4.6].

4.3. Historische Maschinen

Historische Maschinen finden wir nicht nur in technischen Museen konzentriert, sondern auch einzeln am ursprünglichen Ort ihrer Funktion oder als Monument aufgestellt. Die in allen anderen Abschnitten dieses Buches behandelten Maschinen sind so betrachtet auch Denkmale der Geschichte des Maschinenbaus. Einige weitere Maschinen sollen hier besonders genannt werden.

Die Dampfmaschinen haben für die Geschichte des Maschinenbaus besondere Bedeutung. Während die ersten Dampfmaschinen – in Deutschland noch um 1800 – unter teils primitiven Umständen handwerklich gefertigt worden sind, führte in den folgenden Jahrzehnten gerade der Bedarf an Dampfmaschinen zum Entstehen von Maschinenfabriken. Neben solchen Firmen

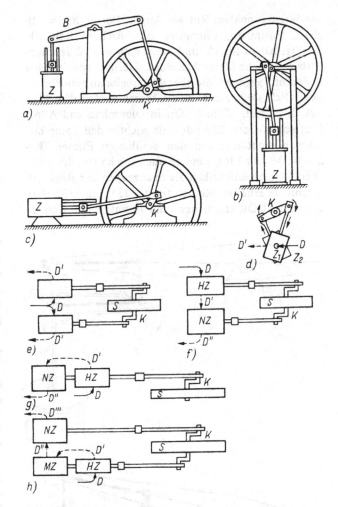

Abb. 36. Schemaskizzen der historischen Typen von Kolbendampfmaschinen (a)–d) Ansichten, e)–h) Grundrisse)

a) Balancierdampfmaschine
b) Bockdampfmaschine
c) liegende Dampfmaschine
d) Dampfmaschine mit zwei oszillierenden Zylindern (Dampfzu- und -abfuhr durch den Drehzapfen, Kolbenstangen arbeiten direkt auf Kurbelwelle)
e) Zwillingsdampfmaschine
f) Zwillings-Verbunddampfmaschine
g) Tandem-Verbunddampfmaschine
h) Zwillings-Tandem-Verbunddampfmaschine (Dreifachexpansionsmaschine)

HZ Hochdruckzylinder, MZ Mitteldruckzylinder, NZ Niederdruckzylinder, K Kurbelwelle, S Schwungrad, B Balancier, D Frischdampf, D', D'', D''' Abdampf: die Pfeile markieren den Weg des Dampfes

von internationalem Ruf wie August Borsig, Berlin, Richard Hartmann, Chemnitz, und Richard Raupach, Görlitz, hat es im 19. und zu Beginn des 20. Jahrhunderts zahlreiche kleine Maschinenfabriken von örtlicher Bedeutung gegeben, die aber doch regionalgeschichtlich beachtlich sind, wie z. B. die Maschinenfabriken Mattick in Pulsnitz, Otto Seifert in Olbernhau und Alfred Kratzsch in Gera. Es ist deshalb wichtig, daß Dampfmaschinen nicht nur von den berühmten Firmen (Bilder 34, 36 und 136), sondern auch solche von den örtlichen Maschinenfabriken als Sachzeugen zur Regionalgeschichte erhalten bleiben (Bilder 135 und 137), [4.7]. Die in der DDR erhaltenen rund 70 stationären Kolben-

dampfmaschinen [4.8] bis [4.10] bieten einen (fast) vollständigen Überblick über die konstruktive Entwicklung dieses Maschinentyps. Hinsichtlich der Anordnung von Zylinder und Kurbelwelle (Abb. 36) gibt es Balanciermaschinen im Kulturhistorischen Museum Magdeburg, in der Zuckerfabrik Oldisleben und in Freiberg (Bild 63), diese z. B. noch mit dem berühmten Wattschen Parallelogramm zur Geradführung der Kolbenstange versehen (Abb. 37). Bockmaschinen sind z.B. die älteste in der DDR erhaltene Dampfmaschine in Gera (Bild 188), eine von 1868 mit neogotisch gestaltetem Maschinengerüst im Alten Rathaus von Leipzig und die »maurische« Dampfmaschine in Potsdam (Bild 34). Diese zeigt noch neben dem Zylinder den Schieberkasten, den Kondensator, die Kaltwasserpumpe, die Kondensat- und die Speisewasserpumpe und damit die typischen Bauelemente der klassischen Wattschen Dampfmaschine. Typische Schiffsdampfmaschinen sind u. a. auf der *Württemberg* in Magdeburg und solche mit oszillierenden Zylindern auf der *Diesbar* in Dresden (von 1856!) und auf der *Riesa* in Oderberg (Bild 247) erhalten.

Die meisten der noch vorhandenen Kolbendampfmaschinen sind solche mit liegenden Zylindern, wie sie ab etwa 1860 dominierten. Dabei sind in dem Bestand die verschiedensten Schiebersteuerungen (Bild 137) und Ventilsteuerungen (Bild 136) sowie stehende Fliehkraftregler (Bilder 135, 136 und 137) und Achsregler (Bild 193) vorhanden und damit im Original zu studieren. Neben einzylindrigen Dampfmaschinen sind auch Zwei-, Drei- und Vierzylindermaschinen erhalten (Abb. 36). Eine Zwillingsdampfmaschine ist die Fördermaschine am Karl-Liebknecht-Schacht in Oelsnitz/Erzgeb. (Bild 84), eine Zwillingsverbundmaschine die der Kistenfabrik Hunger in Pockau (Bild 136), eine Tandem-Verbundmaschine die des VEB Vereinigte Grobgarnwerke in Roßwein, eine Dreifachexpansionsmaschine die der ehemaligen Spinnerei Schmelzer in Werdau (Bild 193) und eine Vierzylinder-Zweifachexpansionsmaschine die Antriebsmaschine des Duo-Walzwerks im VEB Maxhütte Unterwellenborn (Bild 138). Einen konstruktiven Endpunkt der Kolbendampfmaschine markiert die als Schnelläufer konstruierte 4 000-PS-Drillings-Dampffördermaschine am Schacht I des Kaliwerks Karl Liebknecht in Bleicherode (Bild 91). Auch hinsichtlich Größe und Leistung sind

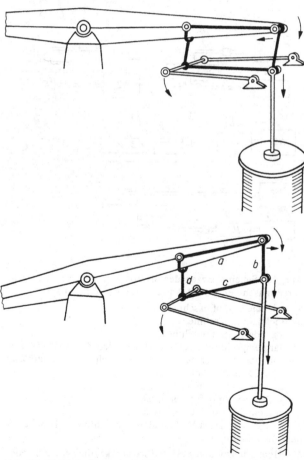

Abb. 37. Zwei Stellungen des Balanciers und des Wattschen Parallelogramms *(a, b, c, d)* beim Gang einer Kolbenmaschine mit stehendem Zylinder und Balancier

die Extreme der Kolbendampfmaschinen in der DDR mit originalen Beispielen vertreten. Etwa 2 m lang und 1 m breit ist die 12-PS-Dampfmaschine der Brauerei Schmitt in Singen Kreis Arnstadt, etwa 15 m lang und 8 m breit dagegen ist die 15 000-PS-Dampfmaschine im VEB Maxhütte (Bild 138). Diese wohl in der Welt größte noch vorhandene Kolbendampfmaschine als technisches Denkmal zu erhalten ist für die DDR eine internationale Verpflichtung.

Maschinen, die auch nur in Maschinenfabriken gebaut werden konnten, waren im 19. Jahrhundert die Zylindergebläse. Drei von diesen wurden bereits in anderem Zusammenhang genannt, nämlich das 1827 gebaute Balanciergebläse von Muldenhütten (Bild 104), das in der Eisenhütte Peitz (Bild 120) und das der Happelshütte bei Schmalkalden. Auf der Lehrgrube Alte Elisabeth bei Freiberg sind zwei weitere Gebläse in einem besonderen Schutzhaus (Bild 10) museal aufgestellt. Diese zwei Gebläse repräsentieren zwei verschiedene Etappen in der Geschichte des Maschinenbaus. Allerdings ist dabei gerade das jüngere, erst 1868 gebaute Kastengebläse aus dem ehemaligen Hammerwerk der Oberen Ratsmühle bei Freiberg ein Beispiel für die ältere Periode. Es ist ein vorwiegend aus Holz hergestelltes Kolbengebläse, bei dem quadratische Holzkolben doppelwirkend in drei gekoppelten Holzkästen Wind für das Schmiedefeuer erzeugten. Mit dieser Konstruktion und dem Maschinenbauwerkstoff Holz ist das Kastengebläse zugleich historisches Produkt und historisches Arbeitsmittel des Maschinenbaus etwa von 1750 bis 1820 [4.11].

Demgegenüber repräsentiert das im gleichen Schutzhaus (vgl. Bilder 9 und 10) befindliche Schwarzenberggebläse den Maschinenbau der Zeit um 1830 [4.12], [4.13]. Vom Freiberger Maschinendirektor CHRISTIAN FRIEDRICH BRENDEL (1776 bis 1861) entworfen, war es von 1829 bis 1831 im Eisenwerk Morgenröthe/Vogtland gebaut worden und diente 1831 bis 1860 in der Antonshütte bei Schwarzenberg sowie 1863 bis 1925 in der Hütte Halsbrücke bei Freiberg als Gebläse für die Schmelzöfen, war also 94 Jahre in Betrieb! Seine Wirkungsweise war folgende (vgl. Bild 9): Ein Wasserrad setzte die Kurbelwelle in Bewegung. Von dieser aus arbeiteten drei Kurbelstangen nach oben und bewegten über die damals üblichen Rollenkreuzköpfe die drei senkrechten Kolbenstangen, die die drei doppeltwirken-

den Kolben in den drei stehenden Zylindern in Tätigkeit setzten. Die Kolben haben 850 mm Durchmesser, arbeiteten mit 1 416 mm Hub und erzeugten 45,5 m³/min Gebläsewind. Die Maschine war damals das größte Gebläse Sachsens und eine besondere Leistung des sächsischen Maschinenbaus. Zwei Besonderheiten der Maschine seien hervorgehoben. *Erstens:* Mit den senkrecht über der Kurbelwelle stehenden Zylindern hat BRENDEL den energieverbrauchenden Balancier vermieden und doch die in Hinblick auf Dichtung und Verschleiß damals günstige senkrechte Stellung des Zylinders beibehalten. *Zweitens:* Die über 4 m hohen Säulen des Maschinengerüstes sind mit korinthischen Kapitellen verziert, die versteifenden Querelemente als ebenso hohe Gußplatten mit neogotischen Maßwerkformen ausgeführt (Bild 139). Wir empfinden diesen Architekturstil im Maschinenbau des 19. Jahrhunderts als abwegig, doch ist er aus der Zeit zu verstehen. Da der Bau solcher Maschinen aus Guß- und Schmiedeeisen sich erst in diesen Jahrzehnten entwickelt hatte, stand im Maschinenbau damals die Frage der Industrieformgestaltung. Was lag dabei näher, als Anleihen bei der damals modernen Architektur, eben der Neogotik, aufzunehmen? Dieser Stil entsprach dazu auch stark der romantisch-konservativen Grundhaltung des Initiators der Antonshütte, des damaligen Oberberghauptmanns S. A. W. v. HERDER. Erinnert sei hier auch an die »maurisch« gestaltete Tragkonstruktion der Wasserwerksdampfmaschine in Potsdam (S. 233).

Das für die Geschichte des Maschinenbaus wichtigste positive Moment, das es bei den neogotischen Gußstücken des Schwarzenberggebläses zu beachten gilt, ist die gießtechnische Leistung. BRENDEL hatte mit seiner Konstruktion Anforderungen an das Eisenwerk Morgenröthe gestellt, die bis an die Grenzen seiner technischen Leistungsfähigkeit gingen. Nachdem die Arbeit aber gelungen war, galt das, was der Freiberger Professor Dr. Ing. FRITZSCHE 1937 im Blick auf die großen, neogotischen Gußteile formulierte:

»Unsere Kunstmeister hatten damals wohl das Gefühl, im Ringen mit dem spröden Stoff gesiegt zu haben, und sie freuten sich, das auch der Welt zeigen zu können.« [4.12]

Ein weiteres Kolbengebläse aus den Freiberger Hütten, aber in der klassischen Anordnung mit stehenden Zylindern und Balanciers, ist vor dem VEB Lauchhammerwerk erhalten (Bild 140). Dieses dreizylindrige Gebläse mit etwa 5 m hohem Wasserrad, Balanciers und stehenden Zylindern ist ebenfalls von BRENDEL und seinen Mitarbeitern entworfen und 1836/1837 im Gräflich Einsiedelschen Eisenhüttenwerk zu Lauchhammer gebaut worden, und zwar zum Einsatz im Hüttenwerk Halsbrücke. Von diesem Gebläse sei aus den Akten eine Schilderung des Probelaufs zitiert. Der Maschinenbaumeister DÖRING schrieb am 18. 12. 1837:

»Der Sicherheit wegen und um das Ganze besser übersehen zu können, ließ ich das Getrieberad der einen Kurbelstange ausrücken und nur mit zwei Zylindern blasen. Allein das schreckliche Rasaunen, das sich beim Anlassen hören ließ, war so schrecklich, daß ich den ganzen Versuch bald einstellte, namentlich da mittlerweile es dunkel geworden war. Heute morgen ging es nun gleich wieder los, jedoch gleich mit allen drei Zylindern. Da dröhnte und erzitterte das ganze Gebäude, und zu diesem Mordsspektakel kamen gerade die Herren des Oberhüttenamtes. Allen wurde angst und bange, und so wurde für den Augenblick angehalten. Sobald sich aber die hohen und niedern Herren, welche die Zuschauer abgaben, verlaufen hatten, wurde wieder angeschützt, und zwar mit weniger Wasser, so daß die Maschine je Minute 4 bis 5 Spiele vollzog. Alle Zapfen wurden gut eingeölt, die Wände der Zylinder mit Graphit bestrichen, diese und jene Schraube angezogen, andere wieder etwas nachgelassen, und so wurde der Gang allmählich ruhiger ... Zuletzt machte die Maschine in 1 Minute und 3 Sekunden 10 Spiele und dabei blies sie einen solchen Strom Luft aus, daß man an der Mündung kaum die Hand erhalten konnte.« [4.13]

Dieses Gebläse war ebenfalls bis 1925 auf der Halsbrücker Hütte in Betrieb und wurde dann auf Anregung von Prof. Dr. Ing. FRITZSCHE an seinen heutigen Standort, vor das Werkstor des VEB Eisenwerk Lauchhammer, umgesetzt. Wenn heute die Maschinenbauer dieses volkseigenen Betriebes vor und nach der Arbeit dieses Gebläse im Vorübergehen sehen, werden sie daran erinnert, auf welche beachtliche Tradition ihr Industriezweig zurückblicken kann und was ihre Fachkollegen, die Maschinenbauer der Zeit vor 150 Jahren, unter den damals herrschenden Bedingungen geleistet haben.

Die geschilderten Gebläse sind Maschinen, die in Maschinenbauwerkstätten noch als Einzelstücke angefertigt worden sind. Bereits in der Mitte des 19. Jahrhunderts beginnt der Bau von Be- und Verarbeitungsmaschinen insbesondere für Textilien, Holz- und metallische Werkstoffe in speziellen Maschinenfabriken. Die jeweils hergestellten Typen wurden laufend verbessert und mit solcher Werbung der Kundschaft angeboten, daß diese nun öfters überholte und verschlissene Maschinen gegen neue austauschte. Denkmalpflegerisch hat das verschiedene Konsequenzen. Erstens sind ausgesonderte Maschinen aus diesen jüngeren Jahrzehnten in Massen verschrottet worden. Zweitens steht bei den erhaltenen wegen der vielen kleinen Entwicklungsschritte der Maschinen bis zur Gegenwart stärker als bei den ganz alten Maschinen die Frage, welche Maschinen wichtige Abschnitte in der Geschichte des Maschinenbaus darstellen. Drittens ist die Zahl der doch noch erhaltenen und erhaltenswerten Maschinen aus den jüngeren Jahrzehnten, etwa ab 1870, absolut doch größer als die Zahl der aus der Zeit bis 1850 überlieferten Maschinen. Damit steht die Frage der musealen Unterbringung. Trotz der Probleme hat das Forschungszentrum des Werkzeugmaschinenbaus im Kombinat »Fritz Heckert«, Karl-Marx-Stadt, schon eine gute Erfassungsarbeit und Inventarisation von denkmalwürdigen Maschinen aus dieser Epoche geleistet [4.14]. Unter seiner Anleitung wurden in den Lehrwerkstätten des Fritz-Heckert-Kombinates 1978/1979 erstmals 12 Werkzeugmaschinen der Baujahre 1880 bis 1920 ausstellungsreif rekonstruiert. Das regte Werktätige des Werkzeugmaschinenbaus zu Hinweisen auf weitere erhaltene historische Maschinen an. So konnten schon u. a. eine Tischhobelmaschine von 1875/1880 (Bild 141), [4.15], eine Senkrechtbohrmaschine von 1910 [4.16] und eine Universalfräsmaschine von 1915 gesichert und rekonstruiert werden [4.17]. In der Technischen Universität Dresden dient eine handbetriebene Vertikaltischbohrmaschine aus der Zeit 1860/1900 im Foyer des Kutzbach-Baus der Traditionspflege des Maschinenbaus in Lehre und Forschung (Bilder 142 und 143), [4.18].

Das Problem der musealen Unterbringung denkmalwürdiger Maschinen ließe sich auf eine ideale Weise lösen: durch Aufstellung der historisch erhaltenswerten Maschinen in einer historischen, unter Denkmalschutz stehenden Produktionshalle, z. B. der Galeriehalle von R. HARTMANN in Karl-Marx-Stadt (vgl. Bilder 132 und 134).

5. Denkmale der Elektrotechnik/Elektronik

■ Motorensammlung
an der Technischen Universität Dresden

■ Gleichstrommotor und Leonardumformer
im Karl-Liebknecht-Schacht, Oelsnitz

■ Schwungrad-Generator Deutschneudorf

■ Mittelwellensender Berlin-Köpenick

■ Fernseh- und UKW-Türme Dequede und
Berlin

Die Elektrotechnik und Elektronik haben heute alle Bereiche des Alltags durchdrungen. Bügeleisen und Glühlampe, Radio und Fernseher, Telefon und Taschenrechner, Kühlschrank und Staubsauger, Maschinen jeder Art, die Straßenbahn und E-Loks der Eisenbahn, Röntgenapparate und Leuchtröhren sind Aggregate, mit denen wir heute die Elektrizität so in unseren Dienst stellen, als sei es nie anders gewesen. Und doch war die Elektrizität noch vor 200 Jahren den Wissenschaftlern ein Rätsel, den Technikern allenfalls ein Tätigkeitsfeld für praxisferne Experimente und der breiten Masse völlig unbekannt.

Bereits im Jahre 1925 wurden 65 % des Bedarfs an mechanischer Energie über Elektromotoren realisiert.

Welch stürmische Entwicklung die Erkenntnis und Anwendung der Elektrizität in Wissenschaft und Technik genommen hat, zeigt ein Überblick über die historischen Daten in Tabelle 7.

Eine solche historische Bedeutung des Gebiets provoziert die Frage, wie seine Entwicklung durch originale Sachzeugen veranschaulicht werden kann. Ein Teil des Gesamtgebiets, die Erzeugung von Elektroenergie, wurde schon im Abschnitt 1.3. vorgestellt. Andere Bereiche der Elektrotechnik sind von der Art der Geräte her besser oder allein museal zu erfassen. Das gilt u. a. für Elektromotoren, Rundfunk- und Fernsehempfänger, Haus-, Küchen- und sonstige elektrische Kleingeräte. Eine Sammlung von Gleichstrom- und Wechselstrommotoren aus der Frühphase dieser Maschinengattung (etwa 1870 bis 1910) besteht an der Sektion Elektrotechnik der Technischen Universität Dresden [5.1], (Bilder 144 und 145). Nachdem ab 1920 für den Antrieb von Motoren in den meisten Anwendungsfällen der Gleichstrom durch Drehstrom abgelöst worden ist, hat diese Motorensammlung heute besonderen historischen Wert.

Historische Radios werden heute von privaten Sammlern mit mehr oder weniger stark ausgeprägter technikgeschichtlicher Absicht aufbewahrt [5.2]. Hinzuweisen ist hier auch auf die Bestände des Postmuseums in Berlin.

Trotz dieser starken musealen Komponente in der Traditionspflege der Elektrotechnik/Elektronik ist auch hier auf technische Denkmale aufmerksam zu machen.

Einige Generatoren und Motoren sind so groß, daß sie besser am Ort ihres Betriebes erhalten bleiben, zu-

Tabelle 7. Historische Daten der Elektrizitätslehre und der Starkstrom-Elektrotechnik im Überblick

Jahr	Ereignis
1820	OERSTED entdeckt die Ablenkung der Magnetnadel durch elektrischen Strom
1820–1830	AMPÈRE u.a. entwickeln die Spule und den Elektromagneten
1826	Ohmsches Gesetz: Stromstärke, Spannung, Widerstand
1831	FARADAY erzeugt mit elektromagnetischer Induktion eine mechanische Rotation
1838	1-PS-Elektromotor von JACOBI bewegt ein Boot mit 12 Personen in 4 km/h (Stromquelle: Batterie mit 64 Platin-Zink-Elementen)
um 1840	elektrodynamische Generatoren mit Handantrieb für Labor, erster Generator mit Dampfantrieb
1845	KIRCHHOFF formuliert die Gesetze der Stromverteilung in Leitern
1845	LENZ, JACOBI, WEBER u.a. erforschen Induktion im Anker der Motoren
1856	WERNER SIEMENS entwickelt den Doppel-T-Anker
1866–1867	WERNER SIEMENS formuliert das dynamoelektrische Prinzip und konstruiert den Dynamo
1877	Übertragung von Elektroenergie von einem 3-PS-Dynamo über 60 m zum Motor
ab 1878	EDISON entwickelt die Glühfadenlampe, steigert mit deren Anwendung den Bedarf an Elektroenergie und gibt damit Anlaß zum Bau von Elektrizitätswerken
1882	Fernübertragung von Elektroenergie: 1 200 Volt über 57 km
1891	erste Fernübertragung von Drehstrom (Lauffen-Frankfurt/Main) 16 000 V über 175 km

Leistung der Elektrizitätswerke in Deutschland

1891	9 Werke liefern 11 000 kW
1900	94 Werke liefern 150 000 kW
1920–1930	Verbundnetze in Deutschland mit 110 000- bzw. 220 000-V-Leitungen

mal sie dort im gesamten Zusammenhang der historischen Produktion eine höhere Aussage bieten. Das gilt z.B. für den 1923 von der Firma Siemens-Schuckert gelieferten, etwa 4 m hohen Gleichstrommotor der Turm-

fördermaschine mit mehr als 1 000 kW Leistung im Steinkohlenwerk Karl-Liebknecht-Schacht Oelsnitz (Bild 83), (vgl. S. 70) und für den von einer Kolbendampfmaschine angetriebenen, 1922 von der AEG gelieferten Schwungradgenerator im VEB Leuchtenbau Deutschneudorf (Bild 147). Dieses Aggregat besitzt eine elektrotechnisch besondere Bedeutung dadurch, daß der Generator, also die Maschine der neuen Periode, von der Kolbendampfmaschine als der klassischen Kraftmaschine des kapitalistischen Fabriksystems angetrieben wird. Aber auch das naturwissenschaftlich-technische Wirkprinzip des Generators wird durch diese Anlage besonders gut verdeutlicht. In den Schulen wird die 1831 von FARADAY formulierte magnetische Induktion elektrischer Ströme erläutert, indem von Hand mit einer Kurbel ein elektrischer Leiter in einem elektromagnetischen Feld bewegt wird und sich in dem Leiter dann der Fluß eines elektrischen Stromes nachweisen läßt. Der Schwungradgenerator von Deutschneudorf stellt dieselbe Versuchsanordnung dar, nur versetzt hier nicht der menschliche Arm, sondern die Kurbelstange der Kolbendampfmaschine den Anker des Generators in die stromerzeugende Drehbewegung. Erinnert sei an die Aussage KARL MARX' über die Größenentwicklung der Antriebsmaschinen am Beispiel der von Dampfmaschinen angetriebenen Pumpen: »Die Pumpen z.B., womit die Holländer 1836/37 den See von Harlem auspumpten, waren nach dem Prinzip gewöhnlicher Pumpen konstruiert, nur daß zyklopische Dampfmaschinen statt der Menschenhände ihre Kolben trieben« [5.3]. Weitere Kolbendampfmaschinen mit Schwungrad-Generatoren existieren in der Zuckerfabrik Döbeln und – museal aufgestellt – im Wasserkraftwerk Mittweida.

Ein großer, 1923 gebauter Schwungradgenerator mit Antrieb durch eine gewaltige Gichtgaskolbenmaschine steht im VEB Maxhütte, Unterwellenborn bei Saalfeld, unter Denkmalschutz (Bild 148).

Eines der wenigen erhaltenen Beispiele seiner Art und daher ein historisch besonders bemerkenswertes elektrotechnisches Aggregat ist der 1923 von Siemens-Schuckert gelieferte, später spiegelbildlich verdoppelte Leonardumformer des Karl-Liebknecht-Schachtes in Lugau-Oelsnitz, der ein für Großantriebe wie Walzwerksmotoren und Fördermaschinen spezifisches und mit 16,7 m Länge und 5,9 m Breite ein für die damalige Zeit beachtlich großes elektrotechnisches Aggregat dar-

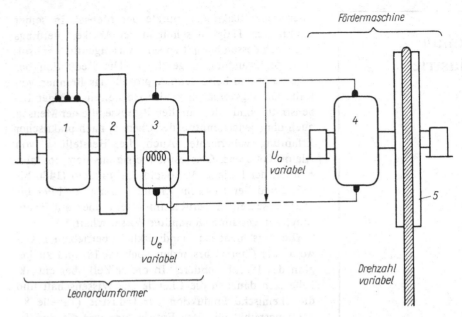

Fördermaschine

Abb. 38. Schemazeichnung der Wirkungsweise eines Leonardumformers

1 Drehstrom-Asynchronmotor, gespeist aus öffentlichem Netz, *2* Schwungscheibe, *3* Gleichstromgenerator mit veränderlicher Erregerspannung (U_e) und damit auch veränderlicher Ausgangsspannung (U_a), *4* Gleichstrommotor mit einer spannungsabhängigen, variablen Drehzahl, *5* Koepescheibe mit Förderseil

U_a variabel

U_e variabel

Leonardumformer

Drehzahl variabel

stellt. Er hatte die Aufgabe, den Drehstrom des öffentlichen Netzes in Gleichstrom mit veränderlicher Spannung umzuformen, um damit die Drehzahl des Elektromotors und so die Geschwindigkeit der Fördermaschine zu variieren (Abb. 38).

Die Maschinen der Starkstromtechnik lenken mit ihren Firmenschildern – AEG, Siemens & Halske sowie Siemens-Schuckert – die Aufmerksamkeit auf die großen Konzerne der Elektroindustrie, deren Entstehen und Erstarken eng mit dem Industriezweig verbunden ist. Ihre Produkte, für uns nun technische Denkmale, bezeugen damit nicht nur die historische Elektrotechnik, sondern den monopolistischen Charakter dieses Industriezweiges in der Phase des spätkapitalistischen Staatsmonopolismus.

Der Rückschluß vom historischen elektrotechnischen Produkt auf die Herstellerfirma regt zu der konzeptionellen Frage an, welche Fabrikgebäude aus jener Frühphase der elektrotechnischen Industrie denkmalwürdig sind, eine Frage, die erst nach einer umfassenden Dokumentation der noch vorhandenen baulichen Substanz beantwortet werden kann.

Ähnliches gilt für Fabrikgebäude der schwachstromtechnischen Industrie. Aus diesem Zweig der Elektrotechnik/Elektronik sind allerdings schon Anlagen aus zwei verschiedenen historischen Perioden auf der Zen-

tralen Denkmalliste registriert: der 1930 bis 1933 in Berlin-Tegel erbaute, 1949 nach Königs Wusterhausen umgesetzte 100-kW-Mittelwellensender 21, ferner der 1951 gebaute und 1952 im Beisein des Präsidenten der DDR, WILHELM PIECK, in Betrieb genommene 234 m hohe Mittelwellensender Berlin-Köpenick mit Antenne, das Antennenhaus mit Abstimmittel, die Energieleitung zur Antenne und das Dieselaggregat mit dem Fundament. Auf der Zentralen Denkmalliste sind auch die Fernseh- und UKW-Türme Dequede und Berlin registriert. Der insgesamt 185 m hohe, aus 113-m-Betonschaft, 60-m-Stahlgittermast und 12-m-Rohrmast bestehende Fernsehturm Dequede/Altmark wurde 1956 bis 1959 erbaut und war der erste Turm dieser Art in der DDR.

Der 1965 bis 1969 erbaute Fernseh- und UKW-Turm Berlin war mit 365 m Höhe zur Zeit der Erbauung nach dem Fernsehturm Moskau-Ostankino (533 m) der zweithöchste Stahlbetonturm der Welt. Der Betonschaft ist 250 m, der Antennenträger 115 m hoch. In 203 bis 207 m Höhe befinden sich die viel besuchten gastronomischen Einrichtungen und das Aussichtsgeschoß. Die feierliche Übergabe des Turms erfolgte 1969 zum 20. Jahrestag der DDR (Bild 146), [5.4], [5.5]. Diese Fernsehtürme werden künftig als technische Denkmale aus der Zeit des Aufbaus des Sozialismus betrachtet werden.

6. Technische Denkmale der chemischen Industrie

■

Ammoniakreaktor und Gasumlaufpumpe
in Leuna

Chemische Reaktionen nutzte der Mensch in seiner produktiven Tätigkeit schon in der Antike, allerdings ohne sich dessen bewußt zu sein, was eigentlich bei solchen Stoffwandlungen geschieht. Die Reduktion der Erze zu Metall beim Schmelzprozeß, das Brennen von Kalk, Gärungsvorgänge in der Herstellung einiger Lebensmittel sind solche uralten Prozesse, die der Mensch auch ohne jede Kenntnis der Chemie, nach praktischer Erfahrung beherrschte. Auch die Herstellung von Alaun, Pottasche, Glas usw., wie sie aus dem 16. Jahrhundert der Italiener VANOCCIO BIRINGUCCIO (1480 bis 1539) und der Deutsche GEORG AGRICOLA (1494 bis 1555) beschreiben, beruhte im wesentlichen auf Erfahrung, weniger auf angewandter Wissenschaft.

Die verschiedenen handwerklich betriebenen Gewerbe der Chemie bestanden noch im 18. und zu Beginn des 19. Jahrhunderts. In dieser Zeit aber entwickelte sich daneben die Chemie zur Wissenschaft und die chemische Produktion zur Industrie (Tabelle 8). Ausgangspunkt für diese Entwicklung war die Sodafabrikation.

Vor der Industriellen Revolution wandte man zum Bleichen der relativ niedrigen Produktion des Textilgewerbes die Rasenbleiche an. Mit der Industriellen Revolution steigerte die Textilindustrie ihre Produktion in solchem Maße, daß die langdauernde Rasenbleiche nicht mehr angewandt werden konnte, sondern das Bleichen schneller erfolgen mußte. Das ermöglichten die Chemikalien Soda, Schwefelsäure und Chlorkalk, die nun in großen Mengen benötigt wurden. So hatte die Herausbildung der Textilindustrie in der Industriellen Revolution auch die Entstehung der chemischen Industrie zur Folge [6.1] bis [6.4]. Hier wird deutlich, was MARX im Kapital schreibt: »Die Umwälzung der Produktionsweise in einer Sphäre der Industrie bedingt ihre Umwälzung in der anderen« [6.5]. Das gilt auch für die Teerfarbenindustrie. Die Sodaindustrie hatte sich in Frankreich und Belgien entwickelt, in England aber durch Wegfall der Salzsteuer den Aufschwung zur großen Industrie erfahren. Demgegenüber hatte die Farbenproduktion als Zweig der chemischen Großindustrie ihre Wurzeln in Deutschland und England. Bei der Herstellung von Gas aus Steinkohle entstand Teer – zunächst als Abfallprodukt. Die Steigerung der Koksproduktion führte zu solchen Teermengen, daß eine Verwendung fast zur zwingenden Notwendigkeit wurde.

Tabelle 8. Marksteine in der Entwicklung der chemischen Industrie bis zur Ammoniaksynthese [6.1], [6.2], [6.6], [6.7]

Jahr	Chemiker	Ereignis	Bemerkungen
1790 bis 1791	N. LEBLANC (1742–1806)	entwickelt die künstliche Sodaproduktion und baut die erste Sodafabrik bei Paris	Ausgangsstoffe: Glaubersalz, Kreide, Kohle
um 1800	–	erste Sodafabrik nach LEBLANC in Deutschland (bei Schönebeck/Elbe)	
1798 bis 1799	S. TENNANT (1761–1815)	stellt in England Chlorkalk als Bleichmittel her	aus Chlorwasserstoff, einem Abfallprodukt des Leblanc-Verfahrens
1834	F. F. RUNGE (1794–1867)	entdeckt in Oranienburg die erste Steinkohlen-teerfarbe (Anilinfarben)	
1857	W. H. PERKIN (1838–1907)	gründet in England die erste Anilinfarbenfabrik	
1861	E. SOLVAY (1838–1922)	entwickelt für die Sodaherstellung das Solvay-Verfahren, das (bis 1916) das Leblanc-Verfahren ablöst	Ausgangsstoffe: Ammoniumkarbonat und Kalziumchlorid
1865	F. A. KEKULÉ (1829–1896)	erforscht den Benzolring	
1866 bis 1867	H. DEACON (1822–1876)	katalytische Oxydation von HCl	erstes großtechnisches heterogenkatalytisches Verfahren
1869	K. GRAEBE (1841–1927) u. K. LIEBERMANN (1842–1914)	entdecken das Alicarin	Grundlage für die deutsche Farbenindustrie
1880	CL. WINKLER (1838–1904)	entwickelt im Freiberger Hüttenwerk Muldenhütten das Schwefelsäure-Kontaktverfahren	wichtiger Schritt in der Entwicklung chemischer Reaktionen mit Katalysatoren
1884 bis 1885	A. BREUER J. STROOF	Chlorkali-Elektrolyse in der Chemischen Fabrik Griesheim	Einsatz eines Zementdiaphragmas
1888	R. KNIETSCH (1856–1906)	großtechnische Schwefelsäure-Produktion im Kontaktverfahren durch die Badische Anilin- und Sodafabrik (BASF)	unter Anwendung der Erkenntnisse der physikalischen Chemie
1904 bis 1912	F. HABER (1868–1934), C. BOSCH (1874–1940) u. a.	theoretische und experimentelle Arbeiten zur Ammoniaksynthese	Hochdruckversuche, Versuche mit Katalysatoren, Kreislaufprinzip
1911 bis 1915	–	BASF baut das Ammoniakwerk Oppau bei Ludwigshafen	
1916 bis 1917	–	BASF baut mit staatlichen Geldern das Leuna-Werk	1918: Höchste Tagesproduktion 300 t Stickstoff 1928: Jahresproduktion: ≈ 500 000 t Stickstoff

Der deutsche Chemiker F. F. RUNGE, chemische Fabrik Oranienburg, fand einige Grundstoffe der Teerfarben, und W. H. PERKIN gründete 1857 in England die erste Teerfarbenfabrik der Welt. Seit dieser Zeit wurden die wissenschaftlichen Grundlagen der Teerfarbenproduktion erforscht, und von da an entwickelten sich vor allem in Deutschland die chemischen Fabriken zu Großbetrieben, die nun in eigenen Laboratorien die Wissenschaft zur Entwicklung neuer Produkte nutzten. Gerade in der chemischen Industrie beobachten wir beispielhaft die Konzernbildung, die im staatsmonopolistischen Stadium des Imperialismus in der Gründung der IG Farben im Jahre 1925 gipfelte. Die Leistungsfähigkeit dieser monopolkapitalistischen Großbetriebe führte schließlich zu solchem Mißbrauch der von der Wissenschaft gegebenen Möglichkeiten wie der Giftgasproduktion im 1. Weltkrieg und der Herstellung von Zyklon B für die Massenvernichtung von Häftlingen in den faschistischen Konzentrationslagern. Die von FRITZ HABER (1868 bis 1934) und CARL BOSCH (1874 bis 1940) entwickelte Ammoniaksynthese aus Luft-Stickstoff und Wasserstoff wurde in dem 1917 errichteten Leunawerk großtechnisch verwirklicht. Das in Leuna erzeugte Ammoniak diente im ersten Weltkrieg der Sprengstoffproduktion, wurde dann aber wichtigste Grundlage der Herstellung von Stickstoff-Düngemitteln und anderer chemischer Produkte auf Stickstoffbasis. Dies zeigt ein weiteres Mal die gerade in der chemischen Industrie ausgeprägte Doppelnatur der Möglichkeiten: Leistungen von Wissenschaft und Industrie für Zwecke der Vernichtung oder zum Wohle der Menschheit. Unter unseren sozialistischen Produktionsverhältnissen dienen heute die Leunawerke als einer der größten Chemiebetriebe unserer Republik dem ganzen Volk. Mit dem Bunawerk, dem Werk Piesteritz und den Betrieben in Bitterfeld und Wolfen konzentriert sich unsere international bedeutende chemische Industrie im Chemiebezirk Halle.

Die hier skizzierte dynamische Entwicklung und die Bedeutung der chemischen Industrie in der DDR machen für diesen Industriezweig eine gute Traditionspflege und die Erhaltung originaler Sachzeugen aus der Geschichte der Werke zu einer gesellschaftlichen Notwendigkeit. Demgegenüber müssen wir feststellen, daß Denkmale der chemischen Technik und der chemischen Industrie in den Denkmallisten noch kaum verzeichnet sind. Die Ursache dafür ist wohl doppelter Natur: Erstens sind die Gesamtverfahren das charakteristische Element chemischer Großbetriebe. Die Erhaltung solch großer Komplexe nach ihrer Stillegung allein als Denkmal wäre jedoch zu aufwendig, die Erhaltung einzelner Apparate dagegen ist in vielen Fällen für das Gesamtverfahren nicht repräsentativ genug. Zweitens finden fast alle chemischen Operationen in geschlossenen Behältern statt, so daß die Wirkungsweise der Apparate in der chemischen Industrie nicht so überschaubar ist, wie das z. B. bei einer Dampfmaschine, einem Hammerwerk, einer Dynamomaschine oder einem Elektromotor gegeben ist. Doch existieren in der chemischen Industrie durchaus Aggregate, die Rang und Aussage eines technischen Denkmals haben und sich gesellschaftlich erschließen lassen. Zwei solche aus den Leunawerken sollen hier mit ihrer Aussage zur Geschichte der chemischen Industrie vorgestellt werden [6.6] (Abb. 39):

Das Grundprinzip der Ammoniaksynthese von HABER und BOSCH ist die katalytische Vereinigung eines Stickstoff-Wasserstoff-Gemisches zu Ammoniak unter erhöhtem Druck von etwa 250 at und bei höheren Temperaturen von etwa 550 °C. Die Ammoniakausbeute beträgt unter diesen Bedingungen nur etwa 14 %. Das nicht umgesetzte Gasgemisch wird deshalb nach Entfernung des Ammoniaks und unter Zumischung von Frischgas dem Reaktor wieder zugeführt. Durch diesen Hochdruckgaskreislauf wurde das Verfahren ökonomisch vertretbar. Er bildet in Gestalt von Reaktor, Ammoniakkühler und Umlaufpumpe den Kern der Anlage. Die für das Verfahren historisch wichtigsten Sachzeugen sind demnach Reaktor und Umlaufpumpe. Diese realisiert den Kreislauf und erhöht den durch das Auswaschen des Ammoniaks gesunkenen Druck wieder auf den Synthesedruck. Von diesen beiden Sachzeugen gibt es noch originale Beispiele aus der Aufbauphase der Leunawerke. Bei dem ältesten erhaltenen Reaktor handelt es sich um einen 80 t schweren, 12 m hohen und 0,8 m dicken Zylinder, der aus fertigungstechnischen Gründen aus zwei 6-m-Segmenten mittels einer Flanschverbindung zusammengefügt werden mußte. Die Reaktoren haben eine doppelte Wandung, die auf einem genialen Gedanken von BOSCH beruht. Bei den ersten Reaktoren hatte man beobachtet, daß der Wasserstoff des Gasgemisches den Stahl entkohlt und damit brüchig macht. Um die damit verbundenen Havarien zu vermeiden, konstruierte BOSCH den Reaktor mit doppelter Wandung: Das innere, nicht druckfeste Rohr sollte den chemischen Angriff des Wasserstoffs auffangen, das äußere, druckfeste Mantelrohr aber den durchdiffundierenden Wasserstoff durch feine Bohrungen entweichen lassen. Beides, die für 1917 typische Bauart aus zwei Teilen und die Bohrungen in dem druckfesten Mantelrohr, ist an den ältesten Reaktoren deutlich zu sehen (Bild 150).

Der Ammoniakreaktor ist somit als Markstein in der

Geschichte der Ammoniaksynthese ein wertvolles technisches Denkmal der chemischen Großindustrie. Er kann, solange er in den Leunawerken noch in Betrieb ist, gesellschaftlich nicht erschlossen werden. Er braucht aber bei Stillegung nicht verschrottet, sondern kann an eine öffentliche Stelle umgesetzt werden. Denkmalartig aufgestellt, wie es schon mit dem Zylinder der ersten deutschen Dampfmaschine in Löbejün geschehen ist (vgl. S. 344), würde der Ammoniakreaktor später dann in einem Wohngebiet der Chemiearbeiter oder an einem anderen geeigneten Ort von dem Beginn der chemischen Großproduktion im heutigen Chemiebezirk Halle künden.

Zum Betreiben der Ammoniakanlage wurden 1917 in einem eigens dafür vorgesehenen Gebäude elf mit Dampfmaschinen angetriebene Kompressoren als Umlaufpumpen installiert, deren letzte in den nächsten Jahren ausgesondert werden. Ein Aggregat dieser ältesten Umlaufpumpen der Ammoniaksynthese als technisches Denkmal zu erhalten ist wegen seiner Bedeutung

für die Geschichte der chemischen Industrie und für die Geschichte des Maschinenbaus gesellschaftlich notwendig. Die Umlaufpumpen sind einstufige Kolbenkompressoren der Maschinenfabrik Eßlingen mit 37,5 cm Kolbendurchmesser und 60 cm Kolbenhub. Der Saugdruck beträgt 190 at, der Enddruck 215 at. Das charakteristische Merkmal dieser Umlaufpumpe ist nicht das Verdichtungsverhältnis, sondern das für den Kreislauf des chemischen Prozesses hohe Fördervolumen von maximal 100 000 Norm-Kubikmeter Gas je Stunde. Zum Antrieb der Kompressoren kamen wegen der besseren Regulierbarkeit Kolbendampfmaschinen der Maschinenfabrik Augsburg-Nürnberg (MAN) von 650 PS zum Einsatz. Mit 80 cm Kolbendurchmesser und 90 cm Hub sowie 5,20 m Schwungraddurchmesser sind diese Maschinen zugleich denkmalwürdig für die Geschichte des Maschinenbaus (Bild 149).

Nach ähnlichen Überlegungen sollten in unserer chemischen Industrie weitere typische Maschinen und Apparate als Denkmale ausgewählt werden.

7. Denkmale der Bautechnik, der Baustoff- und Silikatindustrie

- Dachstuhl der Marienkirche in Torgau

- Tretrad in der Nikolaikirche Stralsund

- Steinbruch auf dem Rochlitzer Berg

- Steinarbeiterhaus Hohburg

- Natursteinbetrieb Brückmühle Sohland

- Göpel und Spalthütten in der Schieferindustrie von Lehesten

- Verschiedene Typen von Ziegelbrennöfen

- Kalkwerke in Rabenstein, Lengefeld und Rüdersdorf

- Gipsöfen Elxleben bei Erfurt

- Glashütte Ilmenau

Eigentlich sind alle Baudenkmale Denkmale der Bautechnik. Meist aber gelten sie nur als solche der Baukunst. Merkmale der Baustile sind es, die die Bauwerke im allgemeinen als denkmalwürdig erscheinen lassen. Am Bauwerk ablesbare Leistungen der Bautechnik müssen künftig aber mehr als bisher beachtet werden.

Die Geschichte der Baustoffindustrie hat sich ebenfalls in den Bauwerken dokumentiert. Das ist bisher nur in wenigen Fällen untersucht worden [7.1]. Aber nicht nur das Produkt, vor allem die Produktionsstätten und die für die Produktion verwendeten Arbeitsmittel sind für die Geschichte der Baustoffindustrie von Bedeutung. Gleiches gilt für die Silikatindustrie. Glas und Keramik sind sowohl Baustoffe, was Fensterglas, Ziegel und Steinzeug anbetrifft, als auch Gebrauchsgegenstände des täglichen Lebens, wenn wir an Flaschen, Bier- und Weingläser sowie an Porzellangeschirr denken. Baustoffe wurden und werden in jedem Land produziert. Glas und Keramik aber sind historisch besonders aus dem Gebiet der DDR bekannt geworden. Gläser aus der Lausitz, aus Lauscha, Ilmenau und anderen Orten des Thüringer Waldes, Porzellan aus Meißen und solches aus Ilmenau und anderen Orten Thüringens haben Weltruf.

Die Vielfalt der Baustoff- und Silikatindustrie spiegelt sich in den technischen Denkmalen wider. Die Baustoffindustrie ist nach dem Braunkohlenbergbau der zweitgrößte extraktive Industriezweig der DDR. Die technischen Denkmale der Baustoff- und Silikatindustrie haben also als Traditionsobjekte eines volkswirtschaftlich so wichtigen Bereiches erhebliche gesellschaftliche Bedeutung [7.2].

7.1. Denkmale der Bautechnik

Die Geschichte der Bautechnik ist an vielen Bauwerken ablesbar, oft allerdings nicht aus dem öffentlichen Verkehrsraum, sondern an Stellen, die den meisten Besuchern nicht ohne weiteres zugänglich sind. Die Wölbtechnik erkennt man weniger beim Blick von unten nach oben in die Gewölbe einer Kirche, sondern besser, wenn man von oben auf die Gewölbe schauen kann. Auch die Dachstühle von Kirchen, so z.B. die der Franziskaner-Klosterkirche in Saalfeld und der Stadtkirche von Torgau (Bild 152), Schlössern und anderen Monumentalbauten sind oft Meisterwerke der Zimmermannstechnik, in der Regel den Besuchern aber nicht zugänglich.

Andere Sachzeugen der Bautechnik sind nur aussagefähig, wenn das Bauwerk ruinös ist, wie z. B. die Technik der Füllmauer beim mittelalterlichen Burgenbau nur bei Burgruinen zu erkennen ist.

Eine besondere Gruppe von Sachzeugen der Bautechnik sind die Arbeitsmittel. Werkzeuge der Bauhandwerker sind zwar museal aufzubewahren, größere Baumaschinen aus Vergangenheit und Gegenwart dagegen gehören in den Bereich der Denkmalpflege. Genannt seien hier die schon aus dem Mittelalter überlieferten Treträder als Antriebsmaschinen für Lastenaufzüge. Ein solches Tretrad, erstmals im Mittelalter erbaut, in der heutigen Form vermutlich aus der Zeit um 1650, ist mit 5,10 m Durchmesser und 2,26 m Breite noch heute im Turm der Nikolaikirche von Stralsund erhalten (Bild 151). Ähnliche Treträder finden wir in den Türmen der Kirche von Großgievitz, Kreis Waren, und der Marienkirche in Greifswald. Dem gleichen Zweck diente ein im Görlitzer Nicolaiturm erhaltener Handgöpel.

7.2. Denkmale der Werksteinproduktion und Natursteinindustrie

Seit Jahrtausenden wird Naturstein als Baustein genutzt. Auch im gegenwärtigen Bauwesen hat Naturstein in Form von Schotter und Splitt einen erheblichen Anteil an den im Bauwesen erzeugten Platten und sonstigen Betonfertigbauteilen sowie im Verkehrsbauwesen. Allerdings ist in all diesen Bauwerken der Naturstein selbst nicht mehr zu sehen, oder er hat nur die Rolle eines Füllmaterials oder konstruktiv nötigen Fertigprodukts.

Ästhetisch wirksame Farb- oder Gefügeeffekte des Natursteins werden dagegen heute betont zur Dekoration der Bauwerke genutzt. Das Rot des Rochlitzer Porphyrtuffs und des Meißner Granits, das Dunkelgrün der Lausitzer Lamprophyre, das durch verschiedene Kornfarben und -größen lebhafte Gefüge des Quarzporphyrs von Beucha, des Fruchtschiefers von Theuma usw. sind dekorative Wirkungen, die jedem aufmerksamen Betrachter der neuen Gesellschaftsbauten, der Kul-

turhäuser und Theater, Kaufhäuser und Verwaltungsgebäude bekannt sind. Die Natursteinindustrie ist ein wichtiger Zweig unserer Baustoffindustrie und die Werksteinindustrie davon derjenige Teil, der wohl in der Öffentlichkeit am meisten Beachtung findet.

An historischen Bauten, den Bau- und Kunstdenkmalen, hat der Naturstein ursprünglich zwar meist nur eine statisch-konstruktive Funktion gehabt. Wo er verfügbar war, hat man ihn als das damals billigste Baumaterial verwendet und so verputzt und mit Farbanstrich versehen, wie wir das heute mit Beton tun. Wo wir aber heute an historischen Bauten den Naturstein in seiner natürlichen Farbe und Struktur sehen, empfinden wir (sozusagen zusätzlich) die dekorativen Effekte. Außerdem gehört es zur Aufgabe des Bau- und Kunsthistorikers, an den von ihm untersuchten Bauwerken auch die Herkunft des Baumaterials, speziell auch des Natursteins zu klären. Das bedeutet die Frage nach historischen Sachzeugen der Werksteinproduktion und Natursteinindustrie.

Natursteine werden seit Jahrtausenden in Steinbrüchen gewonnen, die nach Einstellung des Abbaus zugeschüttet werden, von selbst zusammenrutschen oder auch mit steilen Wänden des anstehenden Natursteins stehenbleiben. Solche stillgelegten Steinbrüche mit sichtbarem Gestein dienen den Geologen als geologische Naturdenkmale, können aber auch als technische Denkmale betrachtet werden, wenn sie noch die alte Abbau- und Gewinnungstechnik erkennen lassen. Das ist z. B. in Steinbrüchen aus der Römerzeit (etwa 100 bis 400 u. Z.) bei Fertörakos im Nordwesten der VR Ungarn der Fall. In der DDR lassen die alten, bis 60 m tiefen Steinbrüche im Porphyrtuff des Rochlitzer Berges noch erkennen, wie aus dem anstehenden Gestein kubikmetergroße Blöcke durch Ausschrämen schmaler Schlitze hergestellt und durch eingetriebene Keile abgehoben wurden (Bild 153), [7.3]. Diese Abbautechnik war und ist typisch für Weichgestein wie eben Porphyrtuff. Im Hartgestein werden die Blöcke vorwiegend durch Keilarbeit und unter schonender Anwendung von Schwarzpulver gewonnen. Bekannt dafür sind die riesigen bis 100 m tiefen Steinbrüche im Lausitzer Granit, z. B. bei Demitz-Thumitz östlich von Bischofswerda. Diese Steinbrüche sind zwar noch in Betrieb, können aber aufgrund ihrer über hundertjährigen Geschichte, ihrer historischen Aussage und ihrer emotionalen Wirkung schon heute als technische Denkmale gelten (Bild 154), [7.4].

Wichtig für die Förderung der gewonnenen, tonnenschweren Natursteinblöcke sind seit je die Hebezeuge. Kabelkräne sind dazu zwar auch schon seit 1901 in Gebrauch, stellen aber noch heute die allgemein übliche Fördertechnik in solchen Steinbrüchen dar, so daß der Denkmalschutz für eine solche Anlage noch nicht aktuell ist. Wohl aber ist der Schutz nötig für die nur noch wenigen erhaltenen, aus Holz erbauten Derrick-Kräne. Der hölzerne Derrick aus dem Granit-Steinbruch Mittweida ist an die Naturwerkstein-Schauanlage Brückmühle bei Sohland umgesetzt worden. Kleine alte Eisenkräne sind auch am tiefsten Steinbruch auf dem Rochlitzer Berg noch erhalten.

Die steinmetzmäßige Bearbeitung der Rohblöcke zu Werksteinen erfolgte und erfolgt auch heute noch teils in oder neben dem Steinbruch, teils auf besonderen Werkplätzen, auch neben dem Bauwerk, in einfachen, seitlich nur teilweise abgeschlossenen, schuppenartigen Hütten, die wohl dem Begriff der Bauhütte den Namen gegeben haben. Die Einfachheit dieser Arbeitsstätten ist technisch bedingt: Der Steinmetz muß an der frischen, möglichst etwas windigen Luft arbeiten, damit der durch seine Tätigkeit erzeugte Gesteinsstaub ihm nicht schadet, sondern weggeweht wird. Aber er muß auch vor Regen geschützt sein. So entstanden die Steinmetzhütten, wie sie heute noch allgemein üblich und in Resten auch in historischen Steinbrüchen anzutreffen sind.

Zur Industrie wurde die Steinbearbeitung im 19. Jahrhundert, besonders im Gebiet unserer größten Hartsteinlagerstätten [7.4]. Dort wurden seit etwa 1875 aus dem hellgrauen Lausitzer Granit Pflastersteine, Bordsteine, Gehwegplatten und Werksteine in kapitalistischen Großbetrieben produziert, die die Vorgängerbetriebe des heutigen VEB Lausitzer Granit sind. Dazu gehören heute die noch produzierenden einst sehr zahlreichen Kleinbetriebe, die die kleinen Vorkommen des dunklen Lausitzer Lamprophyrs zu Grabsteinen und dunklen Werksteinen verarbeiten. Aus beiden Produktionszweigen gibt es bereits technische Denkmale.

Aus den zahlreichen kleinen Natursteinbetrieben, die teils ohne eigenes Rohsteinvorkommen produzierten, ist die Brückmühle bei Sohland als technisches Denkmal ausgewählt worden. Der Name und die aus dem 18. Jahrhundert erhaltenen Mühlengebäude verdeutli-

chen, daß die kleinen Lausitzer Betriebe der Natursteinverarbeitung vorwiegend an der Stelle ehemaliger Mühlen gegründet worden sind, um deren Wasserkraft zu nutzen. So ist in der Brückmühle auch noch das mächtige, 6,50 m hohe und 2,70 m breite Wasserrad (mit 40 Schaufeln, die eine Tiefe von 1,60 m haben) erhalten, das über ein Vorgelege und die im klassischen Fabriksystem übliche Transmission die Maschinen antrieb (Bild 157). Von diesen sind im Nebenraum eine Einblattsäge und eine Gattersäge erhalten und betriebsnah rekonstruiert (Bild 158). So erfährt der Besucher, mit welchen technischen Mitteln Natursteinrohblöcke von etwa 2 m³ Größe in dünne Platten von 2 bis 4 cm Dicke geschnitten werden. In der großen Halle werden ebenso praxisnah historische Maschinen der verschiedenen Arbeitsprozesse der Naturwerksteinindustrie aufgestellt, wie z. B. Fräs- und Poliermaschinen. Auch Drehbänke für die Herstellung von Granitsäulen sind in der Natursteinindustrie der Lausitz erhalten und können – mit anderen Maschinen in der Brückmühle museal konzentriert – dem Besucher einen allgemein wenig bekannten Produktionszweig nahebringen und ihm Achtung davor abnötigen, wie der Mensch mit Hilfe der von ihm entwickelten Arbeitsmittel selbst solche harten Gesteine wie Granit, Granitporphyr und Lamprophyr in die gewünschte Form bringt.

Die Geschichte der Produktionsverhältnisse wird in der Brückmühle in zweifacher Weise deutlich. Erstens ist das Obergeschoß des Produktionsgebäudes räumlich zur Aufnahme einer Ausstellung geeignet. Diese soll die geologischen Grundlagen, die Geschichte der Technik, vor allem aber die Geschichte der Produktionsverhältnisse und der Arbeiterbewegung im Industriezweig darstellen und damit die Aussage der original erhaltenen Produktionsinstrumente im Erdgeschoß ergänzen. Zweitens wird die in ganz einfacher Industriearchitektur gehaltene, mit flachem Satteldach gedeckte Produktionshalle überragt von der Unternehmervilla, deren Neorenaissanceformen sogleich die zweite Hälfte des 19. Jahrhunderts als die Zeit bezogen, in der die Lausitzer Werksteinindustrie ihren Aufschwung nahm (Bild 156).

Aus der Pflastersteinherstellung, dem früheren Hauptprodukt der Granitindustrie von Demitz-Thumitz, sind noch einige historische Fallhämmer vorhanden, die später mit moderneren Maschinen zusammen auch die Entwicklung der Technik in diesem Zweig im

Gelände der Brückmühle an originalen Sachzeugen darzustellen erlauben.

Von der Geschichte der Produktivkräfte her, aber nicht nur in Hinsicht auf die Technik, sondern vor allem hinsichtlich der Hauptproduktivkraft Mensch, ist die Erhaltung eines historischen Schotterwerkes notwendig. Gut geeignet dafür und für die Urlauber gut erschließbar ist das ehemalige Schotterwerk Mägdefrau bei Schnellbach im Thüringer Wald (Bild 155). Noch im 19. Jahrhundert mußte Straßenschotter von Hand hergestellt werden. Am Rand der Landstraßen saßen Arbeiter, die Steine zu Schotter zerschlugen. Das früher bekannte Wort Steineklopfer war Inbegriff für minder qualifizierte, demgemäß schlecht bezahlte Arbeiter. Die Steinarbeit war der Inbegriff schwerer Arbeit und deshalb häufiges Motiv in der bildenden Kunst. Der von BLAKE im Jahre 1858 in den USA erfundene Backenbrecher und die anschließende Siebung des gebrochenen Gesteins in Trommelsieben machten in Mitteleuropa ab etwa 1880 die Steinklopfer überflüssig und ermöglichten bei der Schotterproduktion und damit beim Straßen- und Bahnbau eine Steigerung der Jahresleistung auf ein Vielfaches. Waren um 1900 bis 1930 die Schotterwerke mit einer Jahresproduktion von meist weit unter 300 000 t noch relativ klein, so sind Schotterwerke heute hochmechanisierte Großbetriebe mit 1 bis 3 Millionen t und mehr Jahresproduktion. Wenige hundert Meter neben dem historischen Schotterwerk Schnellbach produziert heute ein modernes Schotterwerk und ermöglicht damit einen historischen Vergleich. Das neue Schotterwerk Nesselgrund könnte in dem alten Werk seine eigene Traditionsstätte einrichten und den Urlaubern des mittleren Thüringer Waldes einen Einblick in die Geschichte der Schotterproduktion von den Steinklopfern bis zum modernen Großbetrieb bieten und zeigen, wie stark sich hier die Arbeitsproduktivität erhöht hat. Im größten Zentrum der Schotter- und Splittindustrie der DDR, im Gebiet Grimma–Wurzen, ist 1985 ein Traditionszentrum besonderer Art der Öffentlichkeit übergeben worden. In Hohburg, einem traditionsreichen Steinarbeiterort, hat die Ortsgruppe des Kulturbundes ein vermutlich 1802 erbautes Wohnstallhaus einer Steinarbeiterfamilie übernommen und museal gestaltet, um den Angehörigen des Industriezweiges, der gesamten Bevölkerung und den Touristen in der »Hohburger Schweiz« die Lebensweise der Steinarbeiter im 19. Jahrhundert und die Geschichte der einheimischen Steinindustrie nahezubringen. Im Erdgeschoß werden die Wohnverhältnisse einer Steinarbeiterfamilie um 1900 gezeigt, im Obergeschoß die Geschichte der Steinindustrie etwa von 1850 bis zur Gegenwart und insbesondere der Klassenkampf der Steinarbeiter dargestellt. Im Freigelände des Grundstücks ist ein Abbauort mit Bossiererhütte nachgebildet und sind Maschinen und Geräte aufgestellt worden, z. B. eine Feldbahn und ein fahrbarer Steinbrecher mit Trommelsieb. Dieser Brecher ist vom VEB Splitterwerk Röcknitz-Hohnstädt betreibbar instandgesetzt worden. Er wurde ursprünglich durch einen 13-PS-Dieselmotor angetrieben, später jedoch durch Elektromotor. Der Backenbrecher hat die Gesteinsblöcke auf einen Korndurchmesser von 125 mm und weniger gebrochen. Das anschließende, 2,5 m lange Trommelsieb trennte das Brechgut in verschiedene Korngrößen. Diese Anlage ist zwar erst 1956 gebaut worden, entspricht aber ganz einer von etwa 1910 bis 1960 üblichen, also 50 Jahre lang für die Steinindustrie typischen Technik. Die Kulturbund-Arbeitsgemeinschaft Steinarbeiterhaus Hohburg hat über den Brecher und andere Produktionsinstrumente informative Faltblätter herausgegeben [7.5].

7.3. Technische Denkmale des Schieferbergbaus

Ein vom Produkt und der Herstellungsweise her eigenständiger Zweig der Natursteinindustrie ist der Schieferbergbau. Schon die geologischen Vorkommen guten Dachschiefers sind so selten, daß sich Schieferbergbau nur an wenigen Stellen der Erde entwickelt hat. Das hinsichtlich Geschichte und Produktionsumfang bedeutendste Revier des Schieferbergbaus in der DDR ist das Gebiet Lehesten–Unterloquitz–Wurzbach im Frankenwald südlich von Saalfeld [7.6]. Der Dachschiefer von Lehesten wird mindestens seit dem 15. Jahrhundert abgebaut und ist weltbekannt. Mit ihm wurden schon in vergangenen Jahrhunderten berühmte Bauwerke gedeckt, so die Wiener Hofburg, das Residenzschloß Würzburg und die Veste Coburg. Der Lehester Schiefer war zwischen 1850 und 1950 in Form der Schiefertafel weltweit verbreitet. Die Pflege des kulturellen Erbes im Lehestener Schieferbergbau stellt sich deshalb als eine gesellschaftliche Aufgabe mit internationalem Aspekt dar.

Im Werksgelände des VEB Vereinigte Thüringische Schiefergruben, Lehesten, wird zur Zeit ein Denkmalkomplex restauriert, der die wesentlichen Teilprozesse der Dachschieferproduktion an originalen Sachzeugen auf engstem Raum verfolgen läßt (Abb. 40), [7.7]. Im Schieferbruch Kießlich ist der Rohstoff als anstehendes Gestein sichtbar. Hier kann das geologische Phänomen der Schieferung studiert werden, das das Gestein erst für die Dachschieferproduktion geeignet macht. Weiter läßt der Schieferbruch Kießlich noch die alte Abbautechnik im Tagebau erkennen, wogegen der Dachschiefer heute (in größerer Tiefe) nur noch unter Tage abgebaut wird. Der Kießlich-Bruch und der benachbarte Staatsbruch sind durch Abbau des Zwischengebietes heute zu einem großen Aufschluß vereinigt, der durch seine Dimensionen ebenso imposant wirkt wie die großen Granitsteinbrüche der Lausitz.

Gefördert wurde der Schieferrohstein aus dem Kießlich-Bruch ab 1845 mit einem ochsenbetriebenen Göpelwerk, das allerdings schon 1865 durch eine damals moderne Fördermaschine ersetzt wurde (Bild 162). Diese besitzt als eine der wenigen erhaltenen Fördermaschinen mit Seiltrommeln einen besonderen historischen Wert.

Aus der Zeit des Göpelbetriebes ist die gesamte Einrichtung des Schachthauses, vor allem aber das Göpelgebäude erhalten. Es ist der einzige in der DDR noch vorhandene Göpel mit der typischen bergmännischen Industriearchitektur. Es kann im Vergleich mit AGRICOLAS Holzschnitt als ein für die Bergbautechnik des 16. bis 19. Jahrhunderts repräsentativer Sachzeuge betrachtet werden und hat – da solche Göpel früher auch im Erzbergbau verbreitet waren – als technisches Denkmal weit über den Schieferbergbau hinaus Bedeutung.

Spezifisches Denkmal der Schieferindustrie dagegen sind die unmittelbar benachbarten Schieferspalthütten, zwei aneinandergebaute, je mit einem Satteldach versehene, langgestreckte Gebäude (Bild 160). Lange Fensterreihen boten zahlreichen Schieferarbeitern die für ihre Tätigkeit erforderlichen gut beleuchteten Arbeitsplätze (Bild 159). Die Spalter trennten den Rohstein nach der geologisch vorbestimmten Spaltrichtung der Schieferung in etwa 3 bis 5 mm dicke Tafeln. Die Zuschneider schnitten daraus die altdeutschen oder die Schablonenschieferformate mit Scheren, die nach dem Prinzip der bekannten Fotoscheren konstruiert waren. Heute erfolgt das Zuschneiden der Schiefer mit elektrisch betriebenen Schneidemaschinen, so daß die alten Schieferscheren als historische Geräte zu erhalten sind. In einer Spalthütte sind die Spaltbänke noch original erhalten. Sie brauchen nach der Instandsetzung des Gebäudes nur mit den museal gesammelten Geräten ausgestattet zu werden und vermitteln so das Aussehen der alten Arbeitsplätze. Besucher können dann das Formatisieren der Schiefer selbst probieren. Die andere Spalthütte wurde bis vor kurzer Zeit als Garage genutzt. Hier bietet sich vorerst eine Aufstellung historischer Großgeräte an, z. B. einer alten Dampflok zum Transport des

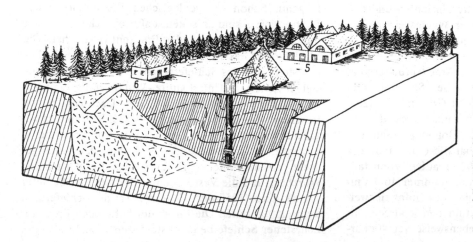

Abb. 40. Schematisches Blockbild des Denkmalkomplexes in der Schieferindustrie von Lehesten

1 Schiefertagebau Kießlich, mit geologischen Aufschlüssen der Lagerungsverhältnisse, *2* Abraumhalde unbrauchbaren Schiefers am Rande des Tagebaus, *3* der Förderschacht (abgedeckter Schlitz in der Tagebauwand), *4* Göpel als Förderanlage, *5* Spalthütten, *6* Mannschaftshaus

Schiefers im Werksgelände, Bohrgeräte und anderes Material aus dem Untertagebetrieb.

Werden so im alten Produktionsgebäude die originalen Arbeitsinstrumente, die Arbeitsplätze und damit die Arbeitsorganisation der Schieferindustrie anschaulich gemacht, dann wird besser verstanden, daß hier im Frankenwald gerade die Schieferarbeiter die stärkste Gruppe der sich formierenden Arbeiterklasse und in den Klassenkämpfen des kaiserlichen Deutschland und der Weimarer Republik der politisch aktivste Teil des Proletariats in dem bis 1918 herzoglichen Sachsen-Meiningen waren. Es ist die gesellschaftliche Aufgabe des jetzigen VEB Vereinigte Thüringische Schiefergruben, diese Traditionen gerade auch durch die Erhaltung der alten Arbeitsstätten zu pflegen.

Allgemein bekannt ist die Meisterschaft, mit der Zimmerleute und Schieferdecker im ganzen Land Dächer und Türme nicht nur wettersicher gedeckt, sondern auch künstlerisch gestaltet haben. Es sei nur an die zahlreichen, mit Lehestener Schiefer gedeckten Zwiebeltürme barocker Dorfkirchen erinnert. Ein solches Denkmal für die Verwendung des Dachschiefers im Bauwesen gibt es im Werksgelände der Schiefergruben von Lehesten selbst, das Gebäude der ehemaligen Wagnerei (Bild 161). Es erinnert zugleich an die Arbeit der Wagenbauer für den Abtransport des Schiefers und seinen Verkauf in weitem Umkreis.

7.4. Technische Denkmale der Ziegelindustrie

Wo Natursteine nicht in hinreichender Menge vorhanden waren, mußte früher zu Holz, Lehm oder Ziegeln als Massenbaustoff gegriffen werden. Wo Größe, Kosten und Verwendungszweck des Bauwerkes eine lange Lebensdauer erforderten, kam von diesen Baustoffen nur der Ziegel in Frage. Im Mittelmeerraum schon aus der Antike bekannt, beweisen in Mitteleuropa die Bauten der Backsteingotik einen großen Aufschwung der Ziegelproduktion im 12. bis 15. Jahrhundert. Älteste Beispiele, noch aus der Mitte des 12. Jahrhunderts, sind die Marienkirche in Bergen/Rügen und die »Roten Spitzen«, die Türme des ehemaligen Augustiner-Ordenstiftes in Altenburg, Bezirk Leipzig. So groß die damals produzierten Ziegelmengen auch zu sein scheinen: Der einzelne Ziegelbetrieb war handwerklich organisiert und hatte eine nur geringe Jahresleistung und eine primitive Technik. Der Hauptarbeitsgang war das Formen der Ziegel von Hand mittels Schablonen, daher die früher häufige Berufsbezeichnung Ziegelstreicher. Einigermaßen dauerhafte Baulichkeiten waren nur die Trokkenschuppen. Von daher wird verständlich, daß auf alten Karten Ziegeleistandorte manchmal als Ziegelscheune verzeichnet sind. Das Brennen der Ziegel erfolgte in meilerartigen Feldfeuern, die für jeden Brand aufs neue zusammengestellt wurden. Solcher Art war die Ziegelproduktion fast ausschließlich bis ins 18. und vielfach noch anfangs des 19. Jahrhunderts.

Im 19. Jahrhundert verringerten sich die Brennholzvorräte, auch die Ziegeleien mußten zur Verwendung von Braun- und Steinkohle übergehen (vgl. Abschn. 2.6.). Mitte des 19. Jahrhunderts wuchs fast explosiv die Bevölkerung (vgl. Tabelle 2, S. 37). Durch die Konzentration des Proletariats in den Städten und Großstädten schnellte deren Einwohnerzahl in die Höhe. Mietskasernen wurden in Stadtteilen gebaut, die flächenmäßig die Altstadtkerne um ein Vielfaches übertrafen. All das forderte eine Leistungssteigerung der Ziegelproduktion. Es entstand die kapitalistische Ziegelindustrie, indem das maschinelle Ziegelformen und eine neue Brenntechnik (dauerhafte Ofentypen mit geregeltem Brennrhythmus bzw. kontinuierlichem Brennbetrieb) eingeführt wurden. Der steigende Bedarf bedingte nun auch in der Ziegelindustrie größere Betriebe mit kapitalistischen Produktionsverhältnissen. Wichtige ziegeltechnische Erfindungen um 1850 ermöglichten diese Entwicklung. Diese für die Geschichte sowohl der Produktivkräfte wie auch der Produktionsverhältnisse symptomatischen Zusammenhänge lassen sich anschaulich an unseren technischen Denkmalen der Ziegelindustrie demonstrieren.

Die Formung der Ziegel von Hand wurde von der 1855 erfundenen Schlickeysenziegelpresse abgelöst, die weiterentwickelt und vollmechanisiert noch heute in Gebrauch, in ihrer Urform aber in mehreren historischen Ziegeleien erhalten ist. Der durch Kollergang oder Walzwerke aufbereitete Lehm wird in der Schlickeysenpresse nach dem Prinzip des Fleischwolfs durch ein Mundstück zu einem Strang gepreßt, von dem mit einem Drahtbügel nach dem Prinzip des Eierschneiders – früher von Hand, heute mechanisiert – die Ziegel abgeschnitten werden. Die feuchten Ziegel wurden früher in Trockengestellen oder Trockenschuppen durch die Luft getrocknet, was gegenwärtig nur noch in einem Teil der Ziegelwerke geschieht. Die meisten Betriebe haben heute eine solch hohe Produktion, daß die Lufttrocknung vom Flächenbedarf und damit vom innerbetrieblichen Transport her nicht mehr durchführbar ist und durch künstliche Trocknung (z. B. Kammertrocknung) ersetzt werden mußte.

Den stärksten Wandel erfahren und zugleich den größten Einfluß auf die Leistung des Betriebes haben die Brennöfen (Abb. 41). Aus den Feldfeuern entwickelten sich die Einkammeröfen. Diese hielten die Wärme zwar besser als die Feldfeuer, hatten aber durch den chargenweisen Betrieb noch immer eine schlechte Wärmenutzung und eine geringe Produktionsleistung. Als technische Denkmale sind erhalten der aus dem 18. oder frühen 19. Jahrhundert stammende, heute als Storchenmuseum der DDR genutzte und jährlich von 1500 Besuchern aufgesuchte, runde, flaschenförmige Ziegelofen von Altgaul bei Bad Freienwalde mit seitlichen Feuerungen und hoher Esse sowie ein allerdings erst um 1890 erbauter viereckiger Ofen in Orlamünde, der aber trotz seines späten Baujahres die Technik der ersten Hälfte des 19. Jahrhunderts repräsentiert (Bilder 163 und 164).

Mit der Erfindung des Kasseler Ofens, also eines Zweikammerofens, wurde bereits ein quasikontinuierlicher Betrieb erreicht. Während jeweils eine Kammer unter Feuer stand, kühlten in der anderen die gebrannten Ziegel ab, wurden dann ausgefahren und die neuen, zu brennenden eingefahren. Auch wärmewirtschaftlich brachten die Kasseler Öfen einen bedeutenden Fortschritt: Nach dem Einfahren der neuen Ziegel wurden die Abgase der unter Feuer stehenden Kammer nicht direkt in den Schornstein geleitet, sondern in die frisch eingefahrene Kammer gelenkt, damit sie dort die aus dem Trockenschuppen kommenden Ziegel noch fertig trocknen und vorwärmen konnten. So wurden beim Kasseler Ofen die beiden Kammern abwechselnd betrieben, aber doch so, daß die Arbeiter stets voll beschäftigt waren. Zweikammer-Ziegelöfen sind in Canitz und Kühnitzsch bei Wurzen sowie in Grana bei Zeitz erhalten. Das technische Denkmal Ziegelei Heier in Grana (Abb. 42), [7.8] läßt die gesamte Produktionsabfolge und die Produktionsverhältnisse noch deutlich erkennen: Der Lehm wurde in der Lehmgrube, einem noch erhaltenen Lößaufschluß, gewonnen, mit einer Schlickeysenpresse geformt, in Trockenschuppen luftgetrocknet und dann in dem 1905/06 erbauten Kasseler Ofen gebrannt. Dieser besteht aus zwei parallelen, mit Spitzbogen gewölbten Kammern und quer davor gelagertem Raum für die Feuerungen. Auf den mit Erde überschütteten Gewölben sind die Schüttlöcher zu erkennen, durch die mit Brikettabrieb weitergeheizt wurde, nachdem der Brand erst einmal in Gang gekommen war. Die beiden Kammern faßten je etwa 20 000 Ziegel, so daß mit 25 bis 40 Bränden je Jahr (wegen der Lufttrocknung nur im Sommerhalbjahr) etwa 500 000 bis 800 000 Ziegel (Normalformat) produziert wurden.

In Wickershain bei Geithain befindet sich ein Mehrkammerofen, dessen fünf aneinander gereihte Kammern entwicklungsgeschichtlich einen Übergang zu dem Ringofen darstellen, der 1857/58 von FRIEDRICH EDUARD HOFMANN (1818 bis 1900) in Deutschland erfunden wurde. Der Ringofen hat einen runden oder gestreckten, aber stets endlos in sich geschlossenen Brennkanal mit ringsum angeordneten Ein- und Ausfahröffnungen (Abb. 43). Das nur an einer Stelle befindliche Feuer wandert im Lauf von Wochen durch den Brennkanal ringsum, indem man durch die in der Ofendecke befindlichen Schüttlöcher Brikettabrieb vor das derzeitige Feuer schüttet und in seinem Rücken mit der Brennstoffzugabe aufhört. Mit solcher Feuerungstechnik kann man nicht nur die Intensität des Feuers, sondern auch die Geschwindigkeit seines Vorrückens im Brennkanal beeinflussen. Der Betrieb des Ringofens erfolgt nun so, daß man jeweils genügend weit vor dem Feuer die lufttrockenen Ziegel einfährt und genügend weit hinter dem Feuer die gebrannten und abgekühlten Ziegel ausfährt. Einfahren, Vorrücken des Feuers und Ausfahren ließen sich so aufeinander abstimmen, daß ein absolut kontinuierlicher Betrieb erfolgte. Auch wärmewirtschaftlich war der Ringofenbetrieb sehr vorteilhaft, weil sich bei ihm ebenfalls die Abwärme für das restliche Trocknen und Vorwärmen der vor dem Feuer eingefahrenen Ziegel nutzen ließ. Die Produktionsleistung eines Ringofens übertraf mit etwa 5 Millionen Ziegelsteinen je Jahr die eines Kasseler Ofens um das Vielfache, zumal Ringöfen in verschiedenen Größen gebaut wurden. Während die Einkammer- und die Zweikammeröfen typisch für die handwerklich-bäuerlichen Ziegeleien waren, entstanden mit den Ringöfen auf-

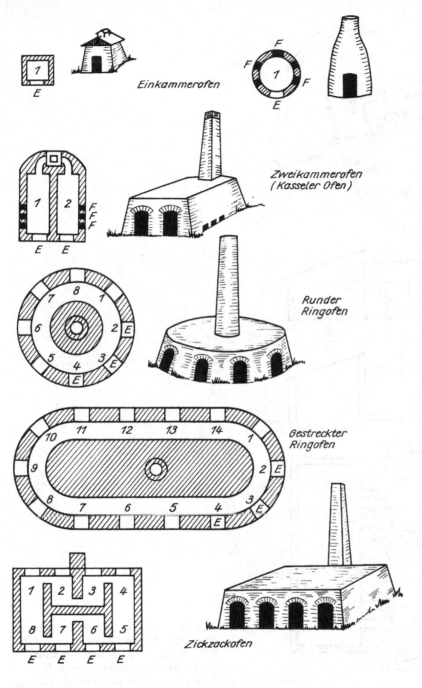

Einkammerofen

Zweikammerofen
(Kasseler Ofen)

Runder
Ringofen

Gestreckter
Ringofen

Zickzackofen

Tunnelofen

| Vorwärm-zone | Brenn-zone | Kühl-zone |

Abb. 41. Die historische Folge der Ziegel-brennofentypen

E Einfahröffnung für die zu brennenden Ziegel (Ausfahröffnung für gebrannte Ziegel), *F* Feuerung, *1, 2, 3*... Brennkammern

121

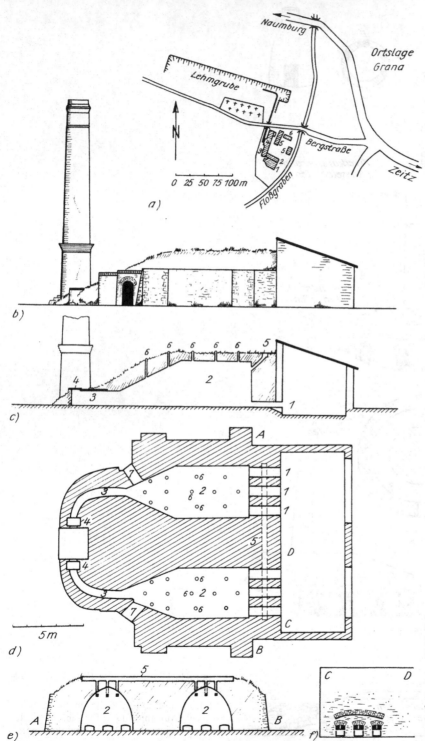

Abb. 42. Der Zweikammerofen (Kasseler Ofen) der Ziegelei Heier in Grana bei Zeitz, Lageplan (a), Ansicht (b), Grundriß (d) und Schnittzeichnungen (c, e, f)

1 Feuerung, *2* Kammer, *3* Rauchgasabzug, *4* Schieber vor dem Schornstein, *5* Schmauchkanal (zur Überleitung der Abwärme in die benachbarte Kammer, *6* Schüttlöcher für Brennstoff (Kohlegrus), *7* Einfahröffnungen

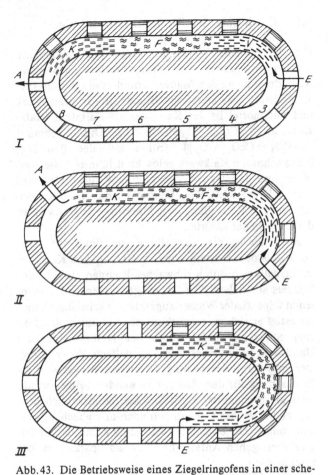

Abb. 43. Die Betriebsweise eines Ziegelringofens in einer schematischen Darstellung dreier Ablaufstadien (I, II, III)

F jeweilige Brennzone, *V* Vorwärmzone (wird vorgewärmt mit den Abgasen aus *F*), *K* Kühlzone (gebrannte, heiße Ziegel, die mit Frischluft gekühlt werden, diese wird damit vorgewärmt der Brennzone zugeleitet; *E* Einfahren und Einsetzen der zu brennenden Ziegel. *A* Ausfahren der gebrannten und gekühlten Ziegel, *3* bis *8* zur Zeit freie Kammern, *II* und *III*: Vorwärm-, Brenn- und Kühlzone rücken kontinuierlich vor

grund der höheren Anlagekosten und der wesentlich größeren Produktion kapitalistische Ziegelwerke. Der Übergang vom Handwerk zur Industrie ist in der Ziegelproduktion also mit dem Übergang zum Ringofen ursächlich verbunden und liegt – ebenso kausal verständlich – in der zweiten Hälfte des 19. Jahrhunderts, als der Bevölkerungszuwachs eine höhere Bauleistung und deshalb auch höhere Ziegelproduktion erforderte.

Die Urform des Ringofens ist der runde Ofen. Als technische Denkmale sind runde Ringöfen noch in Glindow bei Potsdam, in Großtreben bei Torgau und in Parey bei Genthin erhalten [7.9]. Der um 1885 erbaute runde Ringofen von Parey ist der letzte Zeuge der einst dort profilbestimmenden Ziegelindustrie, die den Auelehm in der weiten Aue der Elbe und Unteren Havel abbaute und zu Ziegeln für die Großstädte Magdeburg und Berlin verarbeitete (Bild 165).

Runde Ringöfen konnten nicht beliebig vergrößert werden, da sich dann zu viel toter Raum (unproduktive Baumasse) im Zentrum des Kreises ergeben hätte. Eine Steigerung der Größe und Leistung der Ringöfen bot sich aber an und wurde realisiert, indem man den Ofen streckte, zwei parallele und am Ende jeweils miteinander verbundene Brennkanäle anlegte. Diese gestreckten Ringöfen gab es in verschiedenen Größen und Ausführungen, von kleinen, die fast noch eine handwerkliche Betriebsform ermöglichten, bis zu großen mehrstöckigen Gebäuden, wo über dem Ofen die Trocknung der frisch geformten Ziegel angeordnet war. Gestreckte Ringöfen waren für den größten Teil der Ziegelindustrie gegen Ende des 19. Jahrhunderts bis um 1970 typisch. Als technische Denkmale registriert wurden bis jetzt die gestreckten Ringöfen in Kahla (Ratsziegelei), Oberbodnitz bei Kahla (mit Fachwerk-Obergeschoß, Bild 166), Zehdenick nördlich von Berlin (um 1900 erbaut) [7.9] und Pegau (Ziegelei Erbs) sowie der Schamotteringofen in Colditz. Die 1908 bis 1910 erbaute Ziegelei Erbs bei Pegau (Bilder 167, 168 und 170) baute den Auelehm der Elsteraue ab, besitzt die typische Schlickeysenpresse und arbeitete mit Lufttrocknung in Trockenschuppen, die rings um den Ofen angeordnet sind. Sie besitzt einen kleinen gestreckten Ringofen mit seitlichem Schornstein und einem in solcher geringen Höhe angeordneten Satteldach, daß gerade die Ofendecke mit den Schüttlöchern für das Brennmaterial begehbar ist. Der Brennkanal faßt insgesamt 80 000 Ziegel, und das Feuer lief je Woche einmal ringsum, so daß in einer Saison (wegen der Lufttrocknung nur Sommerhalbjahr), d. h. in 30 bis 35 Wochen etwa 2,5 Millionen Ziegel (Normalformat) gebrannt wurden.

Eine Sonderform des Ringofens ist der Zickzackofen. Bei ihm wurde das Prinzip des ringförmigen Brennkanals mit einer kleinen Grundfläche, also geringem Investitionsaufwand verbunden. Je nach den Abmessungen der Verbindungskanäle zwischen den Kammern kann der Zickzackofen auch als Kombination des Ringofenprinzips mit einem Mehrkammerofen betrachtet werden. Im Vergleich mit den anderen Ofentypen zeigt der Zickzackofen, wie in der Technik für eine Aufgabe die verschiedensten Lösungsmöglichkeiten probiert werden. Je nach Eignung werden die Varianten dann allgemein eingesetzt, ganz aufgegeben oder nur in bestimmten Fällen genutzt. Das letzte gilt für die Zickzacköfen, von denen zwei noch zwischen Nossen und Lommatzsch, in Wolkau und Graupzig, produzieren.

Der für die Zukunft des Ringofens gerade in unserer Zeit entscheidende Nachteil sind die schweren Arbeitsbedingungen für die Ofenarbeiter. Das Einfahren und Stapeln der Ziegel im Brennkanal und das Ausfahren der gebrannten Ziegel erfolgten von Anfang an von Hand und unter den hohen Temperaturen vor und hinter der jeweiligen Brennzone. Diese Arbeiten haben sich auch nur zum Teil mechanisieren lassen. Für die Zukunft der Ziegelindustrie ist deshalb der Tunnelofen wesentlich günstiger und wird schon jetzt immer öfter angewandt. Auch der Tunnelofen besteht aus einem langen Brennkanal. Bei ihm ist aber das Feuer und damit auch die Vorwärm- und die Kühlzone stationär, und die Ziegel werden hindurchgefahren, während beim Ringofen der Ziegel an seinem Ort im Brennkanal blieb und die Vorwärm-, Brenn- und Kühlzone über ihn hinwegrückten. Beim Tunnelofen werden die Ziegel in der Produktionshalle auf einen mit feuerfestem Belag versehenen Wagen aufgesetzt, durch den Ofen gefahren und nach Verlassen des Ofens gebrannt von dem Wagen abgenommen.

Insgesamt läßt gerade die Ziegelindustrie gut erkennen, wie sich die historischen Aussagen der verschiedenen technischen Denkmale gegenseitig ergänzen und alle Objekte gemeinsam eine mit originalen Sachzeugen belegte Entwicklungslinie darstellen.

Die Ziegelindustrie hat an vielen Orten aber auch lokalhistorische Bedeutung. Dort wenigstens die Mauerblöcke alter Ziegelöfen als Denkmale zu erhalten ist durchaus gerechtfertigt, da diese auch ohne Aufwand und Instandhaltungsmaßnahmen bestehen bleiben können. So bezeugt in Dresden-Prohlis der Mauerblock eines Ringofens (Bild 169) die um 1900 dort blühende Ziegelindustrie, die großen Anteil am Wachsen Dresdens zur Großstadt hatte.

7.5. Denkmale der Bindemittelindustrie

Die Bauelemente Werkstein, Ziegel und Betonplatte müssen im Bauwerk mit Mörtel verbunden werden. Auch der Putz an den Mauern erfordert ein Bindemittel als Baustoff. Das klassische Bindemittel in Mauerwerk und Putzmörtel ist der Kalk, der als Kalkstein (Kalkkarbonat $CaCO_3$) abgebaut, in Öfen gebrannt ($CACO_3 \rightarrow CaO + CO_2 \uparrow$), früher auf der Baustelle, heute schon im Kalkwerk gelöscht, d.h. mit Wasser versehen und damit zu gelöschtem Kalk umgesetzt wird [$CaO + H_2O \rightarrow Ca(OH)_2$]. Gelöschter Kalk ist geschmeidig und zur Herstellung von Mörtel geeignet, da er an der Luft wieder erhärtet.

Einfacher ist die Herstellung von Bindemittel aus Gips. Aus dem Gestein Gips (wasserhaltigem Kalziumsulfat) läßt sich durch schwaches Brennen ein Teil des Wassers austreiben. Wird zum gebrannten und gemahlenen Gips wieder Wasser zugesetzt, so kristallisiert und verfestigt er sich zu wasserhaltigem Kalziumsulfat. Solcher Stuckgips findet heute bei Heimwerker- und Handwerkerarbeit nach wie vor vielfach Verwendung. Der größte Teil des heute gewonnenen Gipses wird als Zumischung für den Zement verwendet. Früher wurde Gips als Bindemittel im Bauwesen hauptsächlich dort verwendet, wo das Gestein gefunden und abgebaut werden konnte. Die einfachere Herstellung und der niedrigere Preis gaben Anlaß, ihn auch als Sparkalk zu bezeichnen.

Ein im 19. Jahrhundert aus mehr oder weniger zufälligen Entdeckungen entwickeltes Bindemittel ist der Zement, der gegenüber dem Kalk höhere Festigkeiten und Wetterbeständigkeit erreicht und vor allem sich auch unter Wasser verfestigt. Die wesentlichen Rohstoffkomponenten des Zements sind Kalkstein, Ton und Sand. Für die Zementproduktion ist also nicht reiner Kalkstein, sondern tonig-sandiger Kalkstein der günstigste Rohstoff. Zement ist bekanntlich aus dem Bauwesen der Gegenwart nicht mehr wegzudenken.

Die Geschichte der Bindemittelindustrie ist nicht nur chronologisch durch die Entwicklung der Technik, sondern in stärkerem Maße auch von den regionalen Verhältnissen, insbesondere von der Rohstoffsituation bestimmt. Diese regionalen Faktoren sollen im folgenden mit deutlich gemacht werden.

Kleine Vorkommen guten, reinen Kalksteins gaben

im Erzgebirge schon vor mehr als 400 Jahren Anlaß zur Branntkalkproduktion. Eine erste urkundliche Erwähnung finden 1375 die Kalksteingruben von Rabenstein bei Karl-Marx-Stadt [7.10]. Etwa seit dem 16. Jahrhundert, besonders im 19. Jahrhundert sind Kalkwerke an vielen Orten des gesamten Erzgebirges entstanden. Der Kalksteinabbau mußte dabei nach Erschöpfung der oberflächennahen Lagerstättenteile überall zum Tiefbau übergehen. Die brenntechnische Entwicklung ist heute noch durch drei verschiedene Ofentypen belegt (Abb. 44). Alle drei Typen sind zwar Schachtöfen, aber doch solche von verschiedener Größe, Leistungsfähigkeit und auch unterschiedlicher Industriearchitektur.

Die ältesten erhaltenen, wahrscheinlich für das 18. Jahrhundert typischen Schachtöfen sind etwa 5 m hoch und stecken meist zu mehreren in einem gemeinsamen Mauerblock. Kalköfen dieser Art sind in Rabenstein (Bild 172), Meerane, Herold und Hammer-Unterwiesenthal erhalten. Zu Anfang des 19. Jahrhunderts folgten die etwa 10 m hohen (mit Esse 18,5 m hohen), nach dem englischen Konstrukteur benannten Rumfordöfen, die rings um den eigentlichen Ofenschacht

noch Umgänge mit Feuerlöchern und Stützmauern besitzen und architektonisch mit ihrer wuchtig-sechskantigen und sich nach oben verjüngenden Form besonders auffallen. Solche Kalköfen sind in den ehemaligen Kalkwerken Herold, Grießbach, Lengefeld, Hammer-Unterwiesenthal und Hermsdorf erhalten. Mehreren dieser Öfen sind nachträglich schlanke, konische Essen aufgesetzt worden. Vierkantige Schachtöfen ähnlichen Alters stehen u. a. im Kalkwerk Langenberg bei Raschau. Der jüngste historische Kalkofentyp ist der um 1870 eingeführte Rüdersdorfer Ofen, mit Esse etwa 21,5 m hoch, im wesentlichen freistehend und nur im unteren Drittel mit einem Gebäude umbaut. Ein Paar Rüdersdorfer Öfen, das noch als Ruine einen Blickpunkt in der Landschaft bildet, finden wir in Hammer-Unterwiesenthal (Bild 14). Im Kalkwerk Lengefeld (Kreis Marienberg) ist der dortige Rüdersdorfer Ofen in beispielhafter Zusammenarbeit von Betrieb, örtlicher Oberschule und Kulturbund restauriert worden.

Das Kalkwerk Lengefeld ist überhaupt der aussagekräftigste Denkmalkomplex der Kalkindustrie (Abb. 45, Bilder 171 und 173), [7.11]. Bei einem Besuch schauen

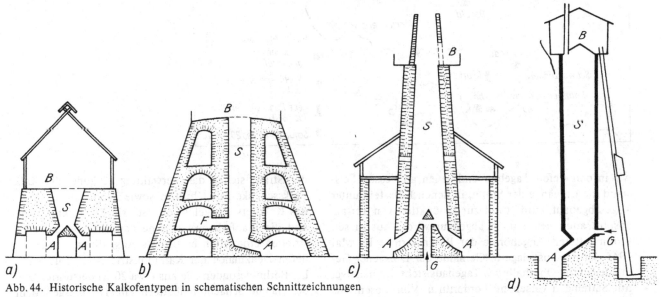

Abb. 44. Historische Kalkofentypen in schematischen Schnittzeichnungen
a) Kalkschneller (ab 18. Jh.)
b) Alter Rüdersdorfer Ofen (Rumfordofen, ab 1802)
c) Neuer Rüdersdorfer Ofen (ab 1870)
d) Schachtofen (20 Jh.)
B Beschickung, S Brennschacht, A Abzugsöffnungen, F Feuerung, G Eintritt der Verbrennungsluft (mit Gebläse)

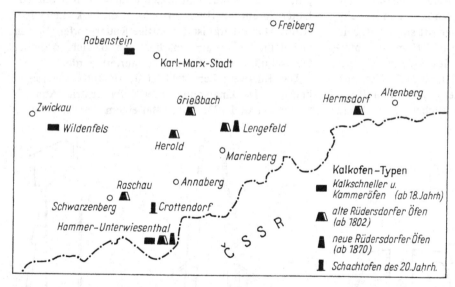

Abb. 45. Kalkwerk Lengefeld/Erzgebirge in einem schematischen Raumbild *(oben)* und Übersichtskarte über die historischen Kalkwerke des Erzgebirges *(unten)*

1 Tagebau mit Mundlöchern zum Tiefbau, *2* Tiefbau-Abbaue, *3* Förderschacht, *4* Förderbrücke zu den Kalköfen, *5* Rumfordofen ohne Esse, *6* Rumfordofen mit Esse, *7* Rüdersdorfer Ofen, *8* Kalkmühle, *9* Kalkwerksschänke, *10* Verwaltungsgebäude und Wohnhäuser

wir in den tiefen Tagebau und sehen an dessen Felswand die Eingänge der Stolln, in denen Kalkstein unter Tage abgebaut wurde (und zur Produktion von Terrazzosplitt auch heute noch abgebaut wird). Aus diesen Stolln retteten Angehörige der Roten Armee im Mai 1945 dorthin ausgelagerte Gemälde der Dresdener Gemäldegalerie. Oberhalb des Tagebaus steht der massive, mit Satteldach versehene Förderturm. Von diesem aus wurde der geförderte Kalkstein über Brücken mit Bruchsteinpfeilern auf die Kalköfen gefahren und von oben in diese eingefüllt. Zwischen zwei Rumfordöfen befindet sich in einem Fachwerkbau die Kalkmühle. Beiderseits

der Straße stehen das Verwaltungsgebäude, die Kalkwerksschänke mit Uhrturm sowie Wohnhäuser. So ist das Kalkwerk Lengefeld ebenso wie die Eisenhämmer und die Blaufarbenwerke eine deutlich von der industriellen Produktion bestimmte Ansiedlung. Neben anderen Denkmalen der Kalkindustrie ist in Rüdersdorf bei Berlin besonders die aus etwa 20 Rüdersdorfer Öfen bestehende Schachtofenbatterie entwicklungsgeschichtlich lehrreich (Bild 174). Der Bindemittelbedarf des Bauwesens in Berlin war um 1870 so gestiegen, daß er nur mit einer derartigen Anzahl von Kalköfen gedeckt werden konnte. So ist die 1871 bis 1877 erbaute Rüders-

126

dorfer Schachtofenbatterie ein Beispiel dafür, wie Maßstäbe der Großindustrie auch durch Summierung zahlreicher Exemplare eines im einzelnen nicht unbedingt leistungsstarken Ofentyps erreicht werden können. Es zeigt die Dialektik in der Geschichte der Produktionsinstrumente, daß jedoch die weitere Steigerung der Produktion nicht mit weiterer Summierung der Schachtöfen, sondern nur mit der Umstellung auf ein generell neues Produktionsverfahren, die heute noch üblichen Drehrohröfen, erzielt werden konnte.

Das bedeutete in Rüdersdorf bei dem starken Tongehalt des größeren Teiles des Kalkvorkommens den Übergang zur Zementproduktion. Die in Rüdersdorf heute betriebenen Zementwerke setzen damit die Tradition der Bindemittelproduktion fort, die sich in der Schachtofenbatterie dokumentiert, aber nicht in bloßer Kontinuität, sondern auf historisch-dialektisch höherer Ebene.

Kalkwerke stehen noch an anderen Orten, z. B. in Zossen, im Raum Dresden (Borna-Nentmannsdorf), im Kreis Haldensleben und in Thüringen (Mohlsdorf bei Greiz, Jena-Burgau und Könitz) unter Denkmalschutz. Auch hier gilt, was von den Ziegelöfen gesagt wurde: Die lokalhistorische Bedeutung rechtfertigt die Aufnahme des Mauerwerkes historischer Kalköfen in die Denkmallisten, da das kompakte Mauerwerk ohne besonderen Aufwand zu erhalten ist und der Denkmalschutz eine willkürliche Beseitigung des Objektes verhindert. Im Kreis Haldensleben sind vom ehemaligen Kalkwerk Walbeck ein Ringofen und zwei Schachtöfen erhalten, die sowohl zwei verschiedene Prinzipien der Brenntechnik repräsentieren wie auch durch die Gestaltung des Mauerwerks in ihrer Umgebung monumental wirken.

Aufgrund der geologisch bedingten Konzentration der Gipsvorkommen auf Thüringen haben sich historische Gipsbrennöfen nur dort erhalten. Wir finden sie im Kreis Nordhausen, in Schmerbach, Kreis Eisenach, in Pößneck (Saalfelder Straße), vor allem aber in Form einer geradezu monumentalen Batterie von sechs Öfen an der Hauptstraße in Elxleben nördlich von Erfurt (Bild 175).

Ob und in welcher Weise Sachzeugen der nun auch schon hundertjährigen Zementindustrie auf dem Gebiet der DDR als technische Denkmale zu erhalten sind, muß noch gesondert untersucht werden. Doch ist es jetzt schon Aufgabe der Zementwerke, die technischen Denkmale der Kalk- und Gipsindustrie als Traditionsobjekte ihres Industriezweiges zu betrachten, zu pflegen und gesellschaftlich zu nutzen.

7.6. Denkmale der Glas- und Porzellanindustrie

Glas ist nur zum Teil, Porzellan nur selten in Form von Fliesen Baustoff. Beides sind Produkte der Silikatindustrie, zu der auch die grobkeramische Industrie (Ziegel- und Steinzeugindustrie) und die Zementindustrie gezählt werden.

Die Glasindustrie hat in der DDR besonders im Thüringer Wald und in der Lausitz Tradition, allerdings auch an anderen Standorten historische Leistungen aufzuweisen [7.12], [7.13]. So wurde anstelle der alten Hafenöfen die erste Glasschmelzwanne mit Regenerativfeuerung von FRIEDRICH SIEMENS 1857 in der Dresdener Glashütte installiert. In Lauscha ist die Schauglasbläserei schon eine weit bekannte Stätte gewisser Traditionspflege in der Glasindustrie, allerdings kein technisches Denkmal im eigentlichen Sinne. Auch läßt sich ein solches aus verschiedenen Gründen dort nicht auswählen und erschließen.

Als technisches Denkmal der Glasindustrie ist die ehemalige Fischerhütte, zuletzt VEB Ilmglas, Ilmenau, in der Zentralen Denkmalliste der DDR registriert (Bild 176). Die 1904 errichtete Fischerhütte ist schon von ihrer Architektur her eine für die kapitalistische Epoche typische Glashütte des Thüringer Waldes. Das große Dach mit der langgestreckten Lüftungshaube fällt am Stadtrand schon beim Blick von der Straße Ilmenau–Gehren aus auf. Das Hüttengebäude verdeutlicht mit dem Verwaltungsgebäude und den Nebenanlagen noch den alten Werkskomplex. Bisher bestimmten und bestimmen solche Glashütten zwar an vielen Stellen des Thüringer Waldes, in Geraberg, Stützerbach, Großbreitenbach usw., das Ortsbild, doch werden mit der Modernisierung des Industriezweiges die meisten dieser Bauten im Lauf der Zeit verschwinden. Um so wichtiger ist die Erhaltung der Fischerhütte als eines typischen Beispiels einer abgeschlossenen Periode des Industriezweiges. Das gilt auch für die technische Ausstattung. Die Fischerhütte hat bis 1976 Farbglas produziert. Da die

Farbglasherstellung stets mit relativ kleinen Mengen in je nach beabsichtigter Farbe verschiedener Dosierung erfolgt, ist in der Fischerhütte das Glas nicht in einer Wanne mit kontinuierlichem Betrieb, sondern – fast noch so wie bei Agricola 1556 abgebildet – in zwei Hafenöfen erschmolzen worden. Einer davon ist noch erhalten (Bilder 177 und 178). Wenn auf dem nun freigewordenen Platz des zweiten Hafenofens in geeigneter Weise die Technik der Glaswanne demonstriert wird, kann der entscheidende Entwicklungsschritt von der historischen zur modernen Glasschmelztechnik erläutert werden.

Die Fischerhütte gehört zum VEB Kombinat »Technisches Glas«, Ilmenau. Sie kann von diesem modernsten Werk des Industriezweiges als Traditionsstätte eingerichtet und genutzt werden, zugleich aber durch die verkehrsmäßig günstige Lage im Urlaubergebiet und in der Nähe der Technischen Hochschule Ilmenau der Öffentlichkeitsarbeit und der Werbung für den Industriezweig dienen.

Die Tradition der Lausitzer Glasindustrie läßt sich in der Glashütte Klasdorf bei Baruth pflegen. Hier wird die Glasherstellung im Jahre 1234 erwähnt. Auf dem Gelände der jetzigen Glashütte begann 1716 die Glasproduktion. Berühmt wurde die Hütte durch das von ihr produzierte Rubinglas und gute Milchglas. In ihr arbeiteten die Söhne des bedeutenden Glastechnologen Johann Kunckel. Neben dem zuletzt mit einer Glaswanne ausgestatteten, 1861 erbauten Hüttengebäude zeichnet sich dieser Komplex vor allem durch die umgebenden Gebäude mit sozialgeschichtlicher Aussage aus. Wir finden den Backofen der Hüttensiedlung, die Schmiede, Schule und vor allem die um 1800 bis 1870 planmäßig angelegten Wohnhäuser der Hüttenarbeiter (Bilder 179 und 180).

Die Geschichte des europäischen Porzellans beginnt in Dresden und Meißen (7.14). Nachdem J. F. Böttger in enger Zusammenarbeit mit Ehrenfried von Tschirnhaus, Pabst von Ohain und sechs Freiberger Hüttenarbeitern in den Jahren 1706 bis 1707 das europäische Hartporzellan erfunden hatte, wurde 1710 die Porzellanmanufaktur Meißen gegründet. Aus der nun 275jährigen Tradition der Meißener Manufaktur sind aber technische Denkmale nicht erhalten. Am Ort der Erfindung, auf der Brühlschen Terrasse in Dresden, erinnert ein 1982 errichtetes Denkmal an den Erfinder (s. Bild 264, S. 343). Etwa 150 Jahre lang produzierte die Manufaktur nicht in einem eigens dafür errichteten Gebäude, sondern in der Meißner Albrechtsburg, die trotzdem kein technisches Denkmal geworden, sondern

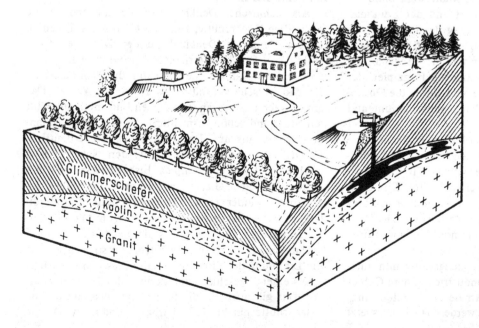

Abb. 46. Die Weißerdenzeche Weißer St. Andreas bei Aue/Erzgebirge in einem schematischen Raumbild

1 Huthaus, *2* Haspelschacht (Haspel rekonstruiert gezeichnet, Schacht und Abbauhohlräume *schwarz*), *3* heutiger Zustand eines Haspelschachtes, nur die Halde erhalten, *4* Haspelschacht mit rekonstruierter Schachtkaue (darin Handhaspel), *5* Straße Schwarzenberg–Aue

Kunstdenkmal geblieben ist. In dem um 1865 errichteten jetzigen Produktionskomplex der Manufaktur ist die Technik, z. B. dic Brenntechnik, jeweils auf den neuesten Stand gebracht, die Handarbeit in den entscheidenden Tätigkeiten jedoch beibehalten worden (beides aber der Öffentlichkeit nicht zugänglich). Ein technisches Denkmal für das Meißener Porzellan befindet sich in Aue/Erzgebirge: das Huthaus der Weißerdenzeche Weißer St. Andreas [7.15], [7.16]. Aus dieser Grube wurde von 1709 bis etwa 1855 der weiße Kaolin gefördert, mit dem das Meißner Porzellan seinen Weltruhm erlangt hat (Abb. 46).

Die zweite Traditionslinie der Porzellanindustrie in der DDR beginnt mit der Nacherfindung des Porzellans 1758 bis 1760 in Thüringen durch GEORG HEINRICH MACHELEID (1723 bis 1801), JOHANN WOLFGANG HAMANN (1713 bis 1782), JOHANN GOTTHELF GREINER (1732 bis 1797) und JOHANN GOTTFRIED GREINER (1728 bis 1768) [7.17], [7.18]. Im Gegensatz zum Meißner Porzellan war das Thüringer Porzellan von Anfang an auf einen Absatz nicht in höfisch-feudalen, sondern bürgerlichen Kreisen orientiert.

Im Gegensatz zu der einen kurfürstlich-staatlichen Manufaktur in Meißen entstanden in Thüringen im 18. und 19. Jahrhundert eine ganze Anzahl Porzellanmanufakturen und -fabriken, von denen einige noch heute in Betrieb sind. Von diesen weist die 1808 als Steingutfabrik errichtete heutige Porzellanfabrik Elgersburg noch in einem solchen Maße historische Arbeitsmittel auf, daß sie als technisches Denkmal der Porzellanindustrie gelten kann. So sind in ihr noch Rundöfen erhalten, ein Ofentyp, der um 1800 entwickelt und ab 1850 typisch für die gesamte Porzellanindustrie wurde (Bilder 181 und 182). Ähnlich wie die Fischerhütte für die Glasindustrie, so läßt sich die Porzellanfabrik Elgersburg im Urlaubergebiet des Thüringer Waldes für eine breite Öffentlichkeit erschließen.

Andere Porzellanfabriken Thüringens, zum Beispiel in Uhlstädt bei Rudolstadt und Sitzendorf im Schwarzatal, bezeugen mit ihrer Industriearchitektur den Aufschwung der dortigen Porzellanindustrie im 19. Jahrhundert und die Bedeutung der Rundöfen als Brennaggregate in jener Zeit. In der Porzellanfabrik Sitzendorf ist auch eine alte Dampfmaschine erhalten.

8. Technische Denkmale des Textilgewerbes und der Textilindustrie

- Weberhäuser in der Oberlausitz

- Blaudruckwerkstatt Pulsnitz

- Textilmanufakturen in Colditz, Plauen und Zeitz

- Frühe Textilfabriken im Erzgebirge

- Textilfabriken des Hochkapitalismus in Crimmitschau, Werdau und Flöha

- Tuchwebstuhl von LOUIS SCHÖNHERR 1855

- Älteste Geraer Dampfmaschine

- Bandweberei in Großröhrsdorf

Die Textilindustrie erfüllt nicht nur mit der Produktion von Bekleidung eins der Grundbedürfnisse der Menschheit, sondern spielt in der Geschichte der Produktivkräfte und Produktionsverhältnisse eine besondere Rolle. Das Textilgewerbe war es, das zuerst in England, dann aber auch in Frankreich und Deutschland den Anstoß zur Industriellen Revolution und damit für das kapitalistische Fabriksystem gab. K. MARX und F. ENGELS schrieben im Kommunistischen Manifest: »Die Bourgeoisie hat in ihrer kaum hundertjährigen Klassenherrschaft massenhaftere und kolossalere Produktivkräfte geschaffen als alle vergangenen Generationen zusammen« [8.1] und meint damit die Entwicklung, die im Textilgewerbe ihren Anfang nahm und in der Folge auch andere Produktionszweige, vor allem Maschinenbau, Eisenmetallurgie, Steinkohlenbergbau und Verkehrswesen revolutionierte.

Damit erlangt die Textilindustrie für die Geschichte der Produktivkräfte und Produktionsverhältnisse besondere Bedeutung. Auch auf dem Gebiet der DDR war die Textilindustrie der Industriezweig, in dem die Industrielle Revolution ihren Anfang nahm, allerdings regional in unterschiedlicher Weise. Heute ist die Textilindustrie einer der wichtigsten Industriezweige unserer Volkswirtschaft.

Anstoß und Ablauf der Industriellen Revolution in England sind bekannt [8.2]. Seit 1735 konnten die Handspinner den Bedarf der Handweber an Baumwollgarn nicht mehr decken. Dies änderte sich, als JAMES HARGREAVES 1764 die Spinnmaschine (Spinning Jenny) erfand. Die Maschine konnte mit ungelernten, niedriger bezahlten Arbeitskräften mehr Produkte liefern, setzte sich deshalb in der Konkurrenz gegen die Handspinner trotz Maschinenstürmerei durch, gab dem Kapitalisten Anlaß zur Investition einer großen Zahl von Maschinen im Fabrikgebäude und wandelte damit auch die zuvor manuell tätigen Spinner in Fabrikarbeiter um. Deren Zahl vergrößerte sich um verarmte Handwerksmeister und landlose Bauernsöhne, die ihre Existenz durch Lohnarbeit zu sichern suchten. Die Konkurrenz der Lohnarbeiter untereinander im Kampf um ihre Existenz gab dem Kapitalisten die Möglichkeit, den Lohn bis aufs Minimum zu drücken, die Arbeitskraft also mit hohem Profit zu verwerten. Diesen investierte er aufs neue. Dadurch verstärkte sich der Gegensatz zwischen Kapital und Lohnarbeit, der sich in Menschen verkörperte: Kapitalist und Lohnarbeiter. Die für den Kapitalismus entscheidenden Klassen waren entstanden: Bourgeoisie und Industrieproletariat.

Ein ähnlicher Ablauf fand auch in der Weberei statt, nur war der Anstoß dazu umgekehrt und kam um weniges später. Nachdem die Spinnmaschinen die Diskrepanz zwischen Handspinner und Handweber bewältigt hatten, lieferten sie so viel Garn, daß die Handweber mit der Verarbeitung nicht nachkamen. Dieser Widerspruch rief wieder geschäftstüchtige Erfinder auf den Plan. Im Zeitraum 1785 bis 1803 entwickelte EDMUND CARTWRIGHT den mechanischen Webstuhl. Nun setzte in der Weberei derselbe Industrialisierungsprozeß wie zuvor in der Spinnerei ein, und auch hier waren bald (nach Geburtswehen mit Maschinenstürmerei) die Textilfabrik, der Kapitalist und das Proletariat auf der Bühne der Geschichte erschienen. Schließlich formierten sich die Klassen politisch, und die Gegensätze, die aus den neuen Arbeitsmitteln erwachsen waren, wurden in den Klassenkämpfen des 19. Jahrhunderts historische Gewalt.

War die Textilindustrie der Industriezweig, in dem die Industrielle Revolution begann und durch den Übergang vom Werkzeug zur Werkzeugmaschine ihre klarste Ausprägung fand, so folgten, kausal an den Ablauf in der Textilindustrie gebunden, andere Industriezweige bald nach. Die Konzentration vieler gleichartiger Maschinen in einem Gebäude legte den Ersatz des Menschen als Antriebskraft durch eine stärkere und billigere Energiequelle nahe. Wo Wasserkraft vorhanden war, nutzte man diese [8.3]. Ein riesiges Wasserrad lieferte und verteilte über einen ausgeklügelten Transmissionsmechanismus die Energie an zahlreiche Spinn- oder Webmaschinen. War keine Wasserkraft vorhanden, bot sich die Dampfmaschine an, die JAMES WATT von 1769 bis 1784 so entwickelt hatte, daß sie nun als allgemeiner Antriebsmotor aller Maschinen einer Fabrik eingesetzt werden konnte. War die Wasserkraft nur dort und nur in solchem Maße verfügbar, wie Wasser und eine bestimmte Fallhöhe vorhanden waren, so konnten Dampfmaschinen überall und mit beliebiger Leistung aufgestellt werden, wenn nur für die Anfuhr der Kohlen gesorgt wurde. So hatte die Industrielle Revolution auch einen Aufschwung des Steinkohlenbergbaus und des Transportwesens zur Folge. Da zwar Wasserräder aus Holz gebaut werden konnten, nicht aber Dampfmaschi-

nen, entstand der Beruf des Maschinenbauers. Auch in diesem Gewerbezweig erfolgte in kurzer Zeit die Differenzierung der Klassen in Unternehmer (die Besitzer der Maschinenbauwerkstätten und Maschinenfabriken) und Lohnarbeiter (diejenigen, die in den Fabriken ihre Arbeitskraft für die Herstellung von Maschinen verkaufen mußten). Daß auch die Entstehung der chemischen Industrie eine ursächliche Folge der Entwicklung der Textilindustrie im Zuge der Industriellen Revolution war, wurde bereits erläutert.

Die Industrielle Revolution ließ in England von 1760 bis 1830 die voll ausgebildeten kapitalistischen Produktionsverhältnisse an die Stelle der feudalen, durch Handwerk und Zunftschranken bestimmten Produktionsweise treten. In Frankreich liefen dieselben Vorgänge in der Zeit von 1780 bis 1850 ab und bekamen durch die große bürgerliche Revolution von 1789 bis 1794 und die napoleonische Zeit ihre spezifischen Akzente. Deutschland folgte etwa in der Zeit von 1800 bis 1870, allerdings mit einigen Besonderheiten [8.3], [8.4]. Die deutsche Kleinstaaterei und das Erstarken der restaurativen Kräfte nach dem Wiener Kongreß erschwerten die Durchsetzung der kapitalistischen Produktionsverhältnisse. Die volle Gewerbefreiheit und damit die von keinerlei feudalen Fesseln behinderte Möglichkeit der Gründung kapitalistischer Unternehmen brachte erst die neue Gewerbegesetzgebung in den 60er Jahren bis 1870. Aber auch auf dem Gebiet der Produktionsinstrumente gab es regionale Besonderheiten. So führte der zwischen England und Deutschland gegebene zeitliche Unterschied im Ablauf der Industriellen Revolution dazu, daß jahrzehntelang die Entwicklung in Deutschland von derjenigen in England abhängig war. Man importierte aus England – wenn es sein mußte, auch geheim – Maschinen und Maschinenteile, Konstruktionsunterlagen und die Maschinenbauer selbst. So kam aus Nordwales der Spinnmeister EVAN EVANS (1765 bis 1844) nach dem damaligen Chemnitz, baute Maschinen und Maschinenteile und richtete um 1803 für den Unternehmer KARL FRIEDRICH BERNHARD die noch heute als Gebäude erhaltene Maschinenspinnerei ein (vgl. S. 134), machte sich dann selbständig und produzierte Maschinen für die im Erzgebirge entstehenden Spinnereien, bis die Entwicklung in Deutschland etwa ab 1850 einen eigenständigen Verlauf nahm. So kamen die ersten Spinnmaschinen und mechanischen Webstühle

Tabelle 9. Der Einsatz der Dampfmaschinen in Preußen und Sachsen im 19. Jahrhundert [8.6]. (Die Unterschiede ergeben sich teils aus den verfügbaren Energiequellen, teils aus der verschiedenen Größe der beiden Länder)

Jahr	Preußen Zahl der Maschinen	Leistung in PS	Sachsen Zahl der Maschinen	Leistung in PS
1805			2	?
1810	3	?	3	?
1815			3	?
1820			5	?
1825			12	?
1830	215	?	25 (?)	91
1835			18	181
1840			55	779
1845			148	1 901
1850				
1855			550	
1860	259	4 762	987	15 518
1865	682	17 608		
1870	962	31 736		
1875	1 487	32 317		
1880	1 267	28 736	4 550	
1885	1 651	51 844	6 244	
1890	2 999	128 062	8 050	
1895	2 432	108 142		
1900	3 024	255 187	11 569	

aus England. Etwa um 1800 bis 1815 wurden die ersten deutschen Maschinen für die Textilindustrie gebaut, und ab etwa 1870 spielte der Textilmaschinenbau, z.B. im damaligen Chemnitz, eine nationale und internationale Rolle [8.5].

Auch der Einsatz der Dampfmaschinen war im damaligen Deutschland regional differenziert. Folgt man allein der Dampfmaschinenstatistik (Tabelle 9), [8.6], so erscheint Berlin und damit Preußen 1830 in führender Rolle. Das ist aber keine echte Widerspiegelung des Standes der Produktivkräfte, sondern vorrangig nur der geographischen Verhältnisse. Im Flachland existiert nur geringe Wasserkraft. Deshalb mußte die entstehende Industrie dort von Anfang an die Dampfkraft benutzen. In Sachsen ist der größere Teil des Gebiets so gebirgig und waren damals die Wasserkraftanlagen durch Mühlen verschiedenster Art schon so ausgebaut, daß sich die Industrie eine gewisse Zeit und bis zu einer bestimmten Höhe der kapitalistischen Produktion auf der Basis von Wasserkraft entwickeln konnte und erst dann – bei weiterer Industrialisierung – die Dampfkraft zu Hilfe nehmen mußte [8.3], [8.7]. Diese gewann später auch in Sachsen die ausschlaggebende Bedeutung, und in den westsächsischen Textilindustriestädten Werdau und Crimmitschau wurde ausschließlich mit der Dampfkraft auf der Basis von Steinkohle aus dem nahen Zwickau produziert.

Die Industrielle Revolution ist in der Geschichte der Textilindustrie zwar die wichtigste, aber nicht die einzige historisch bedeutsame Phase. Die sozialistische Rationalisierung, die Entwicklung neuer Produktionsinstrumente und die immer stärker sich abzeichnende wissenschaftlich-technische Revolution haben auch und gerade in der Textilindustrie zu Fortschritten geführt, die künftig wertvolle Traditionen unserer Zeit darstellen.

Von dieser dynamischen Geschichte der Textilindustrie gibt es in der DDR zahlreiche originale Sachzeugen, die allerdings bisher noch nicht so erschlossen sind, wie es möglich wäre und wie es die historische und politische Bedeutung des Industriezweiges gerade für unser Geschichtsbild erfordert. In vielen Museen gibt es Spinnräder und Handwebstühle, die, ausschließlich als Einzelstücke ausgestellt und nicht in den Gesamtzusammenhang eingeordnet, beim Betrachter nur unkonkrete Reminiszenzen an eine uns fremde Vergangenheit erregen können. Die neuere und neueste Entwicklung der Textilmaschinen ist bisher überhaupt nur ungenügend durch Sachzeugen dokumentiert. Allein ein maschinentechnisches Beispiel der Malimotechnik, mit der der Textilmaschinenbau der DDR unserer Zeit Weltruf erlangt hat, reicht für die Dokumentation der Entwicklung unserer Textilindustrie ab 1950 nicht aus. Ähnliches gilt für die Erschließung der historischen Aussage erhaltener Antriebsmaschinen der Textilindustrie, d.h. der aus diesem Industriezweig noch überlieferten Dampfmaschinen. Auch Manufaktur- und Fabrikgebäude haben als historische Produktionsstätten der Textilindustrie denkmalpflegerische Bedeutung, sollen aber weniger nach ihrem künstlerisch-architektonischen Wert, sondern nach einer Konzeption ausgewählt werden, die die Geschichte der Produktivkräfte in der Textilindustrie [8.8] und die Geschichte der Produktionsverhältnisse einschließlich der Arbeiterbewegung berücksichtigt.

Gerade für die Textilindustrie bietet sich auch in der DDR eine Kombination von Museum und technischem Denkmal an, wie sie in der VR Polen bereits realisiert ist: die Auswahl eines typischen Fabrikgebäudes der Textilindustrie und seine Ausstattung mit Entwicklungsreihen der Textilmaschinen. Damit würde nicht nur die technische Entwicklung vom Spinnrad bis zur modernen Spinnmaschine, vom Handwebstuhl bis zur Malimotechnik anschaulich, sondern auch die Atmosphäre der Produktionssäle nacherlebbar, in denen im Zuge der Industriellen Revolution das Proletariat entstand, für den Kapitalisten Mehrwert produzierte, ihm in den Klassenkämpfen den Lohn für die Arbeitskraft abrang und sich dabei bewußt als Klasse formierte. In einem solchen Museum erlangen die jetzt noch vereinzelt aufbewahrten Sachzeugen eine komplexe und damit höhere historische Aussage.

Da in der DDR ein derartiges Museum der Textilindustrie noch nicht existiert, werden im folgenden einzelne Werkzeugmaschinen, Antriebsmaschinen und Gebäude der Textilindustrie beschrieben. Das soll nicht in chronologischer Folge nach dem absoluten Alter der Sachzeugen, sondern nach den Entwicklungsstufen des Textilgewerbes und der Textilindustrie erfolgen. Dabei ist auch hier wie in anderen Produktionszweigen, z. B. im Bergbau, mit Relikten älterer Produktionsweisen in späterer Zeit zu rechnen, einer Erscheinung, die aber gerade zur Überlieferung aussagekräftiger Sachzeugen geführt hat.

8.1. Denkmale des Textilhandwerks

Spinnräder, Handwebstühle und einzelne Hilfswerkzeuge des Textilhandwerks früherer Jahrhunderte sind in vielen Museen erhalten. Wo mit Handwebstühlen heute noch produziert wird, handelt es sich um Kunstgewerbe, das uns zwar einen Einblick gibt in die alte, traditionelle Technik, nicht aber in den gesamten regional- und sozialgeschichtlichen Zusammenhang. Den Handweber als Handwerker gibt es heute kaum noch, ebenso wie den Handspinner. Früher gab es diese Handwerke, entsprechend dem Bedürfnis des Menschen an Kleidung, überall, in einigen Gegenden aber besonders

ausgeprägt, so im Vogtland und in der Lausitz. Typisch für die Weberdörfer der Lausitz waren und sind größtenteils noch heute die Umgebindehäuser, die der handwerklichen Produktionsweise gemäß allerdings Arbeits- und Wohnstätte zugleich waren [8.9]. Die Handwebstühle waren in den im Erdgeschoß befindlichen Blockstuben untergebracht (Bild 184). Der letzte handwerkliche Handweber der Lausitz arbeitete um 1938 in Oberoderwitz. Seitdem sind nur noch die Webstühle in den Museen und die Umgebindehäuser in den Dörfern Sachzeugen dieses ausgestorbenen Handwerks. Dabei wird die historische Aussage der Umgebindehäuser in verschiedener Hinsicht problematisch. Notwendig ist die Erhaltung möglichst vieler Umgebindehäuser, damit die Dörfer der Oberlausitz ihre historische Aussage als Weberdörfer behalten. Möglich ist die Erhaltung der großen Zahl der Umgebindehäuser, wenn sie weiter als Wohnhäuser genutzt werden. Dazu muß aber der Wohnkomfort den Bedürfnissen unserer und der künftigen Zeit entsprechen. Das mit der Erhaltung der produktionsgeschichtlich aussagefähigen Architektur in Übereinstimmung zu bringen ist ein architektonisch-bautechnisches Problem, zu dem natürlich auch die Aufgabe gehört, die Besitzer der Umgebindehäuser von der Notwendigkeit einer solchen denkmalpflegerisch einwandfreien Lösung zu überzeugen. Ein weiteres Problem ist es, die historische Dynamik in den Lausitzer Weberdörfern ablesbar zu machen. Heute besteht in der Oberlausitz selbstverständlich der gleiche Lebensstandard wie in den anderen Gebieten der DDR, und das kommt in den Dörfern auch an den meisten Umgebindehäusern zur Geltung. Dieser gute Zustand entspricht am ehesten jener Zeit, als im 16. bis 18. Jahrhundert die handwerkliche Produktionsweise noch fast unversehrt in den Rahmen der feudalen Gesellschaftsordnung integriert war, läßt aber nichts von der Verelendung erkennen, die zu Beginn des 19. Jahrhunderts mit dem Aufkommen des Kapitalismus gerade die schlesischen und Lausitzer Weber betroffen hat. Diese Entwicklung läßt sich sicher nur museal, am besten in einem Umgebindehaus eines typischen Weberdorfs, darstellen. Die Umgebindehäuser der Oberlausitz sind aber trotzdem nicht ausschließlich wertvolle Denkmale der Volksarchitektur, sondern erinnern an die Vorgänge, die dem Drama »Die Weber« von GERHART HAUPTMANN zugrunde liegen, konkret an den Aufstand der Weber 1844 und damit an Anfänge der Geschichte der deutschen Arbeiterbewegung [8.10].

Ein zum Textilgewerbe gehörender, unter Denkmalschutz stehender Handwerksbetrieb alter Art ist die 1720 gegründete Blaudruckwerkstatt G. Stein in Pulsnitz, Kreis Bischofswerda. Dort werden mit dem alten Handwerkszeug, vor allem mit den alten Modeln von etwa 250 verschiedenen Mustern, vornehmlich Trachtenstoffe insbesondere für die sorbische Bevölkerung der Lausitz bedruckt.

8.2. Von der Manufaktur zur Textilfabrik

Das Eindringen des Kapitals in das Textilgewerbe erfolgte stufenweise. Zunächst wurde der Kaufmann als Verleger Partner des Webers und damit indirekt auch des Spinners. Beide arbeiteten nicht mehr direkt für den Kunden, sondern für den Kaufmann, waren also ökonomisch in dessen Gewalt. Indem der kapitalkräftige Kaufmann große Produktionsgebäude errichten, mit Webstühlen und anderen Produktionsinstrumenten ausstatten ließ, schuf er die Manufakturen, kapitalistische Unternehmen, in denen der Handwerker mit fremdem Werkzeug für Lohn arbeitete – eine Vorstufe des Fabriksystems. In der Manufaktur konnte der Kapitalist mit einer gut organisierten Arbeitsteilung eine höhere Arbeitsproduktivität erreichen. Damit wurde die Manufaktur eine Vorstufe für den Einsatz der Werkzeugmaschinen, der energiespendenden Kraftmaschinen und des Transmissionsmechanismus, also des Fabriksystems, das eine noch höhere Arbeitsproduktivität und damit für den Kapitalisten einen noch höheren Profit in Aussicht stellte. So grundsätzlich der Unterschied zwischen Manufaktur und Fabrik – Handarbeit und Maschinenarbeit – auch erscheint, historisch gesehen und von den Bauwerken her war es ein allmählicher Übergang. Architektonisch waren die ersten Fabriken den Jahrzehnte zuvor gebauten Manufakturen ähnlicher als den Textilfabriken des Hochkapitalismus.

Beides – Manufakturgebäude und Fabriken – war im 18. Jahrhundert eine für Architekten und Baumeister neuartige gesellschaftliche Aufgabe [8.11]. Gebäude solcher Dimensionen hatte es vorher in keinem Produktionszweig, sondern nur als Kirchen und Schlösser gegeben. Diese, also die Architektur der Feudalsitze, wurden

als gestalterische Vorbilder für die Manufakturen und Fabriken gewählt. Das ist auch aus sozialgeschichtlicher Sicht verständlich: Die Kapitalisten waren sich ihrer ökonomischen Macht und damit ihrer Gewalt über die Arbeiter durchaus bewußt und wollten dies ebenso mit ihrem Bauwerk kundtun, wie der Feudalherr seine politische Macht mit seinem Schloß demonstrierte. Daß aus dieser ökonomischen Situation schließlich auch ein politischer Machtkampf und die bürgerlich-demokratische Revolution resultieren würden, war jenen Unternehmern aber sicherlich nicht bewußt.

Manufakturgebäude mit solcher Schloßarchitektur sind u. a. die 1776 bis 1778 erbaute Weißbachsche Kattundruckerei in Plauen/Vogtland, die 1782 bis 1783 errichtete Albrechtsche Zeugmanufaktur in Zeitz (Bild 185) und die im Jahre 1775 vom Leipziger Kaufmann KÖLZ in Colditz angelegte Kattun- und Zitzfabrik. Das Weißbachsche Haus ist offenbar noch vom fränkischen Barock bestimmt und die Albrechtsche Manufaktur vom Zopfstil geprägt. Das Gebäude des Kaufmanns KÖLZ in Colditz erinnert zwar nach Größe und Grundform mit Mansardendach und Mittelrisalit mit Rundbogengiebel an den barocken Schloßbau, deutet aber in seiner Einfachheit schon den Übergang zum reinen Zweckbau an. In dem Gebäude übernachtete NAPOLEON 1813 vor der Völkerschlacht von Leipzig.

Nach 1800 finden wir die Gestaltungselemente des Klassizismus auch an den Manufakturen und Fabriken. Ebenso wie der 1808 bis 1812 errichtete Kirchenbau von Grünhain, Kreis Schwarzenberg, an den vier Ecken durch mächtige antikisierende Säulen betont ist, sind solche auch bei einigen Fabrikgebäuden, z. B. bei der 1812 erbauten Meinertschen Baumwollspinnerei in Lugau, die wesentlichen Gestaltungselemente. Die Spinnerei der Gebrüder BERNHARD in Harthau bei Karl-Marx-Stadt wurde 1803 mit einem Mittelrisalit errichtet, bei dem vier mächtige Säulen von drei Stockwerken Höhe einen giebelbekrönten Architrav tragen (Bild 187).

Neben diesen bewußt repräsentativ gestalteten Manufaktur- und Fabrikgebäuden der Zeit um 1750 bis 1825 gab es schon von Anfang an und im 19. Jahrhundert zunehmend die architektonisch nur oder vorwiegend vom Zweck bestimmten Produktionsgebäude der Textilindustrie. So finden wir im 18. Jahrhundert z. B. an der Albrechtschen Manufaktur in Zeitz große, in

Holzfachwerk errichtete Produktionsstätten (Bild 186). Typische Zweckbauten der Zeit um 1830 sind die großen, hohen, schmucklosen Spinnereigebäude, deren dem Baukörper entsprechendes riesiges Dach ein Uhr- und Glockentürmchen trägt. Dach und Türmchen erwecken beim Betrachter den Eindruck, als seien diese Bauwerke mit ihrer für uns ansprechenden Architektur doch nicht bloße Zweckbauten. Wir müssen aber bedenken, daß dort, wo nur die klassischen Dachkonstruktionen verfügbar waren, ein Fabrikgebäude von großer Länge und Breite zwangsläufig zu einem solch mächtigen Dach führt und daß das Uhr- und Glockentürmchen nicht bloß schmückende Zutat ist, sondern im Auftrag des Kapitalisten die Kommandos zum Beginn und Ende des Arbeitstages an die Arbeiter der Fabrik zu übermitteln hatte.

Beispiele dieses Typs der Produktionsstätten aus der frühen Fabrikperiode Sachsens sind u. a. die um 1830 erbaute Spinnerei Greding in Hennersdorf an der Zschopau, die 1834 erbaute Baumwollspinnerei Himmelmühle an der Zschopau unterhalb von Annaberg und die älteren Gebäude der Baumwollspinnerei Plaue bei Flöha (Bilder 189 und 190).

8.3. Textilfabrik der hochkapitalistischen Zeit

Für die Folgezeit wurden Textilfabriken mit zahlreichen und immer größer werdenden Spinnmaschinen bzw. mit mechanischen Webstühlen typisch. Solche Textilmaschinen sind bisher nur vereinzelt noch aufgefunden, als Denkmale erfaßt und restauriert worden. Besonderes Aufsehen erregten in der Ausstellung des Kulturbundes zum 100. Todestage von Karl Marx im April 1983 in Karl-Marx-Stadt zwei vom VEB Kombinat Textima restaurierte Maschinen, nämlich das Demonstrationsmodell einer Mule-Spinnmaschine (1778 von dem Engländer SAMUEL CROMPTON konstruiert) und der 1855 von der Firma Louis Schönherr, Chemnitz, gebaute mechanische Webstuhl Nr. 362 (Bild 183), also ein Exemplar aus der 1852 erstmals auf dem europäischen Kontinent aufgenommenen Serienfertigung mechanischer Webstühle und damit ein historisch äußerst wertvoller Sachzeuge vom Beginn einer Traditionslinie, die zu dem noch heute anerkannten internationalen Ruf sächsischen Textilmaschinenbaus führt. Ziel der denkmal-

pflegerischen Arbeit in den nächsten Jahren muß es sein, mit diesen und anderen originalen historischen Maschinen die technische Entwicklung des Textilmaschinenbaus museal darzustellen, und zwar in Verbindung mit der baulich-architektonischen, durch die Technik bestimmten Entwicklung der Textilfabriken [8.8]. Die Textilfabriken der hochkapitalistischen Zeit (etwa zweite Hälfte des 19. Jahrhunderts) folgen architektonisch keinem Vorbild aus einer anderen Bauwerkskategorie mehr. Es sind Gebäude, die durch ihre Größe die nun erreichte ökonomische Macht der Fabrikanten und durch das fast völlige Fehlen ornamentaler Zutat deren Profitstreben als oberstes Gebot des Kapitalismus verdeutlichen. Allenfalls finden wir als Schmuckelemente Zinnen, Türmchen und Simse, die das Flachdach der nun für steilere Dächer zu großen Baukörper verdecken (Bild 191). Zinnen und Türmchen (Architekturelemente des Burgenbaus) wirken aber auch als Repräsentation und Demonstration: die Fabriken als Burgen der Kapitalisten, diese als die Herren ihrer Zeit – eine Demonstration gegen die sich immer stärker formierende Arbeiterklasse und auch eine Manifestation der ökonomischen und politischen Gleichberechtigung gegenüber dem Adel. Auch andere Besonderheiten des hochkapitalistischen Fabrikbaus sind historisch bedingt. Daß Fabriken jener Zeit in den Industriestädten ohne städtebauliche Rücksichten errichtet worden sind, ist ein Zeugnis dafür, daß damals auch der Grund und Boden zum profitbringenden Spekulationsobjekt geworden war. Die damals einsetzende Vergrößerung der Fenster auf Kosten der Wandflächen bezeugt nicht bloß ein Lösen von den architektonischen Leitbildern des 17. und 18. Jahrhunderts, sondern hat sehr praktische Gründe. Darin zeigt sich sowohl die in den Klassenkämpfen errungene Verbesserung der arbeitshygienischen Verhältnisse wie auch die Erkenntnis der Fabrikanten, daß gute Arbeitsbedingungen eine höhere Leistung der eingesetzten Arbeitskräfte und damit höheren Profit ermöglichten. Beispiele dieser Industriearchitektur hochkapitalistischer Textilfabriken sind die »Sächsische Tüllfabrik« von 1899 im damaligen Chemnitz, Zwickauer Straße, und die um 1900 errichtete Baumwollspinnerei Plaue bei Flöha (Bild 191).

In den westsächsischen Textilindustriestädten Crimmitschau und Werdau stehen noch eine Anzahl von Fabriken, die in dem großen Textilarbeiterstreik 1903/04 bestreikt wurden [8.13]. Diese Textilfabriken sind also nicht nur technische Denkmale, sondern zugleich Gedenkstätten der Geschichte der Arbeiterbewegung. Aufgabe sozialistischer Stadtplanung ist es, eine repräsentative Zahl dieser Fabrikgebäude (bei beliebiger Nutzung) in das künftige Stadtbild einzubeziehen und sie architektonisch so zu erhalten, daß sie auch in der täglichen Umgebung der kommenden Generationen an jenen Höhepunkt in den Klassenkämpfen der Textilarbeiter erinnern.

Von den in der Textilindustrie typischen Dampfmaschinen sind einige erhalten, die zusammen eine Entwicklungsreihe darstellen. Die erste, in der Textilindustrie der Stadt Gera aufgestellte Dampfmaschine ist eine kleine Bockmaschine der Zeugfabrik von Morand und Co. aus dem Jahre 1833 (Bild 188). Sie wurde zum Antrieb von Spinnmaschinen benutzt. Mit ihrem stehenden Zylinder erinnert sie noch an die Frühgeschichte der Dampfmaschinen. Eine etwa der Zeit um 1890 entstammende Dampfmaschine in Crimmitschau verkörpert mit ihrem liegenden Zylinder den Prototyp der Dampfmaschine als klassischem Antriebsmittel in der Textilfabrik des späten 19. Jahrhunderts. Mit ihrer geringen Größe macht sie auch verständlich, daß die damaligen Dampfmaschinen dem aufkommenden Elektromotor gegenüber durchaus noch konkurrenzfähig waren, dieser also erst nach Jahrzehnten die Dampfmaschine verdrängen konnte.

Besonders aussagekräftig zur Geschichte des Maschinenbaus und der Textilindustrie ist die 1899 aufgestellte, von der Zwickauer Maschinenfabrik gebaute 600-PS-Dampfmaschine der Streichgarnspinnerei C. F. Schmelzer in Werdau, die vom Hof des Werdauer Museums aus besichtigt werden kann. Es ist eine Mehrfachexpansionsmaschine mit Hoch-, Mittel- und Niederdruckzylinder, die gemeinsam ein Schwungrad von 4 m Durchmesser antreiben (Bild 193). Dieses bewegte die Transmissionen, die in den Maschinensälen des 3etagigen Gebäudes die zahlreichen Spinnereimaschinen in Gang setzten. Die arbeitsorganisatorische Rolle der Dampfmaschine kommt auch architektonisch zum Ausdruck. Die Dampfmaschine steht in einem besonderen Maschinenhaus, das dem eigentlichen Fabrikgebäude in der Mitte vorgelagert ist (Bild 192). Damit werden die Werdauer Dampfmaschine und das gesamte Fabrikgebäude der Streichgarnspinnerei C. F. Schmelzer

ein Schulbeispiel für MARX' Kennzeichnung der Dampfmaschine in der kapitalistischen Fabrik und für die kapitalistische Arbeitsorganisation überhaupt. MARX schreibt über diese: »Das Wirken einer größeren Arbeiteranzahl zur selben Zeit, in demselben Raum ... zur Produktion derselben Warensorte, unter dem Kommando desselben Kapitalisten, bildet historisch und begrifflich den Ausgangspunkt der kapitalistischen Produktion« und über die Dampfmaschine: »So wird eine Webfabrik durch das Nebeneinander vieler mechanischen Webstühle ... in demselben Arbeitsgebäude gebildet. Aber es existiert hier eine technische Einheit, indem die vielen gleichartigen Arbeitsmaschinen gleichzeitig und gleichmäßig ihren Impuls empfangen vom Herzschlag des gemeinsamen ersten Motors, auf sie übertragen durch den Transmissionsmechanismus, der ihnen auch teilweise gemeinsam ist, indem sich nur besondre Ausläufe davon für jede einzelne Werkzeugmaschine verästeln« [8.14].

Es gibt bei uns wohl kein technisches Denkmal, wo diese Darlegungen verständlicher werden als eben an der Schmelzerschen Streichgarnspinnerei in Werdau. Damit bietet sich diese Fabrik zur Ausgestaltung als Textilmuseum der DDR geradezu an. Wenn man in den einstigen Maschinensälen die an verschiedenen Orten noch vorhandenen historischen Spinnmaschinen und mechanischen Webstühle produktionsnah aufstellt, erlebt der Besucher (wie schon am Beispiel des Maschinenbaus erläutert) sowohl die technischen Entwicklungsreihen der Textilmaschinen wie auch den Charakter der Produktionsräume, wie sie zur Zeit des Kapitalismus, insbesondere des großen westsächsischen Textilarbeiterstreiks, bestanden haben. Durch diesen Streik ist Werdau neben Crimmitschau als eins der international bedeutendsten Zentren der ökonomischen und revolutionären Klassenkämpfe der Textilindustrie im ersten Jahrzehnt des 20. Jahrhunderts für ein solches Museum prädestiniert.

Für die Bandweberei als einem Spezialzweig der Textilindustrie ist ein kleineres Museum dieser Art in Großröhrsdorf, also in der für den Industriezweig traditionsreichen Oberlausitz, geplant. Eine Entwicklungsreihe der Bandwebstühle soll in einer alten typischen Großröhrsdorfer Textilfabrik mit Dampfmaschine zur Aufstellung gelangen. Die Gebäude selbst demonstrieren über 150 Jahre Webereigeschichte.

9. Technische Denkmale aus Handwerk, Gewerbe und Leichtindustrie

- Glockengießerei Apolda

- Töpferei Pulsnitz

- Serpentindrechslerei Zöblitz

- Büttenabteilung in der Papierfabrik Wolfswinkel

- Pappenfabrik Niederzwönitz

- Holschliffanlage Neumannmühle bei Bad Schandau

- Pentacon-Turmhaus in Dresden

- Seifensiederei Wilhelm

- Gerbereien in Doberlug und Dippoldiswalde

- Knochenstampfe Dorfchemnitz

- Dorfschmieden in Hohenzieritz, Königsfeld u. a. Orten

Die Fülle des produktiven Schaffens der Menschen in Vergangenheit und Gegenwart ist zu groß, als daß sie in diesem Buch mit den industriezweigbezogenen Hauptabschnitten erfaßt werden könnte. Es gibt noch eine große Anzahl handwerklicher, gewerblicher und industrieller Produktionszweige, die jeweils allein nicht solche historische oder gegenwärtige Bedeutung haben wie etwa die Energieversorgung, der Bergbau, der Maschinenbau oder die Textilindustrie, aber trotzdem durch eine eigenständige Geschichte und durch bemerkenswerte technische Denkmale ausgezeichnet sind. Diese Handwerke, Gewerbe und Industrien sollen hier – ohne Vollständigkeit zu erstreben – in kleineren Abschnitten vorgestellt werden. Die Zusammenfassung in einem Hauptabschnitt betrifft dabei weniger sachliche Zusammengehörigkeit, sondern macht eben nur die genannte Vielfalt deutlich.

Von den hier genannten Handwerken, Gewerben und Industrien gingen nicht oder nur wenige entscheidende historische Impulse aus. Aber sie alle wurden mehr oder weniger selbst von der Geschichte geprägt, und sie lassen bestimmte frühere Entwicklungsstufen der Produktivkräfte und Produktionsverhältnisse noch heute erkennen.

Einige dieser Denkmale vertreten regionalspezifische Produktionszweige, andere sind letzte Beispiele einer einst weit verbreiteten Produktion.

Der Denkmalschutz historischer Werkstätten des Handwerks hat drei Aufgaben, allerdings von Fall zu Fall in unterschiedlicher Aktualität: Es gilt hier erstens Maßnahmen zu treffen, daß die Handfertigkeiten des historischen Handwerks weiter überliefert werden, zweitens sind historisch wichtige handwerkliche Geräte und Produktionsstätten – möglichst in ihrem technik- und sozialgeschichtlichen Zusammenhang – als Denkmale zu erhalten, und drittens haben sich gerade im Handwerk noch Maschinen, also industrielle Produktionsinstrumente von solchem Alter erhalten, wie sie in der Industrie selbst nicht mehr zu finden sind. Damit kann das Handwerk originale Sachzeugen auch zur Demonstration der industriellen Entwicklung beisteuern.

9.1. Glockengießerei Apolda

Ein metallurgisches Spezialgewerbe ist die Glockengießerei, die besonders durch FRIEDRICH SCHILLERS berühmtes »Lied von der Glocke« in weiten Kreisen bekannt geworden ist. Der Klang von Glocken gehört seit Jahrtausenden akustisch zur täglichen Umwelt der Menschen, wenn wir an das uralte Geläut von Herden im Gebirge, an die Glocken in den Kirchtürmen, aber auch an die von Prof. W. GRZIMEK entworfene, 1956 in Apolda gegossene Glocke von Buchenwald denken.

Der Beruf des Glockengießers gehörte einst zu den geachtetsten Handwerken. Allerdings hatte er in den früheren Jahrhunderten im Bedarfsfalle auch die Geschütze zu gießen, da er den Bronzeguß beherrschte. Glockengießer gab es in vielen größeren Städten. Einige Glockengießerfamilien wie die der HILLIGER in Freiberg sind heute noch in der Geschichte ihrer Städte bekannt. Heute ist dieses Gewerbe selten geworden, und die letzten Produktionsstätten stehen unter Denkmalschutz.

In Laucha an der Unstrut befindet sich in der alten 1911 eingestellten Glockengießerei seit 1932 ein Glokkenmuseum.

In Apolda, Straße der DSF, produziert der VEB Apoldaer Glockengießerei als einziger Betrieb dieses alten Gewerbes noch heute in den unter Denkmalschutz stehenden Anlagen der früheren Firma SCHILLING [9.1], [9.2]. Die erste Glockengießerei in Apolda wurde 1722 gegründet. Von da an gibt es in Apolda eine lückenlose Tradition des seit damals in Familienbesitz befindlichen Unternehmens, wenn auch der Name des Inhabers und der Standort der Gießerei wechselten. Die heutigen Gebäude entstammen der Zeit von 1866 bis 1908.

Die Produktion der Glocken erfolgt noch immer in der klassischen Weise (Abb. 47): Aufmauern des Kerns,

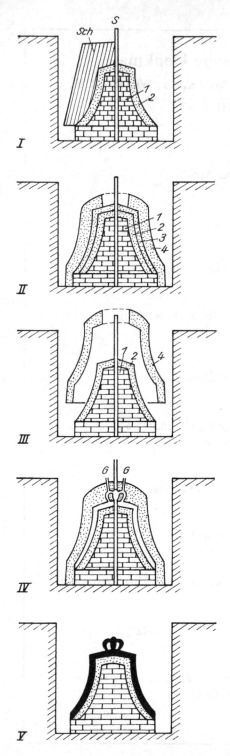

Abb. 47. Das Gießen einer Glocke

I Aufmauern des Kerns *(1)* um die Spindel *(S)*, Auftragen von Lehm *(2)* und Formen der Innenform der Glocke mit der um die Spindel drehbaren Schablone *(Sch)*
II Formen der Falschen Glocke *(3)* aus Lehm und des Glokkenmantels *(4)* aus Lehm mit entsprechenden Schablonen
III Abheben des Mantels und Zerschlagen der falschen Glocke
IV Einsetzen des Mantels, Formen der Bügel für das Aufhängen der Glocke und Einsetzen der Gießkanäle *(G)*
V Gießen der Glocke, nach Abkühlen Zerschlagen der Form und Herausheben der Glocke

Auftragen des Lehms und Formen der Hohlform der Glocke mittels einer um eine Spindel drehbaren Schablone, darauf Aufformen der »falschen Glocke« mit Lehm und auf dieser des Mantels ebenfalls mit Lehm, Abheben des Mantels und Abschlagen der falschen Glocke, Einsetzen der Form in die Gießgrube, Schmelzen der Glockenspeise (78 % Kupfer, 22 % Zinn) und Guß der Glocke, nach Abkühlen des Gusses Abschlagen der Form und Nachbehandlung (Bild 194).

Nur wenige Nebenprozesse und Hilfsaggregate wurden in der Apoldaer Glockengießerei modernisiert.

9.2. Handwerkliche Töpfereien

Töpfe werden heute aus Aluminium oder Stahlguß, in diesem Fall meist emailliert, massenweise und dauerhaft hergestellt. Aluminiumtöpfe gibt es seit dem 20. Jahrhundert, Gußeisentöpfe im wesentlichen seit dem 18. und 19. Jahrhundert. Vorher waren durchweg Tontöpfe in Gebrauch. Wegen deren Zerbrechlichkeit war der Bedarf an solchen sehr hoch, und die zahlreichen Topfscherben aus früheren Jahrhunderten in den historischen Kulturschichten im Untergrund unserer Städte sind nicht nur Datierungshilfen für stadtgeschichtliche Probleme, sondern auch Zeugnisse für ein früher in vielen Städten blühendes Handwerk. Aber nicht in jeder Stadt gab es das Töpferhandwerk, sondern nur dort, wo in der Nähe geeignete Tonlagerstätten zur Verfügung standen. Dort aber entwickelte dieses Handwerk eine jahrhundertelange Tradition, die an manchen Orten bis ins 20. Jahrhundert reichte oder noch heute besteht. Kenner können dabei die Herkunft der Töpfe an Besonderheiten der Keramik oder des Dekors sofort bestimmen. So sind in Sachsen die Waldenburger Töpferwaren bekannt und von Sammlern gesucht. In Thüringen ist Bürgel als Töpferstadt berühmt und seine Produktion stark begehrtes Kunstgewerbe.

Unter Denkmalschutz stehen Töpfereien in Ummerstadt/Südthüringen, in Kohren-Sahlis/Westsachsen und Pulsnitz/Lausitz [9.3].

In Kohren-Sahlis ist mit dem technischen Denkmal ein bekanntes Töpfermuseum verbunden. In Pulsnitz entstammt das Brennhaus der Töpferei Jürgel dem 16. Jahrhundert und wird zur Zeit restauriert (Abb. 48). In dem um 1800 umgebauten Brennhaus steht ein Kas-

seler Langofen mit 15 m³ Fassungsvermögen, in dem bis 1959 die Töpferwaren gebrannt wurden. Im Vorderhaus des Anwesens befinden sich die Arbeits- und Wohnräume der Töpferfamilie JÜRGEL. Die handwerkliche Herstellung von Gebrauchskeramik kann dort, von rohen Tonklumpen beginnend, bis zum fertig dekorierten und gebrannten Geschirr verfolgt werden (Besichtigung nur nach Voranmeldung möglich).

Das wichtigste Arbeitsmittel des Töpfers und sein Arbeitsplatz beim Formen der Gefäße ist die Töpferscheibe, die mit den Füßen in Drehung versetzt und auf der das Gefäß mit den Händen geformt wird. Dieses Arbeitsgerät hat aber historische Bedeutung über die Denkmale des Töpferhandwerks hinaus. Wir müssen es als Entwicklungsstufe in der Technik der gesamten Keramik sehen, also zwischen der Formung der Gefäße allein von Hand in der Vor- und Frühgeschichte und den modernen Formmaschinen in unserer Porzellanindustrie, die zwar noch dasselbe Wirkprinzip wie die Töpferscheibe benutzen, aber doch weitgehend mechanisiert oder sogar automatisiert arbeiten.

Wo sich Töpferwerkstätten als produzierende Schauanlagen einrichten lassen, ist ein reger Besuch und vollständiger Absatz der Produkte sicher.

Abb. 48. Die Giebelseite des Brennhauses der Töpferei Jürgel in Pulsnitz (Zeichnung von H. J. CREUTZ, Meißen)

9.3. Zöblitzer Serpentindrechslerei

Von den wenigen Serpentinsteinvorkommen Europas hat das von Zöblitz im Kreis Marienberg/Erzgebirge durch seine nun fast 500jährige Serpentindrechslerei Weltgeltung erlangt [9.4]. Gedrechselte Säulen, Balustraden und Taufsteine aus Zöblitzer Serpentin sind aus dem 16. bis 19. Jahrhundert bekannt, so u.a. in der Georgskapelle des Meißner Doms (1534), im Freiberger Dom (1583/94), in der Kirche von Herzberg/Elster (1624), in der Dresdener Katholischen Hofkirche (1739/48) und in der Petrikirche von Karl-Marx-Stadt (1888). Serpentinteile wurden ferner u.a. verwendet für die Grabmäler des Oberberghauptmanns v. TREBRA in Freiberg (1819), des amerikanischen Präsidenten ABRAHAM LINCOLN (1866) und der Königin VIKTORIA von England (1868) sowie für das Portal zum Lesesaal der Deutschen Bücherei in Leipzig (1916). Eine Meisterleistung der handwerklichen Serpentinverarbeitung ist der 1889 geschaffene Serpentinsaal im heutigen Hotel International (ehem. Fürstenhof) in Leipzig. Hier wurden Blumengebinde plastisch und als Intarsien mit verschiedenfarbigem Serpentin dargestellt.

International die weiteste Verbreitung fand der Serpentin im 17. bis 19. Jahrhundert in Form der sogenannten Kulturwaren. Das sind vor allem Krüge, Dosen, Kannen, Leuchter, Lampenfüße, Schreibzeuge, Wärmesteine usw. [9.4].

Das Zöblitzer Serpentingewerbe hat eine sehr bewegte Geschichte hinter sich, da es sehr empfindlich auf Wandlungen in den Produktionsverhältnissen und Handelsbeziehungen reagierte. Von etwa 1600 bis um 1850 bestand in Zöblitz eine Serpentindrechslerinnung – die einzige in der Welt! Diese handwerkliche Produktionsweise wurde allerdings mit dem Aufkommen kapitalistischer Produktionsverhältnisse in der Serpentinverarbeitung etwa ab 1850 überholt. Heute ist die Produktion von Architekturteilen und Kulturwaren aus Zöblitzer Serpentin eine Abteilung des VEB Elbenaturstein Dresden, der aus dem Gestein auch Terrazzokörnungen herstellt.

Bis zu seinem Tode im Jahre 1972 arbeitete in Marienberg der letzte handwerkliche Serpentindrechslermeister WALTER BALDAUF. Seine Werkstatt stand als letztes Beispiel des einst bedeutenden Serpentindrechslerhandwerks schon zu seinen Lebzeiten unter Denk-

malschutz und wird mit der gesamten Ausstattung in einen geeigneten Raum neben der Zöblitzer Heimatstube umgesetzt.

Eine Anzahl Serpentindrehbänke und eine Bohrmaschine sind noch aus den kapitalistischen Serpentinbetrieben der Zeit um 1900 erhalten und geschützt, werden aber zur Produktion kunsthandwerklicher Serpentingegenstände weiterverwendet.

9.4. Denkmale der Papierherstellung

Papier ist ein wichtiges Gebrauchsmaterial und vor allem ein entscheidender Kulturträger. Wir brauchen nur an seine Bedeutung für die Literatur in Wissenschaft und Kunst, für das Nachrichtenwesen und für die politische Geschichte zu denken (z.B. LUTHERS Thesendruck, GOETHES Faust, in Leipzig gedruckte Nummern von LENINS Iskra). So ist die Geschichte des Papiers zugleich Geschichte der Produktions- und politischen Verhältnisse und Geschichte der Kultur (Tabelle 10).

Wichtige Entwicklungsstufen der Geschichte der Papierproduktion sind noch heute an technischen Denkmalen ablesbar.

Handgeschöpftes Büttenpapier produziert als einziger Betrieb in der DDR die Papierfabrik Wolfswinkel in Eberswalde [9.5] bis [9.7]. Sie übernahm diese Produktion 1956 von der seit 1781 bestehenden Papiermühle Spechthausen bei Eberswalde, da dort der Betrieb eingestellt werden mußte. An drei Bütten wird seitdem in Wolfswinkel Büttenpapier auf die historische handwerkliche Weise hergestellt. Die Tätigkeiten des Schöpfers und des Gautschers und weitere Nebenarbeiten lassen dabei die Zuordnung dieser Produktionsweise zum Manufakturbetrieb erkennen (Bild 195). Das Wolfswinkler Büttenpapier wird noch heute mit dem Specht als dem alten Spechthausener Wasserzeichen geschöpft. Die Tradition der Papierherstellung besteht in Wolfswinkel bereits seit 1726.

Die Erhaltung einer Produktionsstätte für handgeschöpftes Büttenpapier ist für die DDR eine nationale und internationale Verpflichtung, wenn man bedenkt, daß die gleiche Tradition auch in der ČSSR und Polen sowie in Italien, England, Frankreich, Spanien und in einigen Ländern Asiens gepflegt wird, und zwar an den meisten Stellen unter musealer und denkmalpflegeri-

Tabelle 10. Die wichtigsten Daten zur Geschichte des Papiers [9.11]

Zeit	Bemerkung
4000 v.u.Z.	Papyrus in Ägypten als Beschreibstoff verwendet
200 v.u.Z.	Pergament als Beschreibstoff
100 v.u.Z.	Herstellung von Papier aus Pflanzenfasern in China
800–1000	Verbreitung des Papiers im islamischen Kulturbereich; Hauptproduktion in Samarkand
1144	Papierherstellung in Spanien durch arabische Gelehrte
1276	erste Papiermühlen in Italien
1389	erste Papiermühle in Deutschland (Nürnberg)
1398	erste Papiermühle in Sachsen (Chemnitz)
um 1450	Erfindung des Buchdrucks mit beweglichen Lettern durch GUTENBERG
1485–1590	Papiermühlen in Dresden, Freiberg, Penig, Königstein, Greiz und vielen anderen Orten
1670	Erfindung des *Holländers* (zylindrische Mahlmaschine anstelle der zuvor üblichen Stampfwerke)
1799	Erfindung der Langsiebpapiermaschine durch den Franzosen LOUIS ROBERT; kontinuierliche Papierbahn ermöglicht Massenproduktion, dadurch Rohstoffmangel (Lumpenaufkommen begrenzt)
1811	Druckmaschinen von FRIEDRICH KOENIG in England
1819	erste Papiermaschine in Deutschland (Maschine des englischen Ingenieurs B. DONKIN)
1843	Erfindung des Holzschliffs durch FRIEDRICH GOTTLOB KELLER; Holz als Papierrohstoff löst das Rohstoffproblem
1854	HEINRICH VÖLTER setzt KELLERS Erfindung in die Praxis um
1854–1878	Entwicklung chemischer Holzaufschlußverfahren (Sulfitverfahren) zur Verbesserung der Papierqualität
1905	Entwicklung schnellaufender Papiermaschinen (etwa 200 m/min)
um 1965	moderne Papiermaschinen: Arbeitsbreiten bis 9 m, Geschwindigkeiten von 750 bis 1 000 m/min

scher Betonung von Sachzeugen aus der Papiergeschichte. Mit der Deutschen Bücherei in Leipzig, dem dortigen Buch- und Schriftmuseum, dem in Leipzig geplanten Museum für Polygraphiemaschinen und überhaupt der Bedeutung Leipzigs als Buchdruck- und Verlegerstadt besitzt die DDR in der Papiergeschichte eine solche Bedeutung, daß sie in der Erzeugung handgeschöpften Büttenpapiers den anderen Ländern nicht nachstehen darf. Der Papierhistoriker WOLFGANG SCHLIEDER formulierte das gesellschaftliche Anliegen wie folgt: »Die Existenz eines Handschöpfbetriebes ist von zwei Gesichtspunkten her bedeutend: Einerseits dient er der Traditionspflege durch Erhaltung der handwerklichen Technik und Technologie. Andererseits liefert er ein durch handwerkliche Herstellung besonders gestaltetes Erzeugnis zur Befriedigung kultureller Bedürfnisse der Gesellschaft, das außerdem breiten Kreisen der Bevölkerung die Kenntnis von jahrhundertealter Papiermachertradition vermitteln kann.« [9.7]

Ergänzt wird die historische Aussage der Büttenpapierabteilung von Wolfswinkel durch eine Anzahl historischer Papiermühlengebäude. Die dem Handwerk bzw. der Manufaktur entsprechende Papiererzeugung kommt auch architektonisch in den alten Papiermühlen zum Ausdruck, die zwar nicht in Wolfswinkel, aber an anderen Orten der DDR erhalten sind, wenn auch kaum vollständig und stets ohne die alte Technik. Eine besonders wertvolle Anlage war die 1701 von der Zeitzer Herzogin MARIA AMALIA gegründete Neumühle im Elstertal südlich von Zeitz (Bilder 200 und 201). Beim Abbruch des Produktionsgebäudes mit seinen drei Wasserrädern wurde 1914 die technische Inneneinrichtung in das Deutsche Museum München überführt. Heute lassen die hohen Dächer der erhalten gebliebenen Gebäude und die umfangreichen Trockenböden die Neumühle als alte Papiermühle erkennen. Ähnliche historische Papiermühlengebäude sind u. a. in Dietzhausen und Schweina, Bezirk Suhl, sowie Hanshagen, Kreis Greifswald, erhalten.

Eine architektonisch typische alte Papiermühle mit allerdings jüngerer, schon industrieller Technik ist die von Niederzwönitz [9.8] bis [9.9]. Die erste Papiermühle an diesem Standort wurde vermutlich um 1564 bis 1568 erbaut. Mehrfach erneuert, kam die Papiermühle 1808 in den Besitz der Familie WINTERMANN, die sie von 1847 bis 1872 als Pappenfabrik betrieb. Die

Fachwerkgebäude mit den typischen hohen Trockenböden stammen in der jetzigen Form aus dem Jahre 1850 (Bild 197). Die im gleichen Jahr angelegte und 1904 erweiterte technische Inneneinrichtung beteht u. a. aus zwei Wasserrädern von über 3 m Durchmesser, 1,5 und 2 m Breite als früheren Antriebsmaschinen, dem Kugelkocher zum Einweichen des Altpapiers, dem Kollergang von 1904, einem Holländer zum Zerkleinern der Masse, einer im wesentlichen von 1847 stammenden Pappenmaschine, einer Presse und den Trockenböden (Bilder 198 und 199).

Die Entwicklung der kapitalistischen Großproduktion in der Papierindustrie begann mit der Erfindung des Holzschliffs 1843 durch FRIEDRICH GOTTLOB KELLER und die kommerzielle Nutzung des Verfahrens 1854 durch HEINRICH VÖLTER. Damit entfiel die Begrenzung der Papierproduktion durch das beschränkte Lumpenaufkommen. Die Holzschliffpapiermaschine ermöglichte eine Papierproduktion in beliebiger Höhe und die Gründung von Papierfabriken, die nun nicht mehr von Konzessionen zum Lumpensammeln abhängig waren. Die letzte der in waldreichen Gegenden einst zahlreichen Holzschliffproduktionsstätten ist die Neumannmühle im Kirnitzschtal in Bad Schandau (Bild 196), [9.11], [9.12]. Das unterschlächtige, 4,60 m hohe Wasserrad trieb ein Sägewerk und die um 1870 entstandene Holzschliffmaschinerie (Abb. 49). Deren wesentlicher Teil ist der Schleifer, der das Holz mechanisch bis zu der erforderlichen Feinheit der Holzfaser aufschließt. Der Schleifer besteht aus einem Sandstein von etwa 70 cm Durchmesser und 25 cm Breite sowie vier offenen Preßkästen und wurde von einer Transmission angetrieben. Der gewonnene Faserstoff wurde über ein Schöpfrad dem Raffineur und von da dem Feinsortierer zugeführt. Der hier aussortierte Grobstoff wurde zwecks Feinzerkleinerung nochmals dem Raffineur aufgegeben und der Feinstoff von der Entwässerungsmaschine in Form eines Faserfilzes versandfertig gemacht.

Weitere Exemplare des Holzschleifers sind vor der Pappenfabrik Wintermann in Niederzwönitz und an der KELLER-Gedenkstätte in Krippen, seinem letzten Wohnort, aufgestellt. Eine noch bevorstehende Aufgabe ist die Auswahl typischer Fabrikgebäude als Denkmale der Industriearchitektur dieses Produktionszweiges aus der kapitalistischen Periode.

Historische Sachzeugen zur Technik des Buchdrucks werden im wesentlichen museal durch eine Sammlung von Polygraphiemaschinen erschlossen. Hinzuweisen ist hier aber noch auf die unter Denkmalschutz stehende Druckerei Leipzig-Probstheida [9.13]. Sie ist vorrangig ein Denkmal der politischen Geschichte, da am 24. Dezember 1900 hier die erste Nummer von LENINS »Iskra« gedruckt wurde, zugleich aber auch ein technisches Denkmal des Buchdrucks. Eine weitere historische Buchdruckerei befindet sich in Hildburghausen.

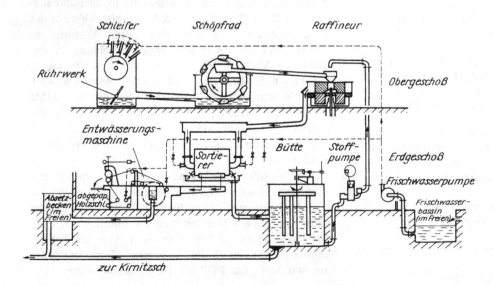

Abb. 49. Schema des Produktionsablaufs in der Holzschliffanlage Neumannmühle, Kirnitzschtal/Kreis Sebnitz (nach E. BLECHSCHMIDT [9.11]

9.5. Denkmal der optischen Industrie

Ein Industriezweig, der vom Gebiet der DDR aus Weltruf erlangt hat, ist die optische Industrie, vertreten durch den VEB Carl Zeiss JENA, die Optischen Werke Rathenow und den VEB Pentacon Dresden. Dieser in der Produktion von fotografischen Kameras führende Betrieb ging aus der in Dresden traditionsreichen Kamerafabrikation hervor. Die ersten, die sich in Dresden mit der Fototechnik befaßten, waren um 1840 der Mechanikus F. W. ENZMANN und um 1850 bis 1900 der Hoffotograf HERMANN KRONE, der auch die ersten Vorlesungen über Fotografie hielt [9.14]. Die ersten Dresdener Werkstätten für Fotoapparate wurden im Jahre 1887 gegründet [9.14], (Abb. 50).

Einige Kamerawerke in verschiedenen Städten erlagen in der Folgezeit der Konkurrenz und wurden von leistungsstärkeren Firmen fusioniert. Führend blieben in Dresden um 1910 die Firmen Ica AG und Heinrich Ernemann AG, die sich 1926 mit anderen Firmen zu Zeiß-Ikon zusammenschlossen. Neben diesem Konzern bestand in Dresden noch die z. T. mit ausländischem Kapital arbeitende Ihagee. Bauliches Wahrzeichen dieser Entwicklung ist das 1922 bis 1923 von EMIL HÖGG

für die Firma Heinrich Ernemann AG errichtete Turmhaus, das heute auch als Warenzeichen des VEB Pentacon, Dresden, bekannt ist und damit die Tradition der Dresdener Kameraindustrie international bekundet (Bild 202).

9.6. Technische Denkmale verschiedener Gewerbe

Mehrere technische Denkmale verschiedener Gewerbe sollen hier nur aufzählend erwähnt werden, ohne daß zwischen ihnen ein fachlicher oder historischer Zusammenhang besteht:

In Neustadt/Orla ist die historische Seifensiederei Wilhelm als letztes Beispiel eines sonst nicht mehr existierenden Handwerks unter Denkmalschutz gestellt worden. Sie produziert noch mit historischen Arbeitsgeräten.

Die 1788 erbaute und bis 1947 betriebene Weißgerberei in Doberlug-Kirchhain ist eine Kombination des alten Produktionsbetriebes mit einem Gerbereimuseum; in Dippoldiswalde befindet sich das Heimatmuseum in dem barocken Wohnhaus eines Lohgerbermeisters. Die

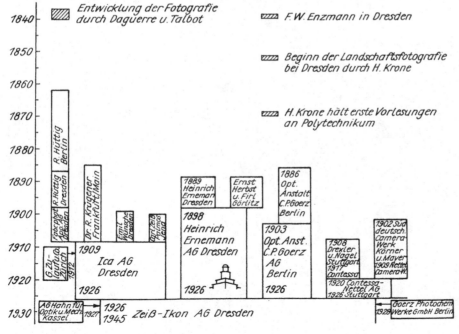

Abb. 50. Die Entwicklung der Fotoindustrie in Dresden und die Bildung des Zeiss-Ikon-Konzerns (nach W. KLAUS [9.14])

143

Lohgerbereigebäude sind im Hof des Grundstücks erhalten. In einem gewölbten Raum befinden sich die Lohgruben und im Dachgeschoß die Trockenböden. In Weida ist die Gerberei Franke als Sachzeuge des dort traditionsreichen Handwerks denkmalwürdig.

Die Knochenstampfe Dorfchemnitz, Kreis Stollberg/Erzgebirge, wurde 1744 in eine Mahlmühle aus dem 16. Jahrhundert eingebaut. Sie ist nach dem Prinzip der Pochwerke konstruiert und wird von einem Wasserrad angetrieben. Das Gebäude dient heute als Kulturzentrum und Dorfmuseum (Bild 204) [9.15], [9.16].

Die Waidmühle Pferdingsleben und einige rekonstruierte Waidmühlen an anderen Orten, z. B. in Bad Sulza und auf der Cyriaksburg in Erfurt, sowie mehrere erhaltene Steine von Waidmühlen in Thüringen bezeugen den dort einst weit verbreiteten Anbau von Waid, einer Farbpflanze, die mit dem Aufkommen der Teerfarbenindustrie ihre Bedeutung völlig verloren hat (Bild 203).

Dorfschmieden stehen bisher u. a. in Burg Schlitz, Kreis Teterow, und Hohenzieritz, Kreis Neustrelitz, sowie in Königshain, Kreis Görlitz, und Königsfeld bei Rochlitz unter Denkmalschutz. Die denkmalpflegerisch beste Variante der Erhaltung und Nutzung ist der weitere Betrieb als Schmiede. Unter Umständen können solche Schmieden auch Kunstschmiedezirkeln eine Arbeitsmöglichkeit bieten.

Jede betriebene Schmiede hätte mit Sicherheit erheblichen Zulauf von Schaulustigen. Aber auch wenn sich die eigentliche Werkstatt nicht als solche erhalten läßt, sind Dorfschmieden oft schon durch ihre bauliche Gestaltung denkmalwürdig, insbesondere, wenn ein laubenartiger Vorbau noch den Platz für die zu beschlagenden Pferde erkennen läßt. Beim Umbau zu anderen Nutzungsarten sollte die ursprüngliche Zweckbestimmung des Gebäudes als Schmiede unbedingt ablesbar bleiben [9.17].

In den Mühlsteinbrüchen von Jonsdorf im Zittauer Gebirge haben Kulturbundmitglieder eine alte Steinbruchschmiede rekonstruiert und als Besichtigungsobjekt für die zahlreichen dortigen Urlauber hergerichtet.

10. Mühlen und andere technische Denkmale der Lebensmittelindustrie

■ Wassermühle Höfgen bei Grimma

■ Schiffsmühle Bad Düben

■ Klostermühle Schulpforta

■ Kapitalistische Großmühlen in Artern, Erfurt, Grimma und Zeitz

■ Bockwindmühlen, Paltrockwindmühlen, Holländerwindmühlen und Turmwindmühlen

■ Zuckerfabriken Wanzleben bei Magdeburg und Oldisleben bei Artern

■ Brauerei Singen bei Stadtilm

■ Zigarettenfabrik Yenidze, Dresden

Windmühlen und alte Wassermühlen gelten fast allgemein und unbestritten als technische Denkmale. Sie erregen auch in denjenigen Bevölkerungskreisen Aufmerksamkeit, denen das Anliegen der Denkmalpflege sonst nicht so geläufig ist. Dieses Interesse an den Mühlen hat historische Wurzeln. In Sagen und Märchen, in Volkslied und Literatur spielen Mühlen und Müller noch heute eine beachtliche Rolle. Erinnert sei nur an die Müller in dem Märchen »Tischlein deck dich …« und bei den »Sieben Geißlein«, an das Volkslied »Es klappert die Mühle am rauschenden Bach …« und an die Mühlen in der Geschichte von Don Quichote und bei WILHELM BUSCHS »Max und Moritz«. Die Beispiele ließen sich leicht fortsetzen.

Die Zeit der alten Windmühlen und der Mühlräder an unseren Bächen und Flüssen ist vorbei. Eben weil solche Mühlen früher fast in jedem Dorf betrieben wurden, also im Bewußtsein der Bevölkerung schon stets eine große Rolle spielten, werden die noch erhaltenen Mühlen gern als Zeugen einer vergangenen Zeit anerkannt.

Allein das reicht aber für eine Pflege der Mühlen als technische Denkmale nicht aus. Wir müssen sie in größeren historischen Zusammenhängen sehen und dabei auch Mühlen historisch verschiedener Epochen in die denkmalpflegerischen Überlegungen einbeziehen. Dann bieten uns die Mühlen zusätzlich zu ihrer emotional wirkenden Funktion im Bild unserer Landschaften und Städte Aussagen zur Geschichte der Produktivkräfte und Produktionsverhältnisse, die heute weithin noch nicht beachtet werden. KARL MARX hatte recht, indem er feststellt: »Die ganze Entwicklungsgeschichte der Maschinerie läßt sich verfolgen an der Geschichte der Getreidemühlen« [10.1], und er bezog sich bei der Analyse der gesellschaftlichen Entwicklung immer wieder auf die Geschichte des Mühlenwesens.

Seit etwa 15 000 Jahren wird Getreide durch Zerstampfen in Mörsern oder Zerreiben zwischen Reibsteinen zerkleinert. Als vor etwa 3 600 Jahren in Indien die Idee entstand, den oberen Stein mit einer Kurbel über dem feststehenden unteren Stein drehend reiben zu lassen, war das Wirkprinzip gefunden, das bis etwa 1880 das Mühlenwesen bestimmte: das Zerkleinern des Getreides zwischen dem feststehenden Bodenstein und dem rotierenden Läuferstein [10.2] bis [10.4]. Dieses Prinzip wurde erst gegen Ende des 19. Jahrhunderts von den modernen Walzenstühlen abgelöst. In diesen wird das Getreide zwischen Walzen, die mit verschiedener Geschwindigkeit rotieren, zerrieben. Deutlicher als in diesem Wechsel der eigentlichen Arbeitsmaschine drückt sich die technische, ökonomische und historische Entwicklung des Mühlenwesens in den Antriebsmitteln aus.

Jahrtausende lang wurde das Getreide von Hand zermahlen. Die Leistung des einzelnen Menschen war dabei so begrenzt, daß der Bedarf nur von einer großen Zahl der ländlichen Bevölkerung und von Sklaven gedeckt werden konnte und sich daher diese Tätigkeit nicht zu einem besonderen Beruf entwickelte. Schon im ersten Jahrhundert vor unserer Zeitrechnung gab es aber im antiken Rom Wassermühlen, und KARL MARX nennt die Mühlen jener Zeit »die elementare Form aller Maschinerie« [10.1], [10.5], [10.6]. Der Römer VITRUV beschreibt in seinem berühmten Buch »de architectura« schon damals die Wassermühlen so, wie sie bis in das 19. Jahrhundert überall dort üblich waren, wo das Gefälle eines fließenden Gewässers die Einschaltung eines Wasserrades ermöglichte. Wassermühlen waren so leistungsfähig, daß die Tierkraft als Antriebskraft kaum konkurrieren konnte. Roßmühlen gab es zwar, aber nur an den wenigen Stellen, wo ein kräftigeres Antriebsmittel nicht vorhanden war. Eine echte Konkurrenz für die Wasserkraft war im Mühlengewerbe die Windkraft, da man eine Mühle nicht immer betreiben mußte. Die Windmühlen verbreiteten sich von Asien her über die Mittelmeerländer und wurden ab etwa 1300 in Mitteleuropa überall dort eingesetzt, wo Wasserkraft nicht verfügbar war, nämlich in den Tiefebenen und auf Hochflächen [10.7]. Wasser- und Windmühlen waren seitdem auch auf dem Gebiet der DDR bis weit ins 19. Jahrhundert die vorherrschenden Produktionsmittel des Mühlengewerbes.

Als im 19. Jahrhundert die Bevölkerungszahl und damit der Mehlbedarf stark anstieg, war eine Produktionssteigerung der Mühlen nötig, durch die Ergebnisse der Industriellen Revolution aber auch möglich. Die Dampfmaschinen und die Turbinen, also Produkte des im 19. Jahrhunderts aufkommenden Maschinenbaus, ließen die kapitalistische Mühlenindustrie, also große Mühlenwerke entstehen, die zahlreiche kleine Mühlen ersetzten [10.8]. Hatte man dabei anfangs wie überhaupt im klassischen Fabriksystem Transmissionen eingesetzt, um die von der Turbine gelieferte mechanische Energie auf die Maschinen, z. B. die Walzenstühle, zu übertragen, so schaltete man später die Elektroenergie dazwischen. Man erzeugte mit den Turbinen elektrischen Strom und betrieb mit diesem die seit etwa 1880 verfügbaren Elektromotoren als Antrieb für die einzelnen Maschinen. Im Gefolge dieser Entwicklung verlagerte die Mühlenindustrie (bzw. das Müllergewerbe) als wichtiger Bestandteil der Nahrungsgüterindustrie überhaupt ihren Standort vom Lande in die Stadt. Die Belegschaft der modernen Mühlenwerke muß sich aber darüber im klaren sein, daß ein großer Teil ihrer materiellen Traditionspflege ländlichen Charakter trägt.

Mit dem Aufkommen der Wasser- und Windmühlen entwickelten sich die Berufe des Müllers und des Mühlenbauers, da die Mechanismen zu ihrem Betrieb und die Anfertigung Spezialkenntnisse erforderten. Zwischen Bauer und Müller fand auf dem Lande eine Arbeitsteilung statt, eine der frühesten in den traditionellen mitteleuropäischen Gewerben. In den früheren Jahrhunderten hatte fast jedes Dorf seine Mühle und seine Müller, woran heute noch die Häufigkeit des Familiennamens *Müller* erinnert. Seitdem ist der Beruf des Müllers über alle Wandlungen der Technik erhalten geblieben, wenn auch die Zahl der Angehörigen dieses Berufszweiges wie die der Mühlen überhaupt infolge der Leistungssteigerung der verbliebenen Mühlen zurückgegangen ist.

Für die Entwicklung der Produktivkräfte noch wichtiger war der Beruf des Mühlenbauers. Sowohl für Windmühlen als auch für Wassermühlen mußten diese ein erhebliches Können und eine gute empirische Erfahrung haben, sollten sich das Flügelkreuz im Winde oder das Wasserrad im Gefälle des Baches bzw. Flusses gleichmäßig und kräftig drehen und ihre Bewegung über Zahnradgetriebe einwandfrei auf die Mahlgänge übertragen (Abb. 51). Das Einrichten der Windmühle nach dem Wind, die Regulierung des Wasserflusses auf das Wasserrad, die Regulierung der Geschwindigkeit, das Heben der Getreidesäcke auf die Höhe der Mahlgänge u. a. waren notwendige Verrichtungen, die anfangs von Hand ausgeführt wurden, aber die Erfindung von Mechanismen geradezu bedingten. Damit wurde der Mühlenbauer ein Handwerker, bei dem die Entwicklung technischer Neuerungen direkt zum Berufsbild gehörte.

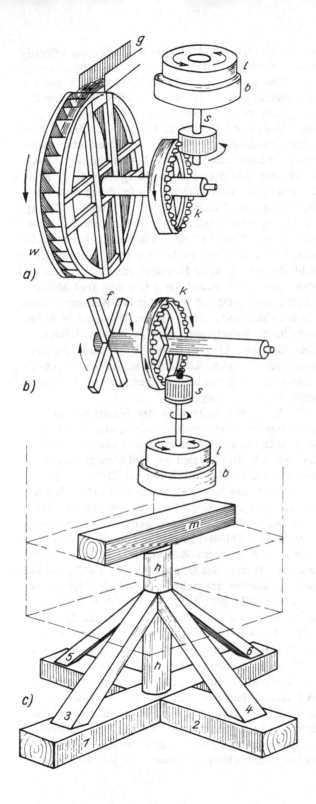

Der Energieausgleich durch ein Schwungrad und die selbsttätige Geschwindigkeitsregulierung sind Erfindungen aus dem Mühlenbau. So förderten Mühlenbauer die Entwicklung neuer Technik auch in anderen Gewerbe- und Industriezweigen, z. B. bei den Textilmaschinen und im Bergbau, und sie stellten im 18. und 19. Jahrhundert einen beachtlichen Teil der Arbeiter und Erfinder im Maschinenbau, jenem neuen, von der Industriellen Revolution verursachten Produktionszweig.

Von allgemeiner historischer Bedeutung ist eine andere Beziehung des Mühlenwesens zur Industriellen Revolution. Deren Ergebnis, das Fabriksystem, entstand aus der kapitalistischen Betriebsorganisation der Manufaktur und aus dem Einsatz der Werkzeugmaschinen, besonders in der Textilindustrie. Ehe dort die Dampfmaschine als Antriebsmaschine verfügbar war, mußte man dafür Wasserräder benutzen, die Antriebsart also aus dem Mühlenwesen übernehmen. Demgemäß wurden damals zahlreiche Mühlen in Textil- und andere Fabriken umgewandelt. Vor allem aber übertrug sich mit der Antriebsart der Name auf die Fabrik, und man sprach z. B. von Spinnmühlen. MARX schreibt 1867 im Kapital: »Die Fabrik heißt im Englischen immer noch mill (= Mühle). In deutschen technologischen Schriften aus den ersten Dezennien des 19. Jahrhunderts findet man noch den Ausdruck Mühle nicht nur für alle mit Naturkräften getriebene Maschinerie, sondern selbst für alle Manufakturen, die maschinenartige Apparate anwenden.« [10.1]

So betrachtet sind die Wasser- und Windmühlen nicht nur für die Gestaltung unserer Umwelt wichtige, emotional wirkende Elemente, sondern auch technische Denkmale mit einer bedeutsamen Aussage für die Geschichte der Produktivkräfte und Produktionsverhältnisse.

Abb. 51. Schemazeichnungen zu den Konstruktions- und Bauprinzipien von Mahlmühlen

a) Prinzip der Wassermühle
g Gerinne für Aufschlagwasser, *w* Wasserrad, *k* Kammrad, *s* Stockgetriebe, *b* Bodenstein, *l* Läuferstein, *b* und *l* Mahlgang

b) Prinzip der Windmühle
f Ansatz des Flügelkreuzes, *k* Kammrad, *s* Stockgetriebe, *l* Läuferstein, *b* Bodenstein, *b* und *l* Mahlgang

c) Bauprinzip einer Bockwindmühle
1 bis *6* Balken des Mühlenbocks, *h* Hausbaum, *m* Mehlbalken, *gestrichelt* Konturen des Mühlenkastens

10.1. Wassermühlen als technische Denkmale

Sehr zahlreich sind in den Bach- und Flußtälern unserer Mittelgebirge und des sächsisch-thüringischen Hügellandes Mühlengehöfte alter bäuerlicher Wassermühlen erhalten. Meist aber ist das Mühlrad verfallen oder ausgebaut und auch der übrige Mühlenmechanismus demontiert. Daran, daß solche Gehöfte einst Mühlen waren, erinnern in der Regel heute nur noch der Name, der mehr oder weniger verfallene Mühlgraben und eventuell das noch vorhandene, aber meist anderweitig genutzte Mühlengebäude, das sich als solches durch seine Bauart und Lage zum Mühlgraben zu erkennen gibt. Für die Ortsgeschichte oder die Geschichte eines Kreises können selbst diese Reste von historischer Bedeutung sein, so daß die Aufnahme solcher Mühlengehöfte in die Denkmallisten trotz Fehlen der Mühlenmaschinerie erwogen werden sollte. Wo aber ehemalige Wassermühlen völlig zu Gasthäusern, Ausflugslokalen oder Ferienheimen umgebaut sind und außer dem Namen keinerlei historische Substanz mehr vorhanden ist, erübrigt sich in der Regel ein Denkmalschutz.

Eine Anzahl Wassermühlen werden jedoch mit ihrer technischen Einrichtung als Denkmale gepflegt. Eine typische alte dörfliche Wassermühle ist die um 1700 erbaute, bis 1954 betriebene und ab etwa 1960 bis 1976 restaurierte Mühle von Höfgen in der Muldenaue 4 km oberhalb von Grimma (Bilder 205 und 206), [10.9]. Außen am Gebäude sieht man das 1980 erneuerte, 3,8 m hohe, oberschlächtige Wasserrad, das etwa 15 bis 30 PS leistet. Auf der Welle des Wasserrades sitzt im Gebäude ein großes hölzernes Kammrad, das über ein Kegelrad die senkrechte Welle antreibt. Diese betätigt im Erdgeschoß des Hauses (ein Stockwerk höher) den Mahlgang, d. h., sie bewegt den Läuferstein auf dem feststehenden Bodenstein. Die Trennung des Mahlgutes in Kleie und Mehl erfolgte im Obergeschoß in einem Sechskantsichter, einer mit feiner Siebgaze bespannten und in einem Gehäuse untergebrachten sechskantigen Säule, deren Drehbewegung den Siebvorgang fördert. Der Besucher findet in der Wassermühle Höfgen weiter einen modernen Walzenstuhl, eine Backstube und die mit Mobiliar der Zeit um 1820 ausgestatteten Wohnräume.

Weitere Wassermühlen prinzipiell ähnlicher Art sind z. B. erhalten in Niederschmalkalden, mit zwei eisernen Mühlenrädern (Bild 208); Neidhardtshausen, Kreis Bad Salzungen, mit zwei Mühlenrädern, die vom öffentlichen Verkehrsraum her einzusehen sind; Biberschlag, Kreis Hildburghausen: Rote Mühle, von 1595, heutige Fachwerkgebäude [10.10] von etwa 1800, bis 1953 in Betrieb, heute mit Nachbildung eines 4 m hohen Wasserrades; Mühlberg, Kreis Gotha, Ölmühle; Cottbus, Spreewehrmühle, an deren Erhaltung eine Interessengemeinschaft des Kulturbundes mitwirkt; Wittichenau, Schoutschikmühle mit Stampfwerk [10.2]; Neukirch, Kreis Bischofswerda, mit Knochenstampfe; Reichenau, Kreis Dippoldiswalde, Weicheltmühle, nur Stampfe [10.16]; Garsebach, Kreis Meißen, mit Francisturbine, Transmission und Walzenstühlen; Hainbücht, Kreis Stadtroda, Mühle von Wollnitzke, mit sehr altem Walzenstuhl; Ritzgerode, Kreis Hettstedt, im Einetal, 1524 als Mühle genannt; Vellahn, Kreis Hagenow (mit Mühlengehöft); Leipzig-Dölitz; Buchfahrt bei Weimar; Freienorla bei Orlamünde; Rohrbach im Thüringer Wald bei Rudolstadt; Reinshagen, Kreis Güstrow; Jahnshain, Kreis Geithain, Lindigtmühle mit Museum; Boitzenburg, Kreis Templin, Klostermühle, zu besichtigen als Außenstelle des Kreismuseums Templin, und Friedland, Kreis Neubrandenburg.

Die historische Bedeutung der Wassermühlen wird heute dort besonders deutlich, wo an einem Fluß oder Bach noch mehrere Mühlen hintereinander erhalten sind, wie z. B. drei Mühlen bei Wolmirstedt oder ebenfalls drei Mühlen im Mühlental bei Klein-Wanzleben.

Die technische und historische Vielfalt der Wassermühlen zeigt sich ferner an zwei besonderen technischen Denkmalen. Die letzten Beispiele von einst weit verbreiteten Mühlentypen sind die Schiffmühle in Bad Düben, einst auf dem Wasser der Mulde, heute auf Land am Museum des Ortes (Bild 210), [10.2], und die Panstermühle im ehemaligen Kloster Schulpforta bei Naumburg (Bild 207), [10.2]. Schiffmühlen gab es früher zahlreich auf den Flüssen im Niederland, wo ein Gefälle des Wassers zum Antrieb eines ober- oder mittelschlächtigen Wasserrades nicht vorhanden war. Schiffmühlen bestanden aus zwei Booten, von denen eines nur ein Wellenlager, das andere die Mühlentechnik trug, und dem zwischengeschalteten Wasserrad, das die natürliche Strömung des Flusses nutzte und entsprechend breit gebaut war. Alte bildliche Darstellungen lassen auf den Flüssen der DDR an verschiedenen Städten Schiffmühlen erkennen. Bei Bad Freienwalde erinnert heute noch der Ortsname Schiffmühle an eine solche auf der Oder und bei Grimma das Gasthaus Schiffmühle an eine solche auf der Mulde.

Pantermühlen hatten unterschlächtige Wasserräder, waren aber mit einem Mechanismus ausgerüstet, der ein Heben oder Senken des Rades gestattete. Während bei gewöhnlichen unterschlächtigen Rädern der Wirkungsgrad sowohl bei zu niedrigem wie auch bei zu hohem Wasserstand schlecht war, konnte man mit dem Hebemechanismus die Höhe des Pansterrades genau dem jeweiligen Wasserstand in dem Fluß anpassen. Das letzte in der DDR erhaltene Pansterrad ist das der Steinmühle an der Peißnitz in Halle/Saale. Leider ist in der Klostermühle Schulpforta das Pansterrad selbst nicht mehr erhalten, ein Beweis dafür, wie dringend gute konzeptionelle Arbeit selbst auf dem Gebiet der Mühlen, diesem klassischen Gebiet der Pflege technischer Denkmale, ist. Früher gab es an unseren Flüssen zahlreiche Pantermühlen (s. S. 312). Die aus dem 17. bis 18. Jahrhundert stammende Einrichtung der an sich romanischen Klostermühle Schulpforta ist eins der wertvollsten Beispiele alter Mühlentechnik. Sie wurde – einschließlich dem Trieb- und Ziehwerk des einstigen Pansterrades – 1970 vom VEB Saalemühlen Bernburg restauriert – ein gutes Beispiel aktiver Traditionspflege unserer volkseigenen Industrie! Dieser Betrieb betreut auch das von Dr. H. GLEISBERG, Großmühle Grimma, geschaffene und heute in Bernburg der Öffentlichkeit zugängliche Mühlenmuseum der DDR.

Die kapitalistische Entwicklung der Wassermühlen wird durch die massiv gemauerten, mehrere Stockwerke hohen, mit Walzenstühlen ausgerüsteten, meist in den Städten gelegenen Großmühlen der Zeit ab etwa 1880 repräsentiert, die nur selten mit Wasserrädern, im Regelfall mit Turbinen betrieben wurden. Diesen Bauwerken fehlt zwar die Mühlenromantik, doch stellen sie in der Geschichte der Mühlenindustrie eine wichtige Etappe dar. Sie haben für unsere Städte eine derart große stadtgeschichtliche Bedeutung [10.11], daß gute Beispiele dieser Entwicklungsstufe auch als Denkmale erfaßt werden sollten, selbst wenn nicht mehr die alte Technik, sondern nur noch das Gebäude erhalten ist. Beispiele dafür sind u. a. die bereits unter Denkmalschutz stehende Mühle in Sömmerda, die Unstrutmühle in Artern, die mit einem großen unterschlächtigen Wasserrad und einer Turbine ausgerüstete Neue

Mühle in Erfurt, die Wauersche Mühle in Lohmen/Elbsandsteingebirge, die Saalemühlen in Alsleben und Bernburg [10.8] und die Großmühle in Grimma. In Zeitz gehören die drei seit dem 16. Jahrhundert bekannten städtischen Mühlen heute zu diesem Typ, wenn auch mit verschiedener Architektur und Aussage. Es handelt sich um die um 1870 erbaute Obermühle, ein nüchterner Zweckbau (daneben die in qualitätsvoller Neorenaissance um 1890 errichtete Villa des kapitalistischen Mühlenbesitzers), die Mittelmühle, 1902 im Jugendstil erbaut, mit Plastiken und Reliefs des bekannten Bildhauers Professor WRBA, und die Untermühle, ein 1880 errichteter festungsartiger Backsteinbau mit Zinnenkranz, womit der Mühlenbesitzer auf seine Weise seine Macht als Unternehmer demonstrierte.

Für die Wassermühlen bietet sich folgende denkmalpflegerische Konzeption als Optimum an: In regional günstiger Verteilung sind relativ wenige Mühlen mit ihrer technischen Ausrüstung als technische Schauanlagen – möglichst betriebsfähig – zu erhalten, wobei ihre Anzahl von den ökonomischen Möglichkeiten mitbestimmt wird. Darüber hinaus sollten an möglichst vielen Orten typische Mühlengebäude der verschiedenen Entwicklungsstufen – die Mühlengehöfte auf den Dörfern und kapitalistische Großmühlen in den Städten – bei beliebiger Verwendung in ihrem architektonischen Erscheinungsbild erhalten werden, so daß die denkmalpflegerische Werterhaltung vom Nutzer gewährleistet und trotzdem die historische Aussage des Gebäudes erschließbar wird. Dort, wo vom öffentlichen Verkehrsraum aus sichtbar, ist die Wiederherstellung von Mühlrädern auch dann zu empfehlen, wenn die sonstige Mühlentechnik im Gebäude nicht mehr erhalten ist. Ein sich drehendes Mühlrad wird von allen Vorübergehenden stark beachtet, auch ohne daß die Möglichkeit besteht, die eigentlich dazugehörende Technik im Mühlengebäude zu besichtigen. Der 1972/73 erfolgte Abbruch des großen, von der nahen Brücke aus für jeden Passanten gut sichtbaren Mühlrades der Unstrutmühle von Artern war deshalb nicht nur technikgeschichtlich, sondern auch städtebaulich und von dem Erlebniswert her ein großer Verlust (Bild 209). Das mit etwa 10 m einst größte Mühlrad Thüringens an der Pörzmühle westlich von Rudolstadt [10.12] könnte – wieder hergestellt – die Touristen im Wandergebiet zwischen Rudolstadt und Stadtilm erfreuen.

10.2. Windmühlen als technische Denkmale

Spiegelte sich in den verschiedenen Typen der Wassermühlen der Übergang von der dörflichen Mühle der feudalistischen Zeit zur kapitalistischen Großmühle wider, so handelt es sich bei den Windmühlen stets um typisch dörfliche Handwerksbetriebe, ja sogar um Familienbetriebe. Das ist sowohl konstruktiv wie auch vom Standort her bedingt. Da die Flügel eine bestimmte Größe nicht überschreiten können, ist die Leistung einer Windmühle nicht beliebig zu steigern. Windmühlen wurden nur dort gebaut, wo der Wind ungehindert wehen kann, sind also stets in der offenen Landschaft, deshalb fast nur in der Nähe von Dörfern zu finden. So gehören die Windmühlen alle der vorkapitalistischen Produktionsweise an und waren eigentlich schon im 19. Jahrhundert überholt. Ihr Niedergang war gesetzmäßig durch die Entwicklung der Produktivkräfte und Produktionsverhältnisse bedingt, und die letzten, noch im 20. Jahrhundert betriebenen waren nur Relikte einer vergangenen Zeit. Um so wichtiger ist es für uns, aus dem noch vorhandenen Bestand der Windmühlen in regional proportionierter Verteilung und von den konstruktiv verschiedenen Windmühlentypen eine repräsentative Auswahl als technische Denkmale zu erhalten [10.5], [10.13].

Das Wirkprinzip ist bei allen verschiedenen Windmühlentypen das gleiche (Abb. 51). Das Flügelkreuz

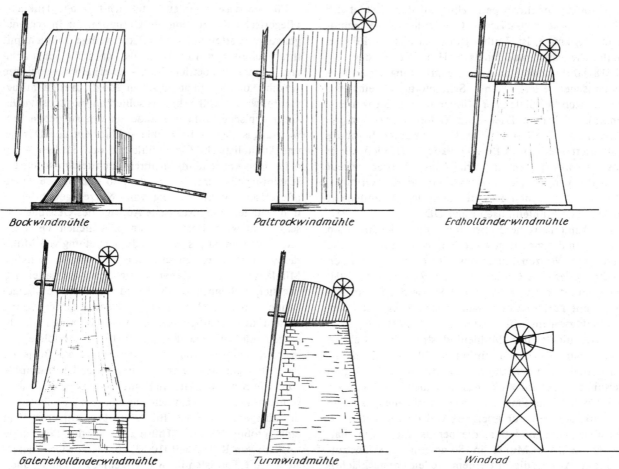

Abb. 52. Windmühlentypen (einschließlich Windrad) (nach B. MAYWALD und [10.5])

150

dreht die etwas schräg gelagerte Hauptwelle mit dem großen Kammrad. Dieses versetzt zwei senkrechte Wellen mit kleinen Getrieberädern und damit die Läufersteine der Mahlgänge für Schrot und für Mehl in Drehbewegung, während die Bodensteine fest stehen. Für die Flügel gab es im Lauf der Geschichte verschiedene Typen. Am verbreitetsten waren die mit verstellbaren Jalousieklappen. Neben- und Hilfseinrichtungen des Mechanismus sind die Bremse, der Mechanismus zum Verstellen der Jalousien am Flügelkranz, der auch mit Windkraft zu betätigende Sackaufzug sowie die Sichter als Siebmaschinen. Diese Mechanismen findet man in den zeitlich und regional unterschiedlich auftretenden Windmühlentypen, die wie folgt zu kennzeichnen sind (Abb. 52):

Die ältesten schon aus Literatur und Archivquellen des Mittelalters bekannten Windmühlen sind in Mitteleuropa die Bockwindmühlen. Der auf einem im Boden nicht verankerten Bock um den Hausbaum drehbare Mühlenkasten enthält den gesamten Mechanismus. Mit dem langen, an der Rückseite herausragenden Sterz wurde der Mühlenkasten so gedreht, daß das Flügelkreuz stets genau gegen den Wind gerichtet war.

Vor etwa 300 Jahren kamen die Paltrockwindmühlen auf. Die nach einem langen Mönchsgewand (Paltrock – Faltenrock) benannten Mühlen sind nicht auf einem Bock, sondern auf einer dem Erdboden aufgelagerten Rollenbahn und einem Mittellager drehbar. Demgemäß reicht die Verkleidung des Mühlenkastens bis auf den Erdboden und gab zu dem Namen Anlaß. Das Drehen der Paltrockwindmühlen gegen den Wind erfolgt automatisch mittels einer Windrose auf dem Dach. Die meisten unserer Paltrockwindmühlen sind jedoch ursprünglich Bockwindmühlen gewesen und wurden erst nachträglich umgebaut.

Die nur in den Nordbezirken heimischen Holländerwindmühlen (Erdholländer) sind meist achteckige Holzkonstruktionen auf massivem Untergeschoß. Nur die Haube mit den Flügeln ist drehbar, weswegen bei diesen Windmühlen die senkrechte Welle (Königswelle) in der Mitte angeordnet sein muß.

Ebenfalls für die Nordbezirke typisch sind die Galerieholländerwindmühlen. Es sind Ständerholländer auf massivem Unterbau mit umlaufender Galerie. Dadurch bekam das Flügelkreuz eine höhere Lage, konnte den Wind oberhalb von Häusern, Wald oder anderen Hindernissen nutzen und ermöglichte eine Anfahrt, ohne daß die Fahrzeuge von dem sich drehenden Flügelkreuz bedroht worden wären.

In der gesamten DDR verbreitet sind die Turmholländermühlen, massive Rundbauten mit drehbarer Haube.

Nach dem Prinzip der Axialturbinen gebaut sind die Windräder, die aus Eisen konstruiert und damit deutlich Produkte des Maschinenbaus des 19. und 20. Jahrhunderts sind. Sie dienen meist zum Antrieb von Wasserpumpen.

Von diesen Mühlentypen gibt es in der DDR noch eine Anzahl wertvoller Beispiele, wenn auch in unterschiedlichem Erhaltungszustand [10.13]. Hier können nur wenige genannt werden. Eine (fast) vollständige Übersicht über die in der DDR vorhandenen Windmühlen bietet eine 1983 vom Kulturbund herausgegebene Broschüre [10.5], (Abb. 53).

Typische Bockwindmühlen stehen u. a. in Billroda-Tauhardt, Kreis Nebra, und in Zierau, Kreis Kalbe/Milde (Bild 211). Von den 16 Windmühlen des Kreises Jessen (Bezirk Cottbus) sind 14 Bockwindmühlen; sie bestimmen – meist im Abstand von Sichtweite – noch heute in starkem Maße das Landschaftsbild. Funktionstüchtige technische Schauanlagen sind die Bockmühlen Lebien, Kreis Jessen, und die 1686 erbaute in Lebusa, Kreis Herzberg/Elster, sowie die als Handwerksbetrieb noch arbeitende Windmühle von A. HÄDICKE in Brehna bei Bitterfeld. Zu besichtigen sind auch die Bockwindmühlen in Trebbus, Kreis Finsterwalde, Kottmarsdorf, Kreis Löbau (von Bundesfreunden des Kulturbundes wieder hergerichtet), Bad Lauchstädt, Kreis Merseburg, Mittelpöllnitz, Bezirk Gera, Krippendorf bei Jena, Ballstädt und Ballendorf, Kreis Geithain, sowie die im Freilichtmuseum Klockenhagen, Kreis Ribnitz-Damgarten, wieder aufgebaute Windmühle.

Eine Paltrockwindmühle bei Parey, Kreis Genthin, wurde bis vor kurzem noch gewerblich genutzt, ist aber 1983 durch Blitzschlag abgebrannt. Die ebenfalls funktionstüchtige Paltrockwindmühle von Saalow, Kreis Zossen, ist nach Vereinbarung mit dem privaten Rechtsträger zu besichtigen (Bild 212).

Ständerholländerwindmühlen sind museal in Wittenburg, Kreis Hagenow, und in Stove, Kreis Wismar, erhalten (Bild 213), [10.3]; eine weitere aus Jarmen steht heute im Freilichtmuseum Alt-Schwerin. Galeriehollän-

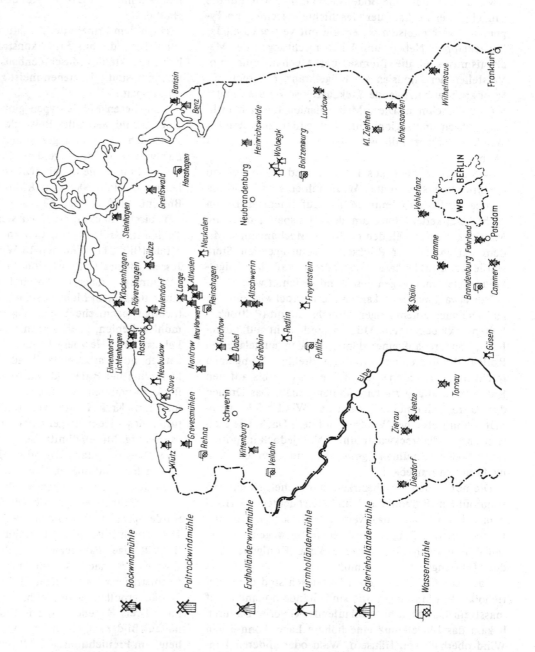

Bansin
Benz
Heinrichswalde
Luckow
Kl. Ziethen
Hohensaaten
Wilhelmsaue
Frankfurt
Hanshagen
Woldegk
Boitzenburg
Greifswald
Neubrandenburg
BERLIN
WB
Vehlefanz
Steinhagen
Neukalen
Sülze
Potsdam
Klockenhagen
Altkalen
Bamme
Rövershagen
Laage
Brandenburg Fährland
Cammer
Thulendorf
Reinshagen
Stölln
Elmenhorst-
Lichtenhagen
Neuvorwerk
Altschwerin
Freyenstein
Rostock
Nantrow
Ruchow
Güsen
Neubukow
Dabel
Redlin
Stove
Grebbin
Putlitz
Elbe
Tornau
Schwerin
Jeetze
Grevesmühlen
Zierau
Wittenburg
Klütz
Rehna
Vellahn
Diesdorf

Bockwindmühle
Paltrockwindmühle
Erdholländerwindmühle
Turmholländermühle
Galerieholländermühle
Wassermühle

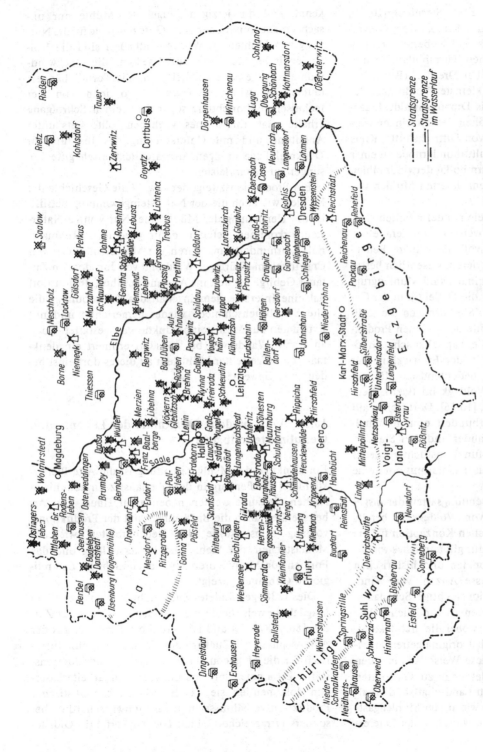

Abb. 53. Übersichtskarte der wichtigsten Wasser- und Windmühlen in der DDR (Auswahl, da in dicht besetzten Gebieten nicht alle bedeutenden Mühlen eingetragen werden konnten; für Hinweise auf Ergänzungen und nötige Änderungen dieser Karte sind die Autoren dankbar (nach [10.5])

derwindmühlen sind in Dabel, Kreis Sternberg [10.14], Thulendorf, Kreis Rostock-Land, Klütz, Kreis Grevesmühlen, und Neubukow, Kreis Bad Doberan, erhalten (Bild 214). Von den zahlreichen Turmholländerwindmühlen seien die von Gohlis bei Dresden (Bild 216), Syrau bei Plauen und als die kleinste Windmühle der DDR die von Reichstädt, Kreis Dippoldiswalde/Erzgebirge, genannt. Die auf den Höhen des Thüringer Waldes gelegene Turmwindmühle von Dittrichshütte, Kreis Rudolstadt, wurde von einer Kulturbundgruppe zu einer Schauanlage hergerichtet. Turmholländerwindmühlen sind auch die zwei einander benachbarten Mühlen von Ebersroda, Kreis Nebra (Bild 217).

Wo mehrere Mühlen nahe beieinander erhalten sind, sollten sie insgesamt erhalten werden, weil gerade solche Mühlengruppen eindrucksvoll die frühere Bedeutung der Windmühlen demonstrieren, wesentlich besser als einzelne Mühlen! Darüber hinaus sind Mühlengruppen ein besonderes Zeugnis für die Dialektik in der Geschichte der Produktionsmittel: Sie bezeugen die additive Leistungssteigerung mit Hilfe des gleichen Produktionsinstrumentes, bis dann die kapitalistische Großmühle den Qualitätsumschlag in der Entwicklung der Produktivkräfte brachte. Die bedeutendste Mühlengruppe der DDR ist die von Woldegk im Bezirk Neubrandenburg (Bild 215), [10.15], [10.16]. Dort stehen auf engem Raum fünf im 18. Jahrhundert erbaute Windmühlen, davon zwei Turmholländer und drei Ständerholländer. Eine Mühle wird funktionstüchtig wieder hergestellt, eine zweite dient als Heimatmuseum, eine dritte als Wohnhaus.

Mit den verschiedenen Verwendungsarten der insgesamt zu erhaltenden Mühlen von Woldegk ist bereits die Frage der denkmalpflegerischen Konzeption für die Windmühlen angesprochen. Dafür gilt ähnliches wie für die Wassermühlen. Nach regionalen und historischen Gesichtspunkten ist eine gewisse Anzahl von Windmühlen museal oder als funktionstüchtige Schauanlagen zu gestalten. Von den anderen sind möglichst viele beliebig anderweitig zu nutzen, wobei die architektonische Erscheinungsform möglichst originalgetreu erhalten bleiben soll. Werden auf diese Weise Windmühlen als Wochenendhäuser verwendet oder zu Gaststätten umgebaut, dann bleiben sie dem Landschaftsbild erhalten. Allerdings sollte es nicht so wie an der Mühlengaststätte Halle-Neustadt geschehen, wo schon der Laie erkennt, daß die jetzigen Flügel der Mühle nur unsachgemäße Imitationen sind. Gute Beispiele für die Nutzung von Mühlen als Wochenendhäuser sind die Holländerwindmühle Benz auf Usedom, die Bockwindmühle Heuckewalde bei Zeitz und die Turmholländermühle Zaußwitz bei Oschatz, wo man von der technischen Einrichtung sogar noch einen Schrotgang erhalten hat. Ein solches Vorhaben sollte stets unter Anleitung und mit Unterstützung des Instituts für Denkmalpflege erfolgen, um architektonisch gute Lösungen zu gewährleisten.

Ein Produktionszweig, der sowohl die Geschichte der Mühlen wie auch die der Natursteingewinnung betrifft, ist die Herstellung der Mühlsteine. Nur wenige Natursteinvorkommen lieferten dafür geeignetes Rohmaterial. Jahrhundertelang waren die Mühlsteinbrüche von Crawinkel im Thüringer Wald und von Jonsdorf im Zittauer Gebirge bis weit ins Ausland berühmt. In Jonsdorf hat eine Interessengemeinschaft des Kulturbundes die alte Steinbruchschmiede wieder hergerichtet und mit Exponaten zur Mühlsteinproduktion ausgestattet. Auch an einem Wanderweg bei Jonsdorf erinnert ein denkmalartig aufgestellter Mühlstein an dieses dort einst bedeutende Gewerbe.

10.3. Verschiedene Denkmale der Lebens- und Genußmittelindustrie

Ein Denkmal der Mehlverarbeitung ist die Alte Pfefferküchlerei Weißenberg in der Oberlausitz. In dem historischen Gebäude werden neben alten Haus- und Arbeitsgeräten auch die Backstuben und der Produktionsvorgang selbst sowie die Nebenarbeiten wie das Modelstechen, die Mehl- und Eisherstellung und das Formen von Motivfiguren aus Bienenwachs für den religiösen Gebrauch gezeigt.

Die 1838 gegründete Zuckerfabrik Wanzleben bei Magdeburg weist heute meist Bausubstanz aus der Zeit um 1860/1870 auf und ist sowohl ein Denkmal aus der Anfangsphase der Zuckerindustrie wie auch eine historisch für die Magdeburger Börde typische Produktionsstätte. Zusammen mit den dortigen Landarbeiterkasernen dokumentiert sie das Eindringen kapitalistischer Produktionsverhältnisse in dieses landwirtschaftlich besonders ertragreiche Gebiet. Die Zuckerfabrik Oldisleben bei Artern ist sowohl industrie-architektonisch wie maschinen- und apparatetechnisch ein besonders wertvolles Denkmal aus der Frühphase der Zuckerindustrie, zumal in ihr auch noch sechs Kolbendampfmaschinen in Betrieb sind.

Rein handwerklich dagegen ist die 1875 als Familienunternehmen gegründete, noch heute betriebene Brauerei in Singen, Kreis Arnstadt. Sie besteht aus einem zweigeschossigen, in Fachwerk errichteten Sudhaus, zwei Eiskellern und einem Brauereiteich zur Kühleisgewinnung. Neben den für eine Brauerei spezifischen Geräten und Apparaturen wie dem Braukessel, dem Maischbottich, dem Kühlschiff und dem Gärbottich wird in diesem kleinen, zu besichtigenden Betrieb auch noch eine kleine 12-PS-Dampfmaschine aus der Zeit um 1900 benutzt. In der Brauerei Dessow, Kreis Kyritz, ist eine 120-PS-Dampfmaschine als technisches Denkmal erhalten.

Von der Tradition des Weinbaus im Elbtal bei Dresden und Meißen zeugen alte Weinberghäuser und Weinpressen, z. B. an der Weinstube von VINZENZ RICHTER in Meißen. In Radebeul steht die Sektkellerei Bussard unter Denkmalschutz.

Handwerkliche Produktionsinstrumente sind auch die Stampfwerke der Ölmühlen, die technisch den Pochwerken der Erzaufbereitung entsprechen, so z. B.

die Weicheltmühle im Gimmlitztal [10.17]. Die Ölmühle in Pockau, Erzgebirge, wurde vor allem durch gesellschaftliche Kräfte zu einer Schauanlage hergerichtet [10.18].

Eine allerdings nicht funktionsfähige Schauanlage ist die Tabakmühle in Erfurt. In dem 1767 erbauten, eingeschossigen, hohen Fachwerkgebäude im Hof des Grundstücks Marktstraße 50 ist noch ein einst von Pferden angetriebener Kollergang mit zwei Läufersteinen und einem Bodenstein erhalten.

Ein besonderes Denkmal der Zigarettenindustrie ist die 1909 ganz in der Nähe des Bahnhofs Dresden-Mitte erbaute Zigarettenfabrik Yenidze, heute vom VEB Tabakkontor genutzt. Unter Bezug auf die orientalischen Tabakanbaugebiete ist die Zigarettenfabrik architektonisch als Moschee gestaltet. Die 62 m hohe Kuppel wird von dem als Minarett ausgebildeten Schornstein flankiert. Abgesehen von der eigenwilligen Architektur ist das Gebäude als eines der ersten in Europa in Skelettbauweise errichteten Bauwerke auch technisch-baugeschichtlich bemerkenswert. Heute gehört die Tabakmoschee zu dem städtebaulich wichtigen Bestand des Dresdener Hafen- und Industriegebietes.

Sachzeugen aus der Geschichte der Kautabakproduktion sind in Nordhausen, der klassischen Stadt für diese Produktion, erhalten.

11. Technische Denkmale des erzgebirgischen Spielzeuggewerbes und der Holzindustrie

- Reifendrehwerk Seiffen

- Spanziehmühle Borstendorf

- Kistenfabriken in Olbernhau und Pockau

Die holzverarbeitende Spielzeugherstellung von Seiffen/Erzgebirge hat eine lebendige Tradition. Sie wurzelt als Volkskunst materiell-technisch wie ideologisch im Bergbau. Ihm verdankt der Ort seine Entstehung und seinen Namen (1324 erste Erwähnung des Seifens von Zinnkörnern aus dem Verwitterungsschutt; um 1480 Erteilung des Bergregals auf Zinn im festen Gestein). Für die Technik des Holzbearbeitens legte der Bergzimmerling den Grund. Seine Konstruktionen für die Kunstgezeuge der Gruben waren Meisterleistungen. Für das Feuersetzen riß er den Holzscheiten Späne an, damit sie besser brannten. Die dabei entstehenden Bärte gerollter Späne bilden den Ursprung der heute noch beliebten Seiffener Spanbäume. Am Schwartenberg arbeitete seit 1488 auch eine Glashütte (eine Vorgängerin vermutlich schon seit dem 13. Jahrhundert im Frauenbachtal). An der Seiffen-Heidelbacher Hütte wirkten Glasmaler, Glasschleifer und Edelsteinschleifer. Sie entwickelten eine bedeutende kunsthandwerkliche Manufaktur, die eine wichtige Vorstufe der Seiffener Volkskunst darstellt. Form- und Farbempfinden bildeten sich aus und wirkten in der Holzbearbeitung weiter. So wurden Glasleuchterspinnen in Holz nachgebildet.

Durch den Zuzug von Exulanten – aus konfessionellen Gründen aus Böhmen Vertriebenen – nach dem Dreißigjährigen Krieg wuchs die Einwohnerzahl von Seiffen. Der Bergbau bot keine ausreichende Beschäftigung mehr. Die handwerkliche Tätigkeit begann sich deshalb immer mehr auf das Holz zu verlagern. Die Erzeugnisse aus Holz fanden Absatz auf Messen und Märkten. Im 18. Jahrhundert entwickelten sich auch im Holzgewerbe die für die damalige Zeit weit verbreiteten Verlagsgeschäfte. Die Anwendung der Drehbank ermöglichte Serienanfertigung und führte zur Steigerung der Produktion. Die handwerklichen Traditionen wurden mit Stolz über Generationen getragen und weiterentwikkelt. Lebendig blieb das Gemütsempfinden des Bergmannes, seine Sehnsucht nach dem Licht und seine Freude an der Natur. Auf dieser Grundlage der Lebensauffassung und der handwerklichen Fähigkeiten formte sich die Seiffener Volkskunst aus.

1834 stellte die Glashütte ihren Betrieb ein, 1849 kam der Bergbau endgültig zum Erliegen.

Die Technik der Drechslerei wurde zuerst mit der Fußdrehbank betrieben, die dem schon von Leonardo da Vinci dargestellten Typ entsprach. Als der Bergbau zurückging, bot sich die Möglichkeit, in den Pochwerken den Wasserradantrieb mit zu nutzen. Zuletzt wurden aus Pochwerken Drehwerke für die Holzbearbeitung. Schließlich liefen zwanzig im Seiffener Tal. Das letzte wurde am oberen Ortsende von Seiffen 1758 bis 1760 direkt für die Holzbearbeitung erbaut. Seit 1951 steht es unter Denkmalschutz und wird heute als wichtiger Teil des 1973 eröffneten Freilichtmuseums erhalten. Die gegenüber dem Fußantrieb stärkere Kraft des Wasserrades machte die Bearbeitung größerer Werkstücke möglich. Erst dadurch konnte es zur Entwicklung des für Seiffen typischen Reifendrehens kommen. Das Drehen von Reifen mit Tierprofilen aus ganzen Stammabschnitten seit etwa 1800 (1809 erstmals archivalisch belegt) ist eine einmalige Seiffener Volkskunst [11.1]. Die Ringe werden je nach ihrer Größe in 40 bis 60 Einzeltiere aufgespalten. Diese erhalten dann durch Beschnitzeln lebendigere Form. 1868 entstand das erste Dampfkraftdrehwerk in Seiffen, und bis ins 20. Jahrhundert liefen davon zahlreiche. 1912 brachte eine Überlandzentrale elektrischen Kraftantrieb in den Ort. Sein Anschluß und damit der Einsatz kleiner Elektromotore als Antrieb für die Holzbearbeitung war auch für das entlegene Haus am Berghang möglich. Das trug wesentlich zum Erhalten des für Seiffen typischen Hausgewerbes bei. Der elektrische Kraftantrieb ist heute in allen Seiffener Betriebsformen dominierend.

Das Wasserkraftwerk im Freilichtmuseum (Bild 219) stellt eine wichtige technische Entwicklungsstufe des 18. Jahrhunderts für das holzverarbeitende Spielzeughandwerk dar. Charakteristisch ist für dieses technische Denkmal die Verbindung mit der Landwirtschaft. Den auf einer Seite offenen Hof bilden das Drehwerksgebäude, in dem sich auch die Wohnung des Besitzers befand, eine Scheune und ein Wasserhaus. Im Drehwerk liegt neben dem Hausflur der Stall. Die Seiffener Spielzeugmacher sicherten sich ihren Lebensunterhalt an Hauptnahrungsmitteln durch ihr Erzeugen auf eigenem Grund und Boden, meist in kleiner Häuslerwirtschaft. Der Antrieb des Wasserkraftdrehwerkes wurde zugleich für die landwirtschaftlichen Maschinen genutzt. Im Hausflur befindet sich an der Radstubenwand ein Schnurenrad zum Anschluß des Butterfasses. Quer durch das Haus verläuft in Höhe der Dachtraufe eine Welle, die auf der Hofseite ebenfalls mit einem Schnurenrad heraustritt. Von ihm erfolgt die Transmission in

die rechtwinkelig zum Hauptgebäude stehende Scheune. In ihr können durch Übertragungen, äußerst geschickt auch über Eck, die verschiedenen landwirtschaftlichen Maschinen angeschlossen werden.

Das Drehwerk liegt in 705 m Höhe nur 35 m unter der Wasserscheide zwischen dem Seiffenbach und der durch Deutscheinsiedel fließenden Schweinitz. Es ist das höchstgelegene aller ehemaligen Wasserkraftdrehwerke Seiffens. Das in dieser Höhenlage noch knappe Wasser für das oberschlächtige Wasserrad sammelt eine dem Gelände geschickt angepaßte Dämme. Es wird ihm aus dem hier in seinem Oberlauf noch unbedeutenden Seiffenbach, vor allem aber durch den schon zur Bergbauzeit angelegten Heidengraben zugeführt. Dieser bringt den wesentlichen Wasseranteil aus der kleinen Schweinitz über die Wasserscheide herüber, indem er mit ganz geringem Gefälle, fast den Höhenlinien folgend, am Hang entlanggeführt wurde. Er steht auch unter Denkmalschutz. Für das hölzerne Wasserrad von 5,20 m Durchmesser ist unterhalb der Dämme längs neben dem Drehwerk ein Schacht ausgehoben, zum Teil in Felsen eingesprengt. Die Dachtraufe des Gebäudes und der Spiegel des gestauten Wassers, liegen etwa gleich hoch. Damit ergibt sich für das Wasserrad die erforderliche Fallhöhe des Wassers. Der Zufluß auf das Wasserbett kann durch einen Schieber (Stellschützen) an der Dämme reguliert werden, die Menge für das Wasserrad noch einmal durch einen von der Drehstube aus zu bedienenden Balkenhebel (Fallschützen). Das Einstellen erfolgt durch ein an einer Schnur hängendes Lochbrettchen (im Bild 218 sichtbar, an einem Stützbalken eingehakt, vor dem für das Reifendrehen zugeschnittene Stammstücke stehen). Überflüssiges Wasser läuft in einem Gerinne über das Wasserrad hinweg. Etwa 18 m weiter talwärts kommt das Wasser nach Verlassen des Radschachtes durch eine Rösche wieder zutage. Die Dämme dient gleichzeitig zum Aufbewahren des Reifendrehholzes. Das sind gutgewachsene Fichtenstämme (gleichmäßig rund und mit möglichst wenig Ästen), die bis zum Verarbeiten feucht und rißfrei erhalten und deshalb im Wasser gelagert werden müssen. Das für ihre Arbeit erforderliche gute Holz erhalten die Reifendreher wie früher schon aus dem Forst.

Auf gleicher Welle mit dem Wasserrad, von diesem durch die Hausmauer getrennt, sitzt in der Radstube das hölzerne Stirnrad von 4 m Durchmesser. Die Übersetzungsräder sind durch Schnuren mit den Drehbänken in der darüberliegenden Drehstube verbunden (Bild 218). Ihre Verankerung durch Balken mit dem Gerüst des Hauses dient dem Abfangen der starken Erschütterung, die beim Drehen der Reifen aus den großen Stammstücken entsteht. Ursprünglich standen in der Drehstube drei Reifendrehbänke und vier Drechslerbänke. Sie wurden an selbständige Spielzeughersteller vermietet, in trockenen Zeiten je nach Wasseranfall auch stundenweise, denn nicht jeder hatte das Glück, mit seinem Haus am Bach zu liegen und von ihm geländegünstig Aufschlagwasser für ein Drehwerk ableiten zu können. Außerdem hätte der Bau größere Kapitalanlage benötigt.

Das funktionsfähige Wasserkraftdrehwerk im Freilichtmuseum Seiffen dient als Schauobjekt auch der Erläuterung des Reifendrehens mit praktischer Vorführung. In der Wohnküche (im Erdgeschoß neben dem Flur, gegenüber dem Stall) wurden die abgespaltenen Reifentiere in noch feuchtem Zustand beschnitzt und dann getrocknet. Danach erfolgte das Leimen (Ansetzen von ebenfalls im Reifen gedrehten Schwänzen, Ohren und Hörnern sowie Bestreuen der Schafe mit Sägespänen zum Andeuten der Wolle). Schließlich wurde mit warmer Leimfarbe bemalt und dann lackiert. Das Werk vermittelt den Eindruck einer wichtigen technischen und handwerklichen Entwicklungsstufe der Holzbearbeitung für Spielzeug sowie der Lebensweise seiner Hersteller im 19. bis zum Anfang des 20. Jahrhunderts.

Für das Verpacken der Reifentiere und anderen Spielzeuges verwendete man gern materialgerecht Spanschachteln. Sie wurden aus gezogenen Spänen hergestellt. So sind auch sie organisch gewachsene typische Erzeugnisse des Holzspielzeuggebietes. Das Ziehen der benötigten breiten Späne erfolgte entweder mit der Hand (Hobeln von Kienspänen) oder zur Steigerung der Ausmaße wiederum mit der stärkeren Kraft des Wasserrades (Abb. 54). Ein mit ihm verbundener Hebelarm zog und schob einen großen Hobel (bis zu 80 cm Breite, mit zwei Handgriffen an jeder Seite) auf eingespanntem Holzstück hin und her. Er mußte zusätzlich von zwei Mann dirigiert werden. Eine solche Spanziehmühle ist noch in Grünhainichen erhalten. Sie steht ebenfalls unter Denkmalschutz [11.2].

Neben verschiedenen historischen Wohnhäusern mit sozialgeschichtlich bemerkenswerter Ausstattung ist im

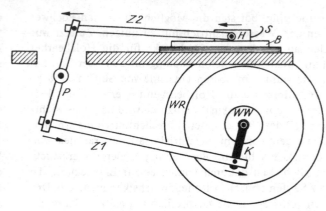

Abb. 54. Wirkungsweise der Spanziehmühle Grünhainichen *WR* Wasserrad, *WW* Wasserradwelle, *K* Kurbel, $Z_1 \cdot Z_2$ Zugstangen, *P* Pendel, *H* Hobel, *B* Block, der zu Spänen verarbeitet werden soll, *S* entstehender Span

Freilichtmuseum Seiffen auch ein Sägewerk mit Teilen von Sägewerken aus Pfaffenhain, Kreis Stollberg, und Niederneuschönberg bei Olbernhau aufgestellt worden. Ein Einblattgatter entspricht der Technik des 18. bis 19. Jahrhunderts, wogegen das Mehrblattvertikalgatter von 1890 die Industrialisierung und Steigerung der Arbeitsproduktivität auch in diesem Gewerbezweig verdeutlicht. Vor 1900 entstanden im Erzgebirge im Raum Olbernhau–Pockau zahlreiche Holzwarenfabriken, insbesondere auch Kistenfabriken. Einige davon weisen denkmalwürdige Industriearchitektur auf. Die Kistenfabrik Paul Fischer, Olbernhau, enthält noch die gesamte historische Energie- und Transmissionsanlage, nämlich einen 1905 von Carl Sulzberger, Flöha, gebauten Siederohr-Kessel, die 1905 von der Maschinenfabrik Otto Seifert, Olbernhau, gebaute Dampfmaschine (Bild 135) und sechs Transmissionswellen mit 40 Riemenscheiben. Kolbendampfmaschinen sind noch erhalten im VEB Vero Olbernhau, Werk Börnichen (von 1896), VEB Kistenwerk Pockau (von 1902), VEB Spezialholzwaren Markersbach (von 1904), VEB Vero Olbernhau, Werk Oberseiffenbach (von 1909), VEB Deutsche Werkstätten Hellerau / Kleiderbügelfabrik Mulda (von 1910), VEB Polstermöbel Aue / Parkettfabrik Hohenfichte (von 1921), VEB Deutsche Werkstätten Hellerau / Kleiderbügelfabrik Blumenau (von 1924) sowie eine Lokomobile im VEB Säge- und Holzverarbeitungswerk Pockau (von 1937).

12. Denkmale des Nachrichten- und Transportwesens

■ Posthalterei Crostigall in Wurzen

■ Distanzsäulen in Sachsen, Preußen und Mecklenburg

■ Chausseehäuser

■ Telegraphenturm Neuwegersleben

■ Postamt Wurzen

■ Dampflokomotiven

■ Kleinbahnen

■ Bahnhöfe

■ Eisenbahn- und Straßenbrücken

■ Schiffe, Kanäle, Schleusen und Schiffshebewerke

■ Speicher und Markthallen

Verkehrsmittel, Verkehrsbetriebe, Einrichtungen des Nachrichtenwesens produzieren zwar selbst nicht Waren, aber ohne Verkehr, Transport und Kommunikation ist keine Produktion existenzfähig. Außerdem sind es heute so allgemein wichtige Bereiche der Technik, daß jeder Bürger von ihren Möglichkeiten Gebrauch macht, sei es, indem er per Brief, Telegramm oder Ferngespräch die Technik der Post nutzt, um Nachrichten auch ganz privater Art zu übermitteln, sei es, indem er selbst per Eisenbahn, Omnibus oder eigenem Auto, per Flugzeug oder Schiff auf Dienst-, Vergnügungs- oder sonstige persönliche Reisen geht.

Die Nachrichten- und Transporttechnik befriedigt so allgemeine gesellschaftliche Bedürfnisse, daß auch die Geschichte von Verkehr und Post seit langem im Bewußtsein aller Bevölkerungskreise verankert ist. Die Postkutsche ist noch heute ein Begriff, obwohl Exemplare dieses Verkehrsmittels kaum noch im Museum zu sehen sind. Die Gruppen des Philatelistenverbandes im Kulturbund sind in starkem Maße postgeschichtlich tätig. Für die Gebiete der ehemaligen Länder Sachsen, Preußen und Mecklenburg haben sich im Philatelistenverband die schon genannten Forschungsgruppen »Kursächsische Postmeilensäulen« und »Preußische und mecklenburgische Postmeilensteine« formiert, deren über 150 Mitglieder sich einsatzfreudig und öffentlichkeitswirksam der Erhaltung, Pflege und wo nötig Wiederaufstellung der historischen Postsäulen widmen. Veranstaltungen der Modelleisenbahner zur Traditionspflege, z. B. historische Fachtagungen, Ausstellungen historischer Lokomotiven oder das öffentliche Angebot historischer Eisenbahnfahrten haben in der Öffentlichkeit bekanntlich immer große Resonanz.

Alle diese gesellschaftlichen Aktivitäten sind mit Denkmalen der Verkehrs- und Postgeschichte verbunden oder fordern zu einer solchen Verbindung geradezu auf. Soll die historische Aussage dieser Denkmale aber umfassend erschlossen werden, dann werden zusätzlich übergeordnete historische Zusammenhänge deutlich. Die Personenpost und der Gütertransport gehören in die Vorgeschichte der Eisenbahn, diese hebt ihrerseits die Post auf eine neue Stufe.

Insbesondere für die Posthistoriker und Modelleisenbahner rückt das Hobby sozusagen auf eine höhere Stufe, wenn sie anhand der technischen Denkmale des Nachrichten- und Transportwesens die Gesamtgeschichte dieses gesellschaftlichen Bereichs an den originalen Orten nachempfinden können. Für Posthistoriker wird also auch die Eisenbahn, für Eisenbahner auch die Post im Zusammenhang historisch interessant. In diesem Sinne mögen auch die folgenden Abschnitte als Teile eines Ganzen betrachtet werden.

12.1. Postmeilensteine und andere Denkmale der Postgeschichte

Die Nachrichtenübermittelung, ursprünglich durch persönliche Boten der Interessenten durchgeführt, wurde im Frühkapitalismus kommerzialisiert. Das 1516 vom Kaiser privilegierte Postunternehmen der Grafen Thurn und Taxis wurde 1595 zu einer öffentlichen Anstalt. Entsprechend der territorialen Zersplitterung Deutschlands durch territoriale Posteinrichtungen eingeschränkt, bestand die Post von Thurn und Taxis bis 1867. Zwar hatte es auch schon früher Reit- und Fahrposten sowie Paketbeförderung und dafür Möglichkeiten zum Wechseln von Pferden gegeben. Als sich aber im Zeitalter des Frühkapitalismus und der Manufakturen die Aufgaben der Post erweiterten, traten Postkutschen und Posthaltereien verstärkt auf den Plan. Pferde mußten ausgespannt und gewechselt werden, Postillione und Fahrgäste wollten übernachten und brauchten auch Entspannung von der nicht gerade bequemen Fahrt. Oft war die Funktion der Posthaltereien an einen Gasthof gebunden, insbesondere auf den Dörfern. In Wurzen aber sind im Ortsteil Krostigall noch wesentliche Gebäude der städtischen Posthalterei erhalten, insbesondere das mit dem kurfürstlich-sächsischen Wappen geschmückte, 1734 erbaute barocke Posttor (Bild 220). Es stellt die westliche der zwei Einfahrten zur alten Wurzener Poststation dar und ist zur Straße so schräg angeordnet, daß die Postkutschen nach und von Richtung Leipzig bequem aus- und einfahren konnten [12.1]. Daß gerade in Wurzen, also zwischen Leipzig und Dresden, eine Posthalterei und das Posttor erhalten sind, hat noch eine besondere historische Aussage, denn dadurch werden die Eisenbahnhistoriker daran erinnert, daß die erste Fernbahn Deutschlands eine gut ausgebaute Postverbindung ablöste, die aber dem wachsenden Bedarf nicht mehr entsprach. Und die Posthistoriker mögen bedenken, daß die Reichsbahnhauptstrecke Leipzig–Dres-

den die Nachfolgeeinrichtung der alten Postverbindung Leipzig–Wurzen–Dresden ist.

Mit dem Aufschwung des Gewerbes in der Manufakturperiode, mit der steigenden Notwendigkeit sachlich begründeter Gebühren im Post-, Waren- und Personenverkehr stieg der Drang nach genauerer Kenntnis der Entfernungen. Die Fortschritte in der Vermessungstechnik im 16. bis 18. Jahrhundert ermöglichten die Herstellung von einigermaßen genauen Landkarten und damit die Feststellung der Entfernungen. Auch die nun zahlreichen Landesfürsten hatten Interesse an einem besseren Überblick über ihre Territorien, sowohl aus politischen wie aus militärischen Gründen. Der vermessungstechnisch versierte Pfarrer von Skassa bei Großenhain, ADAM FRIEDRICH ZÜRNER (1679 bis 1742), fand deshalb beim sächsischen Kurfürsten AUGUST DEM STARKEN Gehör mit seinem Vorschlag, steinerne Meilenzeichen an den Post- und Landstraßen und kunstvolle Wegweiser in den Städten mit Entfernungsangaben für den Post- und Fernverkehr aufzustellen. ZÜRNER war durch seine kartographischen Arbeiten am Dresdener Hof schon bekannt, und AUGUST DER STARKE erfaßte mit seinem Verständnis für technische Neuerungen die Bedeutung des Vorschlages und wies seine Verwirklichung an. Heute sind noch eine ganze Anzahl der damals geschaffenen Postsäulen erhalten (Bilder 221, 222, 224 bis 226) und werden als Denkmale der Postgeschichte stark beachtet. Aus ihrer auch kartographisch-wissenschaftsgeschichtlich bedeutsamen Entstehungsgeschichte seien noch folgende Einzelheiten genannt [12.1] bis [12.5].

ZÜRNER hatte in einem Bericht den schlechten Zustand der hölzernen *Armsäulen* (Wegweiser) und ihre fehlerhaften, nur geschätzten Entfernungsangaben kritisiert. Das bewog den Landesherrn, nach dem Vorbild der *Miliaria* (Meilenzeichen) an dem ausgezeichneten Straßennetz des antiken Römischen Reiches ein ähnliches Werk in seinen Landen einrichten zu lassen. ZÜRNER schlug dafür ein einheitliches System von Wegweisern für die Städte und Meilenzeichen entlang den Straßen vor. Durch kurfürstlichen Befehl vom 19. 9. 1721 und Generalverordnung vom 1. 11. 1721 wurde angewiesen, »auf denen Land- und Poststraßen steinerne Säulen aufzurichten«.

Vor der Anfertigung und Aufstellung der Säulen hatte ZÜRNER die Entfernungen genauer zu messen, als bis dahin bekannt war. Er benutzte dafür einen geometrischen Wagen, der mit einem Zählwerk die zurückgelegte Entfernung registrierte.

Als mathematische Grundlage für diese Vermessung wählte ZÜRNER die bereits für Grenzvermessungen gebräuchliche Meile zu 2 000 Ruten, die am 17. 3. 1722 zur gesetzlichen Meile, der sogenannten Polizeimeile, bestimmt wurde. Die Zuwendung zu dieser Grenzmeile hatte wohl den Grund, daß es sich mit dieser einfachen dezimalen Anzahl von Ruten vorteilhaft rechnen ließ. Die Herstellung des Zählwerks am geometrischen Wagen für die zurückgelegten Ruten und Meilen vereinfachte sich gegenüber der früher üblichen Kleinen Deutschen Meile (1 500 Ruten) und der Großen Deutschen Meile (1 800 Ruten). Außerdem ließ sich die Strecke, »die ein rüstiger Wanderer in einer Stunde zurücklegen konnte«, d. h. eine Wegestunde, gut in diese Meilengröße einfügen. Sie entsprach damit einer halben Sächsischen Polizeimeile, später auch Postmeile genannt, mit rund 4,5 km.

So mußte ZÜRNER in jahrelanger, mühevoller Kleinarbeit die Aufstellungsplätze von Hunderten Distanzsäulen und Tausenden Meilenzeichen vermessen und festlegen und in zermürbenden Verhandlungen mit den Bürgermeistern und Dorfschulzen, ja selbst mit den kurfürstlichen Amtshauptmännern ihre Anfertigung und Aufstellung überwachen.

Der Entwurf der Säulenformen (Abb. 55) stammt vermutlich von MATTHAEUS DANIEL PÖPPELMANN. Hergestellt wurden sie von den örtlichen Steinmetzen aus dem in der Gegend verfügbaren Material, so z. B. verschiedenen Sandsteinen und Rochlitzer Porphyrtuff. In den Städten erfolgte die Bezahlung der Säulen aus dem Stadthaushalt oder durch Umlage auf alle Bürger. Für Meilenzeichen, die auf die dörfliche Gemeindeflur fielen, mußten die Bauern entsprechend ihrem Grundbesitz aufkommen.

Die Distanzsäulen der Städte, bestehend aus Fundament, Sockel, Schriftteil, Wappenteil und Aufsatzstück, sollten vor jedem Stadttor als Obelisk errichtet werden. Der zwei- oder vierseitig beschriftete Schriftblock zeigt folgende Reiseinformation: Städte und Poststationen im Verlauf der Straßen mit Entfernungsangaben in Stunden, beginnend am Standort der Säule. Diese Angabe in Wegstunden erhöhte seinerzeit den Gebrauchswert der Distanzsäulen, denn eine Vielzahl unterschiedlicher Meilen waren noch in Gebrauch. Zahlen vor den Ortsnamen nennen die Anzahl der Poststationen. Freistehende zeigen an, daß dieser Ort durch einen ordentlichen Postkurs mit dem vorhergehenden verbunden ist. Zahlen in Klammern bezeichnen solche Orte, die nicht an der Hauptroute liegen. Waagerechte Linien trennen die verschiedenen Straßenzüge voneinander. Die Jahreszahl weist auf den Zeitpunkt der Fertigstellung der Inschriften hin, ist also nicht immer identisch mit dem Jahr der Aufstellung. Das Posthorn beschließt die Inschriften.

Der kunstvolle Wappenteil verleiht der Distanzsäule das Gepräge des Barocks. Zu zwei übereck stehenden Gruppen sind die farbigen Wappen Kursachsens und Polens vereint. Über jedem Wappenpaar steht eine ver-

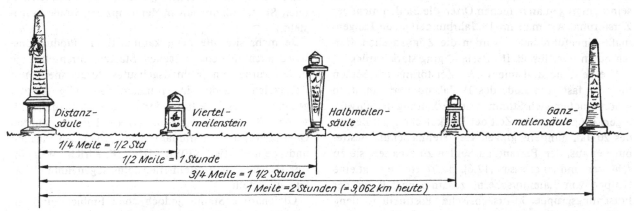

Abb. 55. Die kursächsischen Postmeilensäulen ADAM FRIEDRICH ZÜRNERS von 1722 (Zeichnung von A. ZIEGER, Wurzen)

goldete Krone, und darunter ist ein blaues Feld mit dem goldenen Namenszug *AR* (Augustus Rex) angebracht.

Die Ganzmeilensäule an den Straßen hat die gleiche schlanke Form wie die Distanzsäule. Die Beschriftung ist in Blickrichtung des Straßenverlaufs angebracht und zeigt das Monogramm AR, den Ortsnamen der nächsten Stadt, die Entfernung zu dieser in Wegestunden sowie Jahreszahl und Posthorn.

Die kleinere Halbmeilensäule verbreitert sich nach oben und entspricht in der Beschriftung der Ganzmeilensäule. Sie wird auch Stundensäule genannt, da sie gleichzeitig eine Wegestunde anzeigt.

Der schlichtere Viertelmeilenstein besteht aus einer aufrecht stehenden Steinplatte mit dachförmigem Aufsatzstück. Er zeigt nur das Monogramm AR, die Jahreszahl und das Posthorn.

Eine fortlaufende Reihennummer ist an jedem Viertel-, Halb- und Ganzmeilenzeichen seitlich angebracht. Diese und die unterschiedliche Gestaltung der Säulen ließen den Verlauf einer Reise sicher verfolgen.

Nach dem Tode ZÜRNERS im Jahre 1742 ist die Fortführung des Werkes nur noch schleppend erfolgt und nie völlig abgeschlossen worden. Im Gegenteil: Nun setzte ein natürlicher Verfall ein. Nach den napoleonischen Kriegen mußte Sachsen im Wiener Kongreß 1815 ein Drittel seines Landes an Preußen abtreten. In diesen Gebieten beseitigte man viele Zeugnisse der früheren Zugehörigkeit zu Sachsen mit voller Absicht. So wurde in der Wegebauordnung des preußischen Ministers VON BÜLOW ausdrücklich die Beseitigung der sächsischen Postmeilensäulen angeordnet. Aber auch in Sachsen selbst entgingen an manchen Orten die Säulen nicht der Zerstörung. Als man im 19. Jahrhundert neue Längenmaße eingeführt hatte, wurden die ZÜRNERschen Meilensäulen überflüssig. Ihr Bestand ging stark zurück.

Die bewußte und unbewußte Zerstörung der Säulen hielt bis fast zum Ende des 19. Jahrhunderts an, doch schon erhoben sich Stimmen zur Erhaltung der ehrwürdigen Zeugen aus der Zeit der Postkutschen. Zu Beginn des 20. Jahrhunderts gingen vom Heimatschutz Bestrebungen aus, den Bestand an Säulen zu erhalten, sie zu schützen und zu erfassen [12.6], [12.7]. Heute sorgt eine Gruppe von Laienforschern, zusammengefaßt in der Forschungsgruppe »Kursächsische Postmeilensäulen« in Verbindung mit den staatlichen Organen und dem Institut für Denkmalpflege für den ungefährdeten Fortbestand der überlieferten Säulen und Steine. Durch zahlreiche Publikationen ist eine breite Aufklärungsarbeit eingeleitet worden, die das allgemeine Interesse an diesen Kunstwerken und Zeugnissen alter Verkehrsverhältnisse geweckt hat. Stark beachtet wurde auch eine im Mai 1969 im Heimatmuseum Frohburg eingerichtete Ausstellung über die kursächsischen Postmeilensäulen. Der Bestand an Postmeilensäulen, Bruchstücke einbezogen, hat sich durch dieses Bemühen auf über 160 erhöht (Abb. 56). In Zusammenarbeit mit der Gesellschaft für Denkmalpflege werden laufend stilgerechte und historisch exakte Erneuerungen sowie Vervollständigung und Wiedererrichtung von Reststücken in die Wege geleitet und ihre fachgerechte Durchführung überwacht, so daß das Fortbestehen dieser technischen Denkmale nicht gefährdet ist.

Im Königreich Preußen dienten die ersten, im Jahre 1700 zwischen den Residenzen Berlin, Potsdam und Oranienburg gesetzten steinernen Meilenzeiger wohl mehr der Repräsentation als der praktischen Nutzung. Von diesen Steinen ist keiner mehr erhalten. Als der preußische König FRIEDRICH WILHELM I. im Jahre 1728 auf einer Reise nach Sachsen dort die Postsäulen und Meilensteine ZÜRNERS sah, plante er für Preußen ein gleiches Vorhaben, das aber nicht verwirklicht wurde. Bekannt sind nur einige wenige erhalten gebliebene schlanke Obelisken in der Nähe Berlins. (Der aus dieser Zeit stammende Meilenobelisk vom Leipziger Tor in Berlin am Dönhoffplatz, der 1875 dem Denkmal des Freiherrn VOM STEIN weichen mußte, wurde im Dezember 1979 in einer Neuanfertigung bei den wiedererrichteten Spittelkolonnaden in der Leipziger Straße aufgestellt.)

Je mehr sich die neue kapitalistische Produktionsweise auch in den deutschen Staaten durchsetzte, je mehr wurde ein wohlausgebautes Straßennetz mit Kennzeichnung der Entfernungen notwendig. An der gegen Ende des 18. Jahrhunderts erbauten ersten preußischen Chaussee Magdeburg–Halle–Leipzig wurden Obelisken mit standartenähnlichen erhabenen Flächen und dem Initial »FWR III« (Friedrich Wilhelm Rex III.) und als Viertelmeilensteine sogenannte »Würfel« aufgestellt.

Gleichartige Steine, jedoch ohne Emblem und Inschrift, wurden in der Altmark errichtet, nachdem

Abb. 56. Die kursächsischen Postmeilensäulen, Bestandskarte vom 1. Januar 1981 (nach K. ULLRICH, Dippoldiswalde, vereinfacht) Die Karte umfaßt originale Postsäulen und Kopien, aufgestellte oder anderweitig (z. B. eingemauert) nachweisbare Reststücke, Enklaven fremden Territoriums in kursächsischem Gebiet sind nicht mit dargestellt. Weggelassen wurden ehemals kursächsische Landesteile in Westthüringen; dort sind Postsäulen in Oppenhausen, Großengottern, Bad Langensalza und Weißensee erhalten. Aus Maßstabsgründen konnten die 11 erhaltenen Säulen an der Alten Dresden-Teplitzer Poststraße (Dohna bis Staatsgrenze bei Fürstenwalde) nicht dargestellt werden. Die Karte zeigt, wie die Postmeilensäulen auch Aussagekraft für die Größe des einstigen Kurfürstentums Sachsens erkennen lassen.

einem Vorschlag des Staatsministers VON DER SCHULEN-BURG/KEHNERT (1800 bis 1806 preußischer Generalpostmeister) von 1800 zufolge die Vermessung aller Poststraßen und die konsequente Aufstellung von Meilensteinen begann. An den Berlin verlassenden Poststraßen wurden danach Rundsockelsteine mit Meilenangaben gesetzt.

Durch die nachfolgenden kriegerischen Ereignisse wurde der gesamte Verkehr stark gelähmt, und erst nach dem Sieg über die Truppen NAPOLEONS war an den Ausbau eines der kapitalistischen Entwicklung entsprechenden Straßennetzes zu denken. Die Zeichnungen für die nachfolgend aufgestellten Meilensteine in Preußen wurden in der »Anweisung zur Anlegung, Unterhaltung und Instandsetzung der Kunststraßen« von 1814 (Neuauflage 1824) veröffentlicht. Es handelt sich dabei um etwa 3 m hohe Obelisken mit einem straßenseitig angebrachten Adler und seitlich angesetzten Sitzbanksteinen (Bild 228). Diese Obelisken hatten nun zweifache Funktion, sowohl Repräsentation des Staates als auch die praktische der Entfernungsanzeige. Zu den Obelisken von 1814 bis 1824 gehören als Halb- und Viertelmeilensteine große und kleine Glockensteine. Die Adler der Obelisken wurden örtlich verschieden, in der Nähe von Gießhütten auch in Gußeisen ausgeführt.

Auch ganz aus Gußeisen wurden Meilenzeiger angefertigt. Auf dem Gebiet der DDR ist als einziger dieser Art der von Seelow erhalten geblieben (Bild 229).

Es gibt noch weitere Formen preußischer Meilensteine. Sie wurden im Laufe der Zeit in ihrer Gestalt meist plumper oder auch kleiner. Nachdem durch eine Anweisung von 1837 der Chausseebau und die Entfernungskennzeichen neu und konkreter geregelt worden waren, sind vorwiegend Rundsockelsteine ohne Einmeißelung von Meilenangaben gesetzt worden. Ihr Material ist allgemein Granit, während die Rundsockelsteine von 1800 aus Sandstein gefertigt waren.

In den beiden mecklenburgischen Staaten wurden Meilensteine erst im Zusammenhang mit dem Chausseebau errichtet, der für Mecklenburg 1827 mit der Straße Berlin–Hamburg begann (heute Fernverkehrs-

straße 5). Im Gegensatz zu Preußen wurden, wohl aus finanziellen Gründen, in Mecklenburg-Schwerin nur Ganz- und Halbmeilensteine errichtet, in Mecklenburg-Strelitz gar nur Ganzmeilensteine (Bild 230). Von der Form her wurden bis jetzt in Mecklenburg-Schwerin obeliskähnliche Steine, in Mecklenburg-Strelitz Rundsäulen festgestellt. Als Maßeinheit galt die preußische Meile (7 532,48 m). Mit der Einführung des metrischen Systems in Deutschland 1872 verloren die Meilensteine ihre Zweckbestimmung. Teilweise wurden sie weggeräumt, teilweise als 10- oder 5-km-Steine weiterverwendet (wo ihre Stellung in das metrische System paßte, blieben sie stehen, andere wurden umgesetzt), teils stehen sie noch heute am ursprünglichen Ort.

In der Denkmalpflege geht es bei den Meilensteinen Sachsens, Preußens und Mecklenburgs selbstverständlich darum, alle bestehenden Formen möglichst in größerer Anzahl zu erhalten, mehr aber noch um die Erhaltung des Systems. Es ist also besonders wichtig, daß ganze Reihen an ihrem ursprünglichen Standort verbleiben (Abb. 57). Eine solche denkmalpflegerische Konzeption für die Meilensteine ist auch finanziell durchaus real, da ihre Erhaltung mit geringem Mittelaufwand möglich ist und sich gerade dieser Aufgabe die postgeschichtlichen Forschungsgruppen des Kulturbundes mit starker Einsatzbereitschaft widmen.

Im weiteren Sinne postgeschichtliche Denkmale sind auch die Chausseehäuser und ehemalige Zollhäuser. Zahlreich waren die Stellen, wo in früheren Jahrhunderten, vor Gründung des deutschen Zollvereins 1834, Reisende und die Post Zoll und Geleitgebühren bezahlen mußten. Als im 18. und vor allem im 19. Jahrhundert die zuvor schlechten Straßen zu Chausseen ausgebaut wurden, erhob man zusätzlich Chausseegelder, um die Investitionen zu amortisieren. Eine ganze Anzahl der Chausseehäuser, meist aus dem 18. und 19. Jahrhundert, sind heute als Wohnhäuser noch erhalten. Nur wenige davon geben ihre historische staatliche Funktion durch eine von den benachbarten dörflichen oder kleinstädtischen Häusern abstechende schlicht-repräsentative, meist klassizistische Gestaltung und durch ihren

Abb. 57. Die preußischen und mecklenburgischen Postmeilensteine, Bestandskarte von März 1982 (nach E. RENDLER, Genthin), weggelassen wurden preußische Rundsockelsteine ohne Entfernungsangaben und ein großer Teil der Halb- und Viertelmeilen- ▶ steine. Forschungen seit 1982 ergaben, daß es sich bei den Steinen von Wörlitz, Rehsen und Bründel um anhaltische Steine handelt.

Tabelle 11. Die Entwicklung der elektrotechnischen Nachrichtenübermittlung [12.43]

Jahr	Ereignis
1792	optische Nachrichtenübermittlung
1832	optischer Telegraph Berlin–Koblenz
1830–1837	Nadeltelegraph (Ampère, Gauss, Weber)
1837–1844	Morse-Telegraph
1844	Morse-Telegraphenverbindung von 64 km Länge
1847	Artillerieleutnant Werner Siemens gründet mit Mechaniker Halske eine Telegraphenbauanstalt
1850	Einführung von Relais ermöglicht im Telegraphennetz praktisch unbegrenzte Entfernungen; Firmen in USA und England
1860	Siemens und Halske produzieren Überseekabel in Fabrikbetrieb
1867	Siemens und Halske schaffen werkseigenes Labor, Konstruktionsbüro und Patentbibliothek
1876	Alexander Graham Bell und Thomas Watson erfinden in USA das Telefon
1878	Hughes entwickelt in England das Kohle-Mikrophon
1878	erstes Fernsprechamt für Stadtverkehr in New York
1891	erstes Fernsprechamt in Berlin
1895	Popow in Rußland und Marconi in Italien erfinden unabhängig voneinander die drahtlose Telegraphie durch Übertragung elektromagnetischer Wellen
1897	Braun in Deutschland entwickelt die Kathodenstrahlröhre
1899	Marconi erreicht Sendeweiten von 30 km
1900	1,6 Millionen km Fernsprechleitungen in USA
1901	erstes Funksignal über den Atlantik hinweg
1902–1904	der dänische Physiker Poulsen konstruiert einen Lichtbogensender
1904	Dioden-Elektronenröhre
1906	in den USA erste Rundfunksendung
1906	Trioden-Elektronenröhre
1911	Fernsehen im Forschungslabor auf der Basis der Braunschen Kathodenstrahlröhre
1928	Baird überträgt eine Bildsendung von Schottland nach New York
1934	Probebetrieb des ersten öffentlichen Fernsehsenders in Berlin-Witzleben

Standort noch deutlich zu erkennen. Beispiele dafür sind das um 1800 erbaute Chausseehaus in Freital bei Dresden und das 1834 nach Plänen von Karl Friedrich Schinkel errichtete Chausseehaus in Schiffmühle, Kreis Bad Freienwalde (Bild 227). Eine in guter Gestaltung des späten 18. Jahrhunderts errichtete Posthalterei ist die von Beelitz bei Potsdam [12.8].

Die Post hat sich im Lauf ihrer Geschichte mit unterschiedlichem Erfolg bemüht, zur Nachrichtenübermittlung auch jeweils verfügbare technische Neuerungen zu nutzen. Um 1790 entwickelte man in Frankreich den optischen Telegraphen, bei dem die Buchstaben mit bestimmten Winkerzeichen von Station zu Station weitergegeben wurden [12.9]. Von diesem 1832 in Deutschland zwischen Berlin und Koblenz geschaffenen System optischer Telegraphentürme ist heute auf dem Territorium der DDR noch u. a. der von Neuwegersleben bei Oschersleben im Harzvorland in wesentlichen Teilen erhalten, wenn auch ohne die alte technische Einrichtung [12.10] bis [12.13]. Auch der Turm des Schlosses Ampfurth war eine Station dieser Telegraphenlinie.

Eine Revolution im Verkehrswesen bedeutete die Nutzung der Elektroenergie für Zwecke der Nachrichtenübermittlung. Der schnelle Aufschwung dieser Technik (Tabelle 11) kam baulich an den Postämtern zum Ausdruck. Als die 1871 gegründete Reichspost- und Telegraphenverwaltung etwa in der Zeit von 1880 bis 1914 in zahlreichen Städten im Stil der Zeit repräsentative Postämter baute, erhielten diese Telegraphentürme, auf denen die damals erforderlichen zahlreichen Freileitungen zusammenliefen. Als postgeschichtliches Denkmal jener Zeit, wo die Freileitungen das Bild jeder Stadt stark mitbestimmten, bleibt das Postamt Wurzen mit seinem Telegraphenturm erhalten (Bild 223). Unter Denkmalschutz gestellt wurde auch das 1905 erbaute neoklassizistische Postamt von Blankenburg/Harz.

12.2. Technische Denkmale der Eisenbahn und andere historische Fahrzeuge

Die Geschichte der Eisenbahn hat in Europa ihre historischen Wurzeln bekanntlich vor allem in Schienenbahnen im englischen und deutschen Bergbau. Sie wurde mit der ersten Personenbahn 1825 auf der Strecke Stockton–Darlington bei Liverpool in England zum öffentlichen Verkehrsmittel und war in der Folge in England und auf dem Kontinent ein gesellschaftliches Phänomen, das die Durchsetzung der kapitalistischen Produktionsverhältnisse und der Industriellen Revolution stark förderte, und zwar in doppelter Hinsicht: Die Leistungsfähigkeit der Eisenbahn überstieg im Personen- und Gütertransport die zuvor verfügbaren Transportmittel hinsichtlich Menge und Geschwindigkeit um ein Vielfaches, führte also zu einer Intensivierung der Warenzirkulation und der Handelsaktivitäten. Der damit gegebene Bedarf an Eisenbahnen verlockte aber auch profithungriges Kapital in solchem Maße zur Anlage im Bahnbau, daß innerhalb weniger Jahrzehnte – bis 1870 – das Netz der Hauptstrecken (auch im jetzigen Gebiet der DDR) vollendet war (Tabelle 12), [12.14]. Ergänzt wurde dieses Netz etwa in der Zeit von 1875 bis 1910 durch eine Anzahl von Neben- und Schmalspurbahnen.

Damit wurde die Eisenbahn zum leistungsstärksten und zuverlässigsten Verkehrsträger für Personenverkehr und Gütertransport, eine Eigenschaft, die ihr auch in der DDR bis heute geblieben ist.

Die etwa 150jährige Tradition der Eisenbahn auf dem Gebiet der DDR hat bei Eisenbahnern und interessierten Eisenbahnfreunden zu großen historischen und denkmalpflegerischen Initiativen geführt. Beispielgebend dafür ist die Deutsche Reichsbahn. Das Ministerium für Verkehrswesen, Hauptverwaltung Maschinenwirtschaft, hat mit Zustimmung des Ministers die Erhaltung von etwa 50 Lokomotiven verfügt, die insgesamt einen Überblick über die historische Entwicklung der Lokomotiven geben. Darunter befinden sich so bedeutende Beispiele wie die zwischen 1911 und 1914 gebaute preußische Schnellzuglok (Betriebsnummer 17 1055), die etwa aus der gleichen Zeit stammende und sehr weit verbreitete P 8 (Betriebsnummer 38 1182) und die erste Maschine der Einheitsschnellzuglok der Deutschen Reichsbahn nach 1930 (Betriebsnummer 03 001) (Bild 232). Diese Lokomotiven werden zur Zeit an verschiedenen Orten erhalten und gepflegt, sollen aber später einmal möglichst in einem historischen Bahnhof konzentriert werden. Andere historische Lokomotiven sind heute vor oder in Bahnhöfen als Denkmale aufgestellt, so die von der bekannten alten Chemnitzer Maschinenfabrik Richard Hartmann 1917 gebaute Dampflokomotive 64 007 vor dem Bahnhof

Tabelle 12. Die Baujahre der Eisenbahnhauptstrecken auf dem Gebiet der DDR (Teilstrecke kursiv) [12.14]

Jahr	Strecke	Länge in km	Nummer Kursbuch
1837	*Leipzig – Gerichshain*	*16,7*	*320*
1838	*Gerichshain – Riesa*	*52*	*320*
	Dresden – Oberau	*19,6*	*320*
1839	Dresden – Leipzig	120	320
1839	*Magdeburg – Calbe/Saale*	*27,3*	*730*
1840	Magdeburg – Leipzig	119,2	730
1841	*Berlin – Wittenberg*	*94,9*	*600*
1842	*Berlin – Angermünde*	*70,8*	*920*
1842	Berlin – Frankfurt/Oder	81,3	180
1842	*Leipzig – Altenburg*	*39,2*	*460*
1843	Magdeburg – Halberstadt	58,4	700
1844	*Altenburg – Crimmitschau*	*28,6*	*460*
1845	*Crimmitschau – Werdau – Zwickau*	*31,5*	*460*
1845	*Dresden – Bischofswerda*	*36,9*	*240*
1846	*Werdau – Reichenbach/Vogtl.*	*17,3*	*460*
1846	*Halle/Saale – Weißenfels*	*31,9*	*600*
1846	*Potsdam – Magdeburg*	*117,3*	*700*
1846	*Weißenfels – Weimar*	*55,1*	*600*
1846	Berlin – Wittenberge – Schwanheide	246,3	800
1847	Halle/Saale – Eisenach	166	600
1847	Dresden – Görlitz	106	240
1847	*Riesa – Limmritz*	*30,2*	*400*
1848	Berlin – Magdeburg	142	700
1851	Dresden – Pirna – Schöna	48,6	310
1851	Leipzig – Plauen/Vogtl. – Gutenfürst	155,5	410 460
1852	Berlin – Riesa – Karl-Marx-Stadt	210,5	400
1855	*Dresden – Tharandt*	*13,6*	*410*
1858	*Zwickau – Karl-Marx-Stadt*	*48,8*	*410*
1859	*Zeitz – Gera*	*28,3*	*530*
1862	*Tharandt – Freiberg*	*26,4*	*410*
1863	Berlin – Pasewalk – Stralsund	246,6	920
1867	Halle – Arenshausen	166,6	660
1867	Berlin – Görlitz	212	200
1869	Zwickau – Dresden	128,8	410
1873	Leipzig – Gera – Saalfeld	141,2	530
1874	Leipzig – Cottbus	149,2	210
1874	*Leipzig – Großheringen – Jena – Saalfeld*	*74,7*	*560*
1876	Weimar – Jena – Gera	68,7	550
1886	Berlin – Rostock	230,2	900

Güstrow (Bild 26) und eine 1920 gebaute Schmalspur-
bahn- bzw. Steinbruchslok vor dem Bahnhof Gommern
bei Magdeburg.

Es gibt bereits mehrere Museen und Reichsbahninsti-
tutionen, wo einzelne historische Lokomotiven und
Eisenbahnwagen zugänglich sind [12.14]. Zu nennen
sind das Verkehrsmuseum Dresden mit der 1861 gebauten *Muldenthal,* der ältesten in der DDR erhaltenen Lokomotive, der Traditionszug in der Betriebsschule des
Bahnbetriebswerks Erfurt mit einer 1908 gebauten Lokomotive (alte Betriebsnummer 74231) und alten Per-
sonenwagen, ebenfalls ein Traditionszug auf dem Bahnhof Friedland, Bezirk Neubrandenburg, das Spreewald-
museum in Lübbenau mit Teilen einer Bahnsteigein-
richtung sowie einer Lokomotive und einem Wagen der
1896 bis 1904 erbauten Spreewaldbahn, und schließlich
das Schmalspurbahnmuseum Rittersgrün/Erzgebirge,
wo der gesamte Bahnhof Oberrittersgrün der von 1889
bis 1971 betriebenen Schmalspurbahn unter Denkmalschutz gestellt und Lokomotiven und Wagen auf seiner
Gleisanlage und im ehemaligen Lokschuppen erhalten
werden. Hier findet man u.a. die 1910 von der Chemnitzer Maschinenfabrik Richard Hartmann gebaute
Meyer-Schmalspurlokomotive Nr. 99 579.

Betriebsfähig erhalten werden einige Schmalspur-
bahnstrecken, die nicht nur als Verkehrsmittel benötigt
werden, sondern auch durch ihre günstige Lage in Ur-
laubergebieten stärkste Beachtung in breiten Bevölkerungskreisen finden [12.15]. Als Beispiele dafür seien
die Strecken Bad Doberan–Kühlungsborn, der *Molli*
(1886), die einzige Strecke der Deutschen Reichsbahn
mit 900 mm Spurweite [12.16], [12.17], Putbus–Göhren
auf Rügen, der *Rasende Roland* (1895 bis 1899), Zittau–
Oybin–Jonsdorf (1890), Radebeul–Radeburg, die *Löß-
nitztalbahn* (1884), (Bild 231), Hainsberg–Dippoldiswalde–Kipsdorf, im Tal der Roten Weißeritz, durch den
Rabenauer Grund (1881 bis 1883) genannt.

Die Entwicklung der Energiesituation und auch internationale Erfahrungen in der Nutzung historischer
Bahnstrecken zur Traditionspflege zeigen, daß der Betrieb solcher Strecken ökonomisch vorteilhaft sein
kann.

Bei stillgelegten Bahnstrecken besitzen manchmal
die noch sichtbaren Zeugnisse der Trassenführung wie
Dämme, Einschnitte, Brücken oder Tunnelportale historischen Aussage- und Denkmalwert. Von der ersten

Eisen-Bahn auf dem Gebiet der DDR, einer 1829 bis
1831 angelegten 260 m langen Eisenschienenbahn vom
Schacht zur Erzaufbereitung der Mordgrube bei Freiberg, ist nur noch der Damm erhalten (Abb. 58). Auf
dieser Bahn wurden die Erzwagen mit 85 cm Spurweite
und etwa 20 Zentner Bruttogewicht zwar nur von Hand
bewegt, trotzdem aber fand sie 1833 besonders in dem
Für und Wider vor dem Bau der ersten deutschen Fernbahn Leipzig–Dresden große Beachtung. Ein progressi-
ver Autor schrieb damals in der Sachsenzeitung: »Der
Freiberger Korrespondent verdient den Dank des eisen-
bahnliebenden Publikums für seine Nachrichten über
ein 911 Fuß langes Eisenbähnchen bei der Alten Mordgrube im Freiberger Bergamtsrevier, das 2 830 Taler,
1 Groschen gekostet hat und nun schon so wacker arbeitet, daß es bereits 14 % reine Dividende bringt, d.h. nahezu 1 Th. je Elle, und zwar bei einem auf 6 000 Pferde-
lasten beschränkten Transport. Wenn ellenlange Pyg-
mäen solche Wunder verrichten, was werden uns erst
meilenlange Giganten leisten!« [12.18]. Die im unteren

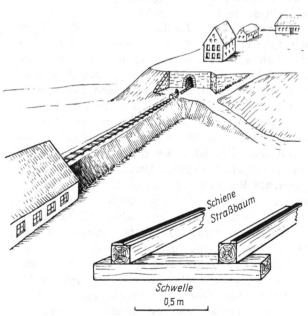

Abb. 58. Die erste *Eisen*-Bahn auf dem Gebiet der DDR, die
1829/1931 angelegte Bahn vom Schacht zur Erzaufbereitung
der Mordgrube bei Freiberg, in einem schematischen Raumbild

auf der Halde das Schachthaus: *links vorn* die Aufbereitung;
rechts vorn Konstruktionsdetail

Teilstück heute noch betriebene *Windbergbahn* im Kreis Freital wurde 1856 zur Abfuhr der auf dem Windberg und bei Hänichen geförderten Steinkohle in Betrieb genommen [12.19]. Mit ihrer fast konstanten Steigung von 2,5 % galt sie als Gebirgsbahn und war nach der 1854 eröffneten österreichischen Semmeringbahn die zweitälteste Gebirgsbahn in Europa. Der stark gewundene, stetig steigende Verlauf der Trasse läßt die historische Bedeutung der Windbergbahn auch dort noch erkennen, wo sie stillgelegt ist und die Gleise abgebaut sind. An anderer Stelle haben ehemalige Eisenbahndämme, Einschnitte, Brücken und Tunnel wenigstens lokalhistorischen Wert. So können die Wanderer im Rabenauer Grund zwischen Seifersdorf und Malter im Tal die ehemalige Trasse der Bahn nach Dippoldiswalde verfolgen, die bis zum Bau der Maltertalsperre benutzt wurde und dann höher gelegt werden mußte. In Schwarzenberg/ Erzgebirge ist von der früheren Streckenführung nach Johanngeorgenstadt noch das Tunnelportal am Fuß des Schloßfelsens und – heute als Fußweg genutzt – der einstige Bahndamm im Schwarzwassertal, in Naundorf bei Freiberg eine ehemalige Eisenbahnbrücke erhalten.

Problematisch ist die denkmalpflegerische Erhaltung von Betriebsanlagen der Eisenbahn wie Stellwerke, Signalanlagen, Schranken, Bahnsteigabsperrungen u. ä., da diese Anlagen im Regelfall jeweils auf den neuesten technischen Stand umgebaut werden müssen, um Sicherheit und Reisekomfort zu garantieren. Allenfalls in Museumsbahnhöfen ohne oder mit stark eingeschränktem Verkehrsbetrieb würden sich z. B. Bahnsteigabsperrungen mit den früher allgemein üblichen Häuschen zum Entwerten der Fahrkarten erhalten oder rekonstruieren lassen.

Denkmalpflegerisch unproblematisch dagegen sind meist die Tunnelportale, die oft genug architektonisch repräsentativ gestaltet sind, wie z. B. der 1881 bis 1884 gebaute Brandleitetunnel am Bahnhof Oberhof, der mit 3 038 m der längste Eisenbahntunnel der DDR ist (Bild 233).

Abgesehen von diesen Betriebseinrichtungen sind viele Bahnhofsgebäude sehr eindrucksvolle und historisch bedeutende Denkmale der Verkehrsgeschichte [12.14], [12.20]. Das älteste erhaltene Bahnhofsgebäude Deutschlands ist der 1842 für die erste deutsche Fernbahn Leipzig–Dresden errichtete Bahnhof Niederau bei Meißen, der allerdings nur ein Dorfbahnhof und deshalb weder architektonisch besonders anspruchsvoll ist noch in seiner historischen Aussage breiteren Kreisen erschlossen werden kann.

Von den zahlreichen, mit dem Aufschwung der Eisenbahn errichteten und auch zum Teil unter Denkmalschutz stehenden repräsentativen Bahnhöfen seien

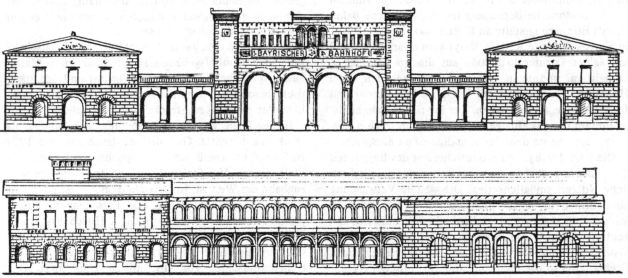

Abb. 59. Der 1842 erbaute Bayrische Bahnhof nach einer historischen Zeichnung (aus [12.22])

zwei besonders hervorgehoben, beide in der Handels- und Messestadt Leipzig. Als eine der ersten Fernbahnstrecken überhaupt wurde gemäß dem Vorschlag FRIEDRICH LISTS 1842 die Strecke Leipzig–Altenburg–Reichenbach/Vogtland–Plauen–Hof–Nürnberg in Angriff genommen und dafür im gleichen Jahre in Leipzig der Bayrische Bahnhof eröffnet. Er ist der älteste große, in seiner ursprünglichen Anlage noch erhaltene Kopfbahnhof aus der Frühzeit des Eisenbahnwesens und daher mit Recht ein Objekt der Zentralen Denkmalliste der DDR (Abb. 59 und Bild 234), [12.21]. Von der Stadt aus gesehen lag vor dem monumentalen Portikus mit seinen vier rundbogigen Durchfahrten eine Drehscheibe, auf der die Lokomotiven der ankommenden Züge zur Fahrt in die Gegenrichtung gedreht wurden. Die flankierenden Gebäudeteile, die im 2. Weltkrieg zum Teil zerstört wurden, aber später einmal zu rekonstruieren sind, markieren schon architektonisch die Ankunfts- und Abfahrtsseite. Damit ist der Bayrische Bahnhof ein gutes Beispiel für den ursprünglichen, später an vielen Stellen angewandten Grundrißtyp der alten großen Fernbahnhöfe. Das Empfangsgebäude des Bayrischen Bahnhofs dürfte jetzt in seiner Art das älteste der Welt sein [12.14]. Mit seinen Stilelementen der italienischen Renaissance und des Klassizismus ist der Bahnhof auch architektonisch von durchaus hohem städtebaulichem Wert, der nach einer Restaurierung des Gebäudes deutlich die Dominante des Bayrischen Platzes bestimmen würde. Historische Bedeutung hat der Bayrische Bahnhof als Erinnerungsstätte an KARL MARX. Von einer Kur in Karlsbad (heute Karlovy Vary) kam er am 22. 9. 1874 mit seiner Tochter ELEONORE auf diesem Bahnhof in Leipzig an, wohnte in dem gegenüberliegenden Hotel Hochstein und traf dort mit WILHELM LIEBKNECHT und JULIUS MOTTELER zusammen. Der Bayrische Bahnhof ist an diesem Ort das einzige Gebäude, das in seinem Aussehen noch heute dem der damaligen Zeit entspricht.

Die jetzt durchgeführte Bausicherung des Bayrischen Bahnhofs ermöglicht in späterer Zeit ideale gesellschaftliche Nutzungsmöglichkeiten. Die weitere Verwendung als Bahnhof für den Berufs- und Nahverkehr läßt sich mit der Einrichtung einer Schauhalle für historische Lokomotiven und Wagen koppeln [12.21] bis [12.23]. Eine historische Lokomotive auf dem Platz der ehemaligen Drehscheibe würde nicht nur architektonischer Akzent des Bahnhofsvorplatzes sein, sondern geradezu als Symbol dafür wirken, welche Bedeutung der Verkehr und insbesondere die Eisenbahn historisch für die Messestadt Leipzig hat. Würde man (zumindest zur Zeit der Messe) einen rekonstruierten historischen Eisenbahnzug, vielleicht mit einer Nachbildung der Saxonia JOHANN ANDREAS SCHUBERTS, der ersten deutschen Lokomotive, vom Bayrischen Bahnhof ins Messegelände fahren lassen, wäre man sich eines großen Erfolges von vornherein sicher.

Als einer der größten Großstadtbahnhöfe und aufgrund seiner technisch und architektonisch hervorragenden Gestaltung steht auch der Leipziger Hauptbahnhof unter Denkmalschutz (Bilder 235 und 236). Beim Bau der Fernbahnstrecken hatten verschiedene Eisenbahngesellschaften in Leipzig sechs einzelne Bahnhöfe errichtet, was den Durchgangsverkehr sehr erschwerte. Als nach den ersten Plänen für einen Centralbahnhof die Bahngesellschaften verstaatlicht wurden, mußten sich Preußen und Sachsen als die beteiligten Staaten über den Bahnhofsneubau in Leipzig einigen. Man wählte einen Standort nahe am Zentrum der Stadt, projektierte deshalb einen Kopfbahnhof mit 26 Bahnsteigen in sechs großen Bahnhofshallen und zwei dem Empfangsgebäude vorgelagerte Eingangshallen. Damit trat die verwaltungsmäßige Zweiteilung in eine preußische und eine sächsische Seite auch architektonisch deutlich hervor. Der Leipziger Hauptbahnhof wurde 1909 bis 1915 gebaut, ist heute noch voll funktionsfähig und erwies sich auch der steigenden Belastung durch den Verkehr unserer Zeit als voll gewachsen.

Es gibt noch eine ganze Anzahl unter Denkmalschutz stehender Bahnhofsgebäude, so u. a. in Dresden, Halle/Saale, Wittenberg, Grabow, Ludwigslust und der historisch besonders bemerkenswerte Bahnhof Hagenow-Land der ehemaligen Strecke Berlin–Hamburg.

In der DDR werden auch mehrere Bergbahnen als Denkmale beachtet. Genannt sei davon hier die 1923 eröffnete Oberweißbacher Bergbahn im Thüringer Wald, die mit 25 % Steigung noch heute die steilste Seilzugbahn der Welt ist. In Dresden dienen zwei nahe beieinander liegende Bergbahnen der Personenbeförderung von Loschwitz hinauf zum Weißen Hirsch bzw. nach Oberloschwitz. Die 1895 in Betrieb genommene Standseilbahn bewältigte die 544 m lange Strecke mit 100 m Höhenunterschied zunächst mittels Dampfmaschine, seit 1908 mittels Elektromotors. Die benachbarte

Schwebeseilbahn wurde 1901 eröffnet und war die erste Bergschwebebahn der Welt.

Schienenfahrzeuge, denen denkmalpflegerische Aufmerksamkeit gelten muß, sind auch die Straßenbahnen. Mit dem Anwachsen der Städte im 19. Jahrhundert entstand das Problem des städtischen Nahverkehrs. Die Pferdedroschken wurden nach dem Aufkommen der Autos teils von Taxis abgelöst, teils durch Anwendung von Schienenfahrzeugen in Pferdebahnen umgewandelt, bis mit der Entwicklung der Elektrotraktion und dem Fahrleitungs- und Abnehmerprinzip die *Elektrische* im Stadtbild erschien. Historische Straßenbahnwagen werden heute in verschiedenen Städten von Interessengruppen der Verkehrsgeschichte gepflegt und zu Traditionsveranstaltungen genutzt, so z. B. in Halle/Saale und Dresden.

Die Traditionspflege auf dem Gebiet des Kraftverkehrs liegt, den Eigentumsverhältnissen an den Kraftwagen entsprechend, vorwiegend in der Hand der Besitzer von Oldtimern. Da Kraftfahrzeuge generell eine wesentlich geringere Nutzungs- und Lebensdauer haben als die Eisenbahnfahrzeuge, werden historische PKW nur dort erhalten, wo der Besitzer den historischen Wert seines Fahrzeuges kennt und schätzt. Im Kraftfahrzeugveteranensport der DDR haben zahlreiche historisch interessierte Kraftfahrer mit Enthusiasmus etwa 1 000 alte Kraftfahrzeuge, die meist schrottreif waren, in einen hervorragenden Zustand versetzt. Der Allgemeine Deutsche Motorsportverband der DDR hat auf der Grundlage verbindlicher und wissenschaftlich begründeter Wertungen einen Pokal für denjenigen ausgeschrieben, dessen Fahrzeug nicht nur aus der Zeit bis 1930 (in Ausnahmefällen auch bis 1940) stammen muß, sondern sich gleichzeitig auch im originalen, betriebsfähigen und bestens gepflegten Zustand befindet. Schließlich muß der Bewerber noch in sportlichen Vergleichen ein hohes Maß an Bedienungsfertigkeit demonstrieren. Ein erfolgreiches Abschneiden in diesem Pokalwettbewerb setzt ein intensives Studium mit der Technik der Zeit, aus der das Fahrzeug stammt, voraus, ferner auch hohes Einfühlungsvermögen in die Fertigungsmethoden jener Zeit und eine ganz erhebliche Einsatzfreudigkeit. Die Bewertung legt das Hauptgewicht auf die Originalität des Fahrzeugs. Zustand und Geschicklichkeit folgen im gleichen Verhältnis. Von dieser Art der Pflege technischer Denkmale ist eine bedeutende Breitenwirkung

ausgegangen. Die Zuschauerzahlen bei den Veranstaltungen mit den Kraftfahrzeug-Oldtimern liegen in Großstädten selten unter 10 000.

12.3. Brücken als technische Denkmale

Seitdem Handel und Verkehr in der Geschichte der Menschheit eine Rolle spielen, gibt es auch Brücken. Für Fußgänger reichten wenige Baumstämme, quer über den Bach oder schmalen Fluß gelegt, schon aus, um trockenen Fußes das andere Ufer zu erreichen. Als aber Handelstransporte mit Pferdewagen Flüsse überqueren mußten, wurden dort, wo es keine Furten gab, Brücken erforderlich. So ist es ganz verständlich, daß die ältesten Brücken aus derselben Zeit stammen, in der die Städte gegründet wurden oder Bedeutung erlangten und in stärkerem Maße die Tätigkeit von Kaufleuten und Fernhandel einsetzte, in den Mittelmeerländern also in der Antike, in Mitteleuropa besonders vom 13. Jahrhundert an. Als historische Attraktion in der ČSSR ist den Touristen die 1357 erbaute Karlsbrücke in Prag bekannt. Noch älter ist die 1275 erbaute Brücke über die Otava in Pisek südlich von Prag.

Weithin unbekannt aber dürfte sein, daß auch in der DDR Brücken etwa gleichen Alters existieren, so die Werrabrücke von Creuzburg bei Eisenach von 1223, in Plauen/Vogtland die 1230 bis 1244 erbaute Brücke über die Weiße Elster (Bild 237), [12.24] und in Erfurt über die Gera die 1325 als Steinbrücke errichtete Krämerbrücke. Die Creuzburger Werrabrücke wird besonders durch die gotische, 1499 anstelle einer älteren Wallfahrtskirche erbaute Liboriuskapelle geprägt, die Erfurter Krämerbrücke durch die im 16. Jahrhundert auf ihr errichteten Wohnhäuser, die uns Zeugnis von dem Platzmangel in den mittelalterlichen Städten geben [12.25], [12.26].

Vom Zweck und von den Konstruktionsmerkmalen her sind historisch und denkmalpflegerisch verschiedene Brückentypen zu unterscheiden (Abb. 60), [12.27]. Vom 13. Jahrhundert bis um 1900 sind Straßenbrücken verschiedener Größe vielfach als Steinbogenbrücken gebaut worden (Tabelle 13). Dabei wagte man im Lauf der Zeit immer größere Spannweiten der Bogen bei immer schwächeren Pfeilern. Waren die meisten Brücken vom 13. Jahrhundert bis um 1800 Rundbogenbrücken (Bil-

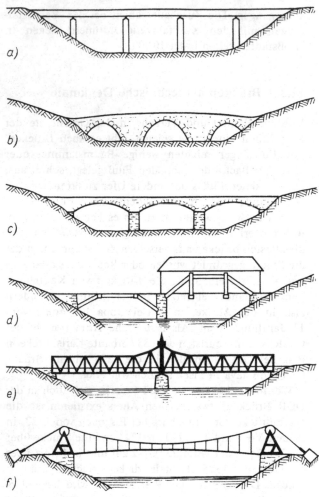

Abb. 60. Schemaskizzen verschiedener Brückenkonstruktionen

a) Balkenbrücke (Balken aus Holz, Eisen oder Stahlbeton je nach Bauzeit)
b) ältere Steinbogenbrücke (13. bis 19. Jh.) mit Rundbogen und starken Pfeilern
c) jüngere Steinbogenbrücke (19. und 20. Jh.) mit weitgespannten Flachbogen und schwächeren Pfeilern
d) Holzbrücke, Tragkonstruktion; *links* Sprengwerk, *rechts* Hängewerk, *rechts* sog. Hausbrücke (Hängewerk befindet sich im »Haus«, also von außen nicht sichtbar)
e) Stahlfachwerkbrücke (Beispiel: Paradiesbrücke Zwickau, um 1890)
f) Stahlseilhängebrücke (Fußgängerbrücken des 20. Jh., z. B. in Grimma, Rochlitz, Fischheim, Rochsburg, Sachsenburg, Weida und Großeutersdorf)

der 237 und 239), selten Spitzbogenbrücken (Bild 238), so führte die Tendenz der größeren Spannweiten im 19. Jahrhundert zur Anwendung flacher Stichbögen, bis schließlich die Syhratalbrücke von 1903/1905 in Plauen/Vogtland mit 98 m die größte Spannweite einer Steinbogenbrücke aufwies. Im 20. Jahrhundert wurden statt weiterer Steinbogenbrücken Betonbrücken gebaut, darunter besonders für die Autobahnen solche mit beachtlichen Dimensionen (Tabelle 14). International als Meisterleistung der Bautechnik bekannt ist die 1936/1938 erbaute Teufelstalbrücke bei Hermsdorf-Klosterlausnitz (Bild 244).

Straßenbrücken wurden in früheren Jahrhunderten oft auch als Holzkonstruktionen errichtet, oft verkleidet und mit Dach als sogenannte Hausbrücken (Bild 240). Sprengwerke oder Hängewerke aus starken Balken waren den Brückenköpfen oder den Pfeilern aufgelagert, die Fahrbahnen diesen Tragkonstruktionen aufgelagert bzw. angehängt. Hausbrücken waren einst weit verbreitet, führten z. B. bei Saalburg und Maua über die Saale und bei Torgau und Meißen über die Elbe. Die wenigen heute noch erhaltenen Hausbrücken (Tabelle 15) stehen sämtlich unter Denkmalschutz.

Eine völlig neue Aufgabe bekam der Brückenbau um 1840 mit dem Bau der ersten Fernbahnen im Gebirgsland. Alle Straßenbrücken überquerten den Fluß in nur wenigen Metern Höhe, da die Straßen auch bei tieferen Tälern an dem einen Hang ins Tal hinab und am anderen aus dem Tal wieder auf die Höhe geführt werden konnten. Da Eisenbahnen aber mit möglichst wenig Kurven und mit nur geringer Steigung gebaut werden müssen, stand man bei ihrem Bau vor der Aufgabe, tiefe Täler mit hohen Brücken zu überqueren. Erstmalig mußten 1845/1851 für die Vollendung der Bahn Leipzig–Nürnberg im Vogtland die Täler der Göltzsch und der Weißen Elster mit Brücken von 78 und 68 m Höhe überquert werden. Für diese Aufgabe konnte man in Mitteleuropa keinerlei eigene Erfahrungen nutzen. Johann Andreas Schubert, der berühmte Lehrer an der damaligen Dresdener Technischen Bildungsanstalt, projektierte deshalb mehrstöckige Steinbogenbrücken, für die ihm die altrömischen Aquädukte deutlich als Vorbild dienten. Vor dem Bau stritt man sich in der Öffentlichkeit temperamentvoll über die Ausführbarkeit der Projekte [12.28]. Der Bau selbst war 1845/1851 oft von technisch und ökonomisch dramatischen Situationen

Tabelle 13. Steinbogenbrücken des 13. bis 20. Jahrhunderts als technische Denkmale (nach [12.27])

Ort (Fluß)	Name (Konstruktionsmerkmale)	Baujahr (Erneuerung)	Abmessungen in m		
			Gesamt-länge	Spann-weite	Höhe
Creuzburg (Werra)	(7 Rundbogen, Muschelkalk) mit Liboriuskapelle von 1499	1223 (1907/50)	95		
Plauen/Vogtland (Weiße Elster)	Dr.-Wilhelm-Külz-Brücke (6 Rundbogen) früher mit Brückentürmen	1230/44 (1983)	75	9	6,5
Erfurt (Gera)	Krämerbrücke (6 Rundbogen, durch Sprengwerke verbreitert, mit Häusern bebaut)	1290/1325 (1980)	125	6,5 bis 8	7
Conradsdorf bei Freiberg (Mulde)	(3 Rundbogen)	1501 (1760)	48	7,7	3,6
Obermaßfeld bei Meiningen (Werra)	Salzbrücke (5 Rundbogen) mit Brückenkapelle	1531/36	69		
Halsbach bei Freiberg (Mulde)	1 Spitzbogen	1550/76	100	13	12,5
Pappendorf bei Freiberg (Striegis)	3 Rundbogen	1564/87 (1721)	43	9	4,4
Wahlitz bei Gommern (Ehle)	Klusbrücke (2 Rundbogen in längerem Steindamm)	vor 1585 (1979/82)	41	7,1	4
Oberweimar (Ilm)	(4 Rundbogen)	1613 (1722)	45	10,5	5
Weimar (Ilm)	Sternbrücke (4 Rundbogen mit elliptischen Spargewölben)	1651 (1734)	60	13,4	7,5
Nossen (Freiberger Mulde)	(3 Flachbogen, Sandstein) von M. D. PÖPPELMANN	1717	50	13	6,5
Grimma (Mulde)	(6 Korbbogen, Mittelteil bis 1894 Holz, seitdem Stahlkonstruktion) von M. D. PÖPPELMANN	1716/19 (1894, 1972)	110	16	6
Oberilm bei Stadtilm (Ilm)	(3 Rundbogen, Tafeln mit Jahreszahlen)	1742 (1921)	28	7	4,1
Neuburg, Kreis Wismar (alte Poststraße im Forst Farpen)	(1 Rundbogen, Ziegel und Granit)	18. Jh.	14	7	2
Wolkenstein-Schönbrunn (Zschopau)	(4 Rundbogen, verschiedenen Alters?) Kursächsisches Wappen	1769 (zum Teil älter?)	93	18	9
Bernburg (ehem. Saale)	Waldauer Brücke, Flutbrücke (6 Rundbogen, z. T. leicht gespitzt, Muschelkalk)	1787	82	9	4,2
Sohland, Kreis Bautzen (Spree)	Himmelbrücke (1 Rundbogen mit steil aufsteigender Fahrbahn, Granit, Schrifttafeln	1796	22	9,3	4,3
Zschopau (Zschopau)	(2 hohe Flachbögen)	1811/15	63	20	9
Falkenstein/Harz (Straße Meisdorf–Pansfelde)	(3 Rundbogen auf hohen, schlanken Pfeilern) Schrifttafeln	1845	59	7,5	15,7
Magdeburg (Elbe, Winterhafen)	Zollbrücke (3 Rundbogen), mehrere Plastiken auf der Brüstung	1882	45	18	9,6
Plauen/Vogtland (Syhratal)	Friedensbrücke (1 Flachbogen mit aufgeständerter Fahrbahn)	1903/05	133	98	18

Tabelle 14. Historisch bemerkenswerte Betonbrücken (nach [12.27])

Ort	Name der Brücke (Konstruktion)	Baujahr	Abmessungen in m		
			Gesamt-länge	Spann-weite	Höhe
Erdmannsdorf bei Flöha	Zschopaubrücke an Spinnerei (erste Stahlbetonfertigteilbrücke)	1910	28	13	3,2
Erfurt, Straße der Einheit	Flutgrabenbrücke, mit Plastiken	1912	35	25	5
Aue/Erzgebirge	Bahnhofsbrücke (erste Spannbeton-Balkenbrücke)	1936/37	310	69	8
Stadtroda Autobahn	Teufelstalbrücke (Stahlbeton-Bogen-brücke mit aufgeständerter Fahrbahn)	1936/37	253	138	56

Tabelle 15. Die in der DDR erhaltenen Hausbrücken (nach [12.27])

Ort (Fluß)	Konstruktionsmerkmale	Baujahr	Abmessungen in m		
			Gesamt-länge	Spann-weite	Höhe
Zwickau-Schedewitz »Röhren-steg« (Zwickauer Mulde)	2 Granitpfeiler, 3 Hängewerke, Walm-dach (nur über 38 m)	1750 (1975)	60,5	18,6	5,6
Wünschendorf bei Gera (Weiße Elster)	2 Pfeiler, 3 Hängewerke, Walmdach	1786 (1830)	70,5		
Döhlen bei Zeulenroda, »Pfarrhausbrücke« (Weida)	1 Hängewerk, Schiefer-Satteldach	1799	20	18	2,5
Camburg, »Mühl-lachenbrücke« (Saale)	1 Hängesprengwerk, Ziegel-Walmdach	um 1800	18	14	4,0
Großheringen, Kreis Apolda (Ilm)	1 Hängewerk, Walmdach	um 1800 (1975)	13,7		3,5
Buchfart, Kreis Weimar (Ilm)	2 Pfeiler (neben Mühle!)	1816/18 (1968)	39	6,3	2,5
Schwarzenberg–Untersachsen-feld, Erzgebirge, »Hammer-brücke« (Schwarzwasser)	1 Hängewerk mit 1 Hängesäule (kein waagerechter Mittelteil), Walmdach	1832	21,5	17	4,5
Hohenfichte, Kreis Flöha (Flöha)	1 Pfeiler, 2 Hängewerke, Satteldach	1832 (1954/76)	55,5	21	5,0
Hennersdorf, Kreis Flöha (Zschopau)	1 Pfeiler, 2 Hängewerke Walmdach	1834/40 (1971)	38,5	16	4,0
Ahrensberg, Kreis Neustrelitz, »Kammerkanalbrücke«	1 Hängewerk (historisierend gebaut)	1928	26,5	14	5,0

Tabelle 16. Hohe Steinbogen-Eisenbahnbrücken unter Denkmalschutz (Auswahl nach [12.27])

Ort (Bahnstrecke)	Name der Brücke (Konstruktionsmerkmale)	Baujahr	Abmessungen in m		
			Gesamtlänge	Spannweite	Höhe
Steinpleis	(6 Rundbogen)	1843/45	126		16
Steinpleis (Leipzig–Zwickau)	Römertalbrücke (12 Rundbogen)	1846			23
Demitz–Thumitz	(11 Rundbogen)	1846/47			18
Görlitz (Dresden–Görlitz)	Neißetal-Viadukt (32 Rundbogen)	1847	475		
Apolda (Halle–Erfurt)	(2 Rundbogen, seitlich 2 Etagen mit je 8 Rundbogen)	1846/47	97	12,5	22
Mylau	Göltzschtalbrücke (4 Etagen mit 10, 13, 22 bzw. 28 Rundbogen)	1846/51	574	30,9	78
Jocketa (Leipzig–Plauen/V.)	Elstertalbrücke (2 Etagen mit 2 und 6 Rundbogen)	1846/51	279	31,2	68
Limmritz (Karl-Marx-Stadt–Riesa)	Zschopaubrücke (11 Rundbogen)	1846/52			38
Muldenhütten	Muldenbrücke (8 Rundbogen)	1862	196	25	43
Hetzdorf (Dresden–Zwickau)	Flöhabrücke (4 große, 13 kleine Rundbogen)	1866/68	326	22,5	41
Borna bei Karl-Marx-Stadt	Bahrebachbrücke (15 Parabelbogen)	1868/72	235	18	27
Göhren bei Rochlitz (Leipzig–Karl-Marx-Stadt)	Muldenbrücke (2 Etagen mit 4 bzw. 18 Rundbogen)	1869/71	425	26	68
Weimar (Gera–Weimar)	Ilmtal-Viadukt (6 Rundbogen)	1873/76	152		38
Putzkau (Dresden–Zittau)	(21 Rundbogen)	1879	400		
Stadtilm (Arnstadt–Saalfeld)	Ilmtal-Viadukt (13 Rundbogen)	1891/93	202	14,1	19
Lichte (Probstzella–Sonneberg)	Piesau-Viadukt (... Rundbogen)	1913	278		35

begleitet und beeinflußte das Alltagsleben der Bevölkerung in weitem Umkreis. Heute gelten die Göltzschtalbrücke und die Elstertalbrücke als Meisterwerke aus der Geschichte des Brückenbaus, und sie stehen für den Eisenbahnverkehr nach wie vor voll in Nutzung (Bild 241).

In den folgenden Jahrzehnten sind hohe Eisenbahnbrücken an vielen weiteren Stellen erbaut worden (Tabelle 16). Die 1845/46 in der Lausitz, u. a. bei Demitz, erbauten Steinbogenbrücken der »Sächsisch-schlesischen Eisenbahn« gaben Anlaß zur Entstehung der Lausitzer Granitindustrie. Die brückenreichste Bahnlinie der DDR ist die Strecke Probstzella–Sonneberg.

Mit dem Aufkommen der Stahl- und Walzwerke um 1860 nutzte man Stahl auch als Baustoff für Straßen- und Eisenbahnbrücken (Tabelle 17). Als historisch besonders bemerkenswerte Stahlkonstruktion konnte die 1877 erbaute Eisenbahnbrücke über die Elbe bei Bad Schandau gelten, von der allerdings nur die Pfeiler und die Brückenköpfe mit den auf beiden Seiten paarweise angeordneten Brückentürmen original erhalten bleiben. Die Sicherung der Brückenköpfe durch wehrhafte Brückentürme war im Mittelalter weithin üblich. Im Eisenbahnbrückenbau des 19. Jahrhunderts griff man diese Gestaltungsart wieder auf und errichtete besonders Stahlbrücken mit solchen Brückentürmen, die nun aber

Tabelle 17. Stahlbrücken und Stahlseil-Hängebrücken als technische Denkmale (Auswahl nach [12.27])

Ort	Name der Brücke (Konstruktion)	Baujahr (Erneuerung)	Abmessungen in m		
			Gesamtlänge	Spannweite	Höhe
Gera–Untermhaus	Elsterbrücke (Stahlfachwerk)	1863	60	20	5,5
Weida	Oschütztalviadukt (Stahlgitterträger auf Pendelstütze)	1883/84	101	36	20
Markersbach bei Schwarzenberg/Erzgeb.	Eisenbahn-Viadukt (Stahlfachwerkträger mit gebogenem Untergurt und oben liegender Fahrbahn auf Gerüstpfeilern)	1888/89			38
Zwickau	Paradiesbrücke über die Mulde (Stahlfachwerk mit Mittelpylon)	um 1890	58	29	7
Großeutersdorf	Saalebrücke (Stahlseil-Hängebrücke)	1908 (1945/52)	90	56,5	
Sachsenburg	Zschopaubrücke (Stahlseil-Hängebrücke)	1909 (1975)	62	52,5	3,5
Weida	Stichlingsbrücke (Stahlseil-Hängebrücke)	1911 (1984/85)	25,5	18	3,1
Grimma Gattersburg	Muldenbrücke (Stahlseil-Hängebrücke)	1924 (1949)	110	80	4,5
Siebenlehn Autobahn	Muldenbrücke (Stahlträger auf granitverkleideten Betonpfeilern)	1938	403	82	72
Rochsburg	Muldenbrücke (Stahlseilhängebrücke)	1954/56	66	50	6,9
Rochlitz	Muldenbrücke (Stahlseilhängebrücke)	1954/56	83,5	60	6
Grimma Autobahn	Muldenbrücke (Stahlkonstruktion mit Krümmung und Steigung)	1969/72	432	80	30

nur noch Schmuckformen waren. Die Schandauer Brückentürme sind die letzten in der DDR erhaltenen Beispiele dafür. Von den erhaltenen Stahl-Eisenbahnbrücken ist der Oschütztal-Viadukt in Weida die historisch wertvollste (Bild 242). Andere Stahlbrücken der Eisenbahn stehen u. a. in Markersbach bei Schwarzenberg/Erzgebirge (1889), Waldheim (1852) und Martinroda bei Arnstadt (1879) sowie in Dresden (1901). Straßenbrücken aus Stahlkonstruktionen sind u. a. in Gera, Zwickau und Dresden historisch bemerkenswert. Das 1891/1893 erbaute *Blaue Wunder* von Dresden-Loschwitz gilt als ein Wahrzeichen der Stadt.

International haben Ketten- bzw. Stahlseil-Hängebrücken von den Dimensionen und ihrer Verkehrsfunktion her größte Bedeutung. Dieser Brückentyp ist in der DDR nur durch einige Fußgängerbrücken vertreten, z. B. in Weimar und im Wörlitzer Park, sowie bei Grimma, Rochlitz, Fischheim, Rochsburg, Sachsenburg, Weida und Großeutersdorf. Als Beispiele eines konstruktiv bemerkenswerten Brückentyps verdienen auch diese kleinen und erst aus der jüngeren Vergangenheit stammenden Brücken Denkmalschutz (Tabelle 17).

Eine besondere Gruppe von Brücken sind die beweglichen Brücken, gebaut dort, wo die Fahrbahn hochgeklappt, angehoben oder quer gedreht werden muß, um Schiffen die Durchfahrt zu ermöglichen. Von allen drei Typen, den Klappbrücken, den Hubbrücken und den Drehbrücken, gibt es in der DDR Beispiele, die oft genug besondere Sehenswürdigkeiten darstellen oder aber das Stadtbild oder die Landschaft prägen, wie die Eisenbahn-Hubbrücke in Magdeburg oder die Klappbrücke über den Ryck bei Greifswald-Wieck (Bild 246), (Tabelle 18).

Tabelle 18. Bewegliche Brücken in der DDR (Auswahl nach [12.27])

Ort (Fluß)	Konstruktionsmerkmale	Baujahr (Erneuerung)	Abmessungen in m		
			Gesamt-länge	Spann-weite	Höhe
Wieck bei Greifswald (Ryck)	Zweiseitige Klappbrücke, Holzkon-struktion	1887	30	10,7	2,1
Lüssow bei Güstrow (Nebelkanal)	einseitige Klappbrücke, Gußeisen	1895 (1983)	16,9	7,3	1,5
Zepelin, Kreis Bützow, zwei Schleusenbrücken (Nebelkanal)	Drehbrücken, Stahlvollwandträger	1897 (um 1975)	22,5 22,3	9,2 u. 6,7 8,8 u. 6,8	1,9 3,9
Güstrow, Bützower Straße (Nebel)	Drehbrücke, Stahlfachwerk mit zwei Mauerpfeilern	1897	27,8	7,4	3,1
Nehringen, Kreis Grimmen (Tre-bel)	zweiseitige Klappbrücke, Holzkon-struktion	1900 (1947/83)	26	7	2,3
Warnemünde (Alter Strom)	Drehbrücke, Stahlkonstruktion auf granitverblendetem Betonpfeiler	1903	45	2 × 15	2,5
Plau am See an der Schleuse (Elde)	Hubbrücke, Stahlvollwandbrücke, Hubtürme Stahlfachwerk	1912	13	10,5	2,4
Schwaan, Kreis Bützow (Warnow)	Hubbrücke, Stahlfachwerk auf Stein-pfeilern	1928 (1950)	33,8	12,5	3,6
Stralsund, Rügendamm (Ziegel-graben)	einseitige Klappbrücke, Stahlkonstruk-tion	1933/36	145	25	8
Magdeburg (Elbe)	Hubbrücke, Stahlfachwerk auf massi-ven Pfeilern	1934	220	90	
Malchow, Kreis Waren (Arm des Malchower Sees)	einseitige Drehbrücke, Stahlkonstruk-tion	um 1925 (1949)	21	21	3
Niederfinow (Finow-Kanal)	einseitige Klappbrücke, Stahlkonstruk-tion	1952	32	7	2,7

Brücken sind nicht nur technikgeschichtlich wichtige Einzelobjekte, sondern sie sind ebenso sehr – besonders wenn mehrere, konstruktiv verschiedene auf engerem Raum konzentriert sind – städtebauliche Gestaltungs-faktoren. Bekannt ist die emotionale Wirkung der Do-naubrücken in Budapest, der Moldaubrücken in Prag. Aber ebenso gilt das für die Elbbrücken in Dresden (Ta-belle 19) und die Brücken über die Spree in Berlin (Bild 245), (Tabelle 20).

Ein Brücken-Freilichtmuseum besonderer Art ist der Wörlitzer Park. Dort hat Fürst LEOPOLD FRIEDRICH FRANZ von Anhalt-Dessau der Bildungsabsicht der Auf-klärungszeit gemäß 13 Brücken in verschiedenen Kon-struktionen ausführen lassen, darunter eine Ketten-brücke und 1791 die älteste eiserne Brücke Deutsch-lands [12.31].

12.4. Schiffe als technische Denkmale

Schiffbau und Schiffahrt sind fast so alt wie die Ge-schichte der Menschheit selbst. Das Schiff gehört zu den ältesten Verkehrsmitteln; es war ein langer Weg vom Einbaum und Röhrichtfloß bis zum Großtanker und Atomeisbrecher unserer Zeit.

Mut, Forscherdrang und Erfindungsgeist erschlossen dem Menschen das Meer als wichtige Nahrungsquelle und als Transportweg. Aus der zunächst unüberwindli-chen Wasserwüste wurde die See zur großen völkerver-bindenden Weltverkehrsstraße. Dabei war diese Ent-wicklung stets abhängig von dem Stand der Produktiv-kräfte und den Produktionsverhältnissen. Diese Fakto-ren waren auch entscheidend für die Entstehung des modernen Weltseeverkehrs in der Zeit 1850/1900.

Tabelle 19. Die Elbbrücken von Dresden [12.30]

Name	Baujahr (Verkehrs-übergabe)	Bauweise	Größte Spannweite (Gesamtlänge) in m	Bemerkungen
Alte Elbbrücke	etwa 1222	Steingewölbe	21 ($\approx$600)	1727–1731 durch Pöppelmann umgebaut, 1907 abgebrochen, durch die Neue Augustusbrücke ersetzt
Marienbrücke	1852	Steingewölbe	28,3	–
Albertbrücke	1875	Steingewölbe	31	heute Brücke der Einheit
Niederwarthaer Brücke	1876–1891	Stahlfachwerk	62	nach 1945 nur noch die Eisenbahnbrücke
Loschwitzer Brücke	1891–1893	Stahlfachwerk	146 (260)	Blaues Wunder
Carolabrücke	1895	Stahlbogen mit Stahlfachwerk	61 (179)	1945 zerstört
Eisenbahn-Marienbrücke	1901	Stahlbogen mit Stahlfachwerk	66,5 (214,5)	–
Neue Augustusbrücke	1910	Stahlbetongewölbe	39,3 (355)	heute Dimitroffbrücke
Kaditzer Brücke	1930	Blechträger	115 (285)	–
Autobahnbrücke	1936	Stahlfachwerk	130 (378)	–
Dr.-Rudolf-Friedrichs-Brücke	1971	Spannbetonbalken	120	Ersatz für die Carolabrücke

Tabelle 20. Die historisch wichtigsten, unter Denkmalschutz stehenden Brücken in Berlin (nach [12.27])

Name der Brücke (Lage)	Konstruktionsmerkmale	Baujahr (Erneuerung)	Abmessungen in m		
			Gesamtlänge	Spannweite	Höhe
Jungfernbrücke (Kupfergraben an der Friedrichsgracht)	Klappbrücke, seitlich Gewölbebögen aus rotem Sandstein	1798	18	8	4
Marx-Engels-Brücke (am Zeughaus)	drei Flachbögen, Sandstein, reicher Figurenschmuck nach K. F. Schinkel	1822/24 (1982/84)	56	11,2	4
Gertraudenbrücke (Gertraudenstraße–Leipziger Straße)	ein Flachbogen aus Werkstein- und Ziegelmauerwerk, Bronzestandbild Hl. Gertraude und Wanderbursche	1894/95	50	18	4
Weidendammer Brücke (Friedrichstraße)	Stahlkonstruktion auf zwei Strompfeilern, reich gestaltetes Kunstschmiedegeländer	1895/97 (1972/85)	70	31	5–6
Schleusenbrücke (Kupfergraben am Werderschen Markt)	Stahlträger-Balkenbrücke, Gußeisen-Geländer mit Bronzereliefs zur Geschichte der Brücke und der Schleuse	1914/15	20	18	3
Abteibrücke (vom Treptower Park zur Insel der Jugend)	Stahlbeton-Bogenbrücke mit aufgeständerter Gehbahn und dreigeschossigen Brückentürmen	1916	92	76	9
Friedrichsbrücke (Bodestraße, Burgstraße zur Museumsinsel)	Einbogen-Spannbetonbrücke mit flankierenden Obelisken des Vorgängerbaus von 1892/93	1982	56	52	5

Die rasche Entwicklung der Produktivkräfte bewirkte einen enormen Aufschwung der Großindustrie und des Handels, der bald alle Erdteile erfaßte und die Schiffahrt – auch auf den Binnenwasserstraßen – zum bedeutendsten Verkehrsträger machte.

»Die Bourgeoisie hat durch die Exploitation des Weltmarktes die Produktion und Konsumtion kosmopolitisch gestaltet ... An die Stelle der alten, durch Landeserzeugnisse befriedigten Bedürfnisse treten neue, welche die Produkte der entferntesten Länder und Klimate zu ihrer Befriedigung erheischen ...« [12.31].

Gegenwärtig verkehren auf den Meeren unserer Erde fast 70000 Hochseeschiffe, um 70 bis 80 Prozent aller von der Menschheit produzierten Waren zu befördern. Ihre Zahl wächst ständig, sie werden größer, schneller, typenreicher und technisch vollkommener. Ohne sie ist das Zusammenwirken der Völker nicht möglich; daher wird mit der Weiterentwicklung der Menschheit auch die hervorragende Bedeutung von Schiffahrt und Schiffbau weiter wachsen. Diese Tradition und die gegenwärtige Bedeutung der Schiffahrt sind durch technische Denkmale zur Geltung zu bringen.

Bereits 1954 erfolgte die Außerdienststellung der 1250 tdw großen *Vorwärts*, des ersten Hochseehandelsschiffes der DDR. Das bereits im Jahre 1903 in Rostock erbaute, auf den Namen *Grete Cords* getaufte Schiff dient heute als Ausbildungsstätte für künftige Seeleute. Von dem ursprünglichen Schiff ist allerdings nur der reine Schiffskörper mit den Aufbauten original erhalten geblieben. Anfang der 60er Jahre wurde auf der Neptunwerft das vom völligen Verfall bedrohte, von WILHELM BAUER gebaute erste deutsche U-Boot wiederhergestellt und dem Armeemuseum der DDR übergeben [12.32]. Das bedeutendste Objekt ist das Ende 1969 außer Dienst gestellte 10000-t-Schiff MS *Dresden* (Tabelle 21). Dieses Schiff ist der fünfte von 15 Stückgutfrachtern des Typs IV, die auf der Warnowwerft zwischen 1956 und 1961 für verschiedene Reedereien gebaut wurden. Es wurde am 4. August 1956 auf Kiel gelegt, am 18. April 1957 vom Stapel gelassen und am 27. Juli 1958 an die Deutsche Seereederei Rostock übergeben. Für ihren Bau wurden 448000 Arbeitsstunden und 3250 t Stahl gebraucht. Die *Dresden* fuhr 11 Jahre hindurch bis zum 18. Oktober 1969 im Liniendienst nach Ostasien, Indonesien, Afrika, Indien, nach Kuba und Mexiko. Sie lief etwa 70 verschiedene Häfen an

und transportierte unter anderem Zucker, Omnibusse, Erze, Getreide, Schlachtrinder und sogar Tiger aus der Koreanischen Demokratischen Volksrepublik.

Das Schiff ist bis auf einige Längsverbände vollständig geschweißt; es entstand bereits in der modernen Sektionsbauweise. Sein Doppelboden hat eine durchschnittliche Höhe von 2000 mm. Die Außenhaut ist durchschnittlich 14 bis 18 mm, der Kiel 32 mm dick. Die 14 Ladebäume sind 15 m lang und tragen drei bis fünf Tonnen. Jeder Buganker wiegt 5000 kg und wird von einer 300 m langen und 61 mm dicken Ankerkette gehalten. Die zwei 9 m langen und 3 m breiten Rettungsboote mit Handantrieb fassen 80 Personen.

Vier einfach wirkende Viertakt-Dieselmotoren mit Turboaufladung, Typ 85 V 66 AU vom EKM Halberstadt, von denen jeweils zwei ihre Leistung über ein Getriebe auf eine Propellerwelle übertragen, dienten als Schiffsantrieb (Propellerdurchmesser 4,5 m).

Seit dem 13. Juni 1970 hat die *Dresden* ihren ständigen Liegeplatz in Rostock am linken Warnowufer, gegenüber dem Überseehafen. Zum Andenken an das Typschiff dieser Serie, die *Frieden*, wurde dem Traditionsschiff die Bezeichnung Typ Frieden verliehen. In der Stauung der ehemaligen Laderäume I bis IV und im Zwischendeck befinden sich die Ausstellungen des Schiffbaumuseums. Auf einer Fläche von 1500 m² wird die traditionsreiche Geschichte des Schiffbaus an unserer Ostseeküste dargestellt. Im Mittelpunkt steht jedoch das Geschehen nach 1945: die Entstehung und Entwicklung einer Schiffbauindustrie im Norden der DDR unter den Bedingungen der Arbeiter-und-Bauern-Macht.

Alle original erhaltenen Anlagen des Schiffes, wie der Maschinenraum (Bild 252), die Kommandobrücke, der Kartenraum, die Funkkabine, der Mutterkompaß, das Vorschiff, das Hauptdeck mit den Umschlagseinrichtungen u. a., können ebenfalls besichtigt werden. Das Schiff enthält ferner eine Sporthalle im Zwischendeck, ein Jugendtouristen-Hotel mit 66 Schlafplätzen im Achterschiff sowie einen gastronomischen Komplex.

Jährlich kommen 250000 bis 300000 Besucher, die das große Interesse an einer derartigen Bildungseinrichtung unterstreichen.

Inzwischen ist unter der Leitung des Schiffbaumuseums Rostock am Traditionsschiff ein ganzes Ensemble maritimer technischer Denkmale entstanden. Dazu

Tabelle 21. Technische Daten der in der DDR unter Denkmalschutz stehenden Schiffe

Technische Daten	MS Dresden (Traditionsschiff Typ Frieden) Rostock	Schwimmkran Langer Heinrich Rostock	Schleppdampfer Saturn Rostock	Fischkutter KAR 45 Wismar Rostock	Seitenradschleppdampfer Württemberg Magdeburg	Personenraddampfer Riesa Oderberg	Personenraddampfer Diesbar Dresden
Länge über alles in m	157,6	29,55	16,04	17,6	63,8	55,48	52,15
Breite auf Spanten in m	20	–	–	–	7,23	5,04	5,04
Breite über alles in m	–	20,45	5	5	15,17	10,2	10,1
Seitenhöhe bis Oberdeck in m	12,8	3,26	–	1,92	–	2,25	≈2 m
Gesamthöhe in m	–	≈50	2,18				
Tiefgang in m:							
voll beladen	8,4	2,96	2,05	–	0,91	1,07	0,69
heute	4,85	–	1,71	–	0,83	0,65	0,43
Tragfähigkeit in t	10 000	593	26,9	–	–	–	–
davon: Ladekapazität in t	8 100	–	–	–	–	–	–
Vorrat (Treiböl und Wasser) in t	1 640	–	–	–	–	–	–
Laderauminhalt	19 003 m³	–	–	31,09 BRT	–	–	–
Masse des leeren Schiffes in t	5 820	900	–	–	–	–	–
Antriebsleistung in PS	4·1800 =7200	2·110 =220	140	80 PS Vierzyl.-	625 PS Zweizyl.-	140 PS Zweizyl.-	110 PS Zweizyl.-
Antriebsmaschine	Dieselmotoren	Dampfmaschine	Dampfmaschine	Dieselmotor	Verbunddampfmaschine	Verbunddampfmaschine	Zwillingsdampfmaschine
Schaufelraddurchmesser in m	–	–	–	–	≈3,50 m	≈3,50 m	≈3,50 m
Dienstgeschwindigkeit in km	15,3	–	–	–	–	–	–
Besatzung	56	4	4	3–4	10	10	11
Passagiere	12	–	–	–	–	1897:710 1975:632	≈500
Aktionsradius in Tagen	40	–	–	–	–	–	–

gehören: Der Schwimmkran *Langer Heinrich* wurde 1890 von der Baufirma Bechem und Kostmann im damaligen Danzig gebaut. Betreiber waren bis 1945 die Schichau-Werft im ehemaligen Danzig, von 1946 bis zur Außerdienststellung im Jahre 1978 der VEB Schiffswerft Neptun in Rostock (Bild 251). Er gehört zum Typ der Wippauslegerkrane, die in der Entwicklung der Schwimmkrane ein Zwischenglied zu den Scherenmastkranen und den Wippauslegerdrehkranen darstellen.

Der Bau schwerer Werftkrane für die Schiffsausrüstungen war das Ergebnis der stürmischen Entwicklung in Schiffbau und Schiffahrt, die Mitte des 19. Jahrhunderts mit dem Bau eiserner Schraubendampfer begann und in der Folge zu immer größeren Schiffseinheiten führte.

Der Schleppdampfer *Saturn* wurde 1908 auf der Schiffswerft und Maschinenfabrik Jonsen und Schmilinski in Hamburg für die Reeder Gebr. Wulff gebaut. Er kam durch Kriegsereignisse nach Rostock und war hier bis zu seiner Außerdienststellung im Jahre 1979 auf der Warnowwerft tätig. *Saturn* war eine der letzten vollgenieteten und mit Dampf betriebenen Schiffseinheiten unserer Seewirtschaft.

Der Fischkutter KAR 45 *Wismar* wurde 1949 auf dem VEB Boddenwerft Damgarten in der Holzbauweise gebaut. Bis zu seiner Übernahme im Jahre 1981 wurde er von der FPG Inselfisch, Karlshagen auf Usedom, betrieben. Denkmale sind auch ein Küstenewer am Museum Göhren auf Rügen und die kleine, mit Dampf betriebene Eisenbahnfähre *Stralsund* zwischen Wolgast und Usedom.

Die über 100 Jahre alte Slipanlage der 1850 gegründeten Segelschiffswerft Otto Ludewig verkörpert einen hervorragenden Abschnitt Rostocker Schiffahrts- und Schiffbaugeschichte. Nach jahrhundertelanger Stagnation war es im 19. Jahrhundert im Zusammenhang mit dem bedeutenden Getreideexport in hochindustrialisierte Länder zu einem steilen Aufschwung der Rostokker Schiffahrt gekommen. Bis zum Jahre 1872 hatte sich die Rostocker Flotte mit ihren 378 Schiffen zur drittgrößten Deutschlands entwickelt. Beeinflußt wurde dadurch insbesondere auch der Schiffbau. Im Zeitraum von 1800 bis 1917 sollen auf den Rostocker Werften allein 600 Segelschiffe in der Holzbauweise gefertigt worden sein. Allein die Werft des Schiffbaumeisters OTTO LUDEWIG verließen bis Ende des vorigen Jahrhunderts 66 Segler und ein aus Holz gebauter Dampfer. Die Slipanlage ist etwa 30 m lang und 3,75 m breit, geslipt wurden damit Schiffseinheiten bis 100 Tonnen. Der Nachfolgebetrieb VEB Wasserbau benutzte sie bis zu ihrer Überführung im Jahre 1980 für die Reparatur von Kuttern der FPG Warnemünde und Wismar.

Zur Geschichte der Meeresschiffahrt gehören auch technische Denkmale an Land, so z. B. die Lotsenstationen Timmendorf und Baumhaus bei Wismar, der von F. SCHINKEL entworfene Alte Leuchtturm von Arkona auf Rügen sowie die Leuchttürme bzw. Seezeichen von Timmendorf, Basdorf, Warnemünde, Prerow, Dornbusch (Hiddensee) und Karnin.

Noch viel früher als Seewege benutzten die Menschen Flüsse für den Transport von Personen und Gütern. Sie waren bequemer als die Landwege und für den Lastentransport weit besser geeignet. Die rasche Industrialisierung im vorigen Jahrhundert mit ihrem immensen Bedarf an Massengütern übte daher auch auf die Binnenschiffahrt ihren großen Einfluß aus und führte zu einem Aufschwung der Binnenflotte. Sie beförderte billiger als jedes andere Transportmittel die schweren Massengüter über größere Entfernungen. Auf den Flüssen wurden auch die ersten Dampfschiffe erprobt und eingesetzt. Das erste große Dampfboot auf der Elbe legte bereits am 6. Mai 1818 nach einer 74stündigen Fahrt von Hamburg kommend in Magdeburg an. Auf den ersten Dampfern genoß noch die Personenbeförderung den Vorrang. Das änderte sich mit dem Aufkommen der Eisenbahn sowie der Elberegulierung und der Aufhebung der zahllosen Zollämter.

Am 21. April 1976 wurde der Seitenradschleppdampfer *Württemberg*, der letzte Vertreter der einst zahlreichen Radschleppdampfer, als technisches Denkmal übergeben (Bilder 249 und 250), [12.33], [12.34]. Er kann heute im Kulturpark von Magdeburg besichtigt werden. Er war 1908/09 auf der Schiffswerft und Maschinenfabrik Gebr. Sachsenberg in Roßlau, heute VEB Elbewerften Boizenburg-Roßlau, Werft Roßlau, gebaut worden. Der Auftraggeber war die Neue Deutsch-Böhmische Elbe-Schiffahrt AG mit dem Hauptsitz in Dresden. Während seiner 65jährigen Einsatzzeit verkehrte das Schiff auf einer Fahrstrecke von 657 km zwischen Hamburg und dem damaligen Aussig (Usti nad Labem). Es legte dabei insgesamt 800 000 km zurück und vollbrachte eine Leistung von rund 2 Milliarden Tonnenkilometern. Mit seiner Maschinenanlage war das Schiff in der Lage, einen Anhang von 3 600 Tonnen, das sind fünf bis sechs mittelgroße Kähne, mit etwa 4 km/h stromauf zu schleppen. Der Schiffskörper besteht ganz aus Stahl und war ursprünglich voll genietet. Die Außenhaut ist zwischen 5 und 8 mm dick, das Deck 5 bis 6 mm. Das Ankergeschirr war für die Strömungsverhältnisse der Elbe bemessen. Es besteht aus dem großen 550 kg schweren Buganker, den beiden kleinen Bugankern von je 300 kg Masse und dem 250 kg schweren Heckanker. Alle originalen Anlagen des Schiffes wie der Maschinenraum und Kesselraum können besichtigt werden. Nach dem Umbau befinden sich hier ebenfalls ein Ausstellungsraum, in dem die Geschichte der Dampfschiffahrt auf der Elbe dargestellt ist, sowie zwei Gaststätten mit 90 Plätzen.

Einen weiteren Sachzeugen für die bewegte Geschichte der Dampfschiffahrt auf der Elbe stellt der im Jahre 1979 an das Heimatmuseum Oderberg übergebene Personenraddampfer *Riesa* dar (Bilder 247 und 248). Das Schiff wurde 1896/97 auf der Werft Blasewitz (Dresden-Blasewitz) gebaut und auf den Namen *Habsburg* in Dienst gestellt. Es war eines von jenen Elbschiffen, die sogenannte Eilfahrten von Dresden nach dem damaligen Aussig (Usti nad Labem) durchführten; seit 1919 trägt es den Namen *Riesa*. In der Liste der ehemaligen Sächsisch-Böhmischen Dampfschiffahrt steht die *Riesa* als 58. Dampfschiff und dritter Oberdeckdampfer. Im Verlauf seiner 80jährigen Dienstgeschichte hat das Schiff mehrere Um- bzw. Ausbauten erfahren. So wurde es anläßlich einer Reise des Kaisers FRANZ JOSEF von Österreich im Jahre 1901 in der Werft Laubegast (Dresden-Laubegast) mit einem hohen Kostenaufwand prunkvoll hergerichtet. Große Aufwendungen waren 1946/47 notwendig, nachdem das Schiff noch kurz vor Kriegsende von flüchtender SS gesprengt worden und gesunken war.

In Dresden selbst wird der 1883/84 erbaute Raddampfer *Diesbar* mit einer Dampfmaschine von 1856/57 als technisches Denkmal der 1837 von JOHANN ANDREAS SCHUBERT begründeten Dampfschiffahrt auf der Oberen Elbe erhalten. Die *Diesbar* besitzt eine Zweizylinder-Zwillings-Niederdruck-Dampfmaschine mit oszillierenden Zylindern und einen Kofferkessel und weist damit die für den Schiffbau in der Mitte des 19. Jahrhunderts typische Dampfmaschinenbauart auf, für die Raumersparnis das oberste Gebot war. Die Kurbelwelle der Maschine ist 1853 von Krupp, Essen, mit 10 Jahren Garantie, die Maschine selbst von JOHN PENN, Greenwich, geliefert. Damit ist die Dampfmaschine der *Diesbar* zugleich ein wertvolles Denkmal des Maschinenbaus und hat gerade mit ihrem Standort Dresden besondere historische und gesellschaftliche Bedeutung. Da SCHUBERTS 1837 erbaute *Königin Maria* nicht mehr erhalten ist, aber historisch gesehen nur um weniges älter als die *Diesbar* war, kann diese heute stellvertretend als Sachzeuge der Pionierleistungen SCHUBERTS für die Schiffahrt auf der Oberen Elbe gelten [12.35], zumal sie noch aus dessen Lebenszeit stammt. Darüber hinaus müssen die Technischen Hochschulen Dresdens die *Diesbar* in ihre Traditionspflege einbeziehen, die Technische Universität eben wegen JOHANN ANDREAS SCHUBERT und die Verkehrshochschule wegen der Verkehrsgeschichte. Die *Diesbar* ergänzt in idealer Weise die Bildungs- und Erlebniswerte, die der Besucher im Dresdener Verkehrs-

museum geboten bekommt. Seit nun weit über 100 Jahren gehören die Dampfschiffe zu der unverwechselbaren, weltbekannten historischen und gegenwärtigen Stadtsilhouette [12.45].

12.5. Floßgräben, Kanäle, Schleusen und Schiffshebewerke als technische Denkmale

Die fließenden Gewässer des Festlandes wurden seit langem je nach Eignung zum Transport von Holz und zur Schiffahrt benutzt. Wo Flüsse breit und tief genug waren und einigermaßen ruhig strömten, wurde das Holz der Gebirge – in Stämmen zu Flößen vereinigt – ins Niederland geflößt und Binnenschiffahrt betrieben. Beide Arten des Güter- und Personentransports regten zu der Überlegung an, ob man dem fließenden Wasser den Transportbedürfnissen entsprechend einen anderen Lauf geben könne. Daraus resultierte die Wasserbautechnik. Eine andere Wurzel von dieser waren die altorientalischen Bewässerungssysteme in solchen an Strömen entstandenen Ländern wie Ägypten und Mesopotamien. Doch bleibt offen, ob es von diesen orientalischen Anfängen her eine historisch und fachlich kontinuierliche Linie zur Wasserbautechnik des mittelalterlichen Mitteleuropa gibt.

Abgesehen von den nicht mehr datierbaren Aufschlaggräben für die ältesten Wassermühlen sind Graben-, Floßgraben- und Kanalanlagen auf dem Gebiet der DDR von verschiedenen Bauherren bereits im 12. bis 17. Jahrhundert angelegt worden (Tabelle 22).

Waren diese Graben- und Kanalbauten teils für landwirtschaftliche und technische Erschließungsarbeiten weltlicher und geistlicher Herren der Feudalzeit, teils für frühkapitalistische Unternehmen gedacht, so folgten weitere Kanalbauten durch merkantilistisch orientierte Landesherren vor allem im 18. Jahrhundert dort, wo das Relief der Landschaft und das Verhältnis von natürlichem Gewässersystem und Verkehrsbedarf solche Unternehmen wünschenswert und möglich machten. Besonders bekannt dafür sind aus dem 18. Jahrhundert Kanäle bei Berlin und bei Eberswalde der etwa 40 km lange, von 1743 bis 1746 angelegte, mit anfangs 13, später 18 Schleusen ausgestattete Finowkanal zwischen Liebenwalde und Niederfinow, von dem alte Schleusen bei Eberswalde als technische Denkmale erfaßt sind

Tabelle 22. Graben-, Floßgraben- und Kanalanlagen des 12. bis 17. Jahrhunderts auf dem Gebiet der DDR (nach [12.36] bis [12.39] und brieflichen Auskünften)

Bauzeit	Name, Ort	Länge in km	Bauherr und Verwendungszweck
um 1200	Mönchsgraben, heute Kleine Wipper bei Frankenhausen	12	Mönche des Klosters Göllingen, für die Salzgewinnung in Frankenhausen
um 1250 bis 1350	Die Helbe-Wassergräben von Westgreußen über Clingen nach Weißensee	10	Thüringer Landgrafen und Stadt Weißensee, zur Wasserversorgung von Weißensee und zum Antrieb von Mühlen
13. Jh.	Nettelgraben bei Eberswalde, vom Parsteiner See nach Chorin	5	Mönche des Klosters Chorin, zur Melioration, Wasserversorgung und zum Mühlenantrieb
um 1350 bis 1369 (später verlängert)	Leinakanal südwestlich von Gotha	18	Thüringer Landgrafen und Stadt Gotha für Wasserversorgung von Schloß und Stadt, bis 1920 genutzt
1648–1653 (später erweitert)	zweiter Graben für Leinakanal	9	
1548	Bau der ersten´echten Kammerschleuse bei Rathenow	–	–
um 1550	sogenannter Wallensteingraben, von Schwerin nach Wismar (unvollendet)	13	Herzog von Mecklenburg für Schiffahrt, projektiert von dem herzogl. Astronomen und Mathematiker T. Stella
um 1560 und um 1680	Kaisergraben und Friedrich-Wilhelm-Kanal (heute Oder-Spree-Kanal) im Bezirk Frankfurt/O.	–	der Kaiser und der Brandenburgische Kurfürst, für Schiffahrt und Handel
1578	Elsterfloßgraben, von Krossen über Zeitz bis in die Gegend von Merseburg	etwa 50	Kurfürst von Sachsen, zur Versorgung der Salinen bei Weißenfels/Halle mit Scheitholz aus dem Vogtland
1626 bis 1629	Clausnitzer Muldenflöße, Osterzgebirge, von der Flöha zur Freiberger Mulde	11	Kurfürst von Sachsen, zur Versorgung der Freiberger Hütten mit Scheitholz aus dem Oberen Erzgebirge
1691 bis 1706	Lützsche-Flößgraben vom Kehltal bei Oberhof bis Luisenthal im Thüringer Wald	23	Flößen von Scheitholz vom Thüringer Wald für die Eisenhütten im Vorland
1744 (1298 erstmals genannt)	Alter Bürgergraben, zwischen Recknitz und Trebel, von Bad Sülze nach Triebsees	8	für Schiffahrt
1756 bis 1761	Ludwigsluster Kanal, aus der Lewitz nach Ludwigslust	20	zur Wasserversorgung des Schlosses Ludwigslust und zum Holztransport
1798 bis 1836	Eldekanal, zwischen Müritz und Plauer See	24	für Schiffahrt
1813	Prahmkanal bei Bad Sülze	8 bis 10	zum Transport von Brennmaterial (Torf) zur Saline Bad Sülze

[12.40]. In den Jahren um 1785 machte der im Freiberger Bergbau angestellte Kunstmeister Johann Friedrich Mende die Saale und Unstrut in dem damals noch sächsischen Gebiet von Weißenfels, Naumburg, Nebra, Bretleben schiffbar und erbaute in diesem Bereich ebenfalls eine Anzahl Schleusen, von denen einige als technische Denkmale bei Wendelstein und Burgscheidungen erhalten sind.

Eine wasserbautechnische Meisterleistung des 20. Jahrhunderts ist der 64,4 km lange Oder-Havel-Kanal, der in den Jahren 1905 bis 1914 von Liepe bis Oranienburg, und zwar bei Eberswalde auf der Hochfläche nördlich des Finowtals gebaut wurde. Dort wurde er so auf einem Damm über die Bahnstrecke Berlin–Pasewalk–Stralsund geführt, daß Betrachter Schiffe über der Eisenbahn fahren sehen können. Für den Abstieg des Kanals in die Oderniederung bei Liepe wurde eine Schleusentreppe von 4 Schleusen je 9 m Hubhöhe angelegt und im Jahre 1934 durch das Schiffshebewerk Niederfinow ergänzt [12.40]. Dieses gilt zwar weithin als das Anfangsglied einer neuen technischen Entwicklungslinie, ist aber nicht das erste Schiffshebewerk.

Der schon erwähnte Freiberger Kunstmeister Johann Friedrich Mende hatte 1788 einen Kunstgraben der Grube Churprinz bei Freiberg als Kanal für den Erztransport von der Grube zur Hütte per Schiff hergerichtet. Auf dem insgesamt 5,3 km langen Kanal wurden die 8,5 m langen und 1,6 m breiten, mit etwa 2,5 bis 3 t Erz beladenen Kähne stromaufwärts getreidelt und mußten dabei mehrere Schleusen und ein Schiffshebewerk passieren. Dieses arbeitete nicht nach dem Trogprinzip wie die Hebewerke des 20. Jahrhunderts und läßt sich mit denen auch hinsichtlich der Größe nicht vergleichen. Trotzdem beginnt mit ihm die Entwicklung der Schiffshebewerke ebenso wie etwa mit Lilienthals Flugzeug die Luftfahrt. Von dem Freiberger Schiffshebewerk am Großschirma-Rothenfurter Bergwerkskanal sind die aus Bruchstein errichteten, aus hohen Gewölbebogen bestehenden Umfassungsmauern noch erhalten (Bild 253). Auf der Mauerkrone war ein Zahnstangengetriebe angeordnet, auf dem eine Laufkatze mit Flaschenzügen zu betätigen war. Die Erzkähne fuhren durch den Gewölbebogen auf der Stirnseite des Unterbeckens ein, wurden an den fünffachen Flaschenzug angehängt, durch Betätigung des Flaschenzuges gehoben, mit der Laufkatze über das 6,3 m höhere Oberbecken gefahren und

in dieses hinabgelassen, von wo sie ihre Fahrt zur Hütte fortsetzen konnten (Abb. 61). Der Bergwerkskanal und das Schiffshebewerk Rothenfurt waren bis 1868, also 80 Jahre, in Betrieb und wurden stillgelegt, weil beim Bau des 7. Lichtlochs für den Rothschönberger Stolln das Wasser des Kanals anderweitig zum Antrieb von

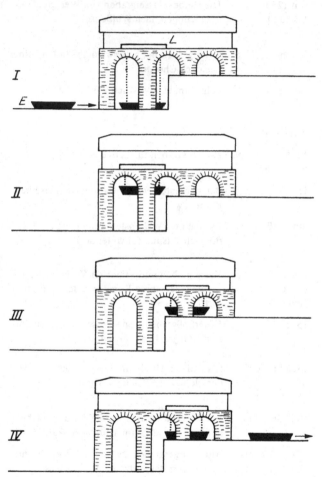

Abb. 61. Funktionsschema des 1788 erbauten Schiffshebewerks Rothenfurt bei Freiberg

I Erzkahn (E) fährt im unteren Kanal in das Schiffshebewerk ein und wird an die Ketten der Laufkatze (L) angehängt
II Erzkahn wird mit den Flaschenzügen der Laufkatze über das Niveau des oberen Kanals emporgehoben
III Laufkatze fährt mit dem Erzkahn über den oberen Kanal
IV Erzkahn wird mit den Flaschenzügen der Laufkatze in den oberen Kanal hinabgelassen und setzt in diesem seine Fahrt fort

Maschinen benötigt wurde. Wer heute das Schiffshebe-werk Rothenfurt betrachtet, sollte in ihm auch ein Bei-spiel dafür sehen, wie der Bergbau im Lauf seiner Ge-schichte immer wieder andere Zweige der Technik befruchtet hat. Wer aber das Schiffshebewerk Niederfi-now besucht, sollte an das erste Schiffshebewerk der Welt, bei Rothenfurt im Freiberger Bergrevier, denken [12.39].

Das 1927 bis 1934 erbaute und jetzt in die Zentrale Denkmalliste aufgenommene Schiffshebewerk Niederfi-now (Bild 254), [12.38] ermöglichte erstmalig Schiffen von etwa 80 m Länge und 1 000 t Tragfähigkeit die Fahrt von der Oder in den Oder-Havel-Kanal und umgekehrt. Im Unterhafen fährt das Schiff in einen 85 m langen und 12 m breiten, wassergefüllten Trog mit 2,5 m Was-sertiefe ein, dessen Tor danach wasserdicht geschlossen wird. Das Gewicht des Troges mit Wasser und Schiff be-trägt 4 300 t. Das entspricht dem Gewicht von etwa 75 000 Menschen bzw. von sieben Güterzügen mit je 40 Wagen von 15 t Tragfähigkeit. Der Trog hängt an 256 Drahtseilen, die 52 mm dick sind und paarweise über Seilscheiben im oberen Rahmen des Hebegerüstes laufen und am anderen Ende durch Gegengewichte be-schwert sind (Abb. 63). Gegengewichte und Trog sind gleich schwer. Damit ist ein völliger Gewichtsausgleich erzielt, wenn Gegengewichte und Trog sich auf gleicher Höhe befinden. In allen anderen Lagen wird das beider-seits der Seilscheiben ungleiche Seilgewicht durch ent-sprechende Gewichtsausgleichsketten ausgeglichen. Da-

mit hat der Antrieb für das Heben und Senken des Troges in der Hauptsache nur die Reibung der Seil-scheibenlager, die Seilsteifigkeit und die Massenträg-heit von Trog und Gegengewichten zu überwinden. Dazu sind vier Motoren von je 75 PS installiert. Diese Motoren bewegen über ein Zahnstangengetriebe den Trog samt Schiff nach oben. Auf der Höhe des Oberbek-kens angekommen, wird das wasserseitige Tor des Tro-ges geöffnet und das Schiff in den Kanal entlassen. Vom Kanal in die Oder findet derselbe Vorgang abwärts statt. Seit seiner Inbetriebnahme arbeitet das Schiffshe-bewerk zuverlässig und hat Hunderttausende von Trog-fahrten ausgeführt. Der Hubvorgang benötigt für die Höhe von 36 m die Zeit von 5 Minuten und erfolgt da-mit wesentlich schneller als zuvor durch die vier Schleusen der Schleusentreppe.

Der Ersatz der Schleusentreppe durch das Schiffshe-bewerk ist ein Beispiel für die Gültigkeit der Gesetze der Dialektik auch in der Geschichte der Produktionsin-strumente (Abb. 62). Die Leistungsfähigkeit der einzel-nen Schleuse hinsichtlich der Hubhöhe konnte additiv durch Entwicklung der Schleusentreppe gesteigert wer-den, aber nur bis zu einer gewissen Grenze. Diese war, wie die Praxis des Schiffsverkehrs in der Schleusen-treppe von Liepe zeigte, dort nahezu erreicht, so daß für eine weitere Leistungssteigerung der dialektische Um-schlag auf ein neues Wirkungsprinzip, eben das des Schiffshebewerks, erforderlich wurde. Insofern ist es denkmalpflegerisch unbedingt erforderlich, für die ge-

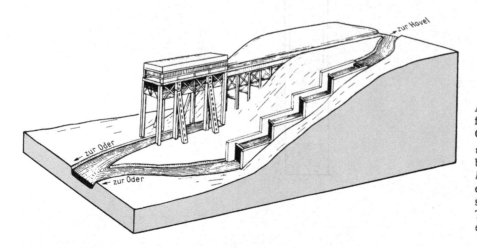

Abb. 62. Der Aufstieg des Schiff-fahrtsweges von der Oder in den Oder-Havel-Kanal bei Niederfinow
vorn rechts über die 1905/1914 er-baute Schleusentreppe
hinten links durch das 1927/1934 erbaute Schiffshebewerk – zwei hi-storische Entwicklungsstufen der Technik nahe beieinander (in einem schematischen Raumbild)

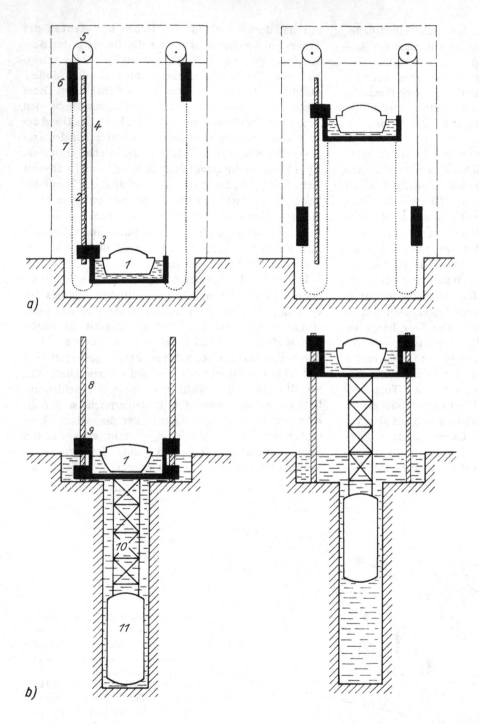

Abb. 63 Die Wirkprinzipien der Schiffshebewerke Niederfinow bei Eberswalde (a) und Rothensee bei Magdeburg (b) in schematischen Querschnittszeichnungen

links: Trog mit Schiff in unterer Stellung
rechts: Trog mit Schiff in oberer Stellung
1 Schiff, 2 Zahnstange, 3 Antrieb, mit Ritzel, 4 Seil, 5 Seilscheibe, 6 Gegengewicht, 7 Kette zum Ausgleich des Seilgewichts, 8 Spindel, 9 Antrieb mit Spindelmutter, 10 Trägerkonstruktion, 11 Schwimmer im Schwimmerschacht (nach [1240], [12.42])

samte historische Aussage das Schiffshebewerk und die Schleusentreppe dem Interessenten als zusammengehörige technische Denkmale zu erschließen. Indem er die Schleusentreppe und das Schiffshebewerk auf einem Wanderweg kennenlernt, erlebt er die Dialektik in der Geschichte dieser Anlagen und damit den übergeordneten historischen Rahmen, in den das Schiffshebewerk Niederfinow einzuordnen ist.

Ein ähnliches Schiffshebewerk ist 1938 bei Rothensee nördlich Magdeburg am Weser-Elbe-Kanal in Betrieb genommen worden [12.44]. Es hebt ebenfalls große Schiffe um 16 m bei der Fahrt aus der Elbe in den Weser-Elbe-Kanal und ermöglicht den Schiffen in der Gegenrichtung den Abstieg. Dazu wird wie in Niederfinow ein wassergefüllter, hebbarer Trog benutzt. Acht Antriebsmotoren von je 44 kW bewegen dabei eine Gesamtlast von etwa 5 400 t. Der Gewichtsausgleich erfolgt in Rothensee allerdings nicht durch Seilzüge mit Gegengewichten, sondern durch Schwimmer in zwei wassergefüllten Schächten unter dem Trog (Abb. 63). Die Schächte sind 70 m tief und gegen das Gestein ihrer Umgebung sorgsam abgedichtet. Die 10 m breiten und 36 m hohen Schwimmer haben eine Wasserverdrängung von je etwa 2 700 m³ und bieten damit genau den Gewichtsausgleich für den wassergefüllten Trog (mit und ohne Schiff). Damit brauchen die Antriebsmotoren auch bei diesem Schiffshebewerk nur die Bewegungswiderstände zu überwinden. Dazu bewegen sie vier Spindelmuttern, die sich an vier senkrechten Spindeln von je 42 cm Durchmesser auf- und abschrauben, mit dem Trog verbunden sind und damit diesen heben und senken. Das Hebewerk Rothensee hat inzwischen weit über 300 000 Trogfahrten ausgeführt, arbeitet nach wie vor mit großer Zuverlässigkeit und steht als Meisterleistung der Technik auf der Denkmalliste des Bezirkes Magdeburg.

12.6. Speicher und Markthallen

Zu den Denkmalen der Verkehrsgeschichte gehören auch Speicher und Markthallen insofern, als die produzierten und transportierten Waren verkauft werden müssen, ehe sie verbraucht werden. Bekanntlich entwickelte sich der frühe Kapitalismus vor allem im 15. und 16. Jahrhundert, indem er durch einen intensiven Wa-

renhandel Kaufmannskapital akkumulierte. Eine solche Handelstätigkeit, im wesentlichen Fernhandel, erforderte eine umfangreiche Lagerhaltung der verschiedensten Waren. Baulich kommt das z. B. in den Speicherbauten oder Speicherböden der Kaufmannsgrundstücke in den alten Handelsstädten zum Ausdruck. In Rostock wird heute noch das Bild mehrerer Straßen von Speicherbauten geprägt. In Stralsund erkennt man schon an den Größen der Fenster, wie in den zahlreichen Giebelhäusern der hanseatischen Kaufleute über den zwei Kontor- und Wohngeschossen mehrere Stockwerke Speicherböden lagen. In den Höfen der barocken Handelshäuser Leipzigs, z. B. in *Barthels Hof* (von 1748), findet man noch die Aufzugsluken für die zu speichernden Warenballen. Zum Antrieb der Lastenaufzüge dienten wohl meist Handgöpel, wie sie noch auf dem Nikolaiturm in Görlitz, auf Schloß Weesenstein und fragmentarisch in einem Bautzener Kaufmannshaus erhalten sind.

Mit zunehmender Bedeutung der städtischen und territorialen Verwaltungen entstanden auch städtische Speicher oder Magazine der staatlichen Behörden, wo Waren, vor allem Lebensmittel wie Getreide, gespeichert wurden, um für Notzeiten eine gewisse Vorratswirtschaft betreiben zu können. In Zittau war der Marstall einst Getreidespeicher. Aus Freiberg ist das um 1500 erbaute städtische Kornhaus zu nennen, aus Colditz ein 1594 erbauter Speicher am Markt (mit Dach aus dem 18. Jahrhundert, das als Malzdarre gedient hat), aus der Bergstadt Marienberg das 1809 errichtete Bergmagazin, das der Versorgung der Bergleute mit billig importiertem Getreide diente. Auch in der Bergstadt Schneeberg gibt es ein solches Bergmagazin.

Neue große Speicher entstanden, als in der zweiten Hälfte des 19. und zu Beginn des 20. Jahrhunderts der kapitalistische Handel und bestimmte Industriezweige bisher nicht gekannte Dimensionen erreichten. Speicher an der Elbe in Dresden und Magdeburg bezeugen das. So errichtete die 1840 für die Produktion und den Handel pflanzlicher und tierischer Öle in Magdeburg gegründete Firma Gustav Hubbe auf dem Kleinen Werder an der Elbe in Magdeburg 1909/1910 einen noch heute auffälligen Speicherbau, nachdem sie sich ab 1900 besonders auf den Import und die Verarbeitung tropischer Ölfrüchte, insbesondere Kokosnüsse und Palmkerne, spezialisierte. Der Antransport erfolgte per

Schiff, die Entladung mit einer dem Speicher vorgelagerten Kranbahn [12.43].

Ebenfalls vom Ende des 19. und den ersten Jahrzehnten des 20. Jahrhunderts stammen in mehreren Großstädten Europas Markthallen und Großmarkthallen, da der Wochenmarkt ländlich-kleinstädtischer Prägung für die nun auf ein Mehrfaches gewachsenen Bevölkerungszahlen nicht mehr genügte. Besonders zur Versorgung der Bevölkerung in den industriellen Ballungsräumen gewannen Markthallenbauten Bedeutung. Dem Lebensmittelumschlag für Leipzig und den mitteldeutschen Raum diente die 1927 bis 1930 gebaute Großmarkthalle, die nicht nur ein Denkmal der Verkehrs- und Handelsgeschichte, sondern auch der Bautechnik ist (Bild 255), [12.44].

Die krisenhaft verschärften wirtschaftlichen Bedingungen der ausgehenden zwanziger Jahre zwangen öffentliche Auftraggeber, Architekten und Bauausführende bei unerläßlichen Neubauten zu höchst effektiven Lösungen. Architekt HUBERT RITTER schuf günstige funktionale und technische Bedingungen mit Möglichkeiten künftiger Erweiterung. Abweichend von ähnlichen Anlagen wie in Frankfurt/Main oder München gelang eine weitgespannte stützenfreie und in der Herstellung durch wiederverwendungsfähige Formen und Rüstungen äußerst wirtschaftliche Konstruktion. Für die Leipziger Halle waren ursprünglich drei Kuppeln über einer Gesamtfläche von 18 000 m² vorgesehen. Ausgeführt wurden zwei Kuppeln von je 75 m freier Spannweite und je 6 000 m² überdeckter Fläche. Die Konstruktion der Kuppeln beruht auf der Erfindung des Stahlbeton-Schalengewölbes durch Dr.-Ing. DISCHINGER (Fa. Dyckerhoff und Widmann); sie werden durch vier sich schneidende Zeiß-Dywidag-Schalengewölbe mit einer freien Spannweite von 65,8 m zwischen dem Zugring gebildet. Die Schalengewölbe schneiden sich in acht Graten, in deren Richtung gemessen die Spannweite der Kuppeln 70,4 m beträgt. Im Kuppelscheitel befindet sich ein Oberlicht von 28 m Durchmesser in drei Abstufungen, in dessen Mitte ein Entlüftungsschacht von 8 m Durchmesser angeordnet ist. Die Gewölbeschalen von nicht mehr als etwa 10 cm Dicke sind elliptisch gekrümmt und wirken zwischen den Graten als große Träger. Sie übertragen den größten Anteil der Dachlast auf die Grate; der restliche Lastanteil wird durch 30 m weit in schräger Ebene gespannte Stahlbetonbögen auf die acht Eckpunkte übertragen. Die Grate geben ihre Lasten an die acht schräggestellten Hauptstützen in Fortsetzung der Grate ab. So wird die freie Spannweite von 75 m im Lichten erreicht. Die Schrägstellung der Stützen und Bögen entlastet den in 12 m Höhe befindlichen Zugring und überträgt den Horizontalschub teilweise auf die als Zugband ausgebildete Kellerdecke. Die seinerzeit weltgrößten Massivkuppeln der Leipziger Großmarkthalle übertrafen die 1913 im damaligen Breslau nach Entwurf von MAX BERG errichtete Jahrhunderthalle mit einer bis dahin größten freien Grundfläche, während Gewicht und Kosten für die Konstruktion wesentlich unterboten wurden. Jede der beiden Leipziger Kuppeln kostete etwa 500 000 RM, d. h. 88 RM/m² überdeckter Fläche (im damaligen Breslau betrug der Preis noch 200 RM/m²).

Zwei- bis dreigeschossige Randbauten für Verwaltungs- und Nebenfunktionen umgeben den unterkellerten Großraum. Ein geplantes 10geschossiges Büro- und Wohngebäude wurde nicht ausgeführt. Stahlbetonkuppeln und die in Klinkerrohbau errichtete Umbauung sind klar gegeneinander abgesetzt und lassen Funktion wie Konstruktion als die wesentlichen Faktoren der architektonischen Gestalt deutlich hervortreten.

13. Historische Theatertechnik und Orgelmechanismen

■
Ekhof-Theater Gotha

■
Goethe-Theater Bad Lauchstädt

■
Große Silbermann-Orgel Freiberg

Abend für Abend erleben Tausende in unseren Theatern Entspannung und Freude, Erholung und Bildung. Das gesprochene Wort und die Musik werden ergänzt durch optische Effekte, da Ohr und Auge des Menschen das Theatererlebnis aufnehmen wollen. Aber nur die wenigsten der Theaterbesucher haben schon einmal hinter die Kulissen geschaut. Daß die Szene sich wandelt, daß Gegenstände oder Schauspieler von oben (aus dem Theaterhimmel) kommen oder im Untergrund verschwinden, nimmt er als Teile des Theatererlebnisses auf. Wie dies aber bewerkstelligt wird, weiß der Theaterbesucher nicht, will es im Detail auch nicht wissen, weil diese nüchternen Einzelheiten der Theatertechnik sein emotionales Erlebnis trüben würden. Die für das Theater sprichwörtliche allgemeine Feststellung des »deus ex machina« genügt ihm.

Wir müssen aber darauf hinweisen, daß die Theatertechnik ein zwar kleiner, aber historisch eigenständiger und im Laufe der Jahrhunderte für die künstlerische Arbeit immer wichtiger werdender Zweig der Technik überhaupt ist, daß demgemäß auch die Theatertechnik ihre Geschichte hat und daß Sachzeugen aus dieser Geschichte Gegenstand denkmalpflegerischer Bemühungen im In- und Ausland sind [13.1].

Die wesentlichen Etappen in der Entwicklung der Theatertechnik sind von der Geschichte des Theaters und von der Geschichte der Technik bestimmt. Beides steht wie bekannt in enger Wechselwirkung mit der Geschichte der Gesellschaft, der Produktivkräfte und Produktionsverhältnisse. Dafür zwei Beispiele:

Erstens: Theatertechnik konnte in nennenswertem Maße erst dann installiert werden, als die Schauspielertruppen und die Sänger feste Spielstätten erhielten. Fahrende Truppen setzten nur solche Gerätschaften ein, die sich mit dem sonstigen Gepäck transportieren ließen. Feste Spielstätten, Bühnen-, Kulissen- und Zuschauerräume, entstanden in den alten deutschen Klein- und Mittelstaaten besonders in den Residenzen der Fürsten und aufgrund von deren Repräsentationsbedürfnis. Das unter Denkmalschutz stehende, 1682 im Gothaer Schloß Friedenstein erbaute jetzige Ekhoftheater ist ein Beispiel für diesen entscheidenden Schritt in der Theatergeschichte [13.2].

Zweitens: War die Herausbildung des höfischen Theaters der Barockzeit ein Beispiel dafür, wie die Entwicklung der Theatertechnik von der Theatergeschichte abhängt, so zeigt das zweite Beispiel den Einfluß der Technikgeschichte. Vor Erfindung und Einführung elektrischen Lichts mußte die Theaterbeleuchtung und mußten alle für eine Aufführung erforderlichen Lichteffekte mit offenem Licht realisiert werden. Das begrenzte die Gestaltungsmöglichkeiten (was dem Publikum und den Theaterleuten mangels Kenntnis späterer Fortschritte der Technik natürlich nicht bewußt wurde), und die Gefahr von Theaterbränden war groß. Brandkatastrophen spielen in der Theatergeschichte bekanntlich eine große Rolle. Welche Fortschritte die Elektrotechnik des 19. und 20. Jahrhunderts in Theaterbeleuchtung und Spielgestaltung mit sich brachte, ist erst den Generationen unserer Zeit bewußt geworden, da wir das Licht und die Licht- und Toneffekte im Theater erleben.

Unter Denkmalschutz gestellte historische Theatertechnik betrifft bisher Beispiele historischer Bühnenmechanik, und zwar im Ekhoftheater Gotha und im Goethetheater Bad Lauchstädt bei Merseburg.

Im Gothaer Schloß wurde 1682 ein Theater eingebaut, das allerdings durch den Wechsel der Residenzstädte der Gotha-Altenburger Herzöge in der Folgezeit unterschiedliche Bedeutung hatte [13.2] bis [13.5]. Die Bühne ist etwa 9 m tief und hat etwa 11 m Gesamtbreite, die auf jeder Seite von je sechs Kulissen eingeengt wird. Die barocke Bühneneinrichtung, eine Kulissenbühne mit hölzerner Maschinerie nach italienischer Art, stammt aus dem Jahr 1683, wurde 1686 bis 1688 sowie 1736 und 1765 bis 1775 etwas umgebaut und ist eine für die DDR einmalige Anlage. Bei einem Dekorationswechsel wurden unter der Bühne Karren mit den durch Öffnungen mehrere Meter hoch aufragenden Dekorationen hin und her gezogen. Von der Unterbühne aus konnten gleichzeitig mehrere durch Seile miteinander verbundene Kulissenwagen auf die Szene hinaus- bzw. aus ihr herausgefahren werden und so einen verhältnismäßig schnellen Szenenwechsel bewirken. Oberhalb der Bühne befinden sich Holztrommeln, über die die Prospekte hochgezogen werden konnten. In den Jahren 1775 bis 1779 war es die feste Spielstätte des Gothaer Hoftheaters, das bis 1778 künstlerisch von CONRAD EKHOF geprägt wurde. In der Zeit von 1779 an spielten je nach Bedarf Liebhabertruppen in dem Theater, bis es 1827 wieder zur Spielstätte des Hoftheaters im nunmehrigen Herzogtum Sachsen-Coburg-Gotha

wurde. Seine Bedeutung und Nutzung ging ab 1840, nach dem Neubau eines Theaters in der Stadt Gotha, stark zurück. Als nach der Abdankung des Herzogs von Sachsen-Coburg-Gotha 1918 das Gothaer Schloß Friedenstein in staatliche Verwaltung überging, wurde der historische Wert des Schloßtheaters erkannt. Seitdem steht es unter Denkmalschutz. Eine Restaurierung des Theaters einschließlich der alten, zur Zeit nicht funktionsfähigen Bühnentechnik ist vorgesehen.

Das Goethetheater in Bad Lauchstädt wurde 1802 unter GOETHES Leitung errichtet [13.6] und ist damit ein direktes Zeugnis der von der klassischen deutschen Literatur bestimmten Epoche der Theatergeschichte. Bad Lauchstädt war damals kursächsisch und eines der beliebtesten Kurbäder. In den letzten Jahrzehnten des 18. Jahrhunderts errichtete man die Kuranlagen. Die Kurgäste waren meist Angehörige des sächsischen, preußischen, thüringer und anhaltinischen Adels, Offiziere, Kaufleute, Gelehrte und Dichter. Seit 1761 fanden für dieses Publikum Theateraufführungen statt. Da pietistische Kreise im Jahre 1771 in Halle und seiner näheren Umgebung ein Verbot für Schauspielaufführungen erwirkt hatten, kamen besonders auch Hallenser Studenten in das Lauchstädter Theater, bis das Verbot 1806 aufgehoben wurde. Bis 1791 war der Theaterdirektor BELLOMO sowohl in Bad Lauchstädt als auch in Weimar verpflichtet. Nachdem im selben Jahr GOETHE die Oberdirektion des von CARL AUGUST gegründeten Weimarer Hoftheaters übernommen hatte, kaufte die Weimarer Hoftheaterkommission von BELLOMO auch das Theater in Bad Lauchstädt und ließ dort u. a. LESSINGS »Minna von Barnhelm« und »Emilia Galotti«, SCHILLERS »Die Räuber« und »Kabale und Liebe« und MOZARTS »Zauberflöte« und »Don Giovanni« aufführen, was großen Zustrom bewirkte. Das primitive, nun in Weimarer Besitz befindliche Haus BELLOMOS wurde deshalb nach fünfjährigen Verhandlungen zwischen Weimar und Kursachsen 1802 durch einen klassizistischen Neubau ersetzt. Die reine Bauzeit betrug weniger als zwölf Wochen. Zuschauerraum und Bühne wurden einst von Rüböllampen erleuchtet. Die Träger des Bühnenbildes, die beiderseits angeordneten je drei Kulissen, sind perspektivisch bemalt und können durch die Drehung einer 7 m langen Holzwelle in der Unterbühne über Seilzüge, auf Kulissenwagen fahrend, gegeneinander ausgetauscht werden (Bild 256). Dieser Verwandlungsvorgang des Bühnenbildes wird heute bei Führungen demonstriert. Dabei werden zwei im Geschmack der späten Goethezeit gemalte Bühnenbilder zu Mozarts »Zauberflöte« gezeigt. Der Bühnenboden ist mit sieben Versenkungen versehen. Zwischen je vier kräftigen Holzführungen gleiten die Versenkungsplattformen nieder und wieder hoch. Der Antrieb zu dieser Bewegung erfolgt in der Unterbühne von hölzernen Haspeln aus über Seile. Der rote Vorhang wurde mittels einer Holzwalze nach oben aufgerollt.

GOETHE weilte 1805 zu der von ihm selbst geleiteten Totenfeier für SCHILLER zum letzten Mal in dem Lauchstädter Theater. Im Jahre 1815 wurde Bad Lauchstädt preußisch. Der Badebetrieb ging im Lauf der Zeit zurück, und das Theater verfiel. Durch eine private Stiftung konnte es 1907 und 1908 baulich instandgesetzt werden. In den Jahren 1966 bis 1968 erfolgte eine gründliche denkmalpflegerische Restaurierung unter wesentlicher Beteiligung der Nationalen Forschungs- und Gedenkstätten der klassischen deutschen Literatur in Weimar, des benachbarten Großbetriebes VEB Chemische Werke Buna, des Rates des Bezirks Halle und des Rates des Kreises Merseburg. »Als Baudenkmal, Theatermuseum, Goethe-Gedenkstätte und lebendige Spielbühne hat es heute wieder einen festen Platz im kulturellen Leben unseres Volkes« [13.6] und erlangte besondere Bedeutung in dem industriellen Ballungsgebiet um Halle und Merseburg.

In Kirchen bewundern die Besucher u. a. den Kunstwert der Prospekte alter Orgeln und die Orgelmusik. Jeder weiß, daß eine Orgel mit Wind (Druckluft) versorgt und der Tastendruck des Organisten zur betreffenden Pfeife übertragen werden muß, um diese zum Klingen zu bringen, aber die Technik, die die Druckluft liefert und das Betätigen der Tasten und Register zu den Pfeifen weiterleitet, bleibt im Verborgenen. Zwar enthalten fast alle historischen Musikinstrumente Mechanismen verschiedenster Art, doch gehören diese Instrumente in der Regel zum Museumsgut. Nur die Orgeln sind derart groß und so mit dem Bauwerk verbunden, daß sie mit diesem durch die Denkmalpflege betreut werden. Es ist daher berechtigt, die Orgeln auch als technische Denkmale zu betrachten. Dabei hängt die historische Aussage einer Orgel sowohl in musikalischer als auch in technischer Hinsicht stark von der Geschlossenheit des Werkes ab. Oft wurden Orgeln in starkem Maße umge-

baut und erweitert, so daß der jetzige Zustand nicht mehr der ursprüngliche ist.

Zur Erzeugung des Windes wurden Balganlagen gebaut, die mitunter den gleichen Raum benötigen wie das Orgelwerk selbst. Mechanische Hebel- und Stangensysteme oder aber pneumatische und elektrische Konstruktionen, die manchmal auch schon denkmalwürdig sind, übertragen die Information des Spielers, welche Pfeifen erklingen sollen, von der Taste bzw. den Registrierknöpfen bis zur Windlade, in der für jede Pfeife der Wind freigegeben bzw. verschlossen wird (»Spiel- und Registriertraktur«).

Eine gut erhaltene Blasebalganlage finden wir an der 1711 bis 1714 von GOTTFRIED SILBERMANN gebauten großen Orgel des Freiberger Doms. Im Jahre 1738 baute SILBERMANN die Anlage so um, wie sie heute noch besteht (Abb. 64), (Bild 257), [13.7]. Sechs einfaltige Keil-

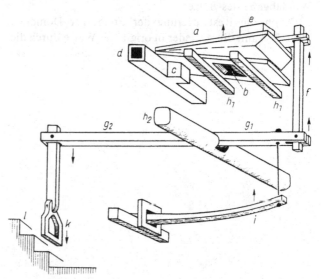

Abb. 64. Schemaskizze eines Balgmechanismus der großen Freiberger Domorgel, gebaut 1711/1738 von GOTTFRIED SILBERMANN

a einfaltiger Blasebalg (3,1 m lang, 1,55 m breit), b Fang- (Ansaug-)Ventil, c Kröpf- (Ausblas-)Ventil, d Windkanal zur Orgel, e Gewicht, f Gestänge zum Trethebel, g Trethebel (Clavis), (4,35 m lang), Hebelarme $g_2 : g_1 = 2,6 : 1$, h_1 Balken als Auflager des Blasebalges, h_2 Balken mit Drehlager des Trethebels, i Strebefeder, mit Seil an g befestigt, k Fußtritt für Kalkanten, dazu seitlich hölzerne Führungsschienen (hier nicht mit gezeichnet), l Treppe (nur angedeutet) für den Kalkanten, um nach Aufgang des Fußtritts wieder in diesen steigen zu können

bälge *a* sind zu je drei in zwei Etagen übereinander angeordnet. Die drei Bälge der unteren Etagen versorgen das Pedalwerk, die drei oberen zusammen die drei Manualwerke der Orgel mit Wind von 100 bzw. 90 mm Wassersäule Druck. Das Aufziehen der Bälge erfolgte, indem das Körpergewicht des auf dem Fußtritt *k* stehenden Bälgetreters (Kalkant) den Trethebel (Clavis) *g* niederdrückte und so über einen senkrechten Balken *f* die obere Balgplatte hob. Dabei öffnete sich das Fangventil (Ansaugventil) *b*, wogegen das Kröpfventil (Ausblasventil) *c* sich wegen des Druckgefälles zwischen Windkanal *d* und Balg *a* schloß. War der Balg gefüllt, so trat der Kalkant aus dem Fußtritt heraus. Der Balg sank durch die Wirkung der Eigenlast, der Balggewichte *e* und der *Strebefeder i* und gab damit – bei umgekehrter Ventilstellung – den Wind zur Orgel ab. Die Strebefeder, eine Nadelholzleiste, sorgte aufgrund ihrer Elastizität für annähernd gleiche Druckverhältnisse bei der Windabgabe des Balges.

Durch die Restaurierung der Freiberger Domorgel 1981/83 kann diese wieder in originaler Weise durch die alte Balganlage mit Wind versorgt werden, doch wird im Regelfall ein neuer Elektroventilator benutzt, der den Wind in die Fangventile *b* zweier Bälge einspeist. Diese Lösung verbindet das denkmalpflegerische Ziel, die Erhaltung des Originalzustandes, mit guten Bedingungen für die gegenwärtige Nutzung der Orgel.

Wie das Beispiel der Freiberger Domorgel zeigt, stellen Orgeln als technische Mechanismen eine Kategorie von Denkmalen dar, die in hervorragender Art und Weise vor allem das technische Niveau der Metall- und Holzverarbeitung in der Manufakturperiode dokumentieren. Orgelbau erfolgte – technologisch vielleicht sogar dem Schiffbau vergleichbar – in größeren Werkstätten. Im Werkstattprinzip entstanden die Orgeln als große Produkte, deren Details bis zu einem gewissen Grade schon Serienproduktion zuließen. Das technische Wissen und Können der Produzenten beruhte vorwiegend auf Produktionserfahrung, und dennoch wurden schon in bewundernswerter Weise eine Vielzahl von Gesetzen der Mechanik, der Geometrie, der Raumlehre bis hin zur Akustik beherrscht und genutzt.

14. Wissenschaftliche Geräte als technische Denkmale

■ Astrophysikalisches Observatorium
und Einsteinturm in Potsdam

■ Zeiß-Planetarium Jena

■ Astronomische Uhren in Stralsund,
Rostock und Görlitz

■ Vermessungspunkte
der Europäischen Gradmessung

In den Natur- und Technikwissenschaften sind Forschung und Lehre heute ohne eine hochentwickelte Gerätetechnik nicht mehr möglich. Man denke nur an die Licht- und die Elektronenmikroskopie, an die Teleskope für die Astronomie, an Präzisionsgeräte für die Analysentechnik in der Chemie, die Versuchsanlagen für die Kernphysik und schließlich an die elektronischen Rechner und Datenverarbeitungsanlagen, die nicht nur für die Natur- und Technikwissenschaften Bedeutung haben, sondern ebenso für die Gesellschaftswissenschaften und in zunehmendem Maß für die weitere Intensivierung der industriellen Produktionsprozesse mit Hilfe modernster Technologien.

Wie die Wissenschaft, so hat auch die wissenschaftliche Gerätetechnik eine Geschichte. In vielen Museen sind historische Geräte für physikalische und chemische Experimente, biologische Untersuchungen, Meßgeräte der verschiedensten Art usw. zu besichtigen. Die bedeutendsten solcher Sammlungen sind in der DDR wohl der Mathematisch-physikalische Salon in Dresden und das Optische Museum des VEB Optische Werke Carl Zeiss JENA. Historisch wertvolle Seismographen aus dem Erdbebenforschungsinstitut Jena und seiner Außenstation Moxa bei Ziegenrück sind im Museum auf Schloß Ranis bei Pößneck ausgestellt.

Es gibt aber auch Sachzeugen aus der Geschichte der wissenschaftlichen Gerätetechnik, die an Bauwerke gebunden oder selbst Bauwerke sind und deshalb und aufgrund ihrer Größe nicht museal, sondern als Denkmale erhalten werden müssen.

Die Zentrale Denkmalliste nennt als Denkmale der wissenschaftlichen Gerätetechnik das Astrophysikalische Observatorium mit Doppelrefraktor und den Einsteinturm mit Turmteleskop im Zentralinstitut für Astrophysik der Akademie der Wissenschaften der DDR in Potsdam (Bild 258), [14.1], [14.2]. Der in den Jahren 1897 bis 1899 gebaute Doppelrefraktor war zu seiner Bauzeit das größte bis dahin gebaute derartige Instrument und wurde in einem Kuppelbau von 24 m Durchmesser aufgestellt. Von den beiden Objektiven des Doppelrefraktors war das größere (mit 80 cm Durchmesser) für fotografische und spektrographische Arbeiten aufgestellt, das kleinere (mit 50 cm Durchmesser) für visuelle Beobachtungen bestimmt. Die optischen Teile des Gerätes wurden von der Firma Steinheil in München, die mechanischen von der Firma Repsold in

Hamburg geliefert. Mit dem Gerät wurden u. a. der erste Nachweis einer Absorptionslinie des interstellaren Gases, ein Beitrag zur Festlegung einer exakten Helligkeitsskala für schwache Sterne und Temperaturbestimmungen von Fixsternen durch visuelle Spektralphotometrie im Anschluß an einen irdischen Strahler bekannter Temperatur geliefert. Im Jahre 1914 wurde das 50-cm-Objektiv im Auftrag des Direktors KARL SCHWARZSCHILD durch den damals noch kaum bekannten Optiker BERNHARD SCHMIDT zu einem der besten existierenden Objektive überarbeitet. Die somit wesentlich gesteigerte Genauigkeit ermöglichte die Vermessung von Doppelsternaufnahmen. Diese blieben ein wichtiges Arbeitsprogramm bis zur Stillegung des Refraktors im Jahre 1967.

Für Beobachtungen zum Nachweis der von EINSTEIN 1911 theoretisch vorausgesagten Rotverschiebung von Fraunhoferschen Linien im Gravitationsfeld der Sonne wurde 1921/22 südlich vom Kuppelgebäude des großen Refraktors auf Initiative des mit EINSTEIN befreundeten Astronomen E. FINLAY-FREUNDLICH ein Turmteleskop erbaut. Es steht im Einsteinturm, dessen architektonische Gestaltung durch den Baumeister ERICH MENDELSOHN weltberühmt geworden ist.

Die Mittel für den Bau wurden durch eine Sammlung von privaten Spenden aufgebracht. Die Kosten für die optischen Geräte trug im wesentlichen die Firma Carl Zeiß, Jena. Durch die Geldentwertung jener Zeit konnte der Bau nicht wie geplant in Stahlbeton, sondern nur in verputztem Ziegelmauerwerk ausgeführt werden. Nachdem die instrumentelle Ausstattung des Einsteinturmes 1924 vollendet war, wurde die Hauptaufgabe des Observatoriums in Angriff genommen: die Messung der Rotverschiebung im Sonnenspektrum. Der Effekt zeigte sich zunächst nur am Sonnenrand, nicht aber in der Sonnenmitte. Die Deutung dieses Befundes gelang erst 1955 durch die quantitative Berücksichtigung der Temperaturverschiebung und der dadurch erzeugten turbulenten Strömungen in der Sonnenatmosphäre. Damit wurden durch die Potsdamer Beobachtungen und ihre Deutungen alle Zweifel an der (inzwischen auch von anderer Seite bestätigten) Einsteinschen Voraussage negiert. Der Einsteinturm mit seinem Turmteleskop gehört seit 1969 zum Zentralinstitut für solar-terrestrische Physik und dient weiterhin mit modernisierten Meßmethoden der Beobachtung von Problemen der Sonnen-physik, insbesondere der Messung von Magnetfeldern in Sonnenflecken.

Ein aus unserem Territorium stammendes, weltberühmt gewordenes wissenschaftliches Demonstrationsgerät ist das Zeiß-Planetarium, das, 1919 bis 1926 von der Firma Carl Zeiß, Jena, entwickelt, inzwischen in mehr als 50 Exemplaren über die ganze Welt verteilt, nun selbst eine bewegte Geschichte hat. Die Sachzeugen aus der Frühgeschichte des Zeiß-Planetariums sind deshalb wichtige Denkmale der wissenschaftlichen Gerätetechnik. In Jena selbst steht das 1925/1926 erbaute Planetariumsgebäude auf der Bezirksdenkmalliste des Bezirkes Gera. Es ist eine halbkugelförmige Betonkuppel von 25 m Durchmesser, aber nur 6 cm Wanddicke, die mit einem wohldurchdachten Stabnetzwerk bewehrt ist. Die wenigsten der 170 000 Besucher im Jahr bedenken, daß schon diese im Dienst der Wissenschaft ausgeführte Kuppel eine Meisterleistung der Bautechnik ist. Das Projektionsgerät des Jenaer Planetariums steht nicht (oder noch nicht?) unter Denkmalschutz, weil es erst 1967/1968 angefertigt und damit nicht das ursprüngliche ist. Die Anforderungen einer modernen Planetariumsarbeit im Zeitalter der Raumfahrt führen zu einer ständigen Weiterentwicklung der technischen Ausrüstungen. So wird bei den Planetariumsprojektoren der nächsten Generation vor allem die Mikroelektronik weitgehend zum Einsatz gelangen. Aufgabe künftiger konzeptioneller Arbeit der Denkmalpflege wird es deshalb sein zu prüfen, welche Entwicklungsetappen des Zeiß-Planetariums aus den jüngeren Jahrzehnten als Sachzeugen der Geschichte dieses berühmten Gerätes erhalten bleiben müßten.

Aus der ersten, von 1919 bis 1926 entwickelten Serie des Zeiß-Planetariums ist in der DDR noch ein Exemplar erhalten. Es befindet sich in Dresden, allerdings nicht komplett aufgebaut. Die nördliche Fixsternhalbkugel mit einem Teil des Planetengerüstes wird von der Sektion Geodäsie und Kartographie der Technischen Universität Dresden aufbewahrt, die südliche Fixsternhalbkugel ist in der Volkssternwarte Adolph Diesterweg in Radebeul museal aufgestellt (Bild 259). Das Gebäude des Dresdener Planetariums im ehemaligen Ausstellungsgelände am Großen Garten wurde am 13. Februar 1945 durch Bomben zerstört. Die Geschichte des Planetariums und die Bauweise (auch der neueren Geräte) sind wie folgt (vereinfacht) darzustellen (Abb. 65),

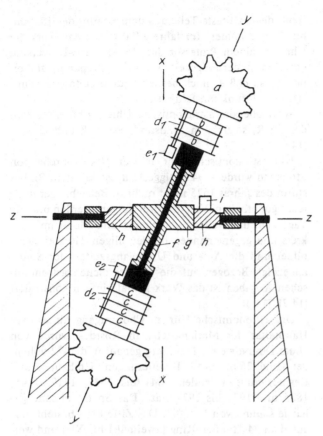

Abb. 65. Stark vereinfachte Prinzipskizze des Projektionsinstrumentes für das Zeiß-Planetarium von 1924

X Polarachse, Y Ekliptikachse, gegen X im Winkel von $23\frac{1}{2}°$, Z Horizontalachse; durch Drehung von X um Z kann das Gerät für jeden Ort mit beliebiger Polhöhe (von 0 bis 90°) eingestellt werden, a Projektoren für die Fixsternhalbkugeln, um die Welle f bzw. die Ekliptikachse Y drehbar, b Projektoren für Sonne, Mond und Merkur, c Projektoren für Venus, Mars, Jupiter und Saturn, b und c mit Hilfe der Antriebsachsen d_1 und d_2 und der Elektromotoren e_1 und e_2 um Y bzw. f drehbar, g Tragkörper für f, um X in dem Ringkörper h mittels Elektromotors i drehbar (nach [14.3])

[14.5]: Die Anregung bzw. Aufforderung zum Bau eines Planetariums ging vor dem ersten Weltkrieg vom Deutschen Museum in München aus. Die Idee, die Aufgabe nicht mechanisch durch kreisende Himmelskörper, sondern mit den Möglichkeiten der optischen Projektion an eine Himmelskugel zu lösen, kam nach dem ersten Weltkrieg aus der Firma Carl Zeiß. Für die Projektion der Bahnen für die fünf sichtbaren Planeten wurde ein Planetengerüst entwickelt, auf dessen Stockwerken für jeden Planeten ein Projektor in Kreisbahn drehbar montiert war. Durch spezielle Mechanismen werden die ungleichmäßigen Bewegungen der Planeten so weit ausgeglichen, daß die Fehler vernachlässigbar klein werden. Die gemäß dem zweiten Keplerschen Gesetz unterschiedlichen Geschwindigkeiten der Planeten auf ihrer Bahn ließen sich mit einem besonderen Kurbelmechanismus berücksichtigen. Da das Planetarium auf das Erscheinungsbild des Himmels von der Erde aus eingerichtet ist, machten sich für die Sonne ein ähnlicher

Projektor und Mechanismus erforderlich. Die Mechanismen der Projektoren von Sonne und Planeten sind – erdzentrisch – so gekoppelt, daß sogar die bekannten scheinbaren Schleifen der Planetenbahnen im Zeitraffertempo sichtbar werden. Die Bewegung des Mondes wird ebenso projiziert, nur ist dabei notwendigerweise der Kurbelmechanismus des Mondprojektors mit dem der Erde gekoppelt.

Alle diese Projektionsgeräte werden über verschiedene Zahnradgetriebe von einer gemeinsamen Antriebswelle in Bewegung gesetzt, und zwar mit Hilfe eines Elektromotors. Die Getriebe für die Planetenprojektoren sind dabei nicht etwa für eine schematische Darstellung, sondern dem tatsächlichen Lauf der Planeten gemäß konstruiert, und zwar so genau, daß sich z. B. für den Planeten Merkur eine Lageabweichung von 1° erst nach einem Ablauf von 5000 Jahren Planetariumszeit (also gemäß der Zeitraffung) ergibt.

Da die Fixsterne relativ zueinander feststehen, wie jeder von den Sternbildern her weiß, ließ sich der Fixsternhimmel im Prinzip einfacher konstruieren. Das Problem lag hier in der großen Zahl der zu projizierenden Sterne. Es galt alle mit dem bloßen Auge sichtbaren, also etwa 8 900 Sterne (bis zur 6,5. Größenklasse) mit zwei Projektionskugeln, den sogenannten Fixsternkugeln, abschnittsweise abzubilden. Man wählte Kugeln von 50 cm Durchmesser, in deren Öffnungen 32 Projektoren für jeweils bestimmte Abschnitte des Fixsternhimmels eingesetzt wurden. Der Drehmechanismus ließ dann die tägliche Drehung des Fixsternhimmels in der Projektion an der Planetariumskuppel erscheinen. Das erste Gerät hatte nur eine Fixsternkugel, aber schon die Geräte der ersten Serie wurden mit zwei Fixsternkugeln – für die nördliche und die südliche Himmelshälfte – ausgestattet, so daß damit der ganze Fixsternhimmel in den Planetarien vorgeführt werden konnte. Dabei verteilte man die Projektoren des Planetengerüstes so auf dessen obere und untere Hälfte, daß damit zugleich ein Gewichtsausgleich geschaffen wurde (Abb. 65). Das ganze Gerät wurde nun allseitig drehbar und kippbar in eine Tragkonstruktion so gesetzt, daß die Stellung des Fixsternhimmels und der Planeten für jede Zeit und jeden Ort der Erde projiziert werden kann. Welche Leistung des feinmechanischen und optischen Gerätebaus in dem Projektionsgerät des Zeiß-Planetariums verkörpert ist, zeigt die Tatsache, daß es aus etwa 15 000 Einzelteilen, darunter etwa 2 000 solchen der optischen Fertigung besteht [14.3], [14.4].

Mit Sicherheit gibt es in anderen Wissenschaftszweigen weitere denkmalwürdige Geräte, Versuchs- und Meßanlagen. Eine systematische Erfassung historischer Sachzeugen ist auf diesem Gebiet noch nicht erfolgt.

In gewissem Sinne lassen sich zur wissenschaftlichen Gerätetechnik auch die Uhren zählen, als Denkmale also die mit den Bauwerken fest verbundenen Uhren. Während die einfachen Turmuhren nur allgemein von historischem Interesse sind, können die astronomischen und die automatischen Uhren schon eher als Zeugnisse aus der Geschichte der wissenschaftlichen Gerätetechnik gelten [14.6]. Berühmt und von tausenden Touristen, auch aus der DDR, bestaunt ist die astronomische Uhr am Altstädter Rathaus von Prag. Alle erfreuen sich beim Stundenschlag an den zwölf Aposteln und dem krähenden Hahn. Nur wenige aber bedenken, daß hinter dem Mauerwerk ein mechanisches Meisterwerk

steht, dessen älteste Teile aus dem Beginn des 15. Jahrhunderts stammen. Im Jahre 1490 wurde das Werk der Uhr von einem Professor der Prager Karls-Universität erweitert, in der Folgezeit, wenn nötig, repariert und erneuert, so daß es noch heute – zur Freude der Touristen – voll funktionsfähig ist.

Wertvolle alte astronomische Uhren gibt es auch in der DDR, so u. a. in Stralsund, Rostock und Görlitz [14.6].

Die astronomische Uhr in der Nikolaikirche von Stralsund wurde 1394 fertiggestellt, ist seit dem Bildersturm des Jahres 1525 nicht mehr in Betrieb, aber doch recht gut erhalten. Von den drei Zeigern werden u. a. die Tageszeit, die Stellung von Sonne und Mond im Tierkreis und gegeneinander, die jeweiligen Tierkreissternbilder und die Auf- und Untergangszeiten der Sonne angezeigt. Bezogen auf die umfangreichen astronomischen Angaben ist das Werk genial einfach konstruiert [14.7], [14.8].

Die astronomische Uhr im Chorumgang hinter dem Hauptaltar der Marienkirche in Rostock wurde von HANS DÜRINGER aus Nürnberg gebaut und 1472 vollendet (Bild 260), [14.9]. Erneuerungen, Umbauten und Restaurierungen fanden 1641 bis 1643, 1710, 1745, 1885 und 1974 bis 1977 statt. Das Spätrenaissancegehäuse stammt von 1641/43. Das Zifferblatt besteht u. a. aus dem 24-Stunden-Ring (zweimal I bis XII) und weiter innen dem Tierkreiszeichenring sowie dem Ring der geschnitzten Monatsbilder. Ganz innen liegt die Sonnenscheibe, deren Zeiger den Stand der Sonne im Tierkreis angibt. Darunter befindet sich die Mondphasenscheibe mit Mondzeiger am Rande, der den Stand des Mondes im Tierkreis und das Mondalter anzeigt. In der freien Öffnung der Sonnenscheibe ist die jeweilige Mondphase sichtbar. Der Aufsatz oberhalb der Uhrscheibe enthält das Schlagwerk, das Glockenspiel und den Apostelumgang. Unter der Uhrscheibe befindet sich ein Kalendarium. Mit dem Uhrwerk sind die Werke für den Stundenschlag, für das Glockenspiel, für den Apostelumgang und für das Kalendarium gekoppelt, doch so, daß jedes dieser fünf Werke einen eigenen Masseantrieb besitzt.

In Görlitz wurde eine astronomische Uhr 1507 an einem Pfeiler westlich des Südportals in der Pfarrkirche St. Peter und Paul fertiggestellt und 1713, 1880 und 1954 instandgesetzt. Eine kreisförmige Öffnung in der

Uhrscheibe gibt den Blick auf eine Scheibe mit der Anzeige der Mondphase frei [14.10].

Eine weitere astronomische Uhr befindet sich in Görlitz am Rathausturm. In der jetzigen Form stammt sie aus dem Jahr 1584 (renoviert 1951). Das obere Zifferblatt ist die Stundenuhr mit der Mondphasenanzeige in Form eines Ringes mit 30 verschiedenen Mondphasenbildern. Das untere Zifferblatt gehörte zu einer Stundenuhr. Über deren Zentrum liegt das Automaton, 1584 von BASTIAN PETZSCH geschaffen, ein Menschenkopf, dessen Augäpfel und Unterkiefer sich früher bei jedem Pendelschlag, seit 1951 zu jeder vollen Minute bewegen. Das Werk beider Uhren ist nicht mehr vorhanden bzw. nicht mehr in Funktion. Die untere Uhr wird heute über eine elektrische Hauptuhr gesteuert.

Weitere historische astronomische Uhren gibt es in der DDR in Stendal, Marienkirche, vermutlich um 1500; Malchin, Stadtkirche, 1596/18. Jahrhundert; Leipzig, Altes Rathaus, 1557/58, mehrfach restauriert, heute mit modernem Impulsgeber; Pirna, Rathaus, 1556, mehrfach erneuert, mit Löwen, die an einen Birnbaum schlagen und mit den Zungen wackeln; Jena, Rathaus, um 1500, seit 1755 am Turm des alten Rathauses, mit Mondphasenanzeige und beweglichem Schnapphans; Plauen/Vogtland, Rathaus, 1548, Werk 1870 erneuert, Mondphasenanzeige und bewegliche Löwen, und Bad Doberan, Münster, nur Zifferblatt erhalten.

Einige astronomische Uhren aus unserer Zeit, z. B. am Hörsaalgebäude, Willers-Bau, der Technischen Universität Dresden, setzen die bemerkenswerte Tradition dieses Zweiges der Gerätetechnik fort. Seit einigen Jahren werden auch die historischen Sonnenuhren der DDR von einer Arbeitsgruppe des Kulturbundes inventarisiert [14.11].

Eine andere Gruppe technischer Denkmale stellt selbst zwar keine wissenschaftlichen Geräte dar, steht aber indirekt mit solchen in Zusammenhang – die historischen Vermessungspunkte. In den Jahren 1863 bis etwa 1870 wurden in Sachsen für die Europäische Gradmessung (Trigonometrisches Netz I. Ordnung) Vermessungspunkte erkundet und markiert. Die Vermessung wurde nach Vorarbeiten von JULIUS WEISBACH, Freiberg, durch CHRISTIAN AUGUST NAGEL (1821 bis 1903), Professor für Geodäsie an der Dresdener Technischen Bildungsanstalt, durchgeführt [14.12]. Von dem Netz I. Ordnung liegen 31 Punkte auf dem Gebiet der DDR, von denen aber nur einige erhalten sind, so z. B. auf dem Borsberg bei Dresden (künstlerisch gestalteter Pfeiler), bei Strauch, etwa 10 km nördlich von Großenhain, auf dem Rochlitzer Berg, auf dem Collmberg bei Oschatz, auf dem Fichtelberg bei Oberwiesenthal (nicht mehr auf dem originalen Standort, aber stark beachtet) und auf der Baeyerhöhe, etwa 10 km südlich von Meißen [14.13]. Das anschließende Netz II. Ordnung besteht aus etwa 180 Punkten, die ähnlich, aber etwas einfacher vermarkt und noch vielfach vorhanden sind, aber doch auch als technische Denkmale erfaßt werden sollten. Unabhängig von diesem Netz sind als geodätische Denkmale die Meridiansäule in Rähnitz (Dresden-Hellerau) (LOHRMANN 1828), [14.14], der Beobachtungspfeiler für die Meridianbestimmung auf dem Zwingerwall in Dresden und der Helmertturm in Potsdam als Zentralpunkt der Europäischen Gradmessung von Bedeutung.

15. Denkmale für Techniker, Technikwissenschaftler und Ereignisse der Produktions- und Verkehrsgeschichte

■
Geburts-, Wohn- und Arbeitsstätten
von Technikern und Technikwissenschaftlern

■
Grabstätten

■
Hochschulinstitute

■
Denkmale für Techniker und Ereignisse
aus der Technikgeschichte

■
Als Denkmal aufgestellte Produktionsmittel

Die in allen vorstehenden Abschnitten dieses Buches behandelten technischen Denkmale können in vielen Fällen zugleich als Denkmale für bestimmte Ereignisse der Produktions- und Verkehrsgeschichte sowie für Techniker und Technikwissenschaftler gelten. Das Schiffshebewerk Niederfinow, der Hauptbahnhof Leipzig, der Fernsehturm Berlin sind nicht nur technische Denkmale an sich, sondern zugleich Denkmale für ihre Erbauer. Die Göltzschtalbrücke ist ein Denkmal, das sich ihr Projektant JOHANN ANDREAS SCHUBERT selbst gesetzt hat.

Doch gibt es auch Denkmale für Ereignisse der Produktions- und Verkehrsgeschichte und für Techniker und Technikwissenschaftler, ohne daß es sich dabei um technische Denkmale handelt. Künstler, Politiker und historisch bedeutende Militärs werden geehrt, indem ihre Geburtshäuser, Wohnhäuser und Arbeitsstätten mit Gedenktafeln gekennzeichnet und ihre Grabstätten als Denkmale erhalten werden. Für berühmte Techniker und Wissenschaftler ist dasselbe möglich und nötig. Blicke in unsere Denkmallisten zeigen aber, daß diese Aufgabe noch nicht in dem Maße erkannt worden ist, wie es von unserem Geschichtsbild her eigentlich sein sollte. Die Beispiele, die hier genannt werden, mögen deshalb dazu anregen, weitere derartige Gedenkstätten zu erfassen oder zu kennzeichnen. Im Vergleich zu anderen Denkmalen ist dies mit einem verhältnismäßig geringen Finanzaufwand möglich und erfordert auch Pflegekosten in kaum nennenswertem Maße. In jüngster Zeit wurden einige Denkmale für Techniker geschaffen.

Gedenktafeln befinden sich für JOHANN FRIEDRICH BÖTTGER (1682 bis 1719), den Erfinder des europäischen Hartporzellans, am Rathaus von Schleiz, seinem Geburtsort [15.1]; für JOHANN ANDREAS SCHUBERT (1808 bis 1870), den berühmten ersten Lehrer an der Dresdener Technischen Bildungsanstalt, Projektanten der Göltzschtalbrücke und Erbauer der ersten deutschen Lokomotive und des ersten Dampfers auf der Oberen Elbe [15.2] in Wernesgrün/Vogtland, am Geburtshaus (Bild 263); für CHRISTIAN FRIEDRICH BRENDEL (1776 bis 1861), einen führenden Maschinentechniker Sachsens um 1810 bis 1850, ebenfalls an seinem Geburtshaus; am Zechenhaus der Grube Peter und Paul im Schneeberger Bergrevier (Bild 261), [15.3] und für FRIEDRICH GOTTLOB KELLER (1816 bis 1895), den Erfinder des Holzschliffs und damit Pionier der modernen Papierindustrie, an seinem Geburtshaus in Hainichen, Bezirk Karl-Marx-Stadt [15.4].

Mit Tafeln gekennzeichnet sind das Wohnhaus von JOHANN ANDREAS SCHUBERT in Dresden-Friedrichstadt, das Wohnhaus des Freiberger Maschinendirektors CHRISTIAN FRIEDRICH BRENDEL und die Wohnhäuser mehrerer Technikwissenschaftler der Bergakademie in Freiberg. In Jena künden kleine Gedenktafeln an drei Häusern davon, daß dort CARL ZEISS seine berühmte Werkstatt hatte, und zwar 1846/47 in der Neugasse 7, 1847 bis 1857 in der Wagnergasse 32 und 1857 bis 1881 am Johannisplatz 10. Diese Tafeln befinden sich wenige hundert Meter vom jetzigen VEB Optische Werke Carl Zeiss JENA entfernt und erinnern damit die Werktätigen dieses Betriebes in ihrer täglichen Umgebung an die Keimzellen ihrer großen Tradition [15.5].

Unter Denkmalschutz stehen u. a. die Grabstätten von CARL ZEISS (1816 bis 1888), dem Begründer der optischen Industrie in Jena, auf dem dortigen Alten Friedhof, 1978 unter Verwendung des originalen Grabsteins neu gestaltet (Bild 266); ebenso in Jena die Grabstätten von ERNST ABBE und OTTO SCHOTT; AUGUST BORSIG (1804 bis 1854), dem bekannten Techniker, Fabrikanten und frühen Repräsentanten des Berliner Maschinenbaus [15.6], auf dem Dorotheenstädtischen Friedhof in Berlin (Bild 265); JULIUS WEISBACH (1806 bis 1871), dem bedeutenden Maschinenkundeprofessor an der Bergakademie Freiberg und Mitbegründer des wissenschaftlichen Maschinenwesens, auf dem Donatsfriedhof in Freiberg [15.7], [15.8]; FRIEDRICH WILHELM SCHWAMKRUG (1808 bis 1880), dem führenden Maschinentechniker des Freiberger Bergbaus um 1850 bis 1880 und Erfinder der Schwamkrugturbine, ebenfalls auf dem Freiberger Donatsfriedhof [15.8], [15.9]; GUSTAV ANTON ZEUNER (1829 bis 1907), Professor am Polytechnikum Dresden und Schöpfer der Technischen Thermodynamik, auf dem Alten Annenfriedhof in Dresden [15.10]; JOHANN ANDREAS SCHUBERT (1808 bis 1870), Lehrer an der Dresdener Technischen Bildungsanstalt, Erbauer der ersten deutschen Lokomotive und des ersten Personendampfers auf der Oberen Elbe und Projektant der Göltzschtalbrücke, auf dem Matthäusfriedhof in Dresden [15.1], [15.10] sowie HEINRICH BARKHAUSEN (1881 bis 1956), Professor an der Technischen Universität Dresden und Pionier der Schwachstromtechnik, im Urnenhain Dresden-Tolkewitz [15.10].

Eine gute Möglichkeit der Traditionspflege nutzen die technischen Hochschulen, indem sie die Gebäude der verschiedenen Fachrichtungen nach Wissenschaftlern benennen, die für die Tradition der betreffenden Technikwissenschaft besondere Bedeutung haben. Da diese Gebäude für die Studenten, für den technikwissenschaftlichen Nachwuchs einige Jahre lang zur täglichen Arbeitsumwelt gehören, wachsen unsere jungen Ingenieure bereits dadurch in diese technikwissenschaftliche Traditionslinie hinein.

In besonderem Maße den Charakter von Denkmalen haben solche Gebäude dann, wenn sie noch aus der Zeit des namengebenden Wissenschaftlers stammen, also wirklich deren Arbeitsstätten waren. Das gilt zum Beispiel an der Technischen Universität Dresden für den Görgesbau von 1905 als Wirkungsstätte des Professors für Elektrotechnik JOHANNES GÖRGES (1859 bis 1946); den Beyerbau von 1913, wo der Professor für Statik der Baukonstruktionen und Technische Mechanik, KURT BEYER (1881 bis 1952) arbeitete, und den Barkhausenbau, der nach der Zerstörung des alten Institutsgebäudes im Krieg als einer der ersten Neubauten der Technischen Universität 1950 für den bekannten Schwachstromtechniker HEINRICH BARKHAUSEN (1881 bis 1956) errichtet wurde [15.10].

Gleiches gilt an der Bergakademie Freiberg für den Karl-Kegel-Bau, die Wirkungsstätte des letzten Polyhistors der Montanwissenschaften, Professor KARL KEGEL (1876 bis 1959); wogegen eine Reihe von Neubauten nach älteren bedeutenden Professoren benannt sind, so nach dem Hüttenkundler Chr. E. GELLERT (1713 bis 1795), dem Chemiker CLEMENS WINKLER (1838 bis 1904), der das Schwefelsäurekontaktverfahren entwickelt hat, nach dem Eisenhüttenkundler ADOLF LEDEBUR (1837 bis 1906) und dem Maschinenkundler JULIUS WEISBACH (1806 bis 1871) [15.11] bis [15.13].

Technikern und Technikwissenschaftlern sind auch schon Denkmale errichtet worden, wenn auch noch nicht so häufig wie Künstlern und anderen Persönlichkeiten des öffentlichen Lebens. Als Beispiele seien genannt: das 1891 geschaffene und 1928 vor der Porzellanmanufaktur Meißen aufgestellte Denkmal für den Erfinder des europäischen Hartporzellans, J. F. BÖTTGER; das 1982 ebenfalls für J. F. BÖTTGER errichtete Denkmal auf der Jungfernbastei an der Brühlschen Terrasse in Dresden, dem Erfindungsort des Porzellans

(Bild 264); das 1956 vor dem Weisbachbau der Bergakademie Freiberg eingeweihte Denkmal JULIUS WEISBACHS; die 1920 aufgestellte Büste von GUSTAV ANTON ZEUNER vor dem Zeunerbau der Technischen Universität Dresden; das Denkmal für den Maschinendirektor CHRISTIAN FRIEDRICH BRENDEL, einen führenden Maschinentechniker Sachsens in der Zeit von 1810 bis 1850, vor der Oberschule seines Geburtsortes Neustädtel (Bild 262); der 1908 für den Erfinder des Holzschliffs FRIEDRICH GOTTLOB KELLER in seiner Heimatstadt Hainichen errichtete Brunnen, an dem Reliefs die Erfindung des Holzschliffs darstellen, sowie der 1962 für den Initiator und Leiter der Mitteleuropäischen Gradmessung, JOHANN JAKOB BAEYER (1794 bis 1885), in seinem Geburtsort Berlin-Müggelheim errichtete Denkstein. Nicht unerwähnt soll in diesem Zusammenhang auch die Gestaltung des Zugangs zu dem Freiraum zwischen der neu errichteten Hochschulbibliothek und der Mensa der Bergakademie Freiberg bleiben. Drei überdimensional vergrößerte Türstöcke werden durch Metallrelieftafeln verbunden, auf denen verdienstvolle Angehörige und Freunde der Bergakademie gewürdigt und bedeutende Montanwissenschaftler (CHRISTLIEB EHREGOTT GELLERT, ABRAHAM GOTTLOB WERNER, CLEMENS WINKLER, ADOLF LEDEBUR und KARL KEGEL) porträtiert sind. Auch Straßen wurden in mehreren Städten nach Technikwissenschaftlern benannt.

Aber auch besonderen Ereignissen aus der Produktions- und Verkehrsgeschichte sind schon Denkmale gewidmet worden. So macht in Freiberg am Haus Wasserturmstraße 34 (Ecke Berggasse) eine Tafel auf die Stelle aufmerksam, wo im Jahre 1168 der Freiberger Bergbau begann. An den Bau der ersten deutschen Fernbahn Leipzig–Dresden (1836 bis 1839) erinnern das 1880 errichtete Eisenbahndenkmal in der Nähe des Leipziger Hauptbahnhofs, das Tunneldenkmal bei Oberau nordwestlich von Meißen für den 1839 vollendeten und 1933 beseitigten Oberauer Tunnel dieser Bahnstrecke und seit 1986 in Machern bei Wurzen ein Denkmal an den Baubeginn des bei Machern für diese Strecke erforderlichen großen Bahneinschnittes [15.14]. Das Leipziger Eisenbahndenkmal (Bild 269) wurde von dem Eisenbahndirektor WILHELM SEYFFERTH gestiftet, vom Architekten AECKERLEIN entworfen und 1876 aus Rochlitzer Porphyrtuff ausgeführt. Es ist ein hoher Obelisk auf abgestuftem Unterbau und enthält auf den vier Seiten

Bronzetafeln mit Inschriften (Bild 269). An der westlichen Tafel liest man

»LEIPZIG – DRESDNER EISENBAHN

Erste große Verkehrsbahn Deutschlands.
Wurde angeregt 1833 durch Friedrich List,
ins Leben gerufen durch Bürger Leipzigs
Albert Dufour-Feronce, Gustav Harkort,
Carl Lampe, Wilhelm Seyfferth«

An der östlichen Tafel steht

»Leitung des Baues:
Oberwasserbaudirektor Karl Theodor Kunz, Major a D.,
1. Spatenstich 1. März 1836.
Eröffnung der Gesamtlinie 7. April 1839.
Als Privatbahn erfolgreich betrieben bis 30. Juni 1876.
Verkauf an den Staat beschlossen durch die
Generalversammlung der Aktionäre
29. März 1876.
In das Netz der sächsischen Staatsbahnen
übergegangen 1. Juli 1876.«

An der südlichen Tafel sind die Namen des ersten Direktoriums, an der nördlichen die des letzten Direktoriums verzeichnet. Die Namen der Initiatoren und der Direktorien sind einerseits für Leipzig stadtgeschichtlich interessant und zeigen andererseits, wie die damalige Bourgeoisie die treibende Kraft im Eisenbahnbau war. Damit hat das Eisenbahndenkmal weit mehr als nur lokale Bedeutung.

Bei Marienberg im Erzgebirge weist ein 1979 vom Kulturbund errichteter Gedenkstein auf die Lage der Grube Fabian-Sebastian hin, deren Silberfunde 1520 Anlaß zur Gründung der Bergstadt Marienberg gegeben haben (vgl. S. 229 und Bild 22).

Bei Hettstedt erinnert das 1890 errichtete Maschinendenkmal auf einer Halde des ehemaligen Kupferschieferbergbaus an den Standort der ersten deutschen Dampfmaschine, der 1785 erbauten Wasserhaltungsdampfmaschine auf dem König-Friedrich-Schacht (Bild 267). Der etwa würfelförmige Aufsatz des Denkmals zeigt auf der einen Seite eine Inschrifttafel, auf der anderen eine Tafel mit dem Relief der Maschine. Ein originaler Zylinder dieser Dampfmaschine ist auch noch erhalten. Als die Maschine in Hettstedt nicht mehr benötigt wurde, setzte man sie in den Steinkohlenbergbau von Löbejün bei Halle um. Dort blieben Teile von ihr erhalten. Im Gedenken der besonderen historischen Bedeutung dieser Maschine wurde später der Zylinder auf einem Sockel aus Löbejüner Porphyr im Park der Stadt als Denkmal aufgestellt (Bild 268). Der Zylinder selbst erhielt bei seiner Anfertigung die Inschrift: »Gegossen / Penydarron Furnace / Glamorganshire / Süd Wallis / durch / Jere Homfray u. Co / 1788.« Der Sockel zeigt eine Tafel mit einem Relief der Maschine und eine weitere mit der Inschrift: »Zweiter Zylinder für die auf Veranlassung Friedrichs d. Gr. erbaute erste deutsche Feuermaschine, die von 1785–1793 auf dem König-Friedrich-Schachte bei Hettstedt und von 1795 bis 1848 auf dem Hoffmannsschachte bei Löbejün gearbeitet hat. Aufgestellt im Jahre 1935.«

Auf gleiche Art lassen sich technische Traditionen auch mit originalen Sachzeugen pflegen, die als Einzelstücke nicht derart besondere Bedeutung besitzen. So stellte man in Halsbrücke bei Freiberg, als 1968 dort der Bergbau stillgelegt wurde, einen der letzten Förderwagen als Denkmal auf einen aus Bruchstein gemauerten Sockel.

Ähnliches ist in unseren Braunkohlenrevieren zu empfehlen. Dort lassen sich Brikettpressen als Denkmale aufstellen, zur Erinnerung an die Braunkohlenindustrie, wenn diese einst wegen Erschöpfung der Vorräte eingegangen sein wird. Wo Maschinen und andere technische Aggregate für eine Aufstellung unter freiem Himmel robust genug sind, können technische Traditionen auf diese Weise in unserer täglichen Umgebung und damit im Bewußtsein der kommenden Generation bewahrt bleiben.

Literatur- und Quellenverzeichnis

[1]   HEINE, H.: Die Harzreise. In: Sämtliche Werke in vier Bänden, S. 17. Leipzig 1887

[2]   ENGELS, F.: Anteil der Arbeit an der Menschwerdung des Affen. In: Werke, Bd. 20, S. 452. Berlin: Dietz Verlag 1962

[3]   MARX, K., u. F. ENGELS: Manifest der Kommunistischen Partei. In: Werke, Bd. 4, S. 465. Berlin: Dietz Verlag 1959

[4]   ENGELS, F.: Die Entwicklung des Sozialismus von der Utopie zur Wissenschaft. In: Werke, Bd. 19, S. 217. Berlin: Dietz Verlag 1962

[5]   Ebenda, S. 226

[6]   Ebenda, S. 228

[7]   JONAS/LINSBAUER/MARX: Die Produktivkräfte in der Geschichte, Bd. 1, S. 35. Berlin: Dietz Verlag 1969

[8]   MARX, K., u. F. ENGELS: a. a. O., S. 468

[9]   LENIN, W. I.: Die große Initiative. In: Werke, Bd. 29, S. 410. Berlin: Dietz Verlag 1968

[10] LENIN, W. I.: Rede auf dem III. Kongreß der Kommunistischen Internationale. In: Werke, Bd. 32, S. 481. Berlin: Dietz Verlag 1968

[11] LENIN, W. I.: Entwurf des Programms der KPR (B). In: Werke, Bd. 29, S. 97. Berlin: Dietz Verlag 1966

[12] HONECKER, E.: Fragen der Wissenschaft und Politik in der sozialistischen Gesellschaft der DDR. Neues Deutschland 16 (1972) S. 3

[13] BLEYL, F.: Baulich und volkskundlich Beachtenswertes aus dem Kulturgebiet des Silberbergbaus zu Freiberg, Schneeberg und Johanngeorgenstadt im sächsischen Erzgebirge. Dresden: Landesverein Sächsischer Heimatschutz 1917

[14] BLEYL, F.: Der Pferdegöpel der Neu Leipziger Glück Fundgrube bei Johanngeorgenstadt im Erzgebirge. Mitt. Sächs. Heimatschutz 25 (1936) 9/12, S. 233–239

[15] FRITZSCHE, O.: Die Freiberger Tagung für Technikgeschichte des Vereins deutscher Ingenieure. Blätter der Bergakademie Freiberg 20 (1939), S. 12–15

[16] MATSCHOSS, C.: Technische Kulturdenkmäler. Beitr. z. Gesch. d. Techn. u. Ind., Berlin 17 (1927), S. 1–30

[17] MATSCHOSS, C., u. W. LINDNER: Technische Kulturdenkmale. München: Verlag Bruckmann 1932

[18] WAGENBRETH, O.: Prof. Dr.-Ing. O. FRITZSCHE und die Technikgeschichte. In: Hervorragende Angehörige und Freunde der Bergakademie Freiberg, Bd. 2, S. 31–41, 54–61 Freiberg 1982 (darin weitere Literatur)

[19] FRITZSCHE, O.: Das Schwarzenberggebläse. Mitt. Sächs. Heimatschutz, Dresden 26 (1937) 9/12, S. 255–268

[20] FRITZSCHE, O.: Technische Kulturdenkmale des Berg- und Hüttenwesens im sächsischen Erzgebirge. Beitr. z. Gesch. d. Technik u. Industrie, Berlin 20 (1940) S. 169–171

[21] NADLER, H.: Die denkmalpflegerische Mitarbeit gesellschaftlicher Kräfte im Verlauf der Entwicklung der DDR – Drei Jahrzehnte Denkmalpflege in der DDR, Protokollheft. Hrsg. vom Kulturbund der DDR, Gesellschaft f. Denkmalpflege, S. 26–28. Berlin 1980

[22] RACKWITZ, W.: Referat auf der Konferenz Drei Jahrzehnte Denkmalpflege in der DDR. Protokollheft. Hrsg. vom Kulturbund der DDR, Gesellschaft f. Denkmalpflege, S. 8–18. Berlin 1980

[23] Zehn Jahre Denkmalpflege in der Deutschen Demokratischen Republik. Hrsg. von L. ACHILLES. Leipzig 1959

[24] WAGENBRETH, O.: Die Pflege technischer Kulturdenkmale – eine neue gesellschaftliche Aufgabe unserer Zeit und unseres Staates zur Popularisierung der Geschichte der Produktivkräfte. Wiss. Zeitschr. Hochschule für Architektur u. Bauwesen, Weimar 16 (1969) 5, S. 465–484

[25] STRAUSS, G.: Zur Geschichte der Denkmalpflege von 1945–1949, ihr Beitrag für die Festigung der antifaschistisch-demokratischen Ordnung. Drei Jahrzehnte Denkmalpflege in der DDR. Protokoll. Hrsg. vom Kulturbund der DDR, Gesellschaft f. Denkmalpflege, S. 19–25. Berlin 1980

[26] NADLER, H.: Um die Erhaltung technischer Kulturdenkmale. Natur u. Heimat, Jahrbuch für 1952, S. 124–130. Hrsg. vom Kulturbund der DDR

[27] PREISS, W.: Zinnaufbereitung Altenberg, Probleme der Erhaltung technischer Denkmale. Wiss. Zeitschr. Technische Hochschule Dresden 3 (1953/54) 3, S. 371–376

[28] NADLER, H.: Die Erhaltung technischer Denkmale. Katalog Ausstellung techn. Kulturdenkmale, Görlitz 1952

[29] NADLER, H., G. EBELING u. E. WINKLER: Technische Kulturdenkmale. Katalog einer Wanderausstellung. Dresden: Institut f. Denkmalpflege 1955

[30] BEYER, W.: Die Windmühle – ein technisches Kulturdenkmal. Wiss. Zeitschr. Technische Hochschule, Dresden 7 (1957/58) 6, S. 1129–1144

[31] DEMPS, L.: Unsere Aufgabe: Erhöhung der gesellschaftlichen Wirksamkeit zur Erschließung des Denkmalerbes und der Propagierung seines geistigen Gehalts. – Drei Jahrzehnte Denkmalpflege in der DDR. Protokollheft. Hrsg. vom Kulturbund der DDR, Gesellschaft f. Denkmalpflege, Berlin 1980, S. 44–47

[32] WAGENBRETH, O.: Arbeitsseminar Technische Denkmale des Kulturbundes in Bad Saarow. Neue Bergbautechnik 11 (1981) S. 528

[33] MAYWALD, B., A. SAALBACH u. O. WAGENBRETH: Wind- und Wassermühlen als technische Denkmale. Hrsg. vom Kulturbund der DDR, Gesellschaft f. Denkmalpflege, Berlin 1983

[34] WAGENBRETH, O.: Internationales Symposium zur Pflege technischer Denkmale in Prag. Neue Bergbautechnik 11 (1981), S. 120

[35] Vgl. dazu WÄCHTLER, E., u. O. WAGENBRETH: Aims and Methods of the Care of Technical Monuments in the GDR. In: Transaction, First International Congress of the Conservation of Industrial Monuments. Telford 1975, S. 45 folgende
WÄCHTLER, E., u. O. WAGENBRETH: Länderbericht zur Industriearchäologie – Deutsche Demokratische Republik. In: Second International Congress on the Conservation of Industrial Monuments – Verhandlungen, Transactions Bochum 1978, S. 66–70
Dieselben: Soziale Revolution und Industriearchäologie, ebenda S. 160–178
DEITERS, L., O. WAGENBRETH u. E. WÄCHTLER: Die Pflege technischer Denkmale in der DDR. In: The Industrial Heritage – The Third International Conference on the Conservation of Industrial Monuments – National Reports – Transactions of the Third International Conference on the Conservation of Industrial Monuments, Volume 1, S. 41–44. Stockholm 1978
WÄCHTLER, E.: Le patrimoine industriell en Allemagne de l'Est (RDA). National Report for the German Democratic Republic. In: TICCIH 81 Le Patrimoine Industriell – The Industrial Heritage Volume 1. Rapports nationaux 1978–1981. Paris 1981

[36] MARX, K.: Das Kapital, 1. Bd., S. 194f. Berlin: Dietz Verlag 1975

[37] WIRTH, H.: Historische Faktoren in der baulich-räumlichen Planung. Schriften der Hochschule für Architektur und Bauwesen, Bd. 29, Weimar 1980

[38] Gesetz zur Erhaltung der Denkmale in der Deutschen Demokratischen Republik (Denkmalpflegegesetz) v. 19. Juni 1975. GBl. der DDR Teil I Nr. 26 v. 27. Juni 1975

[39] THIELE, G., u. H. NAMSLAUER: Ziele und Methoden der Pflege der Geschichtsdenkmale. Materialien zur Denkmalpflege, H. 3: Wissenschaftliche Grundlagen der Denkmalpflege, S. 3–45. Hrsg. vom Informationszentrum Min. f. Kultur, Berlin 1981

[40] Bekanntmachung der Zentralen Denkmalliste vom 25. September 1979. GBl. der DDR. Sonderdruck Nr. 1017 vom 5. Oktober 1979

[41] VOIGTMANN, J.: Technik im Landschaftsbild. Zu ästhetischen Akzenten technischer Bauten in der Freiberger Landschaft. Stadt- und Bergbaumuseum Freiberg, Schriftenreihe 3 (1980), S. 25 bis 41

[42] MRUSEK, H. J.: Ergebnisse, Methoden und Probleme bei der Erschließung und kulturellen Nutzung historischer Bauwerke. In: Zu Wirkungsaspekten bei der kulturellen Nutzung historischer Bauten … in der entwickelten so-

zialistischen Gesellschaft. Kongreß- u. Tagungsberichte der Martin-Luther-Universität, Halle-Wittenberg. Wiss. Beiträge, Halle 10 (1981) 2, S. 7–38

[43] WAGENBRETH, O.: Technische Denkmale und Möglichkeiten ihrer musealen Nutzung. Neue Museumskunde, Berlin 20 (1977) 3, S. 168–175

[44] WIRTH, H.: Rezeption und Popularisierung des technikwissenschaftlichen Erbes. Technische Denkmale als Museumsobjekte in der Architektenausbildung (Tobiashammer Ohrdruf, Denkmalkomplex Salinentechnik Bad Sulza). Wiss. Konferenz Phil.-Hist. 78, Bd. 4, S. 334–338. Technische Universität Dresden 1979

[45] GBl. der DDR, Teil I Nr. 26 v. 27. 6. 1975, § 2

[46] Ebenda, § 4 Abs. 1 u. 2

[47] Ebenda, § 3 Abs. 2

[48] Ebenda, § 6

[49] Ebenda, § 7, Abs. 1

[50] Ebenda, § 7, Abs. 2

[51] Ebenda, § 7, Abs. 3

[52] Ebenda, § 9, Abs. 4

[53] Ebenda, § 7, Abs. 3

[54] Ebenda, § 8, Abs. 1

[55] STRASSBURG, H.: Wasserwirtschaftler bauen ihr Museum auf. Betriebsforum. VEB Wasserversorgung und Abwasserbehandlung, Berlin 4 (1982) 3, S. 8

[56] 200 Jahre erste deutsche Dampfmaschine. VEB Mansfeld-Kombinat Wilhelm Pieck, Eisleben 1985

[57] Leitsätze der Gesellschaft für Denkmalpflege im Kulturbund der Deutschen Demokratischen Republik. Hrsg. vom Kulturbund der DDR, Berlin (ohne Jahresangabe)

[58] Denkmale der Produktions- und Verkehrsgeschichte (Technische Denkmale), Merkblätter, herausgegeben vom Zentralvorstand der Gesellschaft für Denkmalpflege im Kulturbund der DDR und vom Institut für Denkmalpflege,
bisher erschienen zu folgenden Themen:
– Technische Denkmale: Begriff und Kriterien
– Konzeption und Auswahl
– Nutzungsmöglichkeiten und gesellschaftliche Erschließung
– Produktionsbauten
– Technische Denkmale aus der Geschichte der DDR
– Technische Denkmale in Städten
– Technische Denkmale in Dörfern
– Denkmale zu Ereignissen oder Persönlichkeiten der Produktions- und Verkehrsgeschichte sowie der Geschichte der Technikwissenschaften
– Denkmale des Bergbaus: Übersicht
– Bergbauhalden, Pingen, Restlöcher
– Windmühlen: Geschichte, Technik, Typen
– Windmühlen: Denkmalpflegerische Maßnahmen
– Maschinen: Begriffe, Gliederung, Geschichte
– Werkzeugmaschinen für Metall- und Holzbearbeitung
– Kolbendampfmaschine: Geschichte, Technik, Typen
– Kolbendampfmaschine: Denkmalpflegerische Maßnahmen
– Brücken: Geschichte, Konstruktion, Typen
– Brücken: Denkmalpflegerische Maßnahmen
– Industrieschornsteine
– Verkehrsbauten, Transport- und Nachrichtenmittel

[59] KÖHLER, H. U.: Auf den Spuren von Nappian und Neuke. »blick«. Wochenendbeilage der Freiheit, Halle, v. 24. 12. 1981, S. 9

[60] WAGENBRETH, O.: Technische Denkmale und Geschichtsbewußtsein. Sächs. Heimatblätter, Dresden 31 (1985) 3, S. 133–137.

[61] JATTKE, P., u. K. JEDLICKA: Glückauf, die Forscher kommen: mit Mitgliedern der Arbeitsgruppe Historischer Bergbau des Kulturbundes … im Erbstolln Niederwinkel. Freie Presse, Beilage »heute für morgen«, Karl-Marx-Stadt 20 Nr. 6 v. 8. 1. 1982, S. 1

[62] Erzbahntunnelmundloch in alter Schönheit neu entstanden. Freie Presse, Karl-Marx-Stadt 19 Nr. 279, Lokalseite Freiberg v. 26. 11. 1981

[63] JATTKE, P., u. W. EBERT: Mit Schlauchboot und Grubenlicht in den Berg. Mittweidaer Freizeitforscher lüften das Geheimnis um den Schönborner Erzbergbau. Freie Presse, Beilage »heute für morgen«, Karl-Marx-Stadt, v. 18. 7. 1980
Ferner: Freizeitforscher erkunden ehemalige Bergbauanlagen. Notiz in: Freie Presse, Karl-Marx-Stadt, 20 Nr. 33, S. 3 v. 9. 2. 1982

[64] WICHER, R.: 350 Zeugen ehemaligen Bergbaus gesichert. Schaubergwerk zur Schiefergewinnung entsteht am Netzkater. Das Volk, Erfurt, v. 10. 1. 1981 (statt Schiefer lies Steinkohle)
WICHER, R.: Unbekannten Schächten auf der Spur. Ilfelder Spezialisten entdecken ehemalige Gruben. Thür. Landeszeitung, Weimar, v. 14. 1. 1981

[65] GLÖDE, W.: Technisches Denkmal im Bezirk Erfurt: Uralte Salinenanlagen mit hölzernen Nägeln; Spezialisten und Ehrenamtliche arbeiten Hand in Hand. – ND, Berlin 34 (303) S. 9 (22./23. 12. 1979)

[66] Protokoll der 24. Arbeitstagung der Forschungsgruppe Kursächsische Postmeilensäulen am 3. u. 4. Oktober 1981 in Kemberg/Wittenberg. Rundbrief Nr. 40 des Philatelistenverbandes im Kulturbund der DDR, Bezirksvorstand Karl-Marx-Stadt, Dezember 1981

[67] BECKER, W., u. a.: Denkmale im Bezirk Gera, Heft 1. Hrsg. vom Kulturbund der DDR, Gesellschaft für Denk-

malpflege, und vom Rat des Bezirkes Gera, Abt. Kultur
1980

[68] BECKER, G., u. U. TRINKS: Was tun wir für unsere Denk-
      male? (Presse-Interview). Freie Presse, Karl-Marx-Stadt
      19 v. 30.12.1981, Nr. 306, S. 3

[69] SAALBACH, A.: Leipziger Mühlen – einst und jetzt.
      12 Aufsätze in der Leipziger Volkszeitung. Leipzig
      1980

[70] HIERSEMANN, L.: Technische Denkmale. Leipziger
      Volkszeitung v. 16.2.1979

[71] PRIEMER, R.: Wanderweg zur Wassermühle. Leipziger
      Volkszeitung, Grimma v. 7./8.7.1979

[72] MEYER, R.: Viertelmeilenstein auf Wanderschaft. Leip-
      ziger Volkszeitung, Borna v. 16./17.2.1980

[73] GRUNDMANN, W.: Künftig für historische Züge? Bayri-
      scher Bahnhof als Museumsobjekt. Die Union, Leipzig
      v. 5.1.1977

[74] RUDOLPH, H., G. GALINSKY u. H. DOUFFET: Zeugen des
      Freiberger Bergbaus (I). 10 Karten nach Rohrfeder-
      zeichnungen von Helmut Rudolph. Hrsg. vom Kultur-
      bund der DDR. Reichenbach: Verlag Bild und Heimat
      1981

[75] PAUSCH, S., u. Chr. GEORGI: Schneeberg-Neustädtler
      Bergbaulandschaft in Vergangenheit und Gegenwart.
      7 Ansichtskarten in Textmappe. Hrsg. vom Museum für
      bergmänn. Volkskunst/Kulturbund der DDR, Schnee-
      berg. Reichenbach: Verlag Bild und Heimat 1981

Abschnitt 1.

[1.1] BRENTJES, B., S. RICHTER u. R. SONNEMANN: Geschichte
       der Technik. Leipzig: Verlag Edition 1978

[1.2] FIETZ, W.: Vom Aquädukt zum Staudamm, eine Ge-
       schichte der Wasserversorgung. Leipzig: Koehler u.
       Amelang 1966

[1.3] MÜLLER, H. H., u. H. J. ROOK: Herkules in der Wiege.
       Streiflichter zur Geschichte der Industriellen Revolu-
       tion, S. 222. Leipzig-Jena-Berlin: Urania Verlag 1980

[1.4] BAUMGÄRTEL, R.: Die Bautzener Wasserkünste. Beilage
       zu den Bautzener Nachrichten Nr. 9/10, S. 35 u. 39 v.
       28.2./7.3.1981

[1.5] REYMANN, R.: Geschichte der Stadt Bautzen. Bautzen
       1902

[1.6] SCHUSTER, H.: Die Baugeschichte der Festung Königs-
       stein. Stuttgart 1926

[1.7] WEBER, D.: Festung Königstein. Berlin–Leipzig: Tou-
       rist-Verlag 1980

[1.8] FUNKE, D. u. FRITZ, K. J.: Von der Befahrung des Kö-
       nigsteiner Festungsbrunnens. Sächs. Heimatblätter,
       Dresden 24 (1978) 4., S. 191–192

[1.9] WAGENBRETH, O.: Bergbauliche Denkmale im Lichte
       der Bergbautechnik Agricolas. Freib. Forsch. H. D 18,
       S. 90–126. Berlin: Akademie-Verlag 1957

[1.10] ARTELT, P.: Die Wasserkünste von Sanssouci. Berlin
       1893

[1.11] GRÄBNER, W.: Die maurische Dampfmaschine in Pots-
       dam. Natur und Heimat, Berlin (1955) 3, S. 82
       bis 85

[1.12] STRASSBURG, H.: Wasserwirtschaftler bauen ihr Mu-
       seum auf. Betriebsforum, VEB Wasserversorgung und
       Abwasserbehandlung. Berlin 4 (1982) 3, S. 8

[1.13] STEMMLER, U.: Die langen Kerls als Wasserträger. Ge-
       schichtliches und Gegenwärtiges über ein Gewerk und
       seine Türme in Berlin. Neues Deutschland 36 (1981)
       86, S. 8 v. 11.4.81

[1.14] KLEPEL, G.: Die Gas- und Kokserzeugung aus Steinkoh-
       len in Deutschland. Freib.Forsch.H. D 26. Berlin: Aka-
       demie-Verlag 1958

[1.15] WEBER, H., u.a.: Technische Denkmale im Bezirk Pots-
       dam. Mitteil. der Gesellschaft. f. Denkmalpflege im
       Kulturbund der DDR, Bezirksvorstand Potsdam (1982)
       4, S. 8

[1.16] OECHELHAEUSER, K.: Atlas der Technik des Gasfaches,
       Berlin 1953

[1.17] WITTE, H.: Handbuch der Energiewirtschaft, Bd. I. Leip-
       zig, VEB Deutscher Verlag für Grundstoffindustrie
       1965

[1.18] HILDEBRAND, H. J.: Wirtschaftliche Energieversorgung,
       Bd. I. Leipzig: VEB Deutscher Verlag für Grundstoffin-
       dustrie 1968

[1.19] SELBIGER, H., u. L. STRANZ-GASSNER: 75 Jahre Berliner
       Stromversorgung. Berlin 1959

[1.20] KRÜGER, U., u.a.: Sechs Jahrzehnte Elektroenergieüber-
       tragung. Von 110 000 Volt zu 380 000 Volt. Berlin: Ver-
       lag Tribüne 1976

[1.21] EHLICKE, H. J., G. GEBHARDT u. W. HOFMANN: 50 Jahre
       Kraftwerk Zschornewitz. 1915–1965. Zschornewitz
       1965

[1.22] GERSTENBERGER, G.: Die Pumpspeicherung, Berlin
       1952, S. 110

[1.23] MOSCHNER, G.: Das Untertage-Kraftwerk Freiberg.
       Freib.Forsch.H. D 70, S. 63–69. Leipzig: VEB Deut-
       scher Verlag für Grundstoffindustrie 1970

Abschnitt 2.

[2.1] WÄCHTLER, E., wiss. Ltg. Bergakademie Freiberg. Fest-
       schrift zu ihrer Zweihundertjahrfeier. 2 Bde. Leipzig:
       VEB Deutscher Verlag für Grundstoffindustrie 1965

[2.2] LÄRMER, K., u. a.: Studien zur Geschichte der Produk-

tivkräfte. Deutschland zur Zeit der Industriellen Revolution. Berlin: Akademie-Verlag 1979
FORBERGER, R.: Die Industrielle Revolution in Sachsen 1800–1861. Berlin 1982

[2.3] MÜLLER, H. H., u. H. J. ROOK: Herkules in der Wiege. Streiflichter zur Geschichte der Industriellen Revolution. Leipzig–Jena–Berlin: Urania Verlag 1980

[2.4] WAGENBRETH, O., u. E. WÄCHTLER (Hrsg.): Der Freiberger Bergbau, technische Denkmale und Geschichte. Leipzig: VEB Deutscher Verlag für Grundstoffindustrie 1986

[2.5] WAGENBRETH, O.: Wo begann der Freiberger Bergbau? Sächs. Heimatblätter, Dresden 16 (1970), S. 1–5

[2.6] PFORR, H., u. R. BRENDLER: Exkursionsführer Heft 1: Die Tagesanlagen der Lehrgrube Alte Elisabeth. Bergakademie Freiberg 1981

[2.7] AGRICOLA, G.: De re metallica libri XII (Basel 1556). Hrsg. von H. PRESCHER: Georgius Agricola: Ausgewählte Werke. Gedenkausgabe des Staat. Museums f. Mineralogie u. Geologie zu Dresden, Bd. 8. Berlin 1974

[2.8] ENGELBERG, E., H. RÖSSLER u. E. WÄCHTLER: Zur Geschichte der Sächsischen Bergarbeiterbewegung. Berlin 1954

[2.9] WAGENBRETH, O.: Vom Betrieb des Kehrrades der Roten Grube in Freiberg. Sächs. Heimatblätter, Dresden 29 (1983), H. 2, S. 52–58

[2.10] WÄCHTLER, E.: Die historische Entwicklung der Bergbauwissenschaften und die herrschenden Klassen. Aktuelle Fragen der marx.-lenin. Wissenschaftstheorie, H. 5, S. 30–40 (1. Agricola-Kolloquium), Bergakademie Freiberg 1981

[2.11] WAGENBRETH, O.: Wasserwirtschaft und Wasserbautechnik des alten Erzbergbaus von Freiberg/Sachsen. Schriftenreihe H. 3, S. 3–23. Stadt- und Bergbaumuseum

[2.12] WAGENBRETH, O.: Der Freiberger Oberbergmeister Martin Planer (1510/1582) und seine Bedeutung für den Bergbau und das Salinenwesen in Sachsen. Sächs. Heimatblätter, Dresden 1987

[2.13] WAGENBRETH, O.: Der Maschinendirektor Christian Friedrich Brendel und seine Bedeutung für die technische und industrielle Entwicklung im 19. Jahrhundert in Sachsen. Sächs. Heimatblätter, Dresden 22 (1976) 6, S. 271–279

[2.14] WAGENBRETH, O.: Leben und Werk des Freiberger Oberkunstmeisters Friedrich Wilhelm Schwamkrug. Sächs. Heimatblätter, Dresden 31 (1985) 5, S. 208–217

[2.15] WAGENBRETH, O.: Der Rotschönberger Stolln und seine technischen Denkmale. Sächs. Heimatblätter, Dresden 24 (1978) 6, S. 255–264

[2.16] KUNIS, R., L. RIEDEL, R. EINERT u. H. SCHMIEDER: Schaubergwerk zum Tiefen Molchner Stolln. Hrsg. vom Rat der Gemeinde Pobershau (Erläuterungsheft, käuflich am Schaubergwerk)

[2.17] QUELLMALZ, W., H. WILSDORF u. G. SCHLEGEL: Das erzgebirgische Zinn in Natur, Geschichte und Technik. Hrsg. Rat der Bergstadt Altenberg 1976

[2.18] PREISS, W.: Zinnaufbereitung Altenberg. Probleme der Erhaltung technischer Denkmale. Wiss. Zeitschr. Techn. Hochschule Dresden 3 (1953/54), 3, S. 371–376

[2.19] FREYBERG, B. v.: Erz- und Minerallagerstätten des Thüringer Waldes. Berlin 1923 [mit zahlreichen bergbaugeschichtlichen Angaben]

[2.20] HESS v. WICHDORFF, H.: Die Goldvorkommen des Thüringer Waldes und Frankenwaldes und die Geschichte des Thüringer Goldbergbaus und der Goldwäschereien. Berlin: Preuß. Geol. Landesanstalt 1914

[2.21] SCHWEIGART, H. A., u. F. WITTING: Die Saalfelder Heilquellen, ihre naturwissenschaftliche und medizinische Bedeutung. Saalfeld 1927

[2.22] WAGENBRETH, O.: Goethe und der Ilmenauer Bergbau. Weimar: Nat. Forsch.- u. Gedenkstätten d. klass. dtsch. Lit. 1983

[2.23] KÖHLER, H. U.: Auf den Spuren von Nappian und Neuke. Freiheit, Halle. Wochenendbeilage »blick«, S. 9, v. 24.12.1981

[2.24] SCHUBERT, R.: Die geschichtliche Entwicklung der Haldenlandschaft des Mansfelder Landes. Urania 16 (1953)

[2.25] Autorenkollektiv: Von den Brückenberg-Schächten zum VEB Steinkohlenwerk Karl Marx. Zwickau 1961

[2.26] SCHUBERT, R.: Unser der Tag, unser die Zukunft. Oelsnitz 1969, Betriebschronik des VEB Steinkohlenwerk Oelsnitz

[2.27] WILSDORF, H.: Dokumente zur Geschichte des Steinkohlenabbaus im Haus der Heimat. Haus der Heimat, Kreismuseum Freital, Museumsschriften Nr. 1 (1975)

[2.28] Autorenkollektiv: Entwicklung des Bergbaus und der Arbeiterbewegung im Grubenrevier Deuben. Hrsg. von der Betriebsparteiorganisation des VEB Braunkohlenwerk Erich Weinert, Deuben 1956

[2.29] RAMMLER, E., F. BÖHME, G. KRUMBIEGEL u. E. WÄCHTLER: Hallesche Pioniere der Braunkohlenbrikettierung. Freib. Forsch.-H. D 132. Leipzig: VEB Deutscher Verlag für Grundstoffindustrie 1981, S. 7–76 (Über R. Jacobi – Zemag Zeitz, C. A. Riebeck, F. A. Schulz u. a.)

[2.30] PEINHARDT, H.: Das Steinsalzbergwerk im Johannesfeld. Ein Stück vergangener Erfurter Industrie. Aus der Vergangenheit der Stadt Erfurt 1 (1955) 1, S. 1–9

[2.31] Autorenkollektiv: 100 Jahre Staßfurter Salzbergbau (Anhang zu der anläßlich der 100-Jahrfeier vom Kaliwerk Staßfurt am Tag des Bergmanns 1952 herausgegebenen Festschrift). Halle: Kreuzverlag 1952

[2.32] WAGENBRETH, O.: Historische Dampffördermaschinen

in der Deutschen Demokratischen Republik. Neue Bergbautechnik, Leipzig, 15 (1985) 11, S. 432–437.

[2.33] WIRTH, H.: Das Frankenhäuser Salzwerk. Wiss. Zeitschr. Hochschule f. Architektur u. Bauwesen, Weimar 19 (1972) 1, S. 89–99

[2.34] WIRTH, H.: Die Sulzaer Saline. Geschichte und Pflege eines Denkmals der Produktionsgeschichte. Schriften d. Hochschule f. Architektur u. Bauwesen, Weimar 31 (1984)

[2.35] BOCK, S.: Denkmale des Salinenwesens in der Deutschen Demokratischen Republik. Diss. Hochschule f. Architektur u. Bauwesen, Weimar 1981

[2.36] RADIG, L. J.: Sole und Salz. Beiträge zur Geschichte der Stadt Bad Sulza. Rat der Stadt Bad Sulza 1964

[2.37] MAGER, J., u. J. GERICKE: Kösener Kunstgestänge. Hrsg. Museum Bad Kösen, 1982

Abschnitt 3.

[3.1] BRENTJES, B., S. RICHTER u. R. SONNEMANN: Geschichte der Technik, S. 33. Leipzig 1978

[3.2] ARNOLD, G.: Saigerhütte Grünthal, historische Bauten, technisches Denkmal Althammer, ständige Ausstellungen. Schriftenreihe der Museen der Stadt Olbernhau, H. 1. Olbernhau 1979/1980

[3.3] KASPER, H. H.: Die Gründung und Anfänge der Saigerhütte und des Kupferhammers in Grünthal. Sächs. Heimatblätter Dresden 24 (1978) 4, S. 155ff.

[3.4] KASPER, H. H., u. G. ARNOLD: Vom Saigern, Garen und Treiben. Schriftenreihe der Museen der Stadt Olbernhau, H. 3. Olbernhau 1981

[3.5] HÜPPNER, O.: Über die Erbauung der hohen Esse auf der Königlichen Halsbrücker Hütte bei Freiberg. Jahrb. für das Berg- und Hüttenwesen in Sachsen, S. 1–31, Taf. I u. II, 1890

[3.6] FORBERGER, R.: Die Manufaktur in Sachsen vom Ende des 16. bis zum Anfang des 19. Jahrhunderts. Berlin 1958
FORBERGER, R.: Zur Rolle und Bedeutung der Bergfabriken in Sachsen. Freib.Forsch.H. D 48, S. 63–74. Leipzig: VEB Deutscher Verlag für Grundstoffindustrie 1965

[3.7] GODER, W.: Über den Einfluß der Produktivkräfte des sächsischen Berg- und Hüttenwesens, insbesondere der Freiberger Montanwissenschaften auf die Erfindung und technologische Entwicklung des Meißner Porzellans als Ausgangspunkt der europäischen Hartporzellan-Industrie. Diss. Bergakademie Freiberg 1978

[3.8] SIEBER, S.: Zur Geschichte des erzgebirgischen Bergbaus. Halle 1954

[3.9] SCHIFFNER, C., u. W. GRÄBNER: Alte Hütten und Hämmer in Sachsen. Freib.Forsch.H. D 14, Berlin: Akademie-Verlag 1959

[3.10] ALTMANN, G.: Technik und Sozialbeziehungen in den westerzgebirgischen Hammer- und Eisenhütten bis in die Mitte des 19. Jahrhunderts. Diss. Humboldt-Univ. Berlin 1985

[3.11] LOHSE, H.: 600 Jahre Schmalkaldener Eisengewinnung und Eisenverarbeitung. Meiningen 1965

[3.12] WENZEL, W., D. HANTKE u. R. EBERT: Die Happelshütte bei Schmalkalden – ein eisenhüttenmännisches Denkmal. Neue Hütte 14 (1969) 1, S. 55–57

[3.13] HARM, R.: Die Neue Hütte bei Schmalkalden und ihre Restaurierung. In: Denkmale in Thüringen, S. 61–65. Weimar: H. Böhlaus Nachf. 1975

[3.14] BERNERT, K.: Der gußeiserne Turm auf dem Löbauer Berg. Löbau: Rat der Stadt 1978

[3.15] LIETZMANN, K. D., LÖFFLER, E., SEIDEL, J., KUTZSCHKE, K., u. WÄCHTLER, E.: Zur Geschichte und Rekonstruktion des Freibergsdorfer Hammerwerks. Neue Hütte, Leipzig, 30 (1985) 7, S. 274–278
LÖFFLER, E., LIETZMANN, K. D., SEIDEL, J., KUTZSCHKE, K., u. WÄCHTLER, E.: Technische Ausrüstungen und Technologien zur Metallverarbeitung im Freibergsdorfer Hammerwerk. Neue Hütte, Leipzig, 30 (1985), S. 354–356
LÖFFLER, E., SEIDEL, J., KUTZSCHKE, K., LIETZMANN, K. D., u. WÄCHTLER, E.: Zur Geschichte und Rekonstruktion des Freibergsdorfer Hammerwerkes. Sächs. Heimatblätter, Dresden, 30 (1984) 6, S. 241–246.

[3.16] FISCHER, R.: Der Eisenhammer Dorfchemnitz/Osterzgebirge. Dorfchemnitz: Rat der Gemeinde 1970

[3.17] LIETZMANN, K. D., M. FINGER, K. KUTZSCHKE, E. WÄCHTLER, E. BREDDIN u. M. WENDLER: Der Tobiashammer in Ohrdruf – ein technisches Denkmal der Produktionsgeschichte. Neue Hütte 28 (1983) 2, S. 74–77

Abschnitt 4.

[4.1] MARX, K.: Das Kapital. Berlin: Dietz Verlag 1975 [S. 430]

[4.2] STÖLZEL, K.: Gießerei über Jahrtausende. 2. Aufl. Leipzig: Deutscher Verlag für Grundstoffindustrie 1982

[4.3] WEICHOLD, A.: Johann Andreas Schubert, Lebensbild eines bedeutenden Hochschullehrers und Ingenieurs aus der Zeit der industriellen Revolution, Dresden 1970, S. 162ff.

[4.4] NAUMANN, F.: Fürchtegott Moritz Albert Voigt, Pionier des Stickmaschinenbaus in Chemnitz und dessen Beziehung zur denkmalgeschützten Werkhalle im VEB

Schleifmaschinenwerk Karl-Marx-Stadt. Sächs. Heimatblätter, Dresden, 29 (1983), S. 81–89

[4.5] SEYFFARTH, J.: Technikgeschichte des Werkzeugmaschinenbaus: Die Galeriehalle – eine erzeugnisorientierte Fertigungsstätte des Werkzeugmaschinenbaus um 1850 bis 1870. Maschinenbautechnik 31 (1982) 22, S. 52 ff.

[4.6] MÜLLER, H. H., u. H. J. ROOK: Herkules in der Wiege, Streiflichter zur Geschichte der Industriellen Revolution. Leipzig–Jena–Berlin: Urania Verlag 1980 [S. 207: Gießerei in der Maschinenfabrik Borsig, Berlin um 1850; S. 351: Montagehalle der Maschinenfabrik R. Hartmann, Chemnitz um 1870.]

[4.7] KRÜGER, U.: Leipzig und die Dampfmaschine. Sächs. Heimatblätter, Dresden 31 (1985) 4, S. 161–164

[4.8] WAGENBRETH, O., u. WÄCHTLER, E.: Dampfmaschinen. Leipzig: VEB Fachbuchverlag 1986

[4.9] WAGENBRETH, O.: Die Kolbendampfmaschine im Bezirk Karl-Marx-Stadt. Faltblatt, herausgeg. Bezirkskunstzentrum Karl-Marx-Stadt 1985

[4.10] WAGENBRETH, O.: Historische Kolbendampfmaschinen als technische Denkmale in der DDR. Maschinenbautechnik, Berlin 35 (1986) 1, S. 36–37, 2, S. 87, 12

[4.11] WAGENBRETH, O.: Das Kastengebläse aus dem Hammerwerk Obere Ratsmühle bei Freiberg und seine Überführung in den Besitz der Bergakademie Freiberg. Bergakademie, Berlin 15 (1963), S. 399–404

[4.12] FRITZSCHE, O.: Das Schwarzenberg-Gebläse. Mitteil. Sächs. Heimatschutz, Dresden 26 (1937) 9/12, S. 255–268 [S. 262]

[4.13] WAGENBRETH, O.: Christian Friedrich Brendel und seine Bedeutung für das sächsische Berg- und Hüttenwesen in der ersten Hälfte des 19. Jahrhunderts. Unveröff. Habil. Arbeit, Bergakademie Freiberg, 1968 [S. 300]

[4.14] SEYFFARTH, J.: Denkmalpflege im Werkzeugmaschinenbau – Zielstellung und Erfahrungen. Maschinenbautechnik 30 (1981) 2, S. 52–55

[4.15] SEYFFARTH, J.: Technikgeschichte des Werkzeugmaschinenbaus: Eine Tischhobelmaschine mit Handantrieb um 1875 bis 1880. Maschinenbautechnik 30 (1981) 7, S. 295–296

[4.16] SEYFFARTH, J.: Technikgeschichte des Werkzeugmaschinenbaus: Entwicklung einer Senkrechtbohrmaschine nach 1900. Maschinenbautechnik 30 (1981) 8, S. 377

[4.17] SEYFFARTH, J.: Technikgeschichte des Werkzeugmaschinenbaus: »Wanderer 1 SU« – Ein Beispiel für den Fräsmaschinenbau um 1915. Maschinenbautechnik 30 (1981) 9, S. 423–424

[4.18] RICHTER, S.: Vertikaltischbohrmaschine im Foyer des Kutzbachbaus der Technischen Universität Dresden. Belegarbeit Technische Universität Dresden, Bereich Geschichte der Produktivkräfte, 1981

Abschnitt 5.

[5.1] HEGNER, M., u. P. SCHUBERT: Historische Elektromaschinen aus der Sammlung der Sektion Elektrotechnik. Technische Universität Dresden, ohne Jahr 1978 (Katalog)
SCHUBERT, P.: Als Elektromaschinen noch in den Kinderschuhen steckten. Universitätszeitung, Technische Universität Dresden, Jg. 24, Nr. 14, S. 5 (8. 7. 1981)

[5.2] BÖRNER, H.: Mein Hobby: Vom Detektor zum Fernseher. Neues Deutschland, Berlin 35 Nr. 40, S. 16 (16./17. 2. 1980)

[5.3] MARX, K.: Das Kapital, 1 Bd. Berlin: Dietz Verlag 1975 [S. 395]

[5.4] Bekanntmachung der Zentralen Denkmalliste vom 25. September 1979. Gbl. der DDR. Sonderdruck Nr. 1017 vom 5. Okt. 1979. [S. 8]

[5.5] BLODSZUN, A., u. O. ORLIK: Dequede – ein Sende- und Richtfunkturm der DDR. radio und fernsehen, 11 (1962) 24, S. 755–769
BRANDENBURG, I., R. HARNISCH u. A. KUBIZIEL: Fernsehturm Berlin. Berlin: Verlag für Bauwesen 1970
BOLDUAN, D.: Der Fernsehturm, eine kleine Chronik des Fernseh- und UKW-Turmes der Deutschen Post Berlin und seiner Erbauer. Berlin (Berlin-Information) 1969

Abschnitt 6.

[6.1] BRENTJES, B., S. RICHTER u. R. SONNEMANN: Geschichte der Technik. Leipzig: Edition Verlag 1978 [S. 262 f.]

[6.2] MÜLLER, H. H., u. H. J. ROOK: Herkules in der Wiege, Streiflichter zur Geschichte der Industriellen Revolution. Leipzig–Jena–Berlin: Urania Verlag 1980 [S. 211 ff.]

[6.3] STRUBE, W.: Der historische Weg der Chemie. Bd. 1: Von der Urzeit bis zur industriellen Revolution; Bd. 2: Von der industriellen Revolution bis zum Beginn des 20. Jahrhunderts. Leipzig: VEB Deutscher Verlag für Grundstoffindustrie 1981

[6.4] WELSCH, F.: Geschichte der chemischen Industrie. Abriß der Entwicklung ausgewählter Zweige der chemischen Industrie von 1800 bis zur Gegenwart. Berlin: Verlag d. Wiss. 1981

[6.5] MARX, K.: Das Kapital. Berlin: Dietz Verlag 1975, [S. 404]

[6.6] KRUG, K.: Geschichte der Ammoniak-Synthese unter besonderer Berücksichtigung der Kreislaufgas-Umlaufpumpe mit Dampfmaschine aus dem VEB Leuna-Werke »Walter Ulbricht«. Belegarbeit Technische Universität Dresden, Bereich Geschichte der Produktivkräfte 1981

[6.7] WINKLER, H. C. A., u. a.: Clemens Winkler, Gedenkschrift zur 50. Wiederkehr seines Todestages. Berlin: Akademie-Verlag 1954

Abschnitt 7.

[7.1] BEYER, P.: Spur der Steine. Woher kamen die Baustoffe für die Göltzschtal- und Elstertalbrücke? Reichenbacher Kalender, Reichenbach/Vogtland, 1981, S. 63–68.

[7.2] WAGENBRETH, O.: Grundlinien einer Geschichte der Baustoffe und der Baustoffindustrie. Wiss. Zeitschrift Hochschule für Architektur und Bauwesen, Weimar 22 (1975), S. 309–318

[7.3] FISCHER, W.: Abbau und Bearbeitung des Porphyrtuffs auf dem Rochlitzer Berge (Sachsen). Gedanken über die Herkunft der Steinbruchtechnik. Abhandl. Staatl. Mus. Min. u. Geologie zu Dresden, Bd. 14. Dresden: Verlag Theodor Steinkopff 1969, S. 1–110

[7.4] MÜLLER, B.: Beiträge zur Geschichte der Natursteinindustrie in der Sächsischen Oberlausitz. Abhandl. Staatl. Mus. Min. u. Geologie zu Dresden, Bd. 27. Dresden: Verlag Theodor Steinkopff 1977, S. 111–142

[7.5] Steinarbeiterhaus Hohburg – Werkzeuge und Maschinen der Steinindustrie, Faltblätter zu den Themen:
1/1982: Der Hammer
2/1983: Der Bohrer
3/1984: Transportmittel
4/1985: Der Brecher
– Herausgegeben vom Kulturbund der DDR, Ortsgruppe Hohburg, Arbeitsgemeinschaft Steinarbeiterhaus

[7.6] SCHUBERT, R., u. W. STEINER: Der Thüringer Dachschiefer, seine gesteinstechnischen Eigenschaften und seine Verwendung als Werk- und Dekorationsstein. Zeitschrift f. angew. Geologie, Berlin 17 (1971) 2, S. 47–55
SCHUBERT, R., u. W. STEINER: Der Thüringische Dachschiefer als Werk- und Dekorationsstein. Wiss. Zeitschr. Hochschule für Architektur und Bauwesen, Weimar 17 (1970) 5, S. 531–549

[7.7] WAGENBRETH, O.: Geologische Naturdenkmale und technische Denkmale. Fundgrube, Berlin (Kulturbund der DDR), 15 (1979) 1, 2, S. 48–53, 32–35

[7.8] WAGENBRETH, O.: Über einige historisch bemerkenswerte Ziegeleien in der Umgebung von Zeitz. Wiss. Zeitschr. der Hochschule für Architektur und Bauwesen, Weimar 14 (1964) 4, S. 425–434

[7.9] WEBER, H., u. a.: Technische Denkmale im Bezirk Potsdam. Mitteil. Gesellschaft f. Denkmalpflege im Kulturbund, Bezirksvorstand Potsdam (1982) 4, S. 6 u. 7

[7.10] GEISSLER, E., R. STRAUSS u. G. URBAN: Die Rabensteiner unterirdischen Felsendome. Hrsg. Städtische Museen Karl-Marx-Stadt 1980

[7.11] PACH, S.: Der Menschheit bewahrt, Sowjetsoldaten retten Kunstschätze. Von der Bergung Dresdner Gemälde im Kalkwerk Lengefeld/Erzgebirge. Hrsg. SED Kreisleitung Marienberg, 2. Aufl. 1980

[7.12] PISCHEL, F.: Thüringische Glashüttengeschichte. Weimar: Verlag Glas u. Apparat, R. Wagner-Sohn 1928

[7.13] KÜHNERT, H.: Urkundenbuch zur Thüringischen Glashüttengeschichte. Jena: Frommannsche Buchh. 1934

[7.14] Johann Friedrich Böttger, die Erfindung des europäischen Porzellans. Hrsg. von R. SONNEMANN u. E. WÄCHTLER, Leipzig: Verlag Edition 1982
WALTHER, L.: Böttgerehrung 1982, Faltblatt: Rat der Stadt Aue und Kulturbund der DDR, Ortsgruppe Aue 1982

[7.15] REINHARDT, C.: Urkundliche Geschichte der Weißerdenzeche St. Andreas bei Aue/Erzgebirge, Aue 1925

[7.16] WAGENBRETH, O.: Zur Geologie des Kaolins von Aue/Erzgebirge. Schriftenreihe für geolog. Wissenschaften, Berlin (1978) 11, S. 305–334 [enthält viele historische Angaben]

[7.17] SCHERF, H., u. J. KARPINSKI: Thüringer Porzellan. Leipzig: E. A. Seemann Verlag 1980

[7.18] SCHUBERT, K. D., u. P. LANGE: Die Entwicklung der Produktivkräfte in der Porzellanindustrie im Kapitalismus der freien Konkurrenz. Die Produktivkräfteentwicklung im Zeitraum 1710 bis 1860. Silikattechnik, Berlin 33 (1982) 2, S. 42–44
Von den gleichen Verfassern:
Die Entwicklung der Produktivkräfte in der Porzellanindustrie im Kapitalismus der freien Konkurrenz (1860–1890). Silikattechnik, Berlin 33 (1982) 7, S. 195–196
… Zeitraum des Monopolkapitalismus (1890–1945). Silikattechnik, Berlin 34 (1983) 1, S. 25–27
Die Porzellanindustrie der DDR im sozialistischen Wirtschaftssystem. Silikattechnik, Berlin 34 (1983) 2, S. 52–54

Abschnitt 8.

[8.1] MARX, K., u. F. ENGELS: Manifest der Kommunistischen Partei. Marx-Engels Werke, Bd. 4, Berlin: Dietz Verlag 1971, S. 459–493, [S. 467]

[8.2] BRENTJES, B., S. RICHTER u. R. SONNEMANN: Geschichte der Technik. Leipzig: Verlag Edition 1978 [S. 209 ff.]

[8.3] FORBERGER, R.: Industrielle Revolution in Sachsen 1800–1861. Die Revolution der Produktivkräfte in Sachsen 1800–1830. Berlin: Akademie-Verlag 1982

[8.4] Studien zur Geschichte der Produktivkräfte, Deutschland zur Zeit der Industriellen Revolution. Hrsg. von K. LÄRMER, Berlin: Akademie-Verlag 1979

[8.5] STÖBE, H.: Die Entstehung und Entwicklung des Maschinenbaus in Chemnitz während der industriellen Revolution 1848/49. Freiberger Forsch. H. D 90, Leipzig: VEB Deutscher Verlag für Grundstoffindustrie 1975, S. 29–128

[8.6] HÜLSSE, J.A., u. KATO: Die Dampfmaschinen im Königreiche Sachsen. Programm der Kgl. Gewerb- und Baugewerkenschule Chemnitz, Leipzig: F. A. Brockhaus 1847
ENGEL: Zur Statistik der Dampfkessel und Dampfmaschinen in allen Ländern der Erde. Berlin 1874
MATSCHOSS, C.: Die Entwicklung der Dampfmaschine. Berlin 1908 (1. Bd.) [S. 203]
LÄRMER, K.: Berlins Dampfmaschinen im quantitativen Vergleich zu den Dampfmaschinen Preußens und Sachsens in der ersten Phase der Industriellen Revolution. Studien zur Geschichte der Produktivkräfte. Hrsg. von K. LÄRMER, Berlin 1979, S. 155–181
FORBERGER, R.: Die Industrielle Revolution in Sachsen 1800–1861. Bd. 1, Berlin 1982 [S. 248 bis 260]

[8.7] WAGENBRETH, O.: Der Kampf zwischen dem Freiberger Bergbau und der erzgebirgischen Textilindustrie um die Wasserkraft der Flöha im 19. Jahrhundert. Sächs. Heimatblätter, Dresden 16 (1970) 4, S. 175–183
WAGENBRETH, O.: Der bergmännische Flöhawasserteiler von Neuwernsdorf – ein wasserwirtschaftlicher Vorläufer der Rauschenbachtalsperre im Erzgebirge. Sächsische Heimatblätter, Dresden 17 (1971) 1, S. 18–27

[8.8] DÜNTZSCH, H., WAGENBRETH, O., u. WIRTH, H.: Der Einfluß der Kolbendampfmaschine auf die Entwicklung der Industriearchitektur des 19. Jahrhunderts. Architektur der DDR, Berlin 34 (1985) 12, S. 756–759

[8.9] BERNERT, K.: Das Umgebindehaus in der Oberlausitz. Denkmalswerte der Heimat, Skizzen und Hinweise. Löbau 1980 (12 Seiten)
DEUTSCHMANN, E.: Lausitzer Holzbaukunst. Bautzen 1959

[8.10] HARTSTOCK, E.: Die revolutionären Ereignisse von 1830 in der sächsischen Oberlausitz und die Auswirkungen der Reformpolitik auf die sorbische Bevölkerung. Beiträge zur Archivwissenschaft und Geschichtsforschung (Festschrift für H. Schlechte). Weimar 1977. S. 407–424
HARTSTOCK, E., u. P. KUNZE: Die bürgerlich-demokratische Revolution von 1848/49 in der Lausitz. Bautzen: Domowina-Verlag 1977 [S. 11, 29]

[8.11] HENTSCHEL, W.: Aus den Anfängen des Fabrikbaus in Sachsen. Wiss. Zeitschrift der Techn. Hochschule, Dresden, 8 (1953/1954), S. 345–359

[8.12] WELZEL, G.: Restaurierung von Textilmaschinen aus der Zeit der Industriellen Revolution. Sächs. Heimatblätter, Dresden 30 (1984) 6, S. 261–263

[8.13] KUCZYNSKI, J.: Darstellung der Lage der Arbeiter in Deutschland von 1900 bis 1917/18 (Teil I, Bd. 4 von: Die Geschichte der Lage der Arbeiter unter dem Kapitalismus), Berlin: Akademie-Verlag 1967 [S. 155–162]
Autorenkollektiv: Geschichte der deutschen Arbeiterbewegung, Bd. 2. Berlin: Dietz Verlag 1966 [S. 75–78]
KLEIN, F.: Deutschland von 1897/98 bis 1917. Berlin: Dtsch. Verlag der Wiss. 1972 [S. 116–120]

[8.14] MARX, K.: Das Kapital. Berlin: Dietz Verlag 1975 [S. 341, 400]

Abschnitt 9.

[9.1] THEILE, W.: Die Glockengießerei in Apolda – ein Denkmal der Produktionsgeschichte. Denkmalpflege in der DDR, Berlin 7 (1980), S. 61–68

[9.2] HÜBNER, K.: Der Glockenguß in Apolda. Weimarer Schriften, Stadtmuseum Weimar 40 (1980)

[9.3] KITTEL, J.: Kohrener Töpferhandwerk. Sächs. Heimatblätter, Dresden 19 (1973) 6, S. 255–265

[9.4] WAGENBRETH, O.: Die sächsischen Serpentinite. Lagerstätten, Geschichte und gesellschaftliche Bedeutung früher und heute. Abh. Staatl. Mus. Min. u. Geol. zu Dresden, Bd. 31, Leipzig: VEB Deutscher Verlag für Grundstoffindustrie 1982

[9.5] 200 Jahre handgeschöpftes Büttenpapier Spechthausen. Mitteilungen des Fachausschusses Papiergeschichte der KDT, Nr. 7 (1982)

[9.6] FEGE, K., u.a.: 200 Jahre Produktion von handgeschöpftem Büttenpapier. Ein Beitrag zur Geschichte der Papierfabrik Wolfswinkel. Eberswalde-Finow. Hrsg. von Betriebsparteiorganisation des VEB Papierfabrik Wolfswinkel 1981

[9.7] SCHLIEDER, W.: Die Herstellung von handgeschöpftem Papier als besondere Form der Traditionspflege in der Papierindustrie. Mitteilungen des Fachausschusses Papiergeschichte der KDT, Nr. 7 (1982)

[9.8] WINTERMANN, M.: 400 Jahre Papiermühle Niederzwönitz, Heimatfreund für das Erzgebirge, Stollberg 13 (1968) 11, S. 225–227

[9.9] POLLMER, M.: Die Papiermühle in Niederzwönitz. Heimatfreund für das Erzgebirge, Stollberg 19 (1974) 2, S. 40–43

[9.10] BRENTJES, B., S. RICHTER u. R. SONNEMANN: Geschichte der Technik. Leipzig: Verlag Edition 1978

[9.11] BLECHSCHMIDT, E.: Die Neumann-Mühle, ein technisches Denkmal im Kirnitzschtal. Rat der Gemeinde Ottendorf, ohne Jahr (1977)

[9.12] BLECHSCHMIDT, E.: Die Neumannmühle im Kirnitzschtal – ein technisches Denkmal und seine Bedeutung. Sächs. Heimatblätter, Dresden 31 (1985) 4, S. 156–158

[9.13] BERNHARD, H. J.: Die Iskra-Gedenkstätte in Leipzig. Leipzig, Museum für Geschichte der Stadt Leipzig 1979

[9.14] KLAUS, W.: Zur Gründungsgeschichte des Instituts für Wissenschaftliche Photographie – Wiss. Zeitschr. der Technischen Universität Dresden 16 (1967) 4, S. 1 337–1 341

[9.15] KELLER, A.: Knochenstampfe in Dorfchemnitz, Kreis Stollberg – technisches Kulturdenkmal – Heimstätte der Schnitzer, Klöppler und Ornithologen. Faltblatt, ohne Ort und Jahr (1966)

[9.16] Autorenkollektiv: Dorfchemnitz und sein Kulturzentrum, die Knochenstampfe. Dorfchemnitz 1971

[9.17] BOCK, S.: Dorfschmieden, – Geschichte, bauliche Gestaltung und Erhaltung, – dargestellt an Beispielen aus dem Bezirk Neubrandenburg. Mitteil. des Instituts für Denkmalpflege, Arbeitsstelle Schwerin, 28 (1983), S. 522–541

Abschnitt 10.

[10.1] MARX, K.: Das Kapital. Berlin: Dietz Verlag 1975 (= Bd. 23 von MARX und ENGELS Werke) – [S. 368 f.]

[10.2] GLEISBERG, H.: Das kleine Mühlenbuch. Dresden 1956

[10.3] GLEISBERG, H.: Geschichte und Technologie der alten Wassermühlen. Sächs. Heimatblätter, Dresden 18 (1972) 4, S. 145–155

[10.4] GLEISBERG, H.: Die nachmittelalterliche Mühlenbaukunst. Sächs. Heimatblätter, Dresden 18 (1972) 5, S. 193–203

[10.5] MAYWALD, B., A. SAALBACH u. O. WAGENBRETH: Mühlen als technische Denkmale. Hrsg. vom Kulturbund der DDR, Berlin 1983

[10.6] BERENDT, H.: Die Windmühle in Stove, Denkmal der Produktionsgeschichte. Hrsg. Traditionsstätte der soz. Landwirtschaft, Dorf Mecklenburg, Rostock 1981

[10.7] BEYER, W.: Die Windmühle – ein technisches Kulturdenkmal. Wiss. Zeitschr. Techn. Hochschule, Dresden 7 (1957/58) 6, S. 1 129–1 144

[10.8] TRÄGER, O.: Wassermühlen im unteren Saaletal. Bernburg, Vereinigte Mühlenwerke VEB Saalemühlen 1969

[10.9] PRIEMER, R., u. H. GLEISBERG: Museum Wassermühle Höfgen. Kreismuseum Grimma, ohne Jahr (1980)

[10.10] HEINZ, L.: Mühlen und Hämmer im Schleusegebiet, ein Beitrag zur Wirtschaftsgeschichte Südthüringens. Hrsg. vom Kulturbund der DDR, Suhl 1980

[10.11] SAALBACH, A.: Leipziger Mühlen – einst und jetzt (Teile 1–12), Leipziger Volkszeitung 1980

[10.12] WEIGEL, H.: Die Pörzquelle zwischen Schaala und Eichfeld. Rudolstädter Heimathefte, Rudolstadt, Oktober 1956, H. 10, S. 267–272

[10.13] RIEDEL, H.: Schöne Windmühlen in der DDR. (Foto-Serie in Zeitschrift Lebensmittelindustrie). Leipzig: VEB Fachbuchverlag, 29 (1982), Umschlagseiten von 4–12 u. 30 (1983) 1

[10.14] BORCHERT, J.: Die Mühle vom Rothen Strumpf – Nachforschungen über ein Handwerk. Berlin 1985 [Betr. Dabel]

[10.15] JARMER, G.: Woldegks Mühlen und ihre Geschichte. Freie Erde, Neubrandenburg, Lokalseiten Strasburg, Nr. 90, S. 8 (16. 4. 1977); Nr. 96, S. 8 (23. 4. 1977); Nr. 102, S. 8 (30. 4. 1977); Nr. 108, S. 8 (7. 5. 1977); Nr. 114, S. 8 (14. 5. 1977); Nr. 120, S. 8 (21. 5. 1977)

[10.16] WEBER, H., u. a.: Technische Denkmale im Bezirk Potsdam. Mitteil. Gesellschaft f. Denkmalpflege im Kulturbund, Bezirksvorstand Potsdam (1982) 4, S. 3

[10.17] ILLGEN, H.: Ein technisches Denkmal im Tale der Gimmlitz. Sächs. Heimatblätter, Dresden 24 (1978), 4, S. 189–191

[10.18] QUEISSER, G., u. W. SCHMIDT: Die guten Geister der alten Ölmühle. Neues Deutschland, Berlin 37, Nr. 79, S. 9 (3./4. 4. 1982)

Abschnitt 11.

[11.1] BILZ, H.: Das Reifendreherhandwerk im Spielwarengebiet Seiffen. Erzgebirg. Spielzeugmuseum, H. 3, Seiffen 1976

[11.2] Die Ziehmühle. Auf die Späne kommt's an. Freie Presse, Karl-Marx-Stadt 20, Nr. 144, S. 6 (22. 6. 1982)

Abschnitt 12.

[12.1] ZIEGER, A.: Zur Geschichte und zur Erneuerung des kursächsischen Posttores in Wurzen. Der Rundblick (Kulturspiegel der Kreise Wurzen–Oschatz–Grimma, Wurzen) (Kulturbund der DDR) 24 (1977) 1, S. 42–44

[12.2] STÖLZEL, H. H.: Kursächsische Postmeilensäulen. Sächs. Heimatblätter, Dresden 27 (1981) 2, S. 96–98

[12.3] STÖLZEL, H. H.: Vorhandene kursächsische Postmeilensäulen und Reststücke. Sächs. Heimatblätter, Dresden 17 (1971) 6, S. 261–271

[12.4] ULLRICH, K.: Die kursächsischen Postmeilensäulen – das Werk Adam Friedrich Zürners. Vermessungstechnik 28 (1980) 9, S. 299–302

[12.5] ULLRICH, K.: Über die Bestandskarte Kursächsische Postmeilensäulen. Sächs. Heimatblätter, Dresden 27 (1981) 6, S. 288f.

[12.6] KUHFAHL, G.: Die kursächsischen Postmeilensäulen beim zweihundertjährigen Bestehen. Dresden, Landesverein Sächs. Heimatschutz 1930

[12.7] STÖLZEL, H. H.: Kursächsische Postmeilensäulen im Bezirk Karl-Marx-Stadt. Faltblatt. Hrsg. vom Bezirkskunstzentrum Karl-Marx-Stadt 1981

[12.8] PILZ, J., K. VERCH u. Th. KRESSNER: Aus der Postgeschichte von Potsdam und Umgebung, die alte Posthalterei in Beelitz, auf den Spuren einer alten Poststraße. Potsdam, Philatelistenverband im Kulturbund der DDR, ohne Jahr (1975) S. 1–12

[12.9] MÜLLER, H. H., u. H. J. ROOK: Herkules in der Wiege, Streiflichter zur Geschichte der Industriellen Revolution, Leipzig–Jena–Berlin: Urania Verlag 1980 [S. 179]

[12.10] WEDEKIND, H.: Die älteste Telegraphenlinie im Jerichower Lande. Heimatkalender für das Land Jerichow 8 (1920), S. 54–59

[12.11] HOFER, A., u. O. KRÜGER: Die vergessene Warte und der Telegraphenberg am Rande des Großen Bruches. Zwischen Harz und Bruch, Heimatzeitschrift des Kreises Halberstadt 8 (1936), S. 313–314

[12.13] Der optische Telegraph zwischen Berlin und Coblenz. Archiv für Post und Telegraphie, Berlin 16 (1888) 8, S. 225–236

[12.14] KIRSCHE, H. J.: Bahnland DDR, Reiseziele für Eisenbahnfreunde. Berlin: transpress-Verlag 1981

[12.15] WENDT: Links und rechts der kleinen Bahnen – Schmalspurstrecken zwischen Ostsee und Erzgebirge

[12.16] SCHULTZ, L. U.: Denkmalgeschützte Kleinbahnen im Ostseebezirk. Deutscher Modelleisenbahnerverband der DDR, 2. Aufl. Schwerin 1980

[12.17] SCHULTZ, L.: Schmalspurbahnen des Ostseebezirkes (Bildmappe). Hrsg. vom Deutschen Modelleisenbahnerverband der DDR, Arbeitsgemeinschaft Rostock 1981

[12.18] WAGENBRETH, O.: Christian Friedrich Brendel und seine Bedeutung für das sächsische Berg- und Hüttenwesen in der ersten Hälfte des 19. Jahrhunderts. Unveröff. Habil. Schrift, Bergakademie Freiberg 1968 [S. 284–290]

[12.19] SANDIG, H. U.: Die Windbergbahn – zu ihrem 120jährigen Bestehen. Sächs. Heimatblätter, Dresden 24 (1978) 4, S. 145–153

[12.20] BERGER, M.: Historische Bahnhofsbauten Sachsens, Preußens, Mecklenburgs und Thüringens. Berlin: transpress-Verlag 1980

[12.21] BERGER, M.: Ein Vorschlag zur Erhaltung und neuen gesellschaftlichen Nutzung des Bayrischen Bahnhofs in Leipzig. Denkmalpflege in der DDR, Berlin 4 (1977), S. 37–43

[12.22] MÜLLER, J.: Der Bayrische Bahnhof in Leipzig – zu denkmalpflegerischen Fragen. Denkmalpflege in der DDR, Berlin 5 (1978), S. 70–73

[12.23] BERGER, M.: 140 Jahre Bayrischer Bahnhof in Leipzig. Ansichtskartenserie, Reichenbach: Verlag Bild und Heimat 1982

[12.24] DIETZE, W.: Denkmale der Verkehrsgeschichte. Sächsisches Tageblatt, Karl-Marx-Stadt 37 (1982) 2, S. 3 (23./24. 1. 82); Nr. 3, S. 3 (30. 1. 82); Nr. 4, S. 7 (6. 2. 82)

[12.25] DÖRING, R.: Die Krämerbrücke. Aus der Vergangenheit der Stadt Erfurt, Erfurt 1 (1955) 5, S. 144–150

[12.26] KAISER, G., u. R. G. LUCKE: Die Krämerbrücke in Erfurt. Heft 28 der Reihe Baudenkmale, Leipzig: Seemann Verlag 1970

[12.27] ERLER, U., u. SCHMIEDEL, H.: Brücken – Historisches, Konstruktion, Denkmäler. Leipzig: VEB Fachbuchverlag 1987

[12.28] BEYER, P.: Vom Werden der Göltzschtal- und der Elstertalbrücke. Mylau, Veröff. des Kreismuseums, Burg Mylau, 3. Aufl., H. 2, 1977

[12.29] MÜLLER, B.: Beiträge zur Geschichte der Natursteinindustrie in der Sächsischen Oberlausitz. Abh. Staatl. Mus. Min. u. Geol. zu Dresden, Bd. 27, Dresden: Verlag Theodor Steinkopff 1977, S. 111–142 [S. 122]

[12.30] BIENERT, G.: Verkehrs- und bauhistorische Betrachtungen über die Dresdner Elbbrücken. Wiss. Zeitschr. Hochschule f. Verkehrswesen, Dresden 17 (1970) 2, S. 293–308

[12.31] LEIN, K.: Führer durch den Landschaftspark Wörlitz. Staatl. Schlösser u. Gärten Wörlitz, Oranienbaum und Luisium 1974

[12.32] BETHGE, H. G.: Der Brandtaucher, ein Tauchboot – von der Idee zur Wirklichkeit. Rostock: Hinstorff Verlag 1968

[12.33] MICHEL, D. H., H. DÜNTZSCH u. a.: Museum und Gaststättenschiff Schleppdampfer Württemberg in Magdeburg, technisches Denkmal. Magdeburg, Rat der Stadt, Abt. Kultur, ohne Jahr (1978)

[12.34] ZESEWITZ, S.: Museumsschiff Schleppdampfer Württemberg. Sächs. Heimatblätter, Dresden 27 (1981) 4, S. 187

[12.35] WEICHOLD, A.: Johann Andreas Schubert, Lebensbild eines bedeutenden Hochschullehrers und Ingenieurs aus der Zeit der Industriellen Revolution. Leipzig–Jena–Berlin: Urania Verlag, ohne Jahr (1968) [S. 127 ff.]

[12.36] WIRTH, H.: Das Frankenhäuser Salzwerk. Wiss. Zeitschrift der Hochschule für Architektur und Bauwesen, Weimar 19 (1972) 1, S. 89–99 [S. 90]

[12.37] WILSDORF, H., W. HERMANN u. K. LÖFFLER: Bergbau, Wald, Flöße. Freiberger Forschungsheft D 28, Berlin: Akademie-Verlag 1960

[12.38] BOHNHARDT, K.: Der Lütsche-Flößgraben, ein technisches Denkmal als Wanderweg und heimatkundlicher Lehrpfad. Kulturbund der DDR, Arnstadt, ohne Jahr (1979)

[12.39] MICHALSKY, W.: Zur Geschichte des Lebuser Landes, der Friedrich-Wilhelm-Kanal. Seelow (Rat d. Kreises, Abt. Kultur) 1984

[12.40] BERG, O., u. H. SEIDEL: Das Schiffshebewerk Niederfinow, Frankfurt/Oder, Bezirksvorstand der Urania, 1974/1978

[12.41] WAGENBRETH, O.: Das älteste Schiffshebewerk. Kulturinformationen Eberswalde-Finow, Rat der Stadt, Abt. Kultur, (1976) 7, S. 2–4

[12.42] RÜCKER, O.: Der Weser-Elbe-Kanal und das Schiffshebewerk Rothensee. Magdeburg, Kreisvorstand der Urania, ohne Jahr (um 1975)

[12.43] SCHNEIDER, D.: Speicherkomplex Kleiner Werder 10 in Magdeburg. Belegarbeit Technische Universität Dresden, Sektion 02, Bereich Geschichte der Produktivkräfte, 1981

[12.44] RITTER, H.: Die Leipziger Großmarkthalle. Wasmuths Monatshefte Baukunst und Städtebau, Berlin 14 (1930) 3, S. 105

[12.45] UHLIG, R.: Die historische und technisch-konstruktive Entwicklung der Personenschiffahrt auf der Elbe am Beispiel des Dampfschiffes »Diesbar« und dessen Bedeutung und Nutzung als technisches Denkmal. Belegarbeit Hochschule für Verkehrswesen Dresden, Bereich Verkehrsgeschichte, 1982

Abschnitt 13.

[13.1] HILMERA, J.: Zwei böhmische Schloßtheater. Maske und Koturn, Wien 4 (1958), S. 125–134

[13.2] FRENZEL, H. A.: Thüringische Schloßtheater. Berlin 1965

[13.3] NIPPOLD, E.: Das Ekhof-Theater in Gotha. Thüringer Heimat 3 (1958), S. 100–109

[13.4] NIPPOLD, E.: Die Gründung des Gothaer Hoftheaters. Zur Geschichte des Gothaer Schloßtheaters 1774/75. Abh. u. Berichte zur Regionalgeschichte, Gotha 1970, S. 5–20

[13.5] NIPPOLD, E.: Das Gothaer Schloßtheater als barocke Opernbühne (1683–1744). Abh. u. Berichte Heimatmuseum Gotha 1966, S. 3–32

[13.6] PFLUG, O.: Das Goethe-Theater in Bad Lauchstädt. Baudenkmale, H. 27, Leipzig: Seemann Verlag 1970

[13.7] DÄHNERT, U.: Die Orgeln Gottfried Silbermanns. Leipzig, Koehler u. Amelang, 1953

Abschnitt 14.

[14.1] TREDER, H. J., u. K. FRITZE: Führer durch das Zentralinstitut für Astrophysik der Akademie der Wissenschaften der DDR. Potsdam 1979

[14.2] WEBER, H., u. a.: Technische Denkmale im Bezirk Potsdam. Mitteil. Gesellschaft f. Denkmalpflege im Kulturbund, Bezirksvorstand Potsdam (1982) 4, S. 17–20

[14.3] LETSCH, H.: Das Zeiss-Planetarium, Universal-Großplanetarium. Hrsg. vom Planetarium der Carl-Zeiss-Stiftung, 8. Aufl., Jena 1975

[14.4] HEILAND, F., u. K. LÖCHEL: Ein Besuch im Zeiss-Planetarium, Jena. Planetarium der Carl-Zeiss-Stiftung, Schriftenreihe Nr. 5, 3. Aufl., Jena 1973

[14.5] WITTIG, J.: Zur Genesis einer bedeutenden technischen Erfindung, des Zeiss-Projektionsplanetariums. Belegarbeit Technische Universität Dresden, Bereich Geschichte der Produktivkräfte, 1981

[14.6] SCHUKOWSKI, M.: Astronomische Uhren in der Deutschen Demokratischen Republik. Schriftenreihe für Geschichte der Naturwissenschaften, Technik und Medizin, Leipzig (im Druck)

[14.7] SCHUKOWSKI, M.: Die astronomische Uhr in der Nikolaikirche Stralsund, Astronomie und Raumfahrt 20 (1982) 6

[14.8] VILKNER, H.: Die astronomische Uhr in Stralsund. Uhren und Schmuck 17 (1980) 6, S. 176–178

[14.9] SCHUKOWSKI, M.: Die astronomische Uhr in der Marienkirche zu Rostock. Die Sterne 57 (1981) 6, S. 331–341

[14.10] SCHUKOWSKI, M.: Zur Mittagsstunde brüllt stets der steinerne Löwe. Zwei Kunstuhren gehören zu den Wahrzeichen von Görlitz. Neues Deutschland, Berlin 37, Nr. 75, S. 8 (30. 3. 1982) [und weitere Aufsätze im Neuen Deutschland 1982]

[14.11] ZENKERT, A.: Katalog der ortsfesten Sonnenuhren der DDR. Berlin 1984

[14.12] NAGEL, C. A.: Das Trigonometrische Netz I. Ordnung. II. Abteilung der astronomisch-geodätischen Arbeiten für die europäische Gradmessung im Königreich Sachsen. Berlin 1890

[14.13] SCHMINDER, R.: 120 Jahre trigonometrischer Punkt

Collm der Mitteleuropäischen Gradmessung. Sächs. Heimatblätter, Dresden 31 (1985) 6, S. 284–286

[14.14] WEICHOLD, A.: Wilhelm Gotthelf Lohrmann, Leipzig 1985, S. 205, B. 134, B. 135

Abschnitt 15.

[15.1] Johann Friedrich Böttger, die Erfindung des europäischen Porzellans. Hrsg. von R. SONNEMANN u. E. WÄCHTLER. Leipzig: Verlag Edition 1982 [S. 73] GODER, W.: Über den Einfluß der Produktivkräfte des sächsischen Berg- und Hüttenwesens auf die Erfindung und technologische Entwicklung des Meißner Porzellans. Diss. Bergakademie Freiberg 1978

[15.2] WEICHOLD, A.: Johann Andreas Schubert, Lebensbild eines bedeutenden Hochschullehrers und Ingenieurs aus der Zeit der Industriellen Revolution. Leipzig–Jena–Berlin: Urania Verlag ohne Jahr (1968)

[15.3] WAGENBRETH, O.: Der Maschinendirektor Christian Friedrich Brendel und seine Bedeutung für die technische und industrielle Entwicklung im 19. Jahrhundert in Sachsen. Sächs. Heimatblätter, Dresden 22 (1976) 6, S. 271–279

[15.4] SITTAUER, H. L.: Friedrich Gottlob Keller. Biographien hervorrag. Naturwiss., Techniker und Mediziner, Bd. 59, Leipzig: B. G. Teubner Verlagsgesellschaft 1982

SITTAUER, H. L.: Der Papiermüller von Kühnhaide. 2. Aufl. Berlin: Kinderbuchverlag 1981

[15.5] Autorenkollektiv: Jena und Umgebung. 2. Aufl. Berlin–Leipzig: Tourist-Verlag 1981, S. 96

[15.6] MATSCHOSS, C.: Männer der Technik. Berlin 1925, S. 26

[15.7] ZÖLLNER, G., W. BECK u. a.: Julius Weisbach, Gedenkschrift zu seinem 150. Geburtstag. Freiberger Forschungsheft D 16, Berlin: Akademie-Verlag 1956

[15.8] WAGENBRETH, O.: Freiberger Geschichte, widergespiegelt in historischen Grabmälern. Jahrb. f. Regionalgeschichte, Weimar 13 (1986)

[15.9] WAGENBRETH, O.: Leben und Werk des Freiberger Oberkunstmeisters Friedrich Wilhelm Schwamkrug. Sächs. Heimatblätter, Dresden 31 (1985) 5, S. 208–217

[15.10] KLAUS, W., u. a.: Gebäude und Namen der Technischen Universität Dresden. Techn. Universität, ohne Jahr (1978)

[15.11] WÄCHTLER, E. (wiss. Ltd.): Bergakademie Freiberg, Festschrift zu ihrer Zweihundertjahrfeier am 13. November 1965. Leipzig: VEB Deutscher Verlag für Grundstoffindustrie 1965 [Bd. 2. u. a. S. 143–147]

[15.12] LEBER, E.: Adolf Ledebur, der Eisenhüttenmann, sein Leben, Wesen und seine Werke. Düsseldorf 1912

[15.13] WINKLER, H. C. A., A. LISSNER u. a.: Clemens Winkler, Gedenkschrift zur 50. Wiederkehr seines Todestages. Freiberger Forschungsheft D 8, Berlin: Akademie-Verlag 1954

[15.14] KIRSCHE, H. J.: Bahnland DDR. Berlin: Verlag für Verkehrswesen 1980 [S. 172–175]

Bildquellenverzeichnis

Sämtliche zeichnerische Darstellungen wurden, wo nichts anderes erwähnt, von O. WAGENBRETH entworfen und von H. KUTSCHKE ausgeführt. Alle Fotos in diesem Buch wurden von nachstehend genannten Institutionen, Betrieben, Einrichtungen und Einzelpersonen aufgenommen und zur Verfügung gestellt:

Deutsche Fotothek Dresden
AHLERS: Bilder 179, 264
BÖHM: Bild 259
DÖRING: Bilder 30, 31
HANDRICK: Bilder 129, 224, 240
HEINE: Bild 119
HESELBARTH: Bild 202
ILLUS: Bild 3
JAUERNIG: Bilder 28, 99, 112
KAUBISCH: Bild 27
KLEMM: Bild 189
KRAUSE: Bild 115
MAY: Bild 146
MÖBIUS: Bilder 6, 7, 8, 72, 107, 108, 109, 127, 128, 151, 184, 218, 231, 241
NAGEL: Bild 216
NOWAK: Bilder 5, 153
REINECKE: Bilder 14, 15, 16, 19, 35, 36, 38, 81, 86, 96, 97, 102, 114, 118, 119, 120, 123, 135, 136, 138, 140, 144, 145, 156, 163, 169, 171, 173, 180, 185, 186, 190, 191, 196, 197, 198, 199, 263, 268, 269
RICHTER: Bilder 11, 70, 73, 78, 106, 147, 152, 220, 227, 267
RUMPRECHT: Bild 245
SCHAAL: Bild 188
SOMMER: Bild 260
STARKE: Bild 121, 122
STEUERLEIN: Bild 234
THONIG: Bilder 49, 95, 236
TRINKS: Bilder 235, 244
WALTHER: Bilder 43, 210
WOLFF: Bilder 200, 201
WÜRKER: Bilder 13, 68, 69, 79, 87, 110, 116, 117, 192, 193, 204, 243, 257

Büro des Stadtarchitekten Karl-Marx-Stadt: Bild 172 (THOSS)

DEWAG Leipzig: Bild 183

Fotothek der Festung Königstein: Bild 29 (WALTHER)

Fototechnische Werkstätten, Berlin: Bild 174

Frohnauer Hammer (Archiv): Bild 2

Heimatmuseum Oderberg: Bild 247

Ausgang und Erfolg in der Pflege technischer Denkmale

Bild 1. Der Tobiashammer bei Ohrdruf vor der Restaurierung. Inzwischen ist das vom VEB Stahlverformungswerk Ohrdruf instandgesetzte Hammerwerk ein Besuchermagnet der DDR

Bild 2. Hunderttausende von Besuchern im Jahr im Frohnauer Hammer beweisen das Interesse aller Bevölkerungskreise an technischen Denkmalen

Technisches Denkmal und Geschichte
der Produktivkräfte

Bild 3. Am 13. Oktober 1948 löste der Steinkohlenhauer ADOLF
HENNECKE durch seine Hochleistungsschicht im Karl-Liebknecht-Schacht in Oelsnitz/Erzgebirge die Aktivistenbewegung
aus

Bild 4. Dieses Ereignis aus der Geschichte der DDR wird
durch das museal gestaltete technische Denkmal »Karl-Liebknecht-Schacht« gewürdigt und den Besuchern nahe gebracht

Geschichte der Pflege technischer Denkmale

Bild 5. Mit dem Frohnauer Hammer bei Annaberg, seit 1908 unter Denkmalschutz, begann die Pflege technischer Denkmale in Sachsen

Bild 6. Der Pont du Gard bei Nimes, Südfrankreich, eine altrömische Wasserleitung, gilt seit langem als weltbekanntes technisches Denkmal

Bilder 7 und 8. Der Schindlerschacht
bei Schneeberg *(Bild oben)* und der
Pferdegöpel der Grube Neu Leipziger
Glück bei Johanngeorgenstadt *(Bild
unten)* wurden um 1930 vom »Landesverein Sächsischer Heimatschutz« zu
technischen Denkmalen erklärt und
zum Teil restauriert, sind aber heute
nicht mehr erhalten

Geschichte der Pflege technischer Denkmale

Bilder 9 und 10. Das 1829/1831 für die Antonshütte bei Schwarzenberg gebaute und von 1865 bis 1926 in der Halsbrücker Hütte bei Freiberg betriebene »Schwarzenberggebläse« *(Bild oben)* wurde 1936 auf die Halde der Alten Elisabeth *(Bild unten)*, Lehrgrube der Bergakademie Freiberg, umgesetzt und nach der Wiederaufstellung (oben) mit einem den alten Gebäuden angepaßten Schutzhaus umgeben (unten links)

Geschichte der Pflege technischer Denkmale

Bild 11. Um 1955 wurde die damals stark verfallene »Wäsche IV« in Altenberg/Osterzgebirge restauriert und als Schauanlage für die historische Zinnerzaufbereitung hergerichtet

Bild 12. Zum Jubiläum »200 Jahre erste deutsche Dampfmaschine« 1985 übergab der VEB Mansfeld-Kombinat »Wilhelm Pieck« eine originalgetreue Nachbildung dieser 1785 auf einem Kupferschieferschacht bei Hettstedt installierten ersten deutschen Wattschen Dampfmaschine der Öffentlichkeit

Bild 13. In dem Neubaugebiet von Lugau-Oelsnitz hat die um 1860 angelegte Steinkohlengrube Einigkeitsschacht mit ihrem historischen
Schornstein die Funktion einer städtebaulichen Dominante (1982)

Bild 14. Auch als Ruinen haben die
Schachtöfen des Kalkwerkes Hammer-
Unterwiesenthal im Erzgebirge Aussagekraft zur Technikgeschichte und Regionalgeschichte (1982)

Methodik der Pflege technischer Denkmale

Bild 15. Die Ruine der Schwelerei Groitzschen bei Zeitz ist die letzte in der Welt erhaltene Rolleofen-Schwelerei und damit der einzige originale Sachzeuge aus der Frühzeit der chemischen Braunkohlenveredelung

Bild 16. Die neben der Schwelerei stehende Brikettfabrik Groitzschen hat auch als Ruine noch monumentale Wirkung (vgl. Abb. auf Seite 74)

Bild 17. Der kleine Hochofen der Neuen Hütte (Happelshütte) bei Schmalkalden wurde bei der Restaurierung der Anlage durch Abbruch seines Gebäudes freigelegt und damit besser zur Geltung gebracht (im Hintergrund das Gebäude des großen Hochofens)

Bilder 18 und 19. Im Steinkohlenbergbaumuseum »Karl-Lieb-knecht-Schacht« bilden das technische Denkmal wie z. B. der Förderturm als städtebauliche Dominante *(Bild unten)* und die museale Gestaltung wie z. B. die nachgebildete Untertage-situation eine Einheit

Mitwirkung der Industrie bei der Pflege technischer Denkmale

Bilder 20 und 21. Der VEB Stahlverformungswerk Ohrdruf hat den Tobiashammer 1973 im Zustand fortgeschrittenen Verfalls übernommen *(Bild oben)* und nach einigen Jahren Vorbereitung in knapp dreijähriger Arbeit bis 1983 restauriert. Heute ist der Hammer ein aussagekräftiges Traditionsobjekt des Produktionszweiges

Mitwirkung gesellschaftlicher Kräfte bei der Pflege technischer Denkmale

Bild 22. Die Marienberger Kulturbund-Fachgruppe »Historischer Erzbergbau« errichtete 1979 einen Gedenkstein an der Stelle des Schachtes der St. Fabian-Sebastian-Fundgrube, deren Silberfunde 1519 Anlaß zur Gründung der Bergstadt Marienberg gegeben hatten. Die genaue Lage des Schachtes war unbekannt und ist von der Fachgruppe durch Archivstudium erst ermittelt worden

Bilder 23 und 24. Die Freiberger Kulturbund-Fachgruppe »Bergbaugeschichte« setzte das 1855 erbaute, 1980 zerstörte Mundloch des Erzbahntunnels im Muldental am Davidschacht *(Bild links)* im Jahre 1981 wieder instand *(Bild rechts)*

Mitwirkung gesellschaftlicher Kräfte bei der Pflege technischer Denkmale

Bild 25. Die Kulturbund-Fachgruppe »Historischer Erzbergbau Schönborn« arbeitet in Abstimmung mit der Bergbehörde an der Erschließung einiger untertägiger Grubenräume und Instandsetzung übertägiger Bergbaudenkmale der Grube Alte Hoffnung bei Schönborn an der Zschopau, hier bei einem Einsatz untertage

Bild 26. Denkmal auf Rädern – Traditionslokomotive der BR 64 des Bahnbetriebwerkes Güstrow vor einem Sonderzug für Eisenbahnfreunde aus dem Traditionseilzug des Bahnbetriebswagenwerkes Zwickau im Bahnhof Güstrow

Denkmale der Wasserversorgung

Bild 27. Ein berühmtes Bauwerk aus der Geschichte städtebaulicher Wasserversorgung ist die 1559 erbaute Alte Wasserkunst über der Spree in Bautzen

Bild 28. Burgbrunnen und die bei manchen von ihnen noch erhaltenen technischen Anlagen zur Wasserförderung erregen stets das Interesse der Besucher, hier das bis 1912 von zwei Menschen bzw. zwei Hunden betriebene Tretrad am Brunnen der Wachsenburg bei Arnstadt

Denkmale der Wasserversorgung

Bild 29. Ein Blick in den 1563 bis 1569 von Freiberger Bergleuten unter Leitung des Bergmeisters MARTIN PLANER abgeteuften, 152,5 m tiefen Brunnen der Festung Königstein bei Dresden

Bilder 30 und 31. Im Brunnenhaus des von 1568 bis 1575 ebenfalls unter Leitung von MARTIN PLANER gebauten, etwa 170 m tiefen Brunnens von Schloß Augustusburg bei Flöha ist ein Pferdegöpel *(Bild links)* erhalten, dessen Kammrad die Drehbewegung auf die Welle über dem Brunnen überträgt *(Bild rechts)*

Denkmale der Wasserversorgung

Bild 32 (Seite 232). In den Jahren 1841/42 errichtete der Baumeister PERSIUS in Potsdam für die Fontänen von Sanssouci ein Pumpenhaus als Moschee im *maurischen Stil*. Ein Minarett diente als Schornstein für die von AUGUST BORSIG installierte Kessel- und Dampfmaschinenanlage

Bilder 33 und 34. Die stehenden Kolbenpumpen *(Bild oben)* wurden von der mit zwei stehenden Zylindern versehenen 80-PS-Dampfmaschine in einem ebenfalls *maurisch* gestalteten Maschinengerüst angetrieben *(Bild unten)*

Denkmale der Wasserversorgung

Bilder 35 und 36. Die Stadt Berlin ließ bei ihrem Wachstum zur Großstadt in Friedrichshagen am Müggelsee ein leistungsfähiges Wasserwerk bauen. In dem 1893 im englischen Landhausstil errichteten Schöpfhaus *(Bild oben)* installierte die Maschinenfabrik August Borsig drei stehende Verbunddampfmaschinen, deren jeweils zwei Zylinder auf der Galerie angeordnet sind *(Bild unten)*. Sie treiben die im Keller des Schöpfhauses eingebauten Kolbenpumpen an

Denkmale der Wasserversorgung

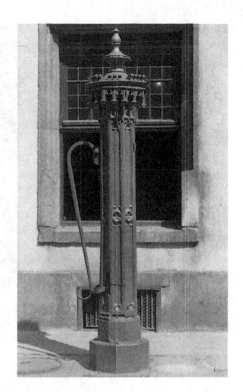

Bild 37. Handschwengelpumpen sind nicht nur uralte bäuerliche Wasserhebetechnik, sondern wurden noch um 1900 – nun jedoch in Gußeisen – auch in Großstädten aufgestellt: hier eine als gotischer Brunnen gestaltete Handschwengelpumpe der Zeit vor 1890 vor dem Thüringer Hof in der Burgstraße, Leipzig (Zustand vor der Restaurierung)

Bilder 38 und 39. Wahrzeichen moderner Wasserversorgung der Groß- und Mittelstädte wurden um 1900 die Wassertürme. Sie haben oft die Wirkung städtebaulicher Dominanten wie der 1897/1899 errichtete Wasserturm Nord an der Berliner Brücke in Halle/Saale *(Bild links)* oder der 1903 in Rostock auf dem Galgenberg an der Schwaaner Landstraße erbaute Wasserturm, dessen backsteingotische Formen der mittelalterlichen Gotik des Ostseegebietes nachempfunden sind

Denkmal der Gaserzeugung

Bilder 40 und 41. Das kleine Gaswerk Neustadt/Dosse *(Bild oben)* enthält die einzigen noch erhaltenen liegenden Retorten für Stadtgaserzeugung, hier der Blick auf die Feuerungsseite der Retorten *(Bild unten)*

236

Denkmale der Gas- und Elektroenergieversorgung

Bild 42. Die Versorgung der Groß- und Mittelstädte mit Elektroenergie erfolgte jahrzehntelang von städtischen Elektrizitätswerken und Umformerstationen. In Leipzig erinnert daran die neoromanische Fassade des Hauses Magazingasse 3, eine 1895 errichtete Umformerstation mit der Inschrift »Leipziger Elektrizitätswerke«

Bild 43. In Dresden-Reick bestimmt der 1907/1908 von H. ERLWEIN entworfene Gasbehälter das Bild des Elbtals

Denkmal der Elektroenergie-erzeugung

Bilder 44 und 45. Im Wasserkraftmuseum Ziegenrück an der Saale ist im Turbinenraum *(Bild unten)* die verlängerte stehende Turbinenwelle mit Kegelradgetriebe und im Maschinenraum *(Bild oben)* der von einer großen Riemenscheibe angetriebene, 1899 von der AEG gebaute Generator zu besichtigen

Denkmal der Elektroenergie- erzeugung

Bilder 46 und 47. Das Wasser der Zschopau, die seit 1921 unterhalb von Mittweida durch eine monumentale Wehranlage gestaut wird *(Bild oben)*, betreibt im Wasserkraftwerk Mittweida drei Francisturbinen mit Generatoren *(Bild unten)*, die in einem im Jugend- stil gut gestalteten Maschinenraum in- stalliert sind

Denkmale der Elektroenergie-erzeugung

Bild 48. Nach Stillegung des Freiberger Bergbaus 1913 nutzte man dessen Aufschlagwasser zur Einrichtung eines Kavernenkraftwerkes. Ab 1915 lieferten in einem Maschinenraum 250 m unter dem Dreibrüderschacht vier Turbinen Elektroenergie

Bild 49. Das erste Pumpspeicherwerk auf dem Gebiet der DDR befindet sich am Wasserkraftwerk Mittweida, das erste größere ist das 1930 erbaute Pumpspeicherwerk Niederwartha bei Dresden. Das Bild zeigt den Maschinenraum, links die Turbinen, rechts die Generatoren

Denkmale des Freiberger Erzbergbaus

Bild 50. Vom ältesten Freiberger Bergbau im 12. bis 14. Jahrhundert zeugen die Halden auf dem Hauptstollngang. Die Lage des Haldenzuges läßt den Verlauf des Erzganges noch heute im Gelände erkennen

Bilder 51 und 52. In der Grube Alte Elisabeth, der Lehrgrube der Bergakademie Freiberg, lernt der Besucher Strecken und Stolln kennen, die noch mit Schlägel und Eisen vorgetrieben worden sind *(Bild links)*. An einigen Stellen »vor Ort« ist noch zu sehen, wie der Bergmann das Eisen an das Gestein angesetzt hat *(Bild rechts)*

Denkmale des Freiberger Erzbergbaus

Bild 53. Aus dem Mundloch des um 1825 angelegten Hauptstollnumbruchs im Muldental oberhalb von Tuttendorf bei Freiberg tritt noch heute Grubenwasser aus dem Stolln

Bilder 54 und 55. Von etwa 1550 bis um 1850 war Wasserkraft die wichtigste Antriebsenergie des Freiberger Bergbaus. 1556 bildet AGRICOLA das Kehrrad als wasserkraftbetriebene Fördermaschine ab *(Bild links)*. Das Schema der 1856 in der Roten Grube in Freiberg erbauten Kehrradanlage *(Bild rechts)* läßt noch das gleiche Wirkprinzip erkennen

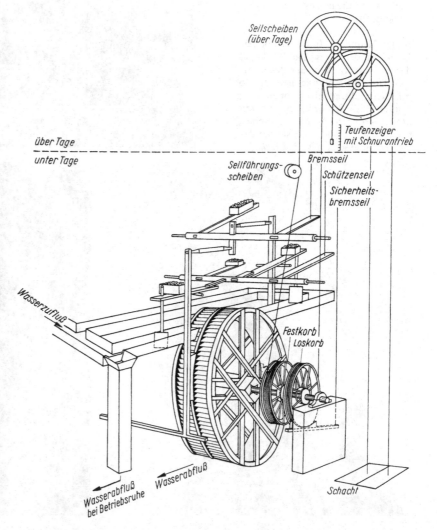

Bilder 56 und 57. Die Rote Grube in
Freiberg bietet in einzigartiger Weise
die Möglichkeit, ein Kehrrad in etwa
80 m Tiefe zugänglich zu machen.
Beim Blick auf das Rad *(oben)* erkennt
man dessen doppelte Beschaufelung
und ein Aufschlaggerinne. Der Blick
auf die gußeisernen Seilkörbe *(unten)*
zeigt (wie bei AGRICOLA) eine Fahrt
(Leiter) im Schacht

Denkmale des Freiberger Erzbergbaus

Bilder 58 und 59. Die zahlreichen im Freiberger Bergbau installierten Wasserräder gaben ab 1550 Anlaß zum Bau eines umfangreichen Systems von Kunstgräben, Röschen (untertägigen Gräben) und Teichen zur Herbeiführung des benötigten Aufschlagwassers. Dieses wasserwirtschaftliche System wurde 1885 vollendet. Zu ihm gehören u. a. der um 1590 angelegte Kunstgraben der Grube Hohe Birke *(Bild oben)* und der 1826 gebaute Dittmannsdorfer Teich, der höchstgelegene Kunstteich des Freiberger Reviers *(Bild unten)*

Denkmale des Freiberger Erzbergbaus

Bilder 60 und 61. Im Bergrevier selbst bezeugen zahlreiche Huthäuser nicht nur den Standort einstiger Gruben, sondern mit ihrer Größe zugleich auch deren historische Bedeutung. Zu den Huthäusern mittlerer Größe zählt das aus dem 17./18. Jahrhundert stammende der Grube Herzog August *(Bild oben)*, zu den großen das der Grube Beschert Glück, das 1786 erbaut wurde und 1812 einen Glockenturm erhielt *(Bild unten);* beide in Zug bei Freiberg

Denkmale des Freiberger Erzbergbaus

Bild 62. Der wichtigste Freiberger Schacht des 19. Jahrhunderts, der 1839 über einer Kehrradanlage erbaute Abrahamschacht, ist zugleich Mittelpunkt einer Gebäudegruppe, die die Komplexität des Bergbaubetriebes auch über Tage ablesen läßt: links vom Schachtturm die Bergschmiede, davor links das Huthaus, rechts das Mannschaftshaus

Bild 63. Die dritte Dampfmaschine des Freiberger Bergbaus, die 1848 von CONSTANTIN PFAFF, Chemnitz, für die Grube Alte Elisabeth gelieferte Dampffördermaschine, ist noch erhalten. Das Bild zeigt von links nach rechts den stehenden Zylinder mit Dampfzuleitung, dahinter die Kolbenstange, den Balancier mit Balanciersäule, Kurbelstange mit Schwungrad, davor den Teufenanzeiger sowie rechts die beiden Seiltrommeln

Denkmale des Freiberger Erzbergbaus

Bild 64. Bei Rothschönberg an der Triebisch oberhalb von Mei-ßen erinnert das Mundloch des Rothschönberger Stollns an diesen wichtigsten Bau des 19. Jahrhunderts im Freiberger Revier: von 1844 bis 1877 wurde der Stolln etwa 14 km von Rothschönberg bis nach Halsbrücke sowie weitere 37 km durch das gesamte Revier vorgetrieben

Bild 65. Für die Freiberger Grubenanlagen des späten 19. und des 20. Jahrhunderts ist die Reiche Zeche ein Beispiel. Das um 1960 erneuerte Stahlfördergerüst ist das letzte bei Freiberg erhaltene

Denkmale des Schneeberger Erzbergbaus

Bilder 66 und 67. Der von etwa 1470 bis ins 20. Jahrhundert betriebene Silber- und Kobaltbergbau von Schneeberg im westlichen Erzgebirge hat auf engem Raum verhältnismäßig viele Denkmale hinterlassen, so z. B. in der Stadt Schneeberg die Schachtkaue der Grube Eiserner Landgraf *(Bild oben)* und bei Neustädtel Huthaus, Steigerhaus, Schachtkaue und Halde der Grube Sauschwart *(Bild unten)*

Denkmale des Johanngeorgenstädter Erzbergbaus

Bilder 68 und 69. Die wichtigsten Denkmale des Erzbergbaus in der 1654 von böhmischen Exulanten gegründeten westerzgebirgischen Stadt Johanngeorgenstadt sind der Pulverturm auf der Halde der Fundgrube Gotthelf Schaller, heute im Neubaugebiet *(Bild oben)* und die um 1840 erbaute Stollnkaue des jetzt als Schaubergwerk genutzten Frischglück-Stollns, im Volksmund »Glöckl« genannt *(Bild unten)*

Denkmale des Altenberger Zinnbergbaus

Bild 70. Die Altenberger Pinge markiert in der Landschaft des Osterzgebirges zwischen der Stadt Altenberg und dem Geisingberg die Lage und Ausdehnung des Zinngranits und damit den Ort des seit dem 15. Jahrhundert dort umgehenden Bergbaus (Blick von Süden, rechts von der Pinge Pulverhaus und Wetterschacht)

Bild 71. Ein Blick in die Pinge zeigt, welche Mengen erzführendes Gestein seit etwa 500 Jahren verarbeitet worden sind

Denkmale des Altenberger Zinnbergbaus

Bild 72. Der um 1470 für die Gruben und Pochwerke von Altenberg angelegte Aschergraben ist vielleicht der älteste Kunstgraben des Erzgebirges

Bild 73. Langstoßherde, hier in der Schauanlage Zinnwäsche Altenberg, hatten das vom Pochwerk zerkleinerte Erz in Zinnstein und taubes Material zu trennen (vgl. dazu Bild 11 auf Seite 222)

Denkmale des Erzbergbaus in Thüringen, im Unterharz und bei Eisleben

Bilder 74 und 75. In dem historisch wichtigsten Erzrevier Thüringens, Kamsdorf bei Saalfeld, ist ein aussagekräftiger Komplex geologischer Naturdenkmale und technischer Denkmale erhalten, so z.B. das 1822 erbaute Revierhaus als Verwaltungsgebäude *(Bild oben)* und der um 1900 erbaute Himmelfahrt-Ersatzschacht *(Bild unten)*

Bild 76 (Seite 253). Das monumentalste Denkmal des insgesamt nicht sehr bedeutenden Unterharzer Erzbergbaus ist das 1830 errichtete Mundloch des Herzog-Alexis-Erbstollns im Selketal bei Mägdesprung

Bilder 77 und 78 (Seite 254). Vom Mansfelder Kupferschieferbergbau sind bei Eisleben nur noch Schachthalden vorhanden, diese allerdings mit hoher historischer Aussagekraft. Die zahlreichen Schächte geringer Tiefe aus alter Zeit am Rande des Reviers haben eine große Zahl kleiner Halden hinterlassen, so bei Wolferode *(Bild oben)*. Von den wenigen etwa 1 000 m tiefen Schächten des 20. Jahrhunderts im Zentrum der Mansfelder Mulde zeugen heute noch drei große hohe Spitzhalden *(Bild unten)*

Denkmale des Steinkohlen-
bergbaus

Bilder 79 und 80. In Lugau, am
Rande des Steinkohlenreviers, wo die
Kohle in relativ geringer Tiefe lag,
sind noch Schachtgebäude aus den ersten Jahrzehnten des Lugau-Oelsnitzer
Steinkohlenbergbaus erhalten, so der
1856 angelegte Einigkeitsschacht *(Bild
oben)* und aus den Jahren 1856/1866
die Doppelschachtanlage Glückauf-
schacht und Gottessegenschacht *(Bild
unten)*, beide Gebäudegruppen heute
von anderer Industrie genutzt

Denkmale des Steinkohlenbergbaus

Bild 81. Der 1886 erbaute Marienschacht im Freitaler Steinkohlenrevier ist das einzige in der DDR erhaltene Beispiel der für eine ganze Periode des Steinkohlenbergbaus typischen Malakowtürme

Bild 82. Der Marienschacht zeigt uns heute in der Landschaft, wie wir uns die Freitaler Schachtgebäude zur Zeit der größten Schlagwetterexplosion im sächsischen Steinkohlenbergbau vorzustellen haben (zum Vergleich eine Lithographie der Beerdigung der 276 Todesopfer der Schlagwetterkatastrophe vom 2. August 1869)

Denkmale des Steinkohlen-
bergbaus

Bilder 83 und 84. Im Steinkohlenbergbaumuseum »Karl-Liebknecht-
Schacht« (siehe auch Bild 4, Seite 218)
kann der Besucher die 1923 von Siemens-Schuckert gelieferte 1 000-kW-
Turmfördermaschine *(Bild oben)* und
die 1923 von der Gutehoffnungshütte
Sterkrade gelieferte 1 800-PS-Zwil-
lingsdampffördermaschine besichtigen

Denkmale der Braunkohlen-industrie

Bild 85. Landschaftliche Dominante in einer durch Braunkohlentiefbau-Bruchfelder geprägten Bergbaufolge-landschaft ist der um 1905 erbaute Förderturm Paul II, nahe Theißen bei Zeitz

Bild 86. Das als Ruine erhaltene, 1890 erbaute Schwelhaus I des Braunkoh-lenwerkes Groitzschen bei Zeitz ist die letzte erhaltene historische Braun-kohlenschwelerei der Welt

Denkmale der Braunkohlen-industrie

Bild 87. Die 1911 erbaute Brikettfabrik Neukirchen bestimmt noch als Ruine das Landschaftsbild an der Fernverkehrsstraße Leipzig–Karl-Marx-Stadt und markiert zugleich den Südrand des Bornaer Braunkohlenreviers

Bild 88. Die 1889 errichtete Brikettfabrik Zeitz ist die älteste erhaltene Brikettfabrik der Welt und das einzige noch vorhandene Beispiel für die erste Generation der Brikettfabriken

Denkmale des Salz- und Kalibergbaus

Bild 89. Der um 1865 erbaute Schachtturm des Steinsalzbergwerks Ilversgehoven bei Erfurt ist der einzige im Salz- und Kalibergbau der DDR erhaltene Malakowturm

Bild 90. Der Kalischacht Glückauf II am Bahnhof der schwarzburgischen Residenzstadt Sondershausen wurde 1907/08 als Stahlkonstruktion in künstlerisch anspruchsvollen Formen errichtet

260

Denkmale des Salz- und Kalibergbaus

Bilder 91 und 92. In den Jahren 1899/1903 entstand die Doppelschachtanlage Bleicherode-Ost, heute VEB Kaliwerk »Karl-Liebknecht«, deren Fördergerüste allerdings 1936 bzw. 1975 neu gebaut wurden (Bild unten). Im Schacht I wird eine Drillings-Schnelläufer-Dampfmaschine von 1936 als Fördermaschine benutzt, die in konstruktiver Hinsicht den Gipfel- und Endpunkt der Kolbendampfmaschine verdeutlicht (Bild oben)

Denkmale des Salinenwesens

Bild 93. Das 1885/1886 erbaute Siedehaus V der Saline Oberneusulza (Kreis Apolda) enthält die einzige im Original erhaltene historische Siedepfanne der DDR; (im Hintergrund der Uhrturm der Saline, erbaut 1902)

Bild 94. Die Heinrichsquelle (links, 1893/1900) und die Carl-Elisabeth-Quelle (rechts, 1937) in Darnstedt sind Bohrtürme, mit denen man in etwa 880 m Tiefe Sole erschlossen hat

Bilder 95, 96 und 97 (Seite 263). Von der Saline Dürrenberg bei Merseburg sind u. a. die zwei Solschächte, der Witzlebenschacht (mit Flachdach, 1805/1814) und der Borlachschacht (1754/1763) *(Bild oben links)*, ein Gradierwerk mit Windkunst (ohne Maschinerie) *(Bild oben rechts)* und am Witzlebenweg Arbeiterwohnhäuser erhalten *(Bild unten)*

Bilder 98 und 99. In Bad Kösen ist zwar nicht mehr die alte Saline erhalten, wohl aber das Doppelfeldgestänge zum Antrieb der Pumpen im Schacht und am Gradierwerk. In der Radstube an der kleinen Saale *(Bild oben)* befindet sich ein 7 m hohes Wasserrad *(Bild unten)* und setzt mit den beiderseits angebrachten Kurbeln ein Doppelfeldgestänge in Bewegung, das aus der Radstube heraus über die kleine Saale geführt wird *(Bild oben)*

Denkmale des Salinenwesens

Bild 100. Das 180 m lange Doppelfeldgestänge führt bis zum Borlachschacht, in dem es früher die Solepumpen betätigte, und als einfaches Gestänge noch 130 m weiter bis zum Gradierwerk

Bild 101. Das 320 m lange Kösener Gradierwerk stammt aus den Jahren 1780, 1808 und 1816 und weist verschiedene Konstruktionsformen auf

Bild 102. In der ehemaligen Saline
Halle wird heute das Herrenhaus
(links, Verwaltungsgebäude) und ein
Siedehaus (rechts) als Halloren- und
Salinenmuseum genutzt

Bild 103. Von dem einst fast 2 km langen Gradierwerk in Salzelmen bei
Schönebeck ist heute nur ein Teil von
etwa 250 m Länge erhalten. Auf ihm
steht eine einfach konstruierte Windkunst

266

Denkmale des Buntmetallhüttenwesens

Bild 104. Das im Freiberger Hüttenwerk Muldenhütten am ursprünglichen Ort erhaltene dreizylindrige Balanciergebläse von 1827 ist das älteste in der DDR erhaltene Hüttengebläse

Bild 105. Die 1889 erbaute, einst 140 m, jetzt noch 138 m hohe Halsbrücker Esse am Hüttenwerk Halsbrücke bei Freiberg war zu ihrer Bauzeit der höchste Schornstein der Welt und ist außerdem ein Denkmal des Umweltschutzes vor hundert Jahren

Denkmale des Buntmetall-hüttenwesens

Bilder 106 und 107. Der um 1630 erbaute, heute viel besuchte Althammer von Grünthal bei Olbernhau *(Bild oben)* ist Teil eines aus dem 16. Jahrhundert stammenden Hüttenkomplexes der Saigerhütte Grünthal. Ihr technisches und architektonisches Kernstück, die 1562 erbaute Lange Hütte *(Bild unten)*, wurde allerdings 1951 abgebrochen. Ihr Wiederaufbau als hüttentechnisches Museum wäre durch die gesellschaftliche Bedeutung gerechtfertigt, durch die noch vorhandenen Unterlagen auch möglich

Denkmale des Buntmetallhüttenwesens

Bilder 108 und 109. Trotz des Verlustes der Langen Hütte ist die Saigerhütte Grünthal auch heute noch ein Gebäudekomplex von hoher historischer Aussagekraft. Die Hüttenschänke *(Bild oben)* sowie die Ummauerung mit dem Osttor *(Bild unten)*, die Arbeiterwohnhäuser und – mit dem hohen Fachwerkgiebel – das Schichtmeisterhaus verdeutlichen insbesondere sozialgeschichtliche Aspekte

Denkmale der Kobaltproduktion und des Buntmetallhüttenwesens

Bild 110. An die früher international bedeutende erzgebirgische Kobaltproduktion erinnern Gebäudegruppen der ehemaligen Blaufarbenwerke, hier das alte Herrenhaus von »Schindlers Werk« im Muldental bei Bockau oberhalb von Aue/Erzgebirge

Bild 111. Die um 1830 erbaute Kupferhütte Sangerhausen ist nicht nur eins der letzten Denkmale des Mansfelder Kupferhüttenwesens, sondern mit seinen neogotischen Formen ein international wichtiges Denkmal zur Geschichte der Industriearchitektur

Denkmale des Eisenhüttenwesens

Bilder 112 und 113. Die 1835 errichtete und 1870 um ein Stockwerk erhöhte Neue Hütte (Happelshütte) *(Bild unten)* ist Sachzeuge für die jahrhundertelang betriebene Eisenerzeugung bei Schmalkalden und damit Traditionsobjekt der noch heute dort heimischen Eisenverarbeitung. Von den Nebengebäuden sind zwei Holzkohleschuppen *(Bild oben)* technologisch und architektonisch besonders bemerkenswert

Denkmale des Eisenhüttenwesens

Bild 114. Im östlichen Erzgebirge hat der VEB Stahl- und Walzwerk Riesa den aus dem 18. Jahrhundert stammenden Holzkohlen-Hochofen von Brausenstein im Bielatal instandgesetzt

Bild 115. Von den Eisenhütten des mittleren Erzgebirges ist insbesondere der Hochofen und das Herrenhaus des Eisenhammers Schmalzgrube bei Jöhstadt erhalten. (Foto der Zeit um 1900; das Hammerwerk im Bild links ist nicht mehr erhalten)

Denkmale des Eisenhütten-wesens

Bilder 116 und 117. Im westlichen Erzgebirge und Vogtland stehen von den einst dort zahlreichen Eisenhämmern noch eine Anzahl Herrenhäuser, so das vom Erlahammer bei Schwarzenberg von 1759/1780 *(Bild oben)* und das 1730 erbaute, nach einem Brand 1802 wiederhergestellte vom Pfeilhammer in Pöhla *(Bild unten)*

Denkmale des Eisenhüttenwesens und der Eisenverarbeitung

Bilder 118, 119 und 120. In der zur Schauanlage hergerichte-ten, aus dem 19. Jahrhundert stammenden Eisenhütte Peitz bei Cottbus sind insbesondere der Hochofen mit der Gießhalle *(Bild oben)*, der Röhrenwinderhitzer *(Bild unten links)* und das zweizylindrige Balanciergebläse *(Bild unten rechts)* sehenswert

Bilder 121 und 122. Eisengießereien können, wie das Beispiel der Heinrichshütte bei Wurzbach lehrt, zu stark beachteten Schauanlagen hergerichtet werden. Für das traditionsreiche Gebiet der Eisenindustrie im Westerzgebirge wäre dafür die Eisengießerei Schwarzenberg geeignet. Wir sehen den Abstich aus dem Kupolofen *(Bild unten)* und das Gießen des Eisens in die Formen *(Bild oben)*

Denkmale der Eisenverarbeitung

Bild 123. Ein besonderes Denkmal der Eisengießerei ist der 1854 aus Eisenkunstgußteilen vom Eisenwerk Bernsdorf/Oberlausitz errichtete Aussichtsturm auf dem Löbauer Berg

Bild 124. Der Freibergsdorfer Hammer, hier in einem Foto von 1907, ist jetzt zu einer technikgeschichtlichen Schauanlage im Freiberger Neubaugebiet Wasserberg hergerichtet worden

Denkmale der Eisenverarbeitung

Bilder 125 und 126. Im Kreis Brand-Erbisdorf (Osterzgebirge) ist der Dorfchemnitzer Hammer ein lohnendes Besichtigungsobjekt

Denkmale der Eisenverarbeitung

Bilder 127 und 128. Das bekannteste erzgebirgische Eisenhammerwerk ist der Frohnauer Hammer (vgl. Bilder 2 und 5 auf den Seiten 217 und 219), wo außer den Hämmern auch das Schmiedefeuer mit dem vielen Werkzeug *(Bild oben)* und das Wasserrad *(Bild unten)* beeindruckend ist

Denkmale der Metall-
verarbeitung

Bilder 129 und 130. In Thüringen
wurde der Tobiashammer bei Ohrdruf
(Bild unten) nach seiner Wiederherstellung (vgl. Bilder 1, 20 und 21 auf den
Seiten 217 und 227) zu einer stark besuchten Schauanlage. Im Tobiashammer befindet sich auch das älteste in
der DDR erhaltene Walzwerk *(Bild
oben)*, das aus der Zeit vor 1850
stammt und von einem Wasserrad
angetrieben wird

Denkmale des Maschinenbaus

Bilder 131 und 132 (Seite 280). In Karl-Marx-Stadt sind noch mehrere historische Produktionsstätten des dort traditionsreichen Maschinenbaus erhalten, so die 1885 von BERNHARD ESCHER erbaute Werkzeugmaschinenfabrik Hermann u. Alfred Escher AG, heute Teil des VEB Schleifmaschinenkombinats Karl-Marx-Stadt *(Bild oben)* und – hier in einer Graphik aus dem Jahre 1864 – die erste Galeriehalle der Maschinenfabrik Richard Hartmann *(Bild unten)*

Bilder 133 und 134. Die 1872 errichtete hölzerne Galeriehalle der Sächsischen Stickmaschinenfabrik Kappel, vormals A. Voigt, heute Teil des VEB Schleifmaschinenkombinats Karl-Marx-Stadt, ist heute noch so erhalten *(Bild oben)*, wie auf einer zeitgenössischen Graphik dargestellt *(Bild unten)*

Dampfmaschinen als Denkmale des Maschinenbaus

Bilder 135 und 136. Dampfmaschinen sind als Produktionsinstrumente sowohl Denkmale des Industriezweiges, in dem sie eingesetzt sind, wie als Produkte auch technische Denkmale des Maschinenbaus. Aus der Maschinenfabrik Otto Seifert, Olbernhau, stammt die 1905 gebaute 50-PS-Einzylindermaschine der Kistenfabrik Paul Fischer, Olbernhau *(Bild oben)*. Die bedeutende Görlitzer Maschinenfabrik Richard Raupach lieferte 1902 der Kistenfabrik Hunger, Pockau, eine 235-PS-Zweizylinder-Verbundmaschine mit Kondensation und stehendem Fliehkraftregler *(Bild unten)*

Dampfmaschinen als Denkmale des Maschinenbaus

Bild 137. Die kleinste in der DDR erhaltene Kolbendampfmaschine, eine um 1900 von der Firma Alfred Kratzsch, Gera, gebaute 12-PS-Maschine, ist heute noch in der Brauerei Singen bei Stadtilm in Betrieb

Bild 138. Die 15 000-PS-Walzwerksdampfmaschine im VEB Maxhütte, Unterwellenborn, dürfte die größte in der Welt noch vorhandene Kolbendampfmaschine sein. Es ist eine Zwillings-Tandem-(Vierzylinder-)Verbundmaschine mit 1,7 m Durchmesser der Niederdruckzylinder

Hüttengebläse als Denkmale des Maschinenbaus

Bilder 139 und 140. Aus den sächsischen Metallhütten des 19. Jahrhunderts sind noch drei verschiedenartige Hüttengebläse erhalten: das 1827 im Lauchhammerwerk gebaute Balanciergebläse in Muldenhütten (Bild 104 auf Seite 267), das 1829/1831 im Eisenwerk Morgenröthe/Vogtland für die Antonshütte bei Schwarzenberg gebaute, 1865/1926 in der Hütte Halsbrücke benutzte Schwarzenberggebläse, ausgezeichnet durch seine neogotischen Details, heute auf der Grube Alte Elisabeth bei Freiberg *(Bild links)*, und das 1836/1837 im Lauchhammerwerk für die Hütte Halsbrücke gebaute Balanciergebläse mit korinthischen Säulen, vor dem Werkstor des VEB Schwermaschinenbau Lauchhammer *(Bild rechts)*

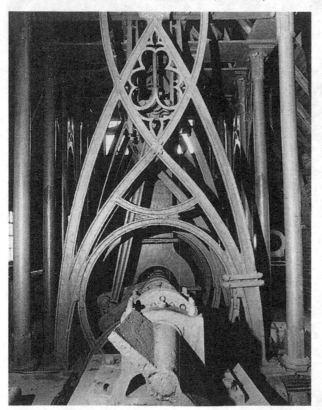 

Werkzeugmaschinen als Denkmale des Maschinenbaus

Bild 141. Im Forschungszentrum des Werkzeugmaschinenkombinats »Fritz Heckert«, Karl-Marx-Stadt, wurde eine Tischhobelmaschine der Zeit um 1875/1880 restauriert

Bilder 142 und 143. Eine Bohrmaschine der Zeit um 1860/1900 ist so, wie im historischen Katalog abgebildet, an der Technischen Universität im Foyer des Kutzbach-Baus aufgestellt

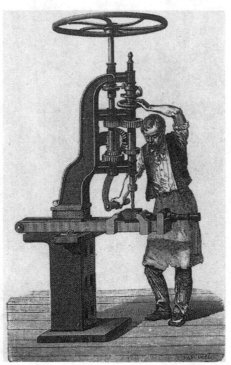

Denkmale der Elektrotechnik

Bilder 144 und 145. In der Sammlung historischer Elektromaschinen der Sektion Elektrotechnik an der Technischen Universität Dresden finden sich u. a. ein Gleichstromreihenschlußgenerator mit Selbsterregung nach SIEMENS, Konstrukteur v. HEFNER-ALTENECK *(Bild links oben)* und ein Gleichstromnebenschlußgenerator mit Selbsterregung nach WHEATSTONE, 1891, Konstrukteur FISCHINGER *(Bild links unten)*

Denkmale der Elektrotechnik

Bild 146 (Seite 286). Der Fernsehturm in Berlin ist zugleich Denkmal der Elektrotechnik und Denkmal aus der Geschichte der DDR

Bild 147. Im VEB Leuchtenbau Deutschneudorf ist noch eine Kolbendampfmaschine mit Schwungradgenerator erhalten (gebaut 1922 von der Zwickauer Maschinenfabrik, der Generator von der AEG)

Bild 148. Im VEB Maxhütte Unterwellenborn treibt eine gewaltige Gichtgaskolbenmaschine von der Firma Thyssen einen etwa 9 m hohen 1923 gelieferten Schwungradgenerator mit einem Rotor von 7,5 m Durchmesser an

Denkmale der Chemieindustrie

Bilder 149 und 150. In den Leunawerken wurde 1916 erstmals die Ammoniaksynthese nach dem HABER-BOSCH-Verfahren großindustriell durchgeführt. Sachzeugen aus jener Zeit sind noch Ammoniak-Hochdruck-Reaktoren *(Bild unten)* und eine Synthesegas-Umlaufpumpe mit Antrieb durch eine Kolbendampfmaschine im VEB Leuna-Werke »Walter Ulbricht« *(Bild oben)*

Denkmale der Bautechnik

Bild 151. Im mittelalterlichen Bauwesen waren Treträder weithin als Antrieb für Lastenaufzüge üblich, hier das im Turm der Nikolaikirche von Stralsund

Bild 152. Die Bauwerke selbst sind ebenfalls Denkmale aus der Geschichte der Bautechnik, wie der Blick in den um 1450 errichteten Dachstuhl der Stadtkirche St. Marien in Torgau beweist

Denkmale der Natursteinindustrie

Bilder 153 und 154. Steinbrüche sind nicht nur geologische Naturdenkmale, sondern oft auch technische Denkmale des Natursteinabbaus, so seit mehr als 800 Jahren die Steinbrüche im Porphyrtuff des Rochlitzer Berges *(Bild oben)* und seit dem Eisenbahnbau um 1845 der große Granitsteinbruch mit Kabelkränen, Demitz-Thumitz bei Bischofswerda *(Bild unten)*

Denkmale der Natursteinindustrie

Bild 155. Seit etwa 100 Jahren bestimmen Brecherwerke zur Produktion von Schotter und Splitt das Bild mancher Hartgesteinsvorkommen, hier das Schotterwerk Mägdefrau in Schnellbach/Thüringer Wald

Bild 156. Als in der Oberlausitz in der zweiten Hälfte des 19. Jahrhunderts die Naturwerkstein-Industrie ihren Aufschwung erfuhr, nutzten die Produktionsstätten oft die Wasserkraft früherer Getreidemühlen. An der Brückmühle bei Sohland, Kreis Bautzen, sehen wir links das ehemalige Mühlengehöft, rechts die Produktionshalle des Natursteinwerkes, dahinter die Unternehmervilla

Denkmale der Naturstein-industrie

Bilder 157 und 158. Im Naturstein-werk Brückmühle bei Sohland trieb ein etwa 6 m hohes unterschlächtiges Wasserrad *(Bild oben)* zahlreiche Ge-steinsbearbeitungsmaschinen, darunter auch Gattersägen, durch die Natur-steinblöcke in Platten gesägt wurden *(Bild unten)*

Denkmale der Dachschiefer-industrie

Bilder 159 und 160. Die spezifische Verarbeitung des Dachschiefers ist das Spalten und Zuschneiden. Dazu wurden Arbeiter in großer Zahl in Spalthütten konzentriert, so z.B. in einer Spalthütte bei Lehesten um 1900 *(Bild oben)*, Spaltbänke rechts, Schieferscheren links. Die letzten bei Lehesten erhaltenen historischen Spalthütten *(Bild unten)* sind damit zugleich Denkmale der Schieferindustrie und der Geschichte der Arbeiterbewegung im Frankenwald

Denkmale der Dachschieferindustrie

Bild 161. Denkmale der Dachschieferindustrie sind auch die kunstvoll mit Dachschiefer beschlagenen Bauwerke, hier am sogenannten »Staatsbruch« von Lehesten die Wagnerei, deren Zweckbestimmung auch die Bedeutung der Fuhrwerke für den früheren Schieferversand erahnen läßt

Bild 162. Der 1845 am Kießlich-Schieferbruch bei Lehesten errichtete Göpel ist Denkmal der Schieferförderung, aber hat zugleich als letztes in der DDR erhaltenes bergmännisches Göpelgebäude Bedeutung weit über Lehesten hinaus

Denkmale des Ziegelgewerbes

Bild 163. Das bekannte Storchenmuseum in Altgaul bei Bad Freienwalde ist ein runder, vermutlich aus dem 18. Jahrhundert stammender Einkammer-Ziegelofen, in dem in handwerklicher Weise Ziegel gebrannt wurden

Bild 164. Ebenfalls handwerkliche Maßstäbe verrät der um 1890 erbaute Einkammer-Ziegelofen in Orlamünde

Denkmale der Ziegelindustrie

Bild 165. Industrielle Maßstäbe erlangte die Ziegelproduktion mit dem 1857/58 erfundenen HOFMANNschen Ringofen. Ein runder Ringofen, als Beispiel der ursprünglichen Bauart, ist in Parey, Kreis Genthin, erhalten

Bild 166. Der um 1900 gebaute Ringofen der Ziegelei Oberbodnitz bei Kahla hat bereits die jüngere, ovalgestreckte Form

Denkmale der Ziegelindustrie

Bilder 167 und 168. Die inzwischen stillgelegte Ziegelei Pegau mit ihrem 1908/1910 gebauten gestreckten Ringofen *(Bild unten)* läßt sich als Schauobjekt so herrichten, daß man z. B. die im Brennkanal aufgesetzten Ziegel sehen kann *(Bild oben)*

Denkmale der Ziegelindustrie

Bild 169. An vielen Orten ist von den Ziegeleien nur noch das Ofenmauerwerk vorhanden. Dieses läßt sich ohne großen Aufwand erhalten und hat oft wesentliche Bedeutung für die Regionalgeschichte wie hier ein Sachzeuge der einst zahlreichen Ziegeleien von Dresden-Prohlis

Bild 170. An der Ziegelei Pegau sind auch noch Trockenschuppen als Bauwerke für die alte Technik der Lufttrocknung erhalten

Denkmale der Bindemittelindustrie

Bild 171. Das Kalkwerk Lengefeld/Erzgebirge ist mit seinem Kalksteintagebau geologisches Naturdenkmal, mit seinen Stolln, aus denen die Rote Armee 1945 Gemälde der Dresdener Gemäldegalerie gerettet hat, Denkmal der politischen Geschichte und mit seinem Schachtgebäude (links im Bild) und den Kalköfen auch technisches Denkmal

Bild 172. Bei Karl-Marx-Stadt sind die »Rabensteiner Felsendome« beliebtes Touristenziel. Die historische Aussage wird übertage ergänzt durch den alten Kalkofen (links) und das Brennmeisterhaus

Denkmale der Bindemittel-industrie

Bilder 173 und 174. Während im Kalkwerk Lengefeld neben drei Rumfordöfen der Zeit ab 1810 bis 1835 nur ein Rüdersdorfer Ofen von 1873 steht *(Bild oben)*, zeigt die 1871 bis 1877 errichtete, aus zwanzig Kalköfen bestehende Schachtofenbatterie im Kalkwerk Rüdersdorf bei Berlin großindustrielle Maßstäbe *(Bild unten)*

Denkmale der Gips- und der Glasindustrie

Bild 175. Die um 1935 erbaute Gips-brennofenbatterie des Gipswerkes Elxleben und (links daneben) die Gipsmühle bezeugen die rohstoffbedingte regionalhistorische Konzentration der Gipsindustrie in Thüringen

Bild 176. Die 1904 errichtete Fischer-hütte in Ilmenau ist eine typische der einst zahlreichen Glashütten der kapitalistischen Glasindustrie im Thüringer Wald

Denkmale der Glasindustrie

Bilder 177 und 178. Ähnlich wie schon von AGRICOLA 1556 dargestellt *(Bild oben)*, wird man in der Fischerhütte in Ilmenau später Glasbläser am Hafenofen arbeitend sehen können

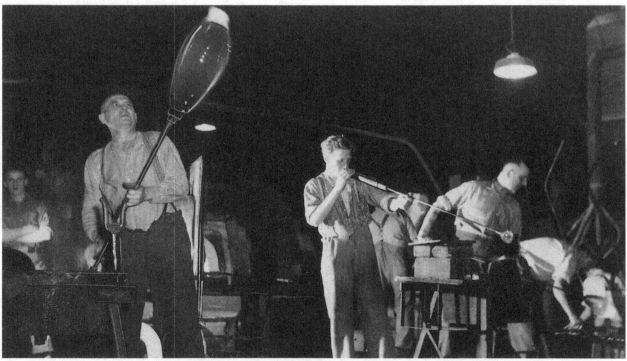

Denkmale der Glasindustrie

Bilder 179 und 180. Die Niederlausitzer Glasindustrie hat in Klasdorf bei Baruth nicht nur die Glashütte selbst *(Bild oben)*, sondern auch einen Komplex von Wohnhäusern und sozialgeschichtlich wichtigen Gebäuden hinterlassen *(Bilder unten)*, im Bild links der Backofen der Industriesiedlung

Denkmale der Porzellanindustrie

Bilder 181 und 182. Die ehemalige Porzellanfabrik Elgersburg bei Ilmenau war mit zwei Rundöfen ausgestattet *(Bild unten)*, in denen – nach Einrichtung einer Schauanlage – dem Besucher die historische Porzellanbrenntechnik erläutert werden kann *(Bild oben)*
(Rundofen bei offener Tür mit Blick auf das eingesetzte Brenngut)

Denkmale der Textilindustrie

Bilder 183 und 184. Während zur Geschichte der Textilmaschinen Sachzeugen zur Zeit erst gesammelt und restauriert werden, wie z.B. der Tuchwebstuhl von LOUIS SCHÖNHERR, Chemnitz, aus dem Jahre 1855, restauriert 1980 vom VEB Webstuhlbau Karl-Marx-Stadt (*Bild oben*), sind alte Handwebstühle in mehreren Museen schon zu besichtigen (*Bild unten:* der letzte Lausitzer Handwerkswebermeister 1938 in Oberoderwitz an seinem Webstuhl)

Denkmale der Textilindustrie

Bild 185. Die Schloßarchitektur der 1782/83 erbauten Albrechtschen Zeugmanufaktur in Zeitz ist ein Beispiel des baulichen Ausdrucks für den Geltungsanspruch der aufkommenden Bourgeoisie gegenüber dem noch herrschenden Feudaladel

Bild 186. Die Produktionsgebäude dieser Manufaktur sind ebenfalls typisch für viele Beispiele – hofseitig dem Hauptbau angeschlossen und in Holzfachwerk ausgeführt

Bild 187 (Seite 307). Die im Jahre 1803 erbaute Spinnerei der Gebrüder BERNHARD in Harthau bei Karl-Marx-Stadt war die Wirkungsstätte des um die Entwicklung der sächsischen Textilindustrie verdienten englischen Spinnmeisters EVAN EVANS

306

Denkmale der Textilindustrie

Bild 188. Die 1833 in der Geraer Zeugfabrik Morand u. Co aufgestellte 8-PS-Bockdampfmaschine war die erste Geraer Dampfmaschine überhaupt und ist heute zugleich die älteste in der DDR erhaltene Kolbendampfmaschine. Damit ist sie sowohl Denkmal des Maschinenbaus wie auch Denkmal der Industrialisierung der Textilproduktion

Bild 189. Die 1830 errichtete Baumwollspinnerei Greding in Hennersdorf an der Zschopau (Foto um 1920) läßt an den Baukörpern die große Zahl der nun – in den Fabriken – betreibbaren Baumwollspindeln erkennen

Bilder 190 und 191. Die Gebäude der ehemaligen Baumwollspinnerei Clauß, heute VEB Baumwollspinnerei Flöha, lassen erkennen, wie erfolgreiche Unternehmer ihre Fabriken erweitert haben; oben die Fabrikgebäude der Zeit um 1800/1850, unten der um 1890/1910 errichtete Erweiterungsbau

Denkmale der Textilindustrie

Bilder 192 und 193. Die ehemalige Streichgarnspinnerei C. F. Schmelzer am Kreis- und Stadtmuseum in Werdau bringt architektonisch *(Bild oben)* und maschinentechnisch *(Bild unten)* zum Ausdruck, wie in den Maschinensälen in den drei Stockwerken alle Arbeiter in den gleichen Arbeitsrhythmus eingegliedert waren, der von der einen Dampfmaschine (im Anbau an dem Fabrikgebäude) über Transmissionen den Arbeitsmaschinen aufgeprägt wurde. Die 600-PS-Dreizylinder-Dreifachexpansionsdampfmaschine mit Ventilsteuerung und Achsregler wurde 1899 von der Zwickauer Maschinenfabrik gebaut.

Historische Glockengießerei und Papierherstellung

Bild 194. In dem VEB Apoldaer Glockengießerei werden heute noch in den unter Denkmalschutz stehenden Anlagen der früheren Firma Schilling Glocken gegossen

Bild 195. In der Büttenpapierabteilung des VEB Papierfabrik Wolfswinkel bei Eberswalde stellen Schöpfer und Gautscher auf klassische Weise handgeschöpftes Büttenpapier her

Denkmale der Papier-industrie

Bild 196 *(unten)*. Die Neumannmühle im Kirnitzschtal bei Ottendorf, Kreis Sebnitz, ist die einzige vollständig erhaltene Anlage zur Produktion von Holzstoff, dem wichtigsten Papiergrundstoff seit dem 18. Jahrhundert

Bild 197 *(oben)*. Die um 1850 erbaute Pappenfabrik Wintermann in Zwönitz (Erzgebirge) ist jetzt als technische Schauanlage der historischen Papier- und Pappenproduktion zu besichtigen

Denkmale der Papierindustrie

Bilder 198 und 199. Unter anderen Maschinen der Papierindustrie lernt der Besucher in der Pappenfabrik Wintermann in Zwönitz den Kugelkocher *(Bild oben)* und als Zerkleinerungsmaschine den Holländer kennen *(Bild unten)*

Denkmale der Papierindustrie

Bilder 200 und 201. Auch in der Papierindustrie haben Gebäude selbst dann noch Denkmalwert, wenn die technische Einrichtung nicht mehr erhalten ist. Das Produktionsgebäude der 1701 gegründeten Papiermühle Neumühle, Haynsburg bei Zeitz, mit seinen drei Pansterrädern *(Bild unten)* wurde 1929 abgebrochen. Die erhaltene Gebäudegruppe *(Bild oben)* läßt an den Dachformen noch die Trockenböden erkennen und ist ein durchaus wertvolles Denkmal dieser einst sehr wichtigen Papiermühle

Denkmal der Kameraindustrie

Bild 202. Der 1922/1923 von E. Högg errichtete Turm der Kamerafabrik Ernemann ist heute Dominante im Osten der Stadt Dresden und Motiv für das Firmenzeichen des VEB Pentacon

Denkmale einstiger Gewerbe

Bild 203. Die Waidmühle von Pferdingsleben bei Gotha erinnert an den in Mittelthüringen einst weit verbreiteten Anbau und die Verarbeitung der Farbpflanze Waid

Bild 204. In Dorfchemnitz, Kreis Stollberg/Erzgebirge, sind Getriebe und Stampfwerk einer Knochenstampfe als technisches Denkmal erhalten

Denkmale des Mühlen-wesens: Wassermühlen

Bilder 205 und 206. Die um 1700 er-baute Mühle Höfgen bei Grimma ist eine typische dörfliche Wassermühle *(Bild oben)*. Der Besucher dieser Schauanlage lernt auch die in der Mühle enthaltenen zwei Mahlgänge kennen *(Bild unten)*

Denkmale des Mühlenwesens: Wassermühlen

Bild 207. In der Klostermühle Schulpforte bei Naumburg befindet sich die einzige in der DDR noch erhaltene, früher weit verbreitete Technik einer Panstermühle, d. h. ein Mechanismus zum Heben und Senken des unterschlächtigen Wasserrades gemäß dem jeweiligen Wasserstand (vgl. dazu Bild 201)

Bild 208. Im 19. und 20. Jahrhundert trat auch im Mühlenwesen oft das Eisen als Maschinenbaustoff an die Stelle von Holz, hier zwei eiserne Wasserräder an der Mühle Niederschmalkalden, Bezirk Suhl

Denkmale des Mühlenwesens: Wassermühlen

Bild 209. Die Industrialisierung im Mühlenwesen wird deutlich am Entwicklungssprung von der dörflichen Wassermühle zur industriellen Großmühle mit Antrieb durch Wasserrad oder Turbine, hier die Unstrutmühle von Artern mit dem großen, jedoch 1972/73 abgebrochenen Wasserrad (Blick von der Straßenbrücke)

Bild 210. Eine früher auch auf unseren größeren Flüssen weit verbreitete Sonderform der Wassermühlen war die Schiffsmühle. Die letzte steht heute im Freigelände des Museums in Bad Düben

Bild 211. Bei den Bockwindmühlen – hier die von Zierau, Kreis Kalbe/Milde, in der Altmark – wird der gesamte »Mühlenkasten« auf dem Bock gegen den Wind gedreht

Bild 212. Die Paltrockwindmühlen – hier die von Saalow, Kreis Zossen – drehen sich mittels Rollenkranzes auf einer kreisrunden Schiene auf dem Erdboden

Bild 213. Bei den Holländermühlen – hier der von Stove, Kreis Wismar – dreht die Haube das Flügelkreuz selbsttätig gegen den Wind

Bild 214. Bei den Galerie-Holländermühlen – hier in Neubukow bei Bad Doberan – steht die Mühle erhöht mit Galerie über dem massiven Erdgeschoß

Bild 215. Um Woldegk, Bezirk Neubrandenburg, stehen noch fünf, allerdings zum Teil jetzt verstümmelte Windmühlen. Von den drei auf dem Bild sichtbaren ist die rechte das Heimatmuseum, die im Vordergrund soll Schauanlage werden

Denkmale des Mühlenwesens: Windmühlen

Bild 216. Die Turmwindmühlen – hier die von Gohlis bei Dresden – bestehen aus einem massiv gemauerten Turm und drehbarer Haube mit Flügelkreuz

Bild 217. Bei Ebersroda, Kreis Nebra, bilden zwei Turmwindmühlen eine markante Mühlengruppe

Denkmale des erzgebirgischen Spielzeuggewerbes

Bilder 218 und 219. In dem Preißlerschen Wasserkraftdrehwerk *(Bild unten)* – heute Mittelpunkt des Freilichtmuseums Seiffen – wurden an wasserradbetriebenen Drehbänken *(Bild oben)* die Reifen für die bekannten kleinen Seiffener Tiere gedreht (Zeichnung von KARL SIMMANG, 1951)

Denkmale des Straßen-verkehrs und Nachrichtenwesens

Bild 220. In Wurzen, im dortigen Stadtteil Krostigall, ist an der ehemaligen königlich polnischen, kurfürstlich sächsischen Poststation eins der beiden Posttore (von 1734) erhalten und restauriert worden

Bilder 221 und 222. Unter AUGUST DEM STARKEN wurden an den Stadttoren kursächsischer Städte künstlerisch anspruchsvolle Postdistanzsäulen aufgestellt, die die Entfernungen in Wegstunden nennen, *links* die Distanzsäule am Platz der Oktoberopfer in Freiberg, *rechts* die Distanzsäule in dem früher ebenfalls kursächsischen Brehna, Kreis Bitterfeld

Denkmale des Straßenverkehrs und Nachrichtenwesens

Bild 223 *(oben)*. An dem 1890 erbauten Postamt in Wurzen ist noch der Telegraphenturm mit dem Gerüst für die einst zahlreichen Telegraphenkabel erhalten

Bilder 224, 225 und 226 *(unten)*. AUGUST DER STARKE ließ auf den Landstraßen Kursachsens die Entfernungen mit Meilensteinen markieren. *Links:* Ganzmeilensäule in Mühlanger bei Wittenberg: Der untere Teil wurde als Wegweiser aufgefunden und restauriert, die Säule 1980 unter Leitung der Kulturbund-Forschungsgruppe »Kursächsische Postmeilensäulen« neu aufgestellt. *Mitte:* Halbmeilensäule von 1722 am Schützenhaus in Oederan. *Rechts:* Viertelmeilenstein in Pomßen bei Grimma, 1978 restauriert und von der Kulturbund-Forschungsgruppe neu aufgestellt

Denkmale des Straßenverkehrs und Nachrichtenwesens

Bild 227. Dem Straßenverkehr in Brandenburg – Preußen diente das 1834 nach Plänen von KARL FRIEDRICH SCHINKEL errichtete Chausseehaus von Schiffmühle, Kreis Bad Freienwalde

Bilder 228 und 229 *(unten links und Mitte).* Um 1820/1830 setzte man im Königreich Preußen schlicht-monumental gestaltete Meilenobelisken, *links* ein solcher aus Sandstein an der Fernverkehrsstraße F 1 bei Genthin, *rechts* ein 2,83 m hoher Gußeisenobelisk an der Fernverkehrsstraße F 1 bei Seelow (»IX Meilen bis Berlin«)

Bild 230 *(unten rechts).* Auch in den Fürstentümern von Mecklenburg wurden im 19. Jahrhundert Meilensteine aufgestellt, hier eine Rundsäule von 1868 an der Chaussee Feldberg–Möllenbeck in Mecklenburg-Strelitz

Denkmale des Eisenbahnverkehrs

Bild 231. Mehrere unserer Schmalspurbahnen stehen unter Denkmalschutz, so die von Radeburg oder Moritzburg nach Radberg. Hier an der Haltestelle Friedewald am Lößnitzgrund

Bild 232. Eins von den etwa 40 unter Denkmalschutz stehenden Triebfahrzeugen der Deutschen Reichsbahn ist die Schnellzuglokomotive BR 03 001, Bauart 2 C 1h2, die 1930 von der Firma Borsig gebaut wurde

Denkmale des Eisenbahn-verkehrs

Bild 233. Der längste Eisenbahntunnel der DDR ist der 1881/1884 gebaute 3 038 m lange Brandleitetunnel unter dem Rennsteig unmittelbar am Bahn-hof Oberhof/Thüringer Wald

Bild 234. Der älteste erhaltene Fern-bahnhof ist der 1842 in Leipzig in Be-trieb genommene Bayrische Bahnhof der Strecke Leipzig–Altenburg–Rei-chenbach/Vogtland–Plauen–Hof–Nürnberg

Denkmale des Eisenbahnverkehrs

Bilder 235 und 236. Der 1909/1915 erbaute Leipziger Hauptbahnhof hatte zwischen dem Querbahnsteig und den sechs großen, in Stahlkonstruktion ausgeführten Bahnsteighallen einst eine Absperrung mit Fahrkartenkontrollen *(Bild oben)*. Die Hauptfront des Leipziger Hauptbahnhofes *(Bild unten)* läßt noch die zur Bauzeit wichtige Zuordnung zur preußischen Bahnverwaltung (Westhalle) und zur sächsischen Bahnverwaltung (Osthalle) erkennen

Bild 238 *(oben)*. Aus dem Jahre 1576
stammt die Brücke der alten Dresdener Straße über die Freiberger Mulde
in Halsbach bei Freiberg, die einzige
Spitzbogenbrücke der DDR

Bild 237 *(unten)*. Eine der ältesten in
der DDR erhaltenen Brücken ist die
1230/1244 erbaute Steinbogenbrücke
über die Weiße Elster in Plauen/Vogt-
land (heute »Wilhelm-Külz-Brücke«)

Denkmale der Verkehrsgeschichte: Brücken

Bild 239. An vielen Stellen wird das Landschafts- oder Ortsbild von kleinen alten Steinbogenbrücken bestimmt, hier die Küttnerbrücke in Niederbobritzsch bei Freiberg

Bild 240. Von den einst zahlreichen überdachten Holzbrücken sind heute nur noch wenige erhalten, so die 1837/1838 erbaute Hausbrücke über die Flöha bei Hohenfichte, Kreis Flöha

Denkmale der Verkehrs-geschichte: Brücken

Bild 241 *(unten)*. Der Eisenbahnbau stellte dem Brückenbau völlig neue Aufgaben, wie die 1845/1851 für die Strecke Leipzig–Reichenbach/Vogt-land–Plauen erbaute Göltzschtal-brücke zeigt

Bild 242 *(oben)*. Gleiches gilt für Brük-ken als Stahlkonstruktionen, z.B. für den 1883/1884 erbauten, 25 m hohen Oschütztalviadukt in Weida

Denkmale der Verkehrsgeschichte: Brücken

Bild 243. Die 1903/1905 über das Syratal gebaute Friedensbrücke in Plauen weist mit 98 m Spannweite den größten Steinbogen auf

Bild 244. Die Teufelstalbrücke, eine 138 m weit gespannte Stahlbetonbogenbrücke mit aufgeständerter Fahrbahn, 1936/38 für die Autobahn Dresden—Erfurt bei Stadtroda errichtet, galt zu ihrer Zeit als Spitzenleistung der Brückenbautechnik

**Denkmale der Verkehrs-
geschichte: Brücken**

Bild 245. »Bewegliche Brücken« sind erforderlich, wo die Brücke von Fall zu Fall für höhere Schiffe geöffnet werden muß. Die vielleicht bekannteste Klappbrücke der DDR ist die 1798 erbaute Jungfernbrücke über den Kupfergraben in Berlin

Bild 246. Eine zweiseitige Gleichgewichtsklappbrücke aus Holz ist die 1887 gebaute Klappbrücke über den Ryck bei Greifswald-Wieck

Denkmale der Binnenschiffahrt

Bilder 247 und 248. Der 1896/1897 für die obere Elbe gebaute Raddampfer *Riesa*, hier als Oberdeckdampfer auf einer Fahrt in der Sächsischen Schweiz *(Bild unten)*, steht heute als Schiffahrtsmuseum in Oderberg an der Alten Oder. Die Zwillingsdampfmaschine mit oszillierenden Zylindern der *Riesa (Bild oben)* wurde 1897 in Dresden-Übigau gebaut

Denkmale der Binnenschiffahrt

Bilder 249 und 250. Im Kulturpark Rotehorn, Magdeburg, steht auf den Elbwiesen der 1908/09 gebaute und bis 1974 auf der Elbe im Einsatz gewesene Seitenradschleppdampfer *Württemberg (Bild unten)*. Er wird gastronomisch und museal genutzt. U. a. sieht der Besucher die schrägliegende Zweizylinder-Verbunddampfmaschine und den Flammrohr-Rauchrohr-Kessel *(Bild oben)*

Denkmale der Seeschiffahrt

Bild 251. Zum Schiffbaumuseum Rostock gehört u. a. der 1890 gebaute Schwimmkran *Langer Heinrich*, der zunächst im damaligen Danzig (Gdansk/VR Polen), von 1946 bis 1978 aber im VEB Schiffswerft Neptun, Rostock, in Betrieb war

Bild 252. In dem ebenfalls zum Schiffbaumuseum Rostock gehörenden 1956/1958 gebauten Motorschiff *Dresden*, dem jetzigen Traditionsschiff Typ *Frieden* in Rostock-Schmarl, besichtigt der Besucher u. a. die einfachwirkenden Viertakt-Dieselmotoren vom EKM Halberstadt

Bild 253. Das
1788 von Kunst-
meister JOHANN
FRIEDRICH MENDE
am Rothenfurther
Bergwerkskanal
bei Freiberg für
den Erztransport
von den Gruben
zur Hütte
Halsbrücke erbaute
Kahnhebehaus ist
wohl das älteste
Schiffshebewerk
der Welt

Bild 254. Das
1927/1934 am Ab-
stieg des Oder-Ha-
vel-Kanals zur
Oder angeordnete
Schiffshebewerk
Niederfinow er-
setzte eine Schleu-
sentreppe

Bild 255. Die Leip-
ziger Großmarkt-
halle von
1927/1930 zeichnet
sich durch zwei
auch baugeschicht-
lich bedeutende
Betonkuppeln aus

Denkmale der Theatertechnik und Orgelmechanismen

Bild 256. Im Goethe-Theater Bad Lauchstädt bei Merseburg ist die von 1802 stammende Bühnentechnik der Unterbühne noch erhalten. Man sieht z. B. links alte Kulissenwagen, Seilzüge und die senkrechten Balken für eine Versenkung

Bild 257. Die 1711 bis 1714 von GOTTFRIED SILBERMANN gebaute große Orgel des Freiberger Doms erhält Wind aus sechs Blasebälgen (oben, mit Saugventilklappen), die mit großen Hebelmechanismen (unten) betätigt werden.

Technische Denkmale der Wissenschaft und des Gerätebaus

Bild 258. Der 1921/1922 in Potsdam erbaute Einsteinturm des Zentralinstituts für Astrophysik der Akademie der Wissenschaften der DDR ist zugleich Denkmal astrophysikalischer Beobachtungstechnik und Denkmal der Architektur

Bild 259. Von der ersten, 1919/1926 gebauten Serie des Zeiss-Planetariums-Projektionsgerätes ist in der DDR nur noch das Dresdener Gerät erhalten, hier der Teil mit der südlichen Fixsternkugel, heute aufgestellt in der Volkssternwarte Adolph Diesterweg in Radebeul

Bild 260. Ein schon im Mittelalter weit entwickeltes Teilgebiet wissenschaftlichen Gerätebaus sind die astronomischen Uhren, hier die von 1472 in der Marienkirche von Rostock an der Südseite des Hochaltars

Denkmale für Techniker und Technikwissenschaftler

Bilder 261 und 262. An den für den Maschinenbau Sachsens um 1810/1850 bedeutenden Maschinendirektor CHRISTIAN FRIEDRICH BRENDEL (1776–1861) erinnert bei Schneeberg-Neustädtel sein Geburtshaus, das alte Zechenhaus Peter und Paul (Bild oben) sowie ein Denkmal vor der Oberschule in Neustädtel (Bild unten links)

Bild 263. Auf den Lehrer der Dresdener Technischen Bildungsanstalt JOHANN ANDREAS SCHUBERT (1808–1870), den Schöpfer der ersten deutschen Lokomotive und der Göltzschtalbrücke, macht u. a. eine Tafel an seinem Geburtshaus in Wernesgrün/Vogtland aufmerksam (Bild unten rechts)

Denkmale für Techniker und Technikwissenschaftler

Bild 264. Seit 1982, dem 300. Geburtsjahr JOHANN FRIEDRICH BÖTTGERS (1682–1719), markiert in Dresden auf der Brühlschen Terrasse eine Stele mit dem Porträtrelief BÖTTGERS den Ort, wo dieser das europäische Hartporzellan erfunden hat

Bilder 265 und 266. Grabstätten berühmter Techniker und Technikwissenschaftler sind an mehreren Orten erhalten, so in Berlin auf dem Dorotheenstädtischen Friedhof das Grab von AUGUST BORSIG (1804–1854) *(Bild unten links)* und in Jena auf dem Alten Friedhof das Grab von CARL ZEISS (1816–1888) *(Bild unten rechts)*

Denkmale für Ereignisse aus der Technikgeschichte

Bilder 267 und 268. An die erste deutsche Dampfmaschine WATTscher Bauart, die 1785 auf dem König-Friedrich-Schacht bei Hettstedt aufgestellt wurde, erinnern das 1890 errichtete Maschinendenkmal auf der Halde des Schachtes und der 1935 als Denkmal in Löbejün bei Halle aufgestellte zweite, 1788 in England gegossene Zylinder dieser Dampfmaschine *(Bild unten links)*

Bild 269. Als 1876 die erste deutsche Fernbahn Leipzig–Dresden in Staatsbesitz überging, widmete man in der Nähe des jetzigen Leipziger Hauptbahnhofes dieser Bahn, ihren Erbauern und Direktoren ein Denkmal *(Bild unten rechts)*

Ortsverzeichnis

Die Geschichte der Produktivkräfte auf dem Gebiet der DDR und ihre Widerspiegelung im System der technischen Denkmale, dargestellt an Beispielen

Zeitabschnitt Produktionszweig	Sachverhalt aus der Geschichte der Produktivkräfte	Technische Denkmale (Z)[1]
12./14. Jahrhundert	**Feudalismus**	
Mühlen	Wassermühlen und Bockwindmühlen in Mitteleuropa	Historische Wasser- und Windmühlen, z.B.: Wassermühle Höfgen bei Grimma, Bockwindmühle Billroda
Bergbau	ab 1168: Freiberger Silbererzbergbau	Haldenzüge und Stolln-Mundloch
Verkehrswesen	Fernhandel	Steinbrücken in Creuzburg (Z), Plauen, Erfurt
15./17. Jahrhundert	**Frühkapitalismus**	
Wasserversorgung	Wasserversorgung in frühkapitalistischen Städten	Alte Wasserkunst Bautzen
	und auf Burgen und Schlössern	Burgbrunnen Königstein, Augustusburg, Wachsenburg
Papierherstellung	erste Papiermühlen in Sachsen	Büttenpapierherstellung Papierfabrik Wolfswinkel Papiermühle Zwönitz
Bergbau	Mansfelder Kupferschieferbergbau der Lutherzeit	Haldengebiete Wolferode und Hettstedt
	Silberbergbau im Erzgebirge mit der von AGRICOLA abgebildeten Technik	Haldengebiete von Freiberg, Schneeberg u.a.O. Kehrrad Freiberg, Kunstgräben und Kunstteiche, Kunstgestänge Bad Kösen (Z)
	Zinnbergbau Altenberg mit Pochwerken	Altenberger Pinge und Pochwerk (Z)
Metallurgie	Entwicklung größerer Hüttenbetriebe, vor allem Saigerhütten in Sachsen und Thüringen	Saigerhütte Grünthal (Z)
	Eisenhütten und Hämmer im Erzgebirge und Harz	Frohnauer Hammer bei Annaberg (Z)
	Kobaltfabriken im Erzgebirge	Blaufarbenwerke Schindlerswerk und Zschopenthal

[1]) Objekt der vom Ministerrat der DDR am 25. 9. 1979 beschlossenen Zentralen Denkmalliste
Bemerkung: Das tatsächliche Alter der technischen Denkmale ist nicht entscheidend, da diese oft eine ältere Epoche repräsentieren, als ihrer Bauzeit entspricht.

Zeitabschnitt Produktionszweig	Sachverhalt aus der Geschichte der Produktivkräfte	Technische Denkmale (Z)[1]
1700/1870	**Manufakturperiode und Industrielle Revolution**	
Wasserversorgung	Wasserhebeanlagen in Schlössern, für Parks und Wasserspiele	Pumpwerk mit Dampfmaschine in Potsdam
Textilindustrie	Entwicklung vom Handwerk über Manufakturen zur Textilfabrik, mit Werkzeug- maschinen	Oberlausitzer Weberhäuser Weisbachsches Haus, Plauen/Vogtl., Albrechtsche Manufaktur, Zeitz u. a. Spinnereien Bernhard (Chemnitz), Meinert (Lugau), Greding (Hennersdorf), mechanischer Webstuhl von L. SCHÖNHERR
	und Dampfmaschine	Dampfmaschine Gera
Bergbau	Betriebskonzentration im sächsischen Erz- bergbau	Denkmalkomplexe Freiberg (Z) und Schneeberg
	18. Jh.: Entstehung bzw. Ausbau der bedeu- tendsten Salinen	Denkmalkomplex Salinentechnik Bad Sulza (Z), Saline Halle (Z)
	1785 erste deutsche Dampfmaschine	Halde mit Denkmal in Hettstedt, Dampfmaschinen- zylinder in Löbejün, rekonstruierte Dampfmaschine in Hettstedt
	1844 erste Dampfmaschine im sächsischen Erzbergbau	Dampffförderanlage Alte Elisabeth, Freiberg 1848 (Z)
	ab etwa 1844 Aufschwung des sächsischen Steinkohlenbergbaus	Gottessegen-Schacht, Einigkeitsschacht, beide in Lugau- Oelsnitz
Metallurgie	Blütezeit und Niedergang der erzgebirgi- schen Eisenhütten und -hämmer	Erlahammer bei Schwarzenberg, Schmalzgrube bei Jöh- stadt u. a.
	letzte Holzkohlenöfen (werden von Hoch- öfen für Koksroheisen abgelöst)	Hüttenwerk Peitz bei Cottbus (Z), Neue Hütte bei Schmalkalden (Z)
	neue Gebläsetechnik (Kolbengebläse)	Schwarzenberg-Gebläse in Freiberg (Z) u. a.
Maschinenbau	ab 1820/1850: Entstehung von Maschinen- fabriken	Produktionshallen der Firmen Richard Hartmann, Chem- nitz, und A. Voigt, Chemnitz-Kappel (Karl-Marx-Stadt)
Baustoff- und Silikat- industrie	1709 Erfindung des Meißner Porzellans	Zechenhaus Weißer Sankt Andreas, Aue
	18./19. Jh. Ziegelproduktion in Kammer- öfen	Ziegelöfen Altgaul, Grana, Orlamünde
	ab 1802: Kalkbrennen in Rumfordöfen	Kalkwerke Rüdersdorf, Lengefeld/Erzgebirge
Verkehrswesen	18. Jh.: Entwicklung des territorialen Straßen- und Postwesens	Postsäulen und Postmeilensteine, Holzbrücke Wünschen- dorf bei Gera (Z)
	1832 erster optischer Telegraph	Telegraphenturm Neuwegersleben
	ab 1836: Aufschwung des Eisenbahn- verkehrs	Bayrischer Bahnhof Leipzig (Z), Göltzschtalbrücke (Z), Elstertalbrücke
	Aufkommen der Dampfschiffahrt	Elbdampfer *Riesa*, *Diesbar*

Die Geschichte der Produktivkräfte auf dem Gebiet der DDR und ihre Widerspiegelung im System der technischen Denkmale, dargestellt an Beispielen (Fortsetzung)

Zeitabschnitt Produktionszweig	Sachverhalt aus der Geschichte der Produktivkräfte	Technische Denkmale (Z)[1]
1870/1945	**Hoch- und Spätkapitalismus**	
Wasser- und Energieversorgung	Bevölkerungszunahme in den Industriestädten; Versorgung der Haushalte mit Wasser	Wasserwerk Berlin-Friedrichshagen (Z) Wassertürme Halle, Rostock, Görlitz u. a.
	Gas und Elektroindustrie; Talsperren, erste Pumpspeicherwerke	Gaswerk Neustadt/Dosse (Z) Wasserkraftwerk und Pumpspeicherwerk Mittweida (Z)
Textilindustrie	volle Ausbildung und Verbreitung des Fabriksystems mit Dampfmaschine, später Elektromotor als Antrieb	Baumwollspinnerei Flöha (Z) Streichgarnspinnerei C. F. Schmelzer (mit Dampfmaschine) in Werdau
Lebensmittelindustrie	kapitalistische Großmühlen in den Städten	Mittelmühle Zeitz
	Bierbrauereien, Zigarettenfabriken	Brauerei Singen bei Stadtilm; Zigarettenfabrik Yenidze, Dresden
Bergbau	ab 1870: Aufschwung der Braunkohlenindustrie	
	Anfangs Abbau unter Tage, dann Tagebau	Braunkohlenförderturm Paul II Theißen bei Zeitz (Z)
	chemische Braunkohlenveredelung (Schwelerei), 20. Jh.: einsetzende Monopolbildung	Schwelerei Groitzschen bei Zeitz (Z)
	mechanische Braunkohlenveredelung (Brikettierung)	Brikettfabrik Zeitz (Z)
	Steinkohlenbergbau: einsetzende Monopolbildung	Förderturm Marienschacht, Freital
	Kalibergbau: einsetzende Monopolbildung	Kaliförderturm Glückauf II Sondershausen (Z), Schachtanlage Bleicherode
	ab 1923: kapitalistische Rationalisierung	Steinkohlenförderanlage Karl-Liebknecht-Schacht, Oelsnitz (Z)

[1] Objekt der vom Ministerrat der DDR am 25. 9. 1979 beschlossenen Zentralen Denkmalliste

Bemerkung: Das tatsächliche Alter der technischen Denkmale ist nicht entscheidend, da diese oft eine ältere Epoche repräsentieren, als ihrer Bauzeit entspricht.

Zeitabschnitt Produktionszweig	Sachverhalt aus der Geschichte der Produktivkräfte	Technische Denkmale (Z)[1]
Metallurgie	Betriebskonzentration, Produktionssteigerung, Konzernbildung	Hohe Esse am Hüttenwerk Halsbrücke bei Freiberg, Walzwerksdampfmaschinen im VEB Maxhütte, Unterwellenborn
Baustoff- und Silikatindustrie	Übergang von der handwerklichen zur industriellen Baustoffproduktion aufgrund des erhöhten Baustoffbedarfs, Erfindung des Hoffmannschen Ringofens	Ziegelei Glindow (Z), Ringöfen in Parey, Pegau u.a.O.
	Erfindung des Rüdersdorfer Kalkschachtofens	Schachtofenbatterie Rüdersdorf (Z)
	Aufschwung der Glas- und Keramikindustrie	Glashütte Fischerhütte Ilmenau (Z)
Elektroindustrie	Entstehung der Elektroindustrie; Konzernbildung	AEG-Schwungrad-Generator, Deutschneudorf, Leonardumformer von Siemens-Schuckert, Oelsnitz (Z)
optische u.a. Leichtindustrie	Entstehung der optischen Industrie und Fotoindustrie	Ernemannturm in Dresden
	Aufschwung des wissenschaftlichen Gerätebaus	Astrophysikalisches Observatorium und Einsteinturm in Potsdam (Z), Zeiss-Planetarium in Jena
Verkehrswesen	Ausbau des Eisenbahnnetzes	Bahnbetriebswerk Dresden-Neustadt (Z), Hauptbahnhof Leipzig (Z), Schmalspurbahnen Bad Doberan, Putbus, Radebeul u.a.
	Ausbau des Telegraphennetzes	Postamt Wurzen
	Einführung von Rundfunksendungen	Mittelwellensender Königs Wusterhausen (Z)
	Ausbau der Binnenschiffahrtswege	Schleusentreppe und Schiffshebewerk Niederfinow (Z)

ab 1945, 1949　　**Aufbau des Sozialismus in der DDR**

Wasser- und Energieversorgung	Verbundsystem der Wasserwirtschaft, neue Talsperren, Pumpspeicherwerke, erste Kernkraftwerke	Rappbode-Talsperre (Z)
Bergbau	Entstehung der Aktivistenbewegung A. Hennecke	Karl-Liebknecht-Schacht Oelsnitz (Z)
	Wiederinbetriebnahme des Kupferschieferbergbaus im Sangerhauser Revier	Thomas-Müntzer-Schacht, Sangerhausen (Z)
Verkehrs- und Nachrichtenwesen	Aufbau eines eigenen Funknetzes, Einführung des Fernsehens	Mittelwellensender Berlin Köpenick (Z)
		Fernseh- und UKW-Türme Dequede (Z) und Berlin (Z)
	Aufbau einer eigenen Handelsflotte	MS Dresden Traditionsschiff Typ Frieden, Rostock (Z)